U0335915

钱家店铀矿地质志

曹民强　杨松林　等著

石油工业出版社

内 容 提 要

本书系统概括了辽河油田钱家店铀矿勘探开发历程、矿床地质概况及主要勘探技术，共分概况、地质工作历史概况、勘查历程、地层及分布、成矿地质条件、钱家店矿床地质、铀矿床成因类型、矿床各论、铀与伴生元素成矿、主要勘探技术、地浸采铀概况等 11 章内容。

本书可供从事铀矿勘探开发的技术人员及管理人员阅读参考。

图书在版编目（CIP）数据

钱家店铀矿地质志 / 曹民强等著 . — 北京：石油
工业出版社，2023.3
　ISBN 978-7-5183-5860-1

Ⅰ.①钱… Ⅱ.①曹… Ⅲ.①铀矿床－矿产地质－概
况－辽宁 Ⅳ.① P619.140.623.1

中国国家版本馆 CIP 数据核字（2023）第 017977 号

出版发行：石油工业出版社
　　　　（北京安定门外安华里 2 区 1 号　100011）
　　　　网　　址：www.petropub.com
　　　　编辑部：（010）64523757　图书营销中心：（010）64523633
经　　销：全国新华书店
印　　刷：北京晨旭印刷厂

2023 年 3 月第 1 版　2023 年 3 月第 1 次印刷
787×1092 毫米　开本：1/16　印张：19.25
字数：495 千字

定价：120.00 元
（如出现印装质量问题，我社图书营销中心负责调换）

目　　录

第一章 概 况

辽河铀矿探区位于内蒙古自治区东部赤峰市、通辽市和辽宁省北部康平县境内，东、南两侧分别与吉林省和辽宁省毗邻，西、北两侧为大兴安岭山脉东坡和南坡。东西长250km，南北宽180km，面积 $4.5 \times 10^4 km^2$。其中拥有探矿权区块5个，面积7378.78km^2。

第一节 自然地理概况

辽河铀矿探区地处松辽平原西南部，内蒙古高原的东南部，属西辽河、新开河冲积平原。地势有一定的起伏，土地较贫瘠，以畜牧业为主，农业、矿产业次之。气候变化较大，交通较便利，经济欠发达。

一、自然地理

区内被新近系和第四系覆盖，地形平坦，由西南向东北逐渐倾斜，地面坡度小于5°，平均海拔为200~400m。其西缘及南缘为低缓的丘陵，有老地层出露。盆内由南向北依次为科尔沁沙地和草原，为西辽河流域沙质冲积平原，沿河两岸分布着众多起伏不平的沙丘和沙地。

二、气象与地震

辽河铀矿探区气候属内蒙古东部的温带季风区，处于半湿润向半干旱的过渡地带，为温带大陆性半干旱气候。年平均气温5~6℃，极端最高气温36℃；极端最低气温-35℃，1月最低平均气温 -17~-12℃；7月最高平均气温23~24℃。年降雨量变化范围为320~450mm，年平均降雨量381mm。降雨量分布为：春季（3—5月）35~70mm，夏季（6—8月）250~320mm，秋季（9—11月）50~70mm，冬季（12月至次年2月）5~10mm。春夏秋冬降雨量分别占年降雨量的10%、70%、16%、1% 左右。无霜期130~140d，相对湿度50%~65%，平均相对湿度为60%，5—10月以南风为主，11月至次年4月以西北风为主。全年平均风速3.6m/s，最大风速31m/s。年平均蒸发量1800~2000mm，蒸发量远大于降雨量。按日降雨量≥50mm计，通辽地区每年平均4~5次，出现暴雨时间为4—10月，往往因涝成灾造成河流泛滥。矿区所在地干旱发生频率较高，干旱范围广，持续时间长，干旱发生频率为每10年发生5~6次。

通辽地区历史上地震共发生不低于2级的地震70次，其中最大的地震分别于1940年和1942年冬发生的6.0级地震。

三、交通

区内现已形成以铁路和公路相结合的交通运输网。通辽市为铁路交汇的枢纽，有东西向和南北向铁路贯通，东可通长春市，南通沈阳市，西通赤峰市，北通霍林郭勒市。魏塔、集通、通让、平齐、京通、大郑、通霍等干线贯穿全区，并与邻省相互连接，通往全国各地。

公路交通发达，已建成高速路、国道、省道、县（旗）乡级路，以大中城市和县（旗）城为中心向外辐射，形成四通八达的公路网。城市、县城及乡镇三者之间均有公路相连。

四、矿产资源与工农业

区内矿产资源十分丰富，已探明多种类型矿藏。其中油气和铀矿资源广布于全区，在奈曼、陆家堡、龙湾筒、钱家店和张强凹陷都发现了多层系油气及铀矿化显示，已建成的奈曼、科尔沁、科尔康油田以及钱家店特大型可地浸砂岩型铀矿床均已进入开发生产阶段；在陆家堡和张强地区的阜新组都见到了煤层，建有辽宁康平县煤矿；通辽市的天然硅砂储量居全国之首，被称为冶炼之宝的石墨储量也很可观，功能神奇的中华麦饭石蜚声国内外。

辽河铀矿探区处于我国北方农牧生产交错地区，畜牧业以牛、羊为主；粮食作物以玉米、高粱为主；目前区内所辖的各市、县都建立了相当数量的工业企业，形成了煤炭、电力、冶金、建材、机械、皮革、食品等门类较为齐全又具有地方特色的工业体系。在一定程度上满足了本地区的经济发展和人们生活的需求。

第二节　区域地质概况

辽河铀矿探区位于松辽盆地西南部。处于中国东部大陆边缘北东向展布的环（滨）太平洋构造域与近东西向分布的古亚洲构造域交叉复合的构造位置。在地质发展史上，这一地区经历了多阶段不同属性的构造演化，其地质构造具有多变性和复杂性。现今的地质构造属于滨太平洋构造域。前中生代，以赤峰—开原断裂为界，断裂以南为华北陆块的一部分，以北为内蒙—兴安造山带东段南缘或东北板块南缘。

一、松辽盆地地质背景

松辽盆地是我国东北部的一个大型中、新生代陆相含油气、煤和铀矿等多能源复合盆地，盆地周边以深大断裂为界，西界为嫩江—白城断裂和大兴安岭，东界为依兰—伊通断裂和张广才岭，长 750 km，宽 330~370km，总面积约 263104km^2。

松辽盆地处于古亚洲洋构造域与古太平洋构造域的复合交切部位，是一个动力学背景十分复杂的盆地，也是中国东部晚中生代以来裂谷盆地群中发育最早（Ren etal，2002）、保存最完好的盆地，是中国东部岩石圈减薄的中心之一（刘俊来等，2008）。

盆地基底的形成是由西伯利亚板块和华北板块的拼合、中亚造山带生长过程的有机组成。古生代早期华北板块和西伯利亚板块之间的古亚洲洋中分布着松嫩、佳木斯、兴凯、额尔古拉等多个微陆块。松辽盆地主体位于松嫩地块，南部坐落在华北板块北部陆缘增生带。

中—晚侏罗纪，盆地基底受到郯—庐断裂系北段大规模左旋走滑活动的强烈改造，派生 NNE、NNW 和近 NS 向次级断裂，控制了基底构造格局、断陷盆地分布及其构造。

经历了中—晚侏罗纪强烈构造—热事件之后，在晚侏罗世末期松辽盆地开始了伸展裂陷，构造体制由左旋压扭逐渐向伸展转变，地壳和岩石圈经历了强烈的减薄和拉张，形成了数目众多、大小不一、构造样式多样的彼此分割的断陷盆地（图1-2-1）。受构造位置、基底不均一性等因素影响，不同断陷盆地构造特征具有差异性。断陷期以广泛的伸展构造发育为特征。

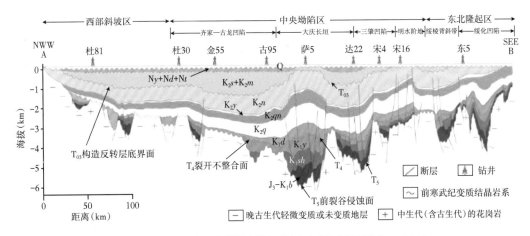

图 1-2-1　松辽盆地充填特征剖面图（大庆石油地质志，1993）

登娄库组沉积晚期，松辽盆地整体沉降，原先彼此分割的断陷盆地相互连通，形成统一的大型湖盆，沉积了泉头组、青山口组、姚家组、嫩江组等一套巨厚的河湖相碎屑岩，厚度可达3.5km，其中具有多套生储盖及含铀矿组合，是盆地油气和铀矿勘探的主要层系。

嫩江组沉积之后，松辽盆地开始遭受一系列脉冲式挤压应力作用，使早期同沉积正断层复活逆冲，形成正反转构造，并使坳陷层发生褶皱，形成盆地浅部重要的构造圈闭。嫩江组沉积末期的挤压作用对盆地中、东部影响较大，造成盆地东部坳陷层的褶皱抬升和剥蚀，形成剥蚀"天窗"和区域不整合面，沉积中心西移。明水组沉积末期，盆地又一次遭受强烈的挤压，不但使盆地东南部早期构造最终定型，而且在盆地中、西部形成新的反转构造。新生代期间盆地经历了数次微弱的挤压与伸展的交替作用，沉积范围萎缩，且长时间的暴露剥蚀。

二、松辽盆地地层特征

松辽盆地基底由石炭纪—二叠纪浅变质作用的碎屑岩、火山碎屑岩和中酸性侵入岩组成，沉积盖层主要为中新生代碎屑沉积岩系。盆地盖层岩系自下而上划分为上侏罗统—早白垩统火石岭组（J_3—K_1h），下白垩统沙河子组（K_1sh）、营城组（K_1y）和登娄库组（K_1d），上白垩统泉头组（K_2q）、青山口组（K_2qn）、姚家组（K_2y）、嫩江组（K_2n）、四方台组（K_2s）和明水组（K_2m），古近系依安组（Ey），新近系大安组（Nd）、泰康组（Nt）。松辽盆地总体上具有断—坳双层结构，经历了断陷期、坳陷期和构造反转期3个构造演化阶段，由2个区域性不整合面（营城组顶面—T_4，嫩江组顶面—T_{03}）将松辽盆地分成3个构造层：断陷层（火石岭组—营城组）、坳陷层（登娄库组—嫩江组）和构造反转层（四方台组—依安组）。断陷层包括火石岭组、沙河子组和营城组，构成厚度达3000多米的火山—沉积序列，火山活动主要集中在火石岭组和营城组。其中营城组火山活动最为活跃，形成的火山

3

岩具有厚度大、分布范围广等特点。该层位是目前松辽盆地深层油气勘探的主要目的层位。沙河子组火山活动较弱，为火石岭组和营城组火山活动之间的相对宁静期，沉积岩发育，主要为一套河湖相的碎屑沉积。

三、铀矿勘查区地质背景

铀矿勘查区位于松辽盆地的西南部的开鲁坳陷，矿区主体位于松嫩地块西南部和华北板块北部陆缘增生带北部。其三面被控盆断裂控制，西北为嫩江—八里罕断裂，南部为赤峰—开原断裂，东南为郯庐断裂系。中部发育西拉木伦河断裂。这些深大断裂是岩石圈板块运动的结果。

（一）区域断裂

1. 赤峰—开原断裂

位于华北陆块北缘，相当于内蒙古地轴北缘断裂带的东段，即"赤峰—开原断裂超岩石圈断裂"。在辽河外围地区，赤峰—开原断裂呈近东西向展布于内蒙古赤峰、平庄马厂、阜新福兴地、法库胡家堡子至铁岭开原一线，长约500km，宽2.0~5.0km。它是构成华北陆块与内蒙—兴安造山带之间的分界线。断裂北侧古生界为活动型建造；南侧太古界、古元古界、中新元古界、古生界广泛发育。沿断裂有华力西期似斑状二长花岗岩、闪长岩及燕山期花岗岩侵入体分布。断裂在地表出露较好的地段，表现为强烈的挤压破碎带和强烈构造变形带及向北逆冲的次级断层。中生代，沿断裂带发育东西向盆地，如敖汉旗二十家子盆地。

2. 西拉木伦河断裂

西拉木伦河断裂由西向东进入开鲁坳陷，向西与温都尔庙断裂相接。本区大部被松辽盆地覆盖，地表仅在西拉木伦河西段有出露，表现为揉皱片理化、破裂岩化及糜棱岩化带，具有韧性剪切带特征，沿断裂带断续分布蛇绿岩套及蓝闪石片岩。磁场表现为低缓升高正磁场与降低负磁场的分界线，重力场呈现出一条不连续的重力梯级带。在沉积建造方面，断裂南侧为奥陶纪—志留纪火山—沉积岩系，北侧为弧后盆地复理石建造。断裂南北两侧生物群亦不同，断裂南侧石炭系—二叠系生物群属暖水型太平洋动物群和华夏植物群；北侧则主要是冷水型北极动物群和安哥拉植物群。目前对西拉木伦河断裂的性质及其在区域构造中的作用有三种不同意见：

第一，西拉木伦河断裂是一个斜切早古生代褶皱带，控制晚古生代沉积，是加里东期形成的一条大断裂；

第二，西拉木伦河断裂与温都尔庙断裂相连，为古生代俯冲带；

第三，西拉木伦河断裂是华北与西伯利亚两大构造域的拼接带，实际上是中小陆块群与华北北缘的拼接带位置。

综上所述，西拉木伦河断裂在本区为早古生代活动的俯冲带。

3. 嫩江—八里罕断裂

嫩江—八里罕断裂是辽河（探区）外围盆地隆起区与沉降区的分界断裂，由八里罕向北经平庄、奈曼旗、扎鲁特旗以东的白音诺尔与嫩江断裂相连，向南延入河北省，与平场—桑园断裂相接，再向南与太行山东麓断裂相连，控制了我国东部第二沉降带的分布。

断裂带在航磁负异常背景上表现为串珠状正异常，总体走向北东30°，异常带宽10~25km，两侧为密集梯度带。地表大部分被新近系覆盖，仅在平庄—八里罕一线出露地表，表现为强烈的挤压破碎带，沿断裂分布大量酸性岩脉。晚古生代，控制东西两侧石炭系—二叠系沉积，中生代，控制晚侏罗世—早白垩世盆地的生成与发展。新生代，控制新近纪玄武岩和第四系沉积的分布。

（二）中生代构造区划及其基本特征

根据中生代以来的地质特征、主要断裂、基底类型以及沉积特征，将辽河铀矿探区外围地区中生代构造区划为辽吉东部隆起带、大兴安岭隆起带、中央沉降带和山海关隆起带四个一级构造单元（图 1-2-2）。

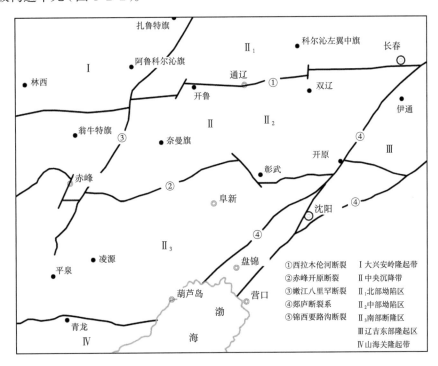

图 1-2-2　辽河外围中生代大地构造单元划分图

1. 大兴安岭隆起带（Ⅰ）

位于嫩江—八里罕断裂以西地区。带内发育众多的中、小型中生代盆地，多数属于中生代早中期的火山岩盆地。仅在隆起带南部发育受北北东向断裂控制的晚中生代盆地—赤峰盆地，具备油气形成的地质条件。

2. 中央沉降带（Ⅱ）

位于辽河（探区）外围中部地区，东、西、南三面被隆起带所围限，北面与松辽盆地主体相连。带内发育的盆地面积大、埋藏深、油气资源丰富。根据中生代盆地发育特征，以赤峰—开原断裂和西拉木伦河断裂为界，将中央沉降带划分为北部坳陷区、中部坳陷区及南部断隆区。

1）北部坳陷区（Ⅱ₁）

位于西拉木伦河断裂以北，是松辽中生代裂谷盆地的一部分，由5个断陷组成陷区，经历了断、坳两个阶段的构造演化。断陷阶段形成了沿北北东向分布的早白垩世断陷盆地，如陆家堡凹陷、钱家店凹陷，构造样式为不对称地堑和箕状断陷。断陷规模较大，面积在 1300～2600km²，沉降幅度大，沉积厚度 3000～5000m。沉积物为湖相细粒碎屑岩建造和火山喷发相的火山熔岩类。坳陷阶段为晚白垩世的广覆式沉积，沉积了河湖相细粒碎屑岩、油页岩、鲕粒灰岩，沉积厚度500~800m。坳陷期沉积的地层相对平缓，形成的构造以平缓的褶皱构造为主，如小幅度背斜和鼻状构造。

2）中部坳陷区（II_2）

位于赤峰—开原断裂与西拉木伦河断裂之间，是在海西期褶皱变质基底上发育起来，以晚中生代为主的断—坳型盆地群。早白垩世断陷期，发育了开鲁、彰武、昌图3个盆地24个断陷，总面积$1.9×10^4km^2$。断陷特点是：规模小，面积一般200~1300km²，埋藏浅，沉积厚度小，一般厚2000~4000m，断陷间不连通，没有形成统一的大型断陷盆地。沉积物为含煤、泥页岩及火山岩建造。在盆地结构上，多具有北北东向和近南北向隆坳相间的构造格局，构造样式为不对称地堑断陷和箕状断陷。晚白垩世坳陷期，各盆地普遍充填了一套浅水动荡环境下的河流相细粒碎屑岩和滨浅湖环境下的泥岩、灰质细砂岩，沉积厚度450~1200m。

3）南部断隆区（II_3）

位于赤峰—开原断裂以南，由黑山、阜新、金羊、建昌、北票、平庄等六个盆地组成，面积$2.03×10^4km^2$。

断隆区中生代由三套构造层组成，各构造层的变形特征明显不同。下构造层由下侏罗统兴隆沟组、北票组和中统海房沟组、髫髻山组及上统土城子组及其相当层位组成，构造线方向为近EW向和NE向。逆冲断层和推覆构造发育，沿盆地边缘分布，且伴有较强的褶皱。盆地类型属于陆内挤压挠曲盆地，规模较小，充填物为火山岩—火山碎屑岩建造、碎屑岩建造、含煤建造，沉积厚度3000~5000m。分布在凌源—叨尔噔隆起和大柳河—新台门隆起之间。

中构造层由白垩系下统义县组、九佛堂组、沙海组、阜新组及其相当层位组成，构造线方向为NE—NNE向，构造层褶皱微弱。构造活动强度大，特别是盆缘伸展断裂控制着盆地的形成与演化，盆内断裂发育，构造面貌复杂。盆地类型为伸展断陷盆地，构造样式为地堑和箕状断陷。盆地规模较大，充填物为火山岩建造、火山碎屑岩建造和半深湖相细粒碎屑岩建造及含煤建造，沉积厚度2300~6000m。除金羊盆地外，其他各盆地均有分布。

上构造层由上白垩统孙家湾组及其相当层位组成，不整合于侏罗系、下白垩统和前中生代地层及岩体之上。构造线呈NNE向，构造层褶皱微弱，断裂不发育。孙家湾组的沉积与分布受控于盆地边界断层，岩性为冲积扇—冲积平原相红色砂砾岩夹薄层泥页岩，沉积厚度600~1300m。孙家湾组沉积晚期，断隆区再次发生的挤压逆冲，较老地层覆于孙家湾组之上。

3. 辽吉东部隆起带（III）

位于郯庐断裂带辽宁段和伊通段以东地区。基底由太古界深变质岩系、古元古界变质岩系、新元古界和古生界碳酸盐岩、碎屑岩组成。带内局部地区发育浅而小的中生代盆地。

4. 山海关隆起带（IV）

位于锦西—要路沟断裂以南，是一个古老的隆起带，基底为太古界深变质岩系。带内发育的下白垩统裂陷盆地，被义县组火山岩覆盖，属火山岩裂陷盆地。

铀矿探区主要位于中央沉降带（II）、北部坳陷区（II_1）和中部坳陷区（II_2）的开鲁坳陷和彰武盆地中（图1-2-3）。

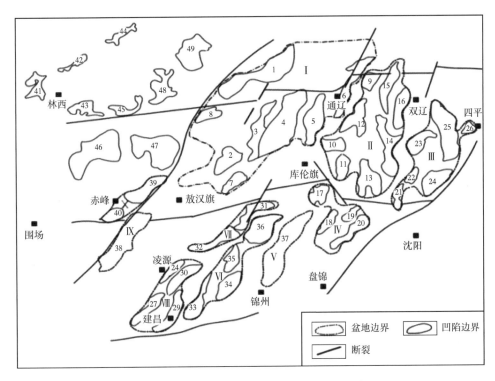

图 1-2-3　辽河外围地区中生代盆地及凹陷分布图

I—开鲁盆地；II—彰武盆地；III—昌图盆地；IV—黑山盆地；V—阜新盆地；
VI—金羊盆地；VII—北票盆地；VIII—建昌盆地；IX—平庄盆地；X—赤峰盆地

第三节　岩浆活动

辽河铀矿探区周边蚀源区在中生代时期火山活动频繁，由岩浆作用形成的花岗闪长岩、正长花岗岩、二长花岗岩和花岗斑岩等铀含量高，是区内成矿的主要铀源岩。

一、西部大兴安岭地区

大兴安岭中南段中生代花岗岩浆作用可划分为中—晚三叠世、晚侏罗世和早白垩世 3 个期次。

中—晚三叠世：中三叠世花岗岩锆石 U—Pb 年龄主要集中在 246—237Ma，区内代表性岩体为孟恩陶勒盖岩体，张海华等测得孟恩陶勒盖岩体的黑云母斜长花岗岩的形成时代为（243±2）Ma。晚三叠世花岗岩锆石 U—Pb 年龄主要集中在 234—213Ma，突泉县宝格吐嘎查地区测得的花岗闪长岩样品年龄为（226±1.1）Ma，陈丽丽等测得杜尔基正长花岗岩的侵位年龄为（213±1）Ma，这两个年龄明显晚于邻近的孟恩陶勒盖岩体的侵位年龄，而且与大兴安岭中部乌兰浩特地区的查干岩体花岗岩体以及小兴安岭清水 A 型花岗岩体所测得的时代较为接近。

晚侏罗世：花岗岩锆石 U—Pb 年龄主要集中在 154—148Ma，杜尔基镇南部采集的样品年龄为（148.2±1.0）Ma，这与杨奇荻等报道的大兴安岭中南段晚侏罗世花岗岩年龄较为接近。

早白垩世：本区花岗岩锆石 U—Pb 年龄主要集中在 141—121Ma，马家屯岩体测得花岗斑岩锆石 U—Pb 年龄为（124.6±1.1）Ma，此年龄与大兴安岭中南段早白垩世花岗岩侵位年龄一致（高飞，2018）。

二、南部燕山造山带地区

南部燕山造山带中—晚中生代期岩浆活动序列大致可分为5期，即早侏罗世、中侏罗世、晚侏罗世和早白垩世早期及晚期，其中火山活动以前四期表现明显，最后一期大致可与第四期衔接，侵入活动则以后四期表现明显。

燕山期的第一幕岩浆活动的火山岩以早侏罗世英安岩和玄武岩为代表，时代早于175Ma；兴隆沟组火山岩厚度为180~600m，考虑到辽西地区髫髻山组和义县组中的火山岩层（包括火山碎屑岩，但不包括火山碎屑沉积岩）的总厚度为2000~3000m，兴隆沟组火山岩约占燕山地区侏罗纪—早白垩世火山岩总厚度的5%~10%。

第二幕以髫髻山组下部中性火山活动为特征，岩性以安粗岩为主（随不同火山盆地而有差异），侵入岩则为闪长岩＋花岗闪长岩（或石英二长岩）＋花岗岩组合，活动时代是中侏罗世175—160Ma。

第三幕以晚侏罗世髫髻山组上部酸性和中性火山活动为特征，岩性组合主要为流纹岩、粗面岩加安粗岩，侵入岩组合为闪长岩＋石英二长岩＋正长岩＋花岗岩，活动时代150—135Ma。

第四幕以义县组下部火山岩为代表，岩性主要为安粗岩和酸性岩，侵入岩组合为闪长岩＋石英二长岩＋正长岩＋碱性正长岩＋花岗岩，活动时代为早白垩世早期135—120Ma。

第五幕是早白垩世晚期，火山活动趋于尾声，岩性为义县组上部的中酸性火山岩，而侵入岩组合为花岗岩＋碱性花岗岩，以出现碱性花岗岩为特征，活动时代为120—110Ma（汪洋，2003）。

第四节　区域地区物理场特征

一、区域岩石物性特征

（一）岩石放射性特征

1. 盖层岩石放射性特征

第四系沉积物铀含量一般为（0.39~3.31）×10^{-6}，平均值1.78×10^{-6}；钍含量一般为（1.55~16.3）×10^{-6}，平均值1.78×10^{-6}；钾含量一般为（0.13~4.53）×10^{-6}，平均值2.36×10^{-6}。

新近系玄武岩铀含量平均值1.16×10^{-6}；钍含量平均值5.35×10^{-6}；钾含量平均值1.36×10^{-6}，钍、钾平均含量接近地壳玄武岩丰度值，铀含量平均值高于地壳玄武岩丰度值。

上白垩统姚家组铀含含量一般为（1.21~2.73）×10^{-6}，平均值1.93×10^{-6}；钍含量一般为（10.11~12.46）×10^{-6}，平均值11.63×10^{-6}；钾含量一般为（1.65~3.74）×10^{-6}，平均值2.91×10^{-6}。铀含量略高于地壳丰度，但变化较大。

上白垩统青山口组铀含量一般为（1.43~3.98）×10^{-6}，平均值2.70×10^{-6}；钍含量一般为（11.04~15.34）×10^{-6}，平均值13.11×10^{-6}；钾含量一般为（1.18~2.93）×10^{-6}，平均值2.29×10^{-6}。铀、钍元素含量远高于地壳丰度值，且铀元素含量变化较大。

上白垩统泉头组铀含量一般为（0.93~3.33）×10^{-6}，平均值1.97×10^{-6}；钍含量一般为（6.04~16.32）×10^{-6}，平均值11.03×10^{-6}；钾含量一般为（2.23~4.17）×10^{-6}，平均值3.14×10^{-6}。铀、钍、钾元素含量均较高，且铀、钍元素含量变化较大。

侵入岩中铀、钍、钾元素含量从超基性至酸性，从早到晚表现为逐渐增高，铀含量一般为（2.00~4.00）×10^{-6}，钍含量一般为（10.00~20.00）×10^{-6}，钾含量一般为（3.00~4.00）×10^{-6}。

2. 基底及蚀源区岩石放射性特征

基底主要为石炭系—二叠系变质岩，铀含量一般为（2.38~4.97）×10^{-6}，钍含量一般为（1.91~23.87）×10^{-6}，钾含量一般为（0.42~5.13）×10^{-6}；其次为前中生代火山岩、岩浆岩，岩性为灰岩、板岩、片岩、千枚岩、变质砂岩及花岗岩，其铀含量一般为（1.84~9.03）×10^{-6}，钍含量一般为（1.50~27.55）×10^{-6}，钾含量一般为（0.08~4.39）×10^{-6}。

蚀源区为开鲁坳陷南部库伦—法库的丘陵地带出露海西期酸性、中酸性侵入岩（γ4）、燕山早期中酸性侵入岩（γ52）、前寒武系地层（An∈）、少量发育燕山晚期酸性中酸性侵入岩（γ53）、加里东期酸性中酸性侵入岩（γ3）。燕山期花岗岩铀量较高，可达4.90×10^{-6}，海西期花岗岩铀量为（0.98~1.40）×10^{-6}，钍铀含量比值均达到10以上，最高可达46.93，铀迁出明显。

（二）岩石磁性特征

第四系到白垩系均属无磁性—微磁性—弱磁性岩石，磁化率一般为12×10^{-5}SI，侵入岩磁化率较高，一般为（200~2000）×10^{-5}SI。

晚侏罗世时期，火山活动频繁，形成了大范围火山岩地层，磁化率较高，一般为 $n×100×10^{-5}$SI，局部可达（1000~2000）×10^{-5}SI，在区域上形成较强磁性层。

中侏罗世、早侏罗世以内陆河湖沉积为主，地层磁性相对较弱，一般为（$n~10n$）×10^{-5}SI之间。

上古生界以火山碎屑岩—碳酸盐建造为主，磁率一般为（$n~10n$）×10^{-5}SI之间；二叠系中夹厚度较大的中性火山岩，磁化率偏高，一般为 $10n×10^{-5}$SI。下古生界原岩以中基性火山碎屑建造为主的变质岩，磁化率一般为（1000~3000）×10^{-5}SI，个可达5766.9×10^{-5}SI。

（三）岩石电性特征

沉积盖层岩石视电阻率均比较低，一般变化范围9.60~68.03Ω·m，平均值为30.70Ω·m；其中，嫩江组最低，第四系最高，姚家组视电阻率为21.40Ω·m；基岩电阻率均较高，一般达到500Ω·m以上。

沉积盖层中，同种岩石视电阻率相差不大，不同岩石略有差。泥岩视电阻率最低，一般为7~12Ω·m，粉砂岩一般为10~13Ω·m，砂岩一般为15~33Ω·m，砾岩一般为33~58Ω·m。

（四）岩石密度特征

中新生代盖层密度2.23~2.46g/cm³，平均值2.35g/cm³；古生界地层的密度为2.54~2.67g/cm³，平均值2.61g/cm³；前寒武系地层的密度为2.42~2.60g/cm³，平均值2.51g/cm³；酸性侵入体密度平均值为2.62g/cm³。中新生代盖层、古生界、前寒武系及中性、酸性侵入体之间存在0.16~0.26g/cm³的密度差。

二、区域航放、航磁特征

（一）航放特征

航放异常区主要分布于坳陷周边的隆起区，尤以坳陷南东部四平—怀德一带出露的泉头组最为显著；钱家店凹陷铀、铀钍混合异常也相对较多，与凹陷展布方向基本一致，且与钾归一低值区吻合较好。

（二）磁场特征

开鲁坳陷航磁 ΔT 平均磁场总体可分成近北东向展布的三条狭长带（图1-4-1），中部狭长带自奈曼—八仙筒—通辽—宝龙山一线展布，与上白垩统姚家组沉积方向基本一致，在八仙筒一带，即哲中凹陷附近 ΔT 等值线相对密集，在钱家店凹陷内部等值线稀疏，显示出该地区基底相对平缓且为一整体；北西部狭长带 ΔT 等值线相对零散，呈岛状近北东向分布，与陆家堡断陷相吻合；南东部或南部狭长带较零乱，ΔT 零值线与坳陷边界吻合，甘旗卡—章古台附近有一低值区，该区域也是姚家组沉积时期蚀源区的一部分（图 1-4-2）。

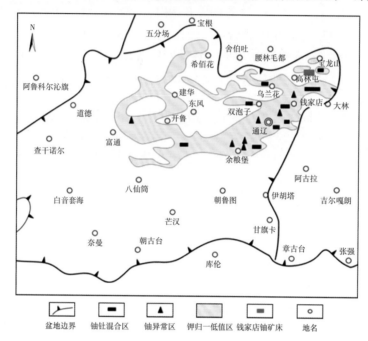

图 1-4-1　开鲁凹陷航放异常分布示意图

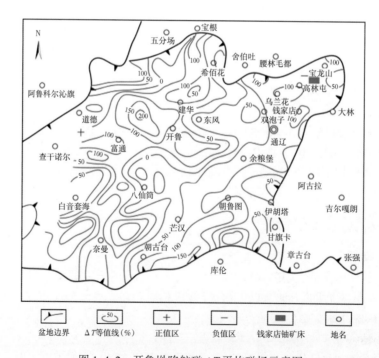

图 1-4-2　开鲁坳陷航磁 ΔT 平均磁场示意图

10

第五节　铀矿勘查概况

辽河铀矿勘查是在综合研究前期石油勘查地质资料过程中，发现放射性异常基础上展开的。其石油地质资料和勘查技术为后期钱家店铀矿床的勘探、开发提供了重要技术保障。

一、勘查工作量（分矿区统计）

1997 年 10 月，中国石油辽河油田委托中国核工业地质局在钱家店地区钱 12 井附近施工铀矿探井 QC1 井，在井深 271.36~291.99m 发现工业铀矿层，由此拉开辽河油田外围中生代盆地铀矿勘查的帷幕。

辽河油田从复查石油探井资料入手确定有利勘查区，通过钻探、录井、测井等技术逐步展开。先后在奈曼、陆家堡、龙湾筒和张强凹陷发现铀矿化异常，在钱家店凹陷发现地浸砂岩型铀矿床。截至 2019 年年底，共复查石油井资料 1150 口，完成浅层三维地震资料处理解释 3715.5km^2，完钻铀矿探井和参数井 2107 口，总进尺 861900.4km（表 1-5-1）。

表 1-5-1　辽河铀矿勘查工作量表

地区名	完钻井数	进尺（m）	工业井	矿化井	异常井
奈曼	4	1346.0	0	2	1
陆家堡	52	24849.8	1	24	6
龙湾筒	9	5800.7	0	3	1
钱家店	2011	815070.2	954	946	45
新庙	1	350.0	0	1	0
张强	1	613.0	0	0	1
其他	29	13870.7	0	5	7
总计	2107	861900.4	955	981	61

二、主要勘查成果（分矿区统计）

1997 年以来，辽河油田在辽河铀矿探区及周边地区开展了大量的铀矿地质工作，基本掌握了探区内地层构造发育特征以及铀源岩、铀储层、铀矿资源规模和分布特征等基本情况。先后在奈曼、陆家堡、龙湾筒、钱家店 4 个凹陷中发现工业铀矿层。通过普查和详查在钱家店凹陷北部发现特大型砂岩铀矿床。目前在该矿床的钱Ⅱ块和钱Ⅳ块落实资源 / 储量丰富，并已通过国家验收及时转入工业开采，成为我国重要的产铀基地之一。

第二章 地质工作历史概况

辽河铀矿探区所处的开鲁坳陷的基础地质工作始于20世纪50年代，先后由原石油、地矿、煤炭等部委进行了地质调查、勘查及科研等工作，主要以盆缘和盆内断陷及各坳陷内煤、油层位为目标，大致查明了松辽盆地构造格架、地层层序、沉积建造、岩相古地理等地质特征，系统总结了松辽盆地形成演化、古气候环境变化等，对浅部盖层研究较为简单。

第一节 基础地质工作

1956—1989年，地质部松辽石油普查大队、157队、东北石油物探大队、吉林石油物探大队、吉林油田、辽河油田等单位在松辽盆地南部进行1∶1000000、1∶200000地质调查、钻井及航磁、重力、电测深等工作，并开展了一系列石油地质的勘探与研究工作，整装研究成果反映在《中国石油地质志（卷二）大庆、吉林油田（下册）吉林油田》和《中国石油地质志（卷三）辽河油田》上。

1960年，地质部松辽石油普查勘探大队第六队在开鲁坳陷开展了石油地质普查工作，提交了《一九六〇年开鲁坳陷石油地质普查报告》，该次工作确定了开鲁坳陷地层层序，对盆地的形态、性质和浅层构造特征及演化历史进行了初步解释。

1960年，在系统总结松辽盆地形成演化、地层层序、沉积建造、岩相古地理、古气候、构造特征、油气的形成与分布规律、成矿模式、成藏机制基础上，松辽石油普查大队出版了石油地质图集。

1967年，吉林省煤田地质勘探公司102队在双辽—通辽地区开展了煤田勘探，投入钻探工作量8521.27m，提交了《双辽—通辽地区普查找矿地质报告》。

1980年，吉林省煤田地质勘探公司物探测量大队在通辽—阿古拉地区进行了1∶100000电法测量工作，对测区内的构造和岩浆岩进行解释，初步圈定了喜伯营子、乌兰敖道和西达拉三个凹陷带以及巴苏和白音芒哈两个隆起带。提交了《内蒙古哲盟地区通辽—阿古拉测区煤田电法勘探报告》。

1980—1983年，东北内蒙古煤炭工业联合公司第二物测队在双辽—腰林毛都地区进行了1∶100000电法普查勘探工作，通过剖面总长为735.5km的22条勘探线控制，推断出沙布吐和后玛尼吐两个凹陷及保安、协代—高林屯—东敖本台—架玛吐—胡力海庙两个隆起带。提交了《双辽—腰林毛都测区电法普查勘探报告》。

1983年，辽河石油勘探局对开鲁坳陷进行全面的地震普查以及石油地质普查，先后在钱家店凹陷和陆家保凹陷中发现油气。

1983—1984年，地质矿产部航空物探总队在盆地的西南部开展航磁普查，提交了《开鲁地区构造航磁普查成果报告》。

20 世纪 60 到 80 年代初，地矿部门开展了 1：500000、1：200000 区域地质调查，对盆地内地层层序、岩浆岩、构造、变质岩和矿产做了较为全面、系统的论述。并先后编写了《吉林省区域地质志》（1988 年）、《辽宁省区域地质志》（1990 年）和《内蒙古自治区区域地质志》（1991 年）。

1990 年至今，中国石油辽河油田公司在松辽盆地西南部的石油勘探工作仍在继续。

1996—1997 年，中国新星石油公司在松辽盆地西南部开展石油勘探靶区研究，提交了《松辽盆地南部外围盆地评价及勘探靶区研究》的成果报告及附图。

第二节 铀矿地质勘查

核工业地质系统自 1955 年起，曾在工作区做了大量的铀矿地质勘查与研究，20 世纪 80 年代以前以找内生铀矿为主，工作区域主要集中在盆地周边的蚀源区和盆地内的局部地区。20 世纪 90 年代以来，逐渐加大盆地内部的铀矿勘查工作力度，并取得了较好的找矿成果。

一、地面和航空放射性测量及遥感地质工作

1998 年，核工业航测遥感中心在松辽盆地南部开展了航测遥感综合调查，依据航测特征，推断和勾画了 32 条断裂；通过磁场特征，圈定了与侵入岩体有关的局部航测异常 63 片；预测出小街基、高林屯站—敖力布皋、费家堡子—付家街成矿远景区。

1999 年，核工业航测遥感中心在松辽盆地西部进行了 1：100000 高精度航磁、航放综合测量，提交了《松辽盆地西部地区航测遥感铀矿地质调查报告》，获得了大量的地球物理与放射性地球化学信息，解释出古冲积扇分布区 2 片，圈定航磁局部异常 188 片，筛选航放异常 27 片，提取航放低铀异常 14 片，确定盖层断裂 18 条。

2000 年，核工业西北地质调查院在钱家店钱 II 块铀矿床开展了地面磁测工作，在矿区范围内共圈定 3 条辉绿岩脉、推断出 4 条断裂构造，提交了《内蒙古通辽市钱家店钱 II 块铀矿床地面磁测总结报告》。

二、铀矿地质编图及科研工作

1984—1985 年，核工业东北地质局二四四大队在松辽盆地西缘开展了放射性水化学调查及铀成矿条件调查工作，提交了《松辽盆地西缘放射性水化学区调报告》及《松辽盆地西部边缘铀成矿条件调查报告》。

1986 年，核工业东北地质局二四〇研究所开展了全区 1：2000000 放射性水文地质编图工作，著有《东北全区 1：2000000 放射性水文地质编图报告》。

1996 年，核工业东北地质局二四〇研究所和核工业东北地质局二四四大队联合对松辽盆地进行了 1：1000000 可地浸砂岩铀矿区调调研，分提交了《松辽盆地砂岩铀矿区调》和《松辽盆地可地浸砂岩铀矿调研》报告及相关图件。

1996 年，核工业东北地质局二四〇研究所提交了《松辽盆地南部可地浸砂岩铀矿水文地质条件研究》报告和图件，预测白城—舍伯吐、胡力海等四片远景区。

1997 年，核工业东北地质局二四〇研究所提交了《白城—开鲁地区可地浸砂岩型铀矿区调报告》。

1998年，辽河石油勘探局勘探处提交了《西辽河盆地外生砂岩型铀矿研究及早期资源预测》。

1998年，核工业北京地质研究院提交了《开鲁盆地钱2块外围BC-1、QC-2、QC-3钻井铀矿地质评价报告》，对钱家店地区铀成矿基础地质条件进行研究。

1999年，辽河石油勘探局通辽铀矿在钱二块开展铀矿地质特征综合研究，提交《钱二块铀成矿地质特征和铀成矿规律研究》。

2000年，辽河石油勘探局通辽铀矿在钱家店地区开展铀矿井钻探工作，提交了《钱家店凹陷钱2块铀矿成矿地质条件研究及随钻分析》。

2003—2004年，核工业二四〇研究所在盆地西部开鲁—白城地区针对新近系开展砂岩铀成矿条件研究，提交了《白城—开鲁地区新近系后生改造作用与砂岩铀成矿》科研报告。

2003—2005年，核工业北京地质研究院在盆地西南部通辽—昌图地区对白垩系砂岩型铀成矿条件及控矿因素进行了研究，提交了《松辽盆地南部通辽—昌图地区白垩系砂岩型铀成矿条件及控矿因系分析》科研报告。

2005年，核工业二四三大队针对松辽盆地东部上白垩统层序地层及砂体发育特征进行了研究，提交了《松辽盆地东部上白垩统层序地层及砂体特征研究》科研报告。

2005年，核工业二四〇研究所针对松辽盆地东南部中新生代构造活动与铀成矿进行了研究，提交了《松辽盆地南部中新代构造活动与白垩系砂岩铀成矿》科研报告。

2005—2006年，辽河石油勘探局通辽铀矿通过科技项目，完成了《钱家店凹陷北段三维地震浅层高分辨处理及精细解释研究》报告。

2005年，辽河石油勘探局通辽铀矿开展了辽河外围铀矿探井资料复查及铀成矿地质特征研究工作，提交了《辽河外围石油井资料复查及铀成矿远景评价》。

2006—2007年，吉林大学针对松辽盆地南部姚家组和泉头组沉积体系进行了分析，对有利砂体进行了预测，提交了《松辽盆地南部姚家组和泉头组沉积体系分析与有利砂体预测》科研报告。

2006—2007年，核工业二四三大队针对松辽盆地南部中新生代断裂构造类型、空间分布规律、作用方式以及与砂岩型铀成矿关系进行了研究，提交了《松辽盆地南部断裂构造与砂岩铀矿关系研究》科研报告。

2006—2007年，核工业二四〇研究所对盆地南部石油、天然气和煤层气等矿藏产出特征及空间分布进行研究，分析了铀矿床、铀矿化与上述矿藏产出的空间、成因关系，总结钱家店铀矿床、外围铀矿化与油气、煤层气的成矿关系，提交了《松辽盆地南部油气藏与砂岩铀成矿研究》科研报告。

2008年，辽河石油勘探局通辽铀矿针对钱家店钱Ⅱ块铀矿床进行系统的地质研究，并分析该区块铀成矿潜力，提交了《钱Ⅱ块铀矿床勘探潜力分析》科学技术报告。

2009年，长城钻探工程有限公司测井公司对辽河外围盆地整体铀矿勘探潜力进行评价，完成了《辽河油田外围盆地铀矿资源普查与潜力评价》。

2010年，成都理工大学从姚家组沉积特征入手，对钱家店地区铀成矿地质进行系统研究，完成了《钱家店凹陷上白垩统姚家组沉积特征及铀成矿地质条件研究》。

2011年，辽河石油勘探局通辽铀矿对开鲁盆地整体铀矿化异常进行评价，提交了《开鲁盆地铀矿化异常区评价》报告。

2012 年，中国地质大学（武汉）开展了松辽盆地铀矿地质系统研究，提交了《松辽盆地铀资源评价及南部地区铀成矿规律与预测研究》报告。

2013 年，中国地质大学（武汉）针对铀源与还原介质开展了精细研究分析，提交了《钱家店铀矿床铀源及还原介质条件分析》报告。

2013 年，中国地质大学（北京）针对上白垩统构造与铀矿化关系进行系统研究，提交了《钱家店东北部地区上白垩统构造沉积与铀成矿的关系》报告。

2017 年，中科遥感科技集团有限公司完成了《岩矿心光谱扫描与数据采集砂岩后生蚀变评价方法研究》，从微观角度对岩矿心后生蚀变作用进行精细研究。

2018—2020 年，辽河石油勘探局通辽铀矿开展了铀的伴生元素研究和多能源综合开采及高效提取技术攻关，提交了《钱家店铀矿床铀铼伴生关系及主控因素研究》《钱家店铀矿床多能源伴生规律及浸出试验研究》报告。

三、铀矿地质勘查工作

1999 年，辽河石油勘探局通辽铀矿在钱家店地区开展地震资料采集、处理及构造研究工作，提交《辽河油田钱家店区块地震资料高分辨率处理及解释》。

1998—2000 年，辽河石油勘探局通辽铀矿在钱家店凹陷钱 II 块开展铀矿地质详查找矿，发现钱 II 块铀矿床，初步控制含矿面积 0.67km²，提交《内蒙古自治区通辽市钱家店（钱 II 块）铀矿床 06-07 号勘探线地段地质勘探报告》，并顺利通过国家储量委员会认定。

1999—2001 年，核工业东北地质局二四二大队、二四三大队在松辽盆地西南部开展了地浸砂岩型铀矿区调工作，以上新近系为找矿目的层，预测了舍伯吐和开鲁两处找矿远景区，提交《内蒙古开鲁县大榆树—吉林省长岭县太平川 1：250000 铀矿区调报告》。

2000 年，陕西核工业西北地质调查院对钱 II 块铀矿床及周边区域的水文地质条件进行系统研究，提交了《内蒙古通辽市钱家店钱 II 块铀矿床区域及矿床水文地质条件研究报告》。

2002 年，核工业二四三大队在松辽盆地西南部的开鲁—舍伯吐地区开展了 1：250000 铀矿资源区域评价工作。在开鲁远景区进一步控制了上新近系泰康组第 I 层砂体层间氧化带前锋线，并发现了铀异常。提交了《内蒙古开鲁—舍伯吐地区铀矿资源区域评价报告》。

2003 年，核工业北京地质研究院开展松辽盆地钱家店坳陷砂岩型铀矿预测评价工作，提交了《松辽盆地钱家店凹陷砂岩型铀矿预测评价和铀成矿规律研究》。

2003—2005 年，核工业二四三大队在松辽盆地开展"松辽盆地地浸砂岩型铀资源调查评价"项目，确定该区目的层为姚家组、泉头组，大致查明了目的层结构、砂体发育特征以及后生还原、后生氧化作用规律，确定找矿类型为层间氧化带型，预测出建华、通辽—白兴吐、四平—公主岭、九台等 4 片远景区。

2006—2007 年，核工业二四三大队在松辽盆地西南部开展"松辽盆地东风—康保地区 1：250000 铀资源区域评价"项目，在白兴吐地段发现铀矿化异常带，见到工业铀矿孔，建立了该地段砂岩型铀成矿模式；在建华地段明水组见到铀矿化。预测出白兴吐—二十户、兴隆—协代和俊昌—库伦塔拉 3 片远景区。

2006—2007 年，核工业二四〇研究所在西南隆起区开展"内蒙古通辽市甘旗卡—金宝屯地区 1：250000 铀资源区域评价"项目，大致查明了区内沉积建造、沉积体系、岩相古地理特征，编制了有关图件，优选了铀成矿远景区 2 片。

2007 年，辽河石油勘探局通辽铀矿完成了《内蒙古通辽市钱家店（钱Ⅱ块）铀矿床 06-20 及 05-13 线勘探地质报告》，向国家储量委员会提交铀矿储量 ××××t，并顺利通过备案。

2008—2010 年，核工业二四三大队在通辽地区开展了"内蒙古通辽市白兴吐地区 1∶250000 铀资源区域评价"项目，建立了"铀建造—断裂构造—剥蚀天窗—热源改造"四位一体的铀成矿模式；在白兴吐构造剥蚀天窗东翼圈定出一条呈 NE 向展布的长约 29km，宽约 3km 的铀矿化带。

2009—2010 年，核工业二四〇研究所在哲中凹陷东部掀斜带及南部靠近蚀源区附近开展"内蒙古通辽市八仙筒地区 1∶250000 铀资源区域评价"项目，对该区的目的层姚家组结构、岩性岩相、砂岩发育特征、后生氧化及水文地质条件等进行了总结评价。

2008—2019 年，辽河石油勘探局通辽铀矿在开鲁坳陷持续开展铀矿地质勘查，发现多个铀矿化点（带），2013 年完成了《内蒙古通辽市钱家店（钱Ⅱ块）铀矿床外围（2-33 线）详查地质报告》，2016 年完成了《内蒙古通辽市钱家店铀矿床钱Ⅳ块（25-32 线）详查地质报告》，2018 年完成了《内蒙古通辽市钱家店铀矿床钱Ⅳ块（25-32 线）勘探地质报告》，2019 年完成了《内蒙古通辽市钱家店铀矿床钱Ⅳ块（97-29 线）详查地质报告》。钱家店整体铀矿储量规模达到超大型铀矿床。

2018—2020 年，辽河石油勘探局通辽铀矿对铀矿伴生元素 Re、Sc 进行伴生资源评价，经过精细地质研究，建立科学评价方法，在钱家店地区初步确定铼资源储量和钪资源储量均达到大型矿床规模。

第三章 勘查历程

辽河铀矿勘查始于 20 世纪 90 年代末期，经过二十多年的辛勤工作，取得了丰硕成果。钱家店铀矿床已成为我国东部第一个超大型可地浸砂岩型铀矿床，是我国铀矿勘查史上的重大发现。多年来，辽河油田在砂岩型铀矿勘查方面积累了较为丰富的经验，创建了适合石油企业开展砂岩型铀矿勘查的思路和方法，开创了油—铀联探、兼探先河，也为我国砂岩型铀成矿理论研究和促进今后找矿工作的健康发展做出了积极贡献。

辽河铀矿在勘查过程中，有效地将石油地质资料和技术手段应用于铀矿勘查的不同阶段，对深化矿床所处坳陷的地质认识，明确铀找矿方向，确定找矿目标区发挥了重要的指导作用。特别是利用地震、重力重磁和石油测井等地球物理技术方法预测铀成矿富集区，取得了较好的应用效果。

辽河铀矿的勘探历程分为以下五个阶段。

第一节 铀矿发现阶段（1990—1998 年）

20 世纪 90 年代初，辽河石油勘探局在开鲁坳陷陆家堡凹陷部署的油气勘探井庙 10 井发现放射性异常，引起研究人员的注意。1996 年在对辽河外围石油探井资料复查中，发现开鲁坳陷的 10 个次级凹陷普遍存在放射性异常，由此引起地质科研人员和勘探局领导的高度重视。时任勘探局总地质师陈义贤等局领导决定由局勘探处具体负责铀矿项目的前期考察与评价，论证辽河油田开展铀矿勘查与开发的可行性，包括国家政策、经济效益和社会效益。

通过对新疆核工业 216 地质大队、天山铀业公司、核工业北京地质研究院等单位调研，初步了解了砂岩型铀矿成矿理论、找矿技术手段、采矿工艺方法及我国的铀矿勘查、开发等相关业务状况。调研认为地浸砂岩型铀矿具有埋藏浅、矿量大、采矿成本低、有利于环保等经济技术优势。国家迫切需要大量的铀资源以满足核电事业发展和其他方面经济建设的需求，从而增强坚定了辽河油田开展铀矿勘查的信心和决心。

一、查明产生放射性异常的原因

1997 年 5 月，辽河油田勘探处委托核工业地质局、核工业北京地质研究院等单位组织专业技术人员通过 γ 总量测井和 γ 能谱测井等技术手段，对优选的钱家店凹陷钱 11 井、钱 12 井和钱 21 井 3 口石油探井的放射性异常井段进行重复检测，落实产生异常的原因、异常类型、异常强度和分布特点。

1997 年 10 月，辽河油田勘探处委托核工业地质局在钱家店凹陷的石油探井钱 12 井原井场部署施工了铀资源评价井 QC1 井，在 271.36~280.26m 井段见到矿化显示，最高品位 > 0.1%，平均品位 0.0115%，矿层厚度 8.9m，铀量 2.18kg/m^2，达到铀量 1kg/m^2 的工业标准。此外，通过岩、矿芯样品，开展了岩石物性、常量微量元素、伴生元素、稀土元素以及氧化还原参数、U—Pb 同位素年龄分析等测试研究。

通过以上工作得出如下结论：

（1）探矿区内石油井发现的放射性异常是铀矿化引起的，铀矿化层分布稳定且达到了地浸砂岩型铀矿床的工业标准，具有很高的工业价值。

（2）白垩统具有较稳定的泥—砂—泥构造，有利于形成层间氧化带。

（3）含矿砂体厚度适中，透水性良好，含矿地层含有有机质、硫化物等还原物质。

（4）含矿层埋藏浅，地层产状平缓，地下水资源丰富，有利于应用地浸工艺采铀。

二、组建机构

1998 年初，为推动铀矿勘查项目发展，辽河石油勘探局将其划归经济贸易置业总公司下属的大龙实业公司管理。大龙实业公司经理张恩孝亲自负责，并组建铀矿项目组，项目组成员包括孙希勇、郑纪伟、葛家明、石建议等。当年主要完成了四个方面工作：

（1）寻求合作单位，共同开展铀矿勘查。在辽河石油勘探局总地质师陈义贤、经济贸易置业总公司副总经理于雷带领下，先后多次与核工业北京地质研究院、核工业地质局联系并达成合作意向，后因核工业方面的上级领导干预，导致合作搁浅。

（2）申请铀矿探矿权，取得国家有关部门的支持。辽河石油勘探局是我国首个除核工业系统以外获得具有铀矿地质勘查资质的法人单位。申请矿权 4 块，面积 7399km^2。

（3）争取地方政府支持。时任勘探局主管领导王春鹏、李厚国、陈义贤和局相关管理部门多次与通辽市政府联系，通过召开协调会等形式，探讨作为国有石油企业兼探铀矿对支持国家经济建设和促进地方经济发展的重要意义，达成共识，求得理解、认可和支持。

（4）动用钻井工程，开展铀矿地质普查揭露。当年完成铀矿钻井 14 口。其中评价井 3 口，普查井 11 口。其中 3 口评价井中，QC2 井部署在煤田勘查井湖 1 井原井场，QC3 井部署在原石油井钱 21 井西南 4.5m 处。BC1 井部署在陆家堡西部凹陷庙 3 井原井场。普查井都集中部署在钱家店凹陷钱Ⅱ块。当年初步控制含矿面积 0.67km^2。

1999 年 3 月，为加强对铀矿工作的领导，辽河石油勘探局组建“辽河石油勘探局通辽铀矿”（以下简称“通辽铀矿”），行政上隶属辽河石油勘探局经济贸易置业总公司，负责整个辽河油区的铀矿地质勘查与开发。同年辽河铀矿勘查业务正式纳入辽河石油勘探局年度计划，具体由通辽铀矿组织实施。

三、早期资源评价

1997—1998 年，主要完成了《西辽河盆地外生砂岩型铀矿研究及早期资源评价》《钱家店凹陷 QC-1 钻孔异常层工业评价研究》（1998.2）、《钱—陆凹陷放射性异常层工业评价研究》（1998.3）《开鲁盆地钱Ⅱ块外围 BC-1、QC-2、QC-3 钻井铀矿地质评价》等项目的研究。研究认为钱家店凹陷具有良好的可地浸砂岩型铀矿的形成条件，钱Ⅱ块是最好的铀成矿远景区。钱家店凹陷上白垩统姚家组为主要含矿层位，铀成矿作用可能与有机质及深部上升油气的还原作用有关。

《西辽河盆地外生砂岩型铀矿研究及早期资源评价》是第一份早期资源评价报告。该项目由原局勘探处副处长吴泽坚负责，研究人员有吴泽坚、杨景云、周绍强、郑纪伟、里宏亮、张泽贵等。报告从区域及研究区地质特征、铀成矿地质条件、铀矿床类型研究出发，预测辽河外围开鲁坳陷具有形成大型可地浸砂岩型铀矿床的物质基础。

第二节 重点详探，落实储量阶段（1999—2001 年）

1999 年起，辽河石油勘探局自筹专项资金，动用十余台钻机，重点对钱 II 块开展铀矿勘查。在钱 II 块 06-07 勘探线之间按 200m×200m-100m 钻探网度求控制资源量，100m×100m 钻探网度求探明资源量。当年度共完井 48 口，其中探矿井 36 口，水文地质井 9 口，地浸试验井 3 口。2000 年按 200m×200m-100m 勘探网度补充勘探，完钻孔 30 口，其中探矿孔 14 口，水文地质孔 7 口，地浸试验孔 9 口。

1997—2000 年，钱 II 块矿区共完成普查、详查和勘探钻井 95 口，其中 06-07 之间的井网密度已满足了上报资源 / 储量的要求。

按照上报铀矿储量规范要求，在加大钱 II 块钻探工作的同时，开展了钱 II 块铀成矿地质特征、铀成矿规律、水文地质特征和钱 II 块地浸采铀柱浸实验研究及现场地浸采矿条件实验。

一、钱 II 块铀成矿地质特征和铀成矿规律

通过钱 II 块铀成矿地质特征和铀成矿规律研究，初步明确了松辽盆地西南部地质构造演化历史，指出蚀源区岩石和盆地构造演化史对形成富铀砂体和层间氧化带及提供铀源有利。取得的成果及认识有：

（1）整个盆地演化过程大致经历了盆地初期（早白垩世）的断陷阶段、中期（晚白垩世）的坳陷阶段和晚期（晚白垩世末期及古近纪、新近纪）的萎缩阶段。

（2）蚀源区的中酸性侵入岩类是形成富铀砂体的良好物源，也是提供含铀含氧水的重要条件。

（3）明确了钱家店凹陷姚家组地层是寻找砂岩型铀矿的主要目的层，属辫状河流相沉积体系，具有很好的泥—砂—泥结构，单层砂体厚度为 10~45m，延伸稳定。

（4）查明了矿石物质成分和铀的存在形式。矿石呈细粒结构，多数较疏松，少数胶结较好、较致密。矿石碎屑成分以长石为主，含少量岩屑；黏土矿物以高岭石为主，伊利石、伊蒙混层次之。铀在矿石中以分散状吸附为主，有利于地浸，富矿石含少量沥青铀矿。

（5）初步确定含矿砂体中与铀共生、伴生的元素为金属铼（Re），达到综合利用工业指标（0.2μg/g），平均铼含量达 0.483μg/g。铼的分布与铀矿体分布相吻合。通过含矿面积和矿体厚度估算，预测钱家店铀矿床钱 II 块可综合利用的铼资源量 9t 左右，且随着勘查的不断深入，铼资源量还会有所增加。

此外，在成矿规律及矿床成因研究方面也取得重要突破：

（1）查明了钱家店铀矿床矿体分布规律。上白垩统姚家组下段砂体分布有三层矿体，主矿体分布在姚家组下段上部；上白垩统姚家组上段砂体分布有三层矿体，主矿体分布在姚家组上段下部。

（2）明确了矿床具有同生沉积铀成矿作用。铀矿体位于姚家组沉积期辫状河流沉积体系中的洼地，该地段富含有机质、硫等还原剂，并富含泥岩粉砂岩透镜体，砂体对铀成矿具备较好的吸附和还原能力，有利于铀的同生沉积预富集，沉积成岩期铀的预富集是铀成

矿的基础。获得同生沉积成矿年龄为96±14Ma，与姚家组沉积年龄相当。

（3）确定了后生改造叠加铀成矿作用。认为钱家店（钱Ⅱ块）铀矿床是同生沉积加后生改造叠加成因的砂岩型铀矿床。一是在晚白垩世晚期——嫩江末至明水期发生了强烈的反转隆升及断裂构造活动，深部含油气水沿贯通断裂上渗，并使原来的含铀含氧水发生二次还原形成二次铀矿化；二是矿区东南侧大范围的姚家组地层裸露区，含氧水渗入形成层间氧化作用，与深部油气渗出水相遇形成氧化——还原沉淀区，有利于铀的后生富集；三是古近纪至新近纪时期本区又一次较强烈的隆升掀斜构造活动，在矿区NE和SW几千米范围内形成姚家组的构造天窗，为地表含铀含氧水渗入姚家组地层提供了良好的通道；四是在隆升掀斜反转构造活动期间有辉绿岩脉侵入，提高了地下流体的温度，驱使地下水对富铀地层进一步改造、迁移、富集，并伴随着深部还原性流体的渗入，形成新的铀成矿作用。获得后生改造叠加成矿年龄为67±5Ma、53±3Ma和40±3Ma，是本矿床主要的成矿时期。建立了钱家店铀矿床的"预富集—构造—油气—层间氧化"四位一体的成矿模式。

二、水文地质研究

（1）通过区域水文地质调查，基本查明了区域水文地质条件和区域水文地球化学环境，为矿床水文地质评价提供依据。

开鲁坳陷主要赋存有第四系松散层孔隙潜水和中生界碎屑岩孔隙承压水。潜水含水层厚度大，富水性强，涌水量大（第四系潜水是区域上供水水源地，也是矿山的最佳供水水源）。承压水具有多层含水层结构，由多个沉积旋回沉积的多层泥—砂—泥的结构，有利于层间氧化带的形成和发育。地下水水化学类型简单，潜水以HCO_3-Ca·Mg型和HCO_3-Na（Ca）型为主，矿化度在0.3g/L左右，最高达0.88g/L。承压水以HCO_3-Na和HCO_3·Cl-Na型水为主，矿化度为1.0~5.7g/L。

（2）根据区域水文地质条件和水文地球化学环境分析，认为钱家店凹陷的地质环境有利于可地浸砂岩型铀矿的形成和富集。在盆地的其他凹陷也有多个地段存在良好的层间氧化带发育条件，都具有一定的成矿条件和储矿空间。

（3）在钱Ⅱ块铀矿床范围内，已基本查明矿床水文地质和地浸采矿的水文地质条件，其勘探程度已基本满足了规范要求，达到申报储量标准。

（4）矿床基本具备地浸开采条件，但其经济价值有待地质—地浸工艺研究及野外现场地浸试验后方能做出准确评价。

三、室内地浸采铀工艺研究

1999年委托核工业衡阳第六研究所对钱Ⅱ块开展实验室柱浸（酸法）试验研究，内容包括：

（1）矿石工艺矿物学研究。

通过采集矿石和围岩样品分析测定矿物组成、化学成分，确定铀的赋存状态及嵌布特征，四价铀与六价铀的比例及矿石和围岩渗透性能、孔隙度等参数。

（2）浸出试验。

①静态浸出试验。初步评价矿石的浸出性能。

②散样柱浸试验。测定岩心原状样、散状样的渗透系数测定、浸出液金属浓度测定及

浸出率、液固比、浸出剂耗量、浸出速度与渗透速比值等。

③矿石浸出后，清水洗涤试验。

（3）浸出液处理工艺试验。

（4）新产品标准工艺优化试验。使产品"111"品质达到新颁布的标准要求。

通过上述一系列分析测试研究认为钱Ⅱ块铀矿床矿石矿石中的铀组分易于浸出，适合地浸开采，具备现场开展地浸采矿条件试验的条件。另外，矿石中金属铼（Re）的含量高出综合利用指标30倍以上，可以考虑综合回收利用。

四、酸法地浸采矿现场条件实验

2000年4月委托陕西省核工业地质调查院在钱Ⅱ块铀矿床钱Ⅱ-02-03井地段开展酸法地浸采矿现场条件试验，同年12月提交了《内蒙古通辽市钱家店钱Ⅱ块铀矿床钱Ⅱ-02-03地段原地浸出研究报告》。

通过钱Ⅱ-02-03地段的地浸试验，对钱Ⅱ块铀矿床的地浸采矿工艺特征有了一定的认识和了解。试验中钱Ⅱ块铀矿床2号矿体的厚度和品位、顶底板相对稳定，抽出液中铀的最高含量达到151.43mg/L，矿床具有可浸性，基本具备了地浸采矿的地质条件。

但是，由于矿层中含有碳酸盐夹层导致地下水中的碳酸盐含量较高，采用酸法溶浸液一方面要产生较高的耗酸量，而且注入的酸溶液容易与地下水中的钙离子生成难溶物质（$CaSO_4$），不断沉淀在矿层岩石颗粒孔隙间，最终造成地层堵塞。说明钱Ⅱ块铀矿床不适合酸法地浸采矿。

钱Ⅱ块02-03地段的酸法地浸试验获得的试验资料和数据，为后来引进和开发"无试剂"地浸采矿技术研究提供了重要参考价值。

五、储量参数研究及储量上报

储量参数研究内容包括：确定矿体的品位、厚度、平米铀量、矿石渗透率、面积、铀镭系数、镭氡系数等。2001年10月提交《钱家店（钱Ⅱ块）铀矿床06-07号勘探线地质勘探》。该报告经国家储委放射性矿产资源评审委员会在辽宁省丹东市组织专家评审通过。认定铀资源/储量3437.5t，其中探明储量523.3t（331类型），控制储量2726.3t（332类型），推测储量187.9t（333类型）。

参加评审的专家一致认为钱家店铀矿床是松辽盆地发现的第一个砂岩型铀矿床，是松辽盆地铀矿找矿工作的重大突破，对今后松辽盆地找铀具有重大意义。它既奠定了松辽盆地作为我国北方重要产铀盆地之一的地位，也预示着该盆地具有良好的成矿和找矿前景。（钱Ⅱ块）铀矿床是我国发现的第一个板状砂岩铀矿床，该矿床矿体规模之大属国内砂岩型铀矿之最；矿体形态简单、稳定性及连续性之好也是国内罕见。对其成矿条件及成因机制的研究填补了我国对该类型铀矿床研究的空白。建立的成矿模式对指导松辽盆地铀矿找矿工作有着重要的指导作用。辽河油田率先在国内涉足铀矿地质勘查和开发领域，开创石油行业综合找铀的历史先河，充分体现了综合找矿的路线，具有深远的社会效益。已认定其潜在的铀资源量具有很高的经济价值，将为企业创造可观的经济效益。

在认真分析、总结钱家店铀矿床区域铀成矿地质背景和成矿地质条件基础上，进一步阐述了钱Ⅱ块铀矿床的成矿特征和成矿规律，预测钱Ⅱ块铀矿床的总资源量可达万吨以上。

第三节　突破地浸工艺，实现地浸开采阶段（2002—2004 年）

企业投资的主要目的是获取最大的经济效益，在已落实钱Ⅱ块铀矿储量/资源情况下，将天然铀资源转化为产品成为辽河铀矿项目的首要任务。特别是由于现场酸法地浸采铀的失利，寻找合适的地浸采矿工艺技术成为实现矿床开发利用的关键。

2001 年 3 月，原辽河石油勘探局总地质师陈义贤通过天津冶金地质研究院，了解到乌兹别克斯坦纳瓦依矿山冶金公司掌握的"无试剂"地浸采矿技术可以帮助解决碳酸盐较高的低渗透矿床的地浸采矿难题。于是，2001 年 8 月由陈义贤带队，成员包括曹仲秋、郑纪伟、孙希勇和康英丽一行五人组成考察小组前往乌兹别克斯坦纳瓦依矿山冶金公司考察"无试剂"地浸采矿工艺技术。通过现场观察和专家介绍，初步了解到"无试剂"地浸采矿工艺技术就是采用氧气—微酸或无酸等方法进行地下浸出。首先采用向矿层注入空气改造层间水，形成氧化环境，并在一定程度上达到改造矿层渗透性的目的。而后，采用加大抽液量和注液量，继续向矿层注入含氧水溶液进行铀的浸出生产。

采用"无试剂"地浸采矿工艺技术代替传统的酸法浸出，可以改善矿层的渗透性，增大抽注井间距，减少钻探工作量，达到进一步降低生产成本提高经济效益的目的。同时，由于处理后的浸出液的 pH 值为 6~7.2，不影响动植物的生长，大幅度降低对周围环境的污染。纳瓦依矿山采用"无试剂"地浸采矿工艺技术采矿的乌奇库杜克铀矿床的地质条件和钱Ⅱ块铀矿床比较接近，引进其特有的采矿技术成为解决钱Ⅱ块铀矿床开采的最佳途径。

2002 年 1 月 15 日，辽河石油勘探局与纳沃伊矿山冶金公司签订了№ 02LPEB04-8501-UZ 关于《钱二块铀矿床"无试剂"地浸采铀工艺技术服务》合同，根据合同规定，纳沃伊矿山冶金公司作为受托方应该完成以下工作：

（1）根据钱Ⅱ块铀矿床特征，制定"无试剂"地浸采铀地质工艺技术规程；

（2）现场指导试验工作，对操作人员进行技术培训；

（3）提供各种技术资料。

受托方制定的工艺技术规程应保证在金属铀浸出率不低于 70% 条件下，抽液井单井 U_3O_8 的平均产量超过 250kg/30d。

按照合同规定，试验区域选择在具有代表性的钱Ⅱ块铀矿床 SW-8A、SW-8D 和 SW-8E 三个地段，试验期限为 22 个月，分两个阶段进行。

第一阶段为 2002 年 4 月 1 日至 11 月 15 日。具体包括对前期资料进行综合分析研究，对试验段的工艺井进行必要的检查维修，抽水洗井，水文地质抽水试验，开采方法试验和矿层注压缩空气试验，根据 B.A. 格拉诺夫尼科夫法进行双井地质工艺试验。通过上述工作，在确保单井月产量不低于 250kg 的同时，达到获取地浸采铀试验工艺过程的数据和资料，确定基本地质工艺参数的目的，为以后的现场试验和工业开采做准备。

第二阶段为 2003 年 3 月 15 日至 11 月 15 日。在第一阶段工作基础上，采用 4 注 1 抽的布井方式，选择在 SW-8E 地段继续进行现场试验—现场工业采矿试验，目的是获取准确的地浸采铀地质工艺参数，为钱Ⅱ块铀矿床工艺采矿设计提供依据。

受托方乌兹别克斯坦纳瓦依矿山冶金公司分别于 2002 年 11 月提交了《钱Ⅱ块铀矿床地浸采铀试验阶段性工作总结报告》，于 2004 年提交了《钱Ⅱ块铀矿床地浸采铀试验报告》。两份报告的结论是"无试剂"地浸采铀工艺适用于钱Ⅱ块铀矿床的地质工艺条件，应用此方法开采钱Ⅱ块铀矿床具有高效性。

2004年下半年乌兹别克斯坦的专家回国。辽河油田通辽铀矿在原工作基础上，继续进行地浸采矿试验，结合现场试验中容易出现的地层堵塞情况，开展减少地层堵塞和矿层保护的技术改进、溶浸液及解堵剂的配制、地表水冶工艺、生产过程中的环境保护及后期退役环境治理方面的室内和现场研究，收到显著效果。不仅进一步完善了"无试剂"地浸采铀技术，使钱Ⅱ块铀矿床地浸采铀工业生产流程更加合理化，并结合试验生产"111"产品5t左右，后经与核工业总公司协商，由核工业矿冶局北方铀业公司回收。

试验表明"无试剂"地浸采铀工艺适合于钱Ⅱ块铀矿床，可以转入矿山设计和工业采矿阶段。

第四节 扩大勘探，规模增储阶段（2005—2013年）

2005年初，国土资源部发文明确允许多种行业、多种经济成分参与铀矿勘探开发。国家政策的支持进一步坚定了油田找铀的信心。为了扩大铀资源储量规模，决定加快勘查步伐，进一步扩大找矿区域，提出了立足开鲁坳陷优选有利勘查区，寻找埋深浅、品位高、厚度适中、有利于地浸开采的经济高效的砂岩型铀矿，争取形成万吨级规模，为建设较大规模核燃料（天然铀）生产基地奠定基础的工作目标。至此，揭开了辽河油田扩大铀矿勘查的序幕。

在扩大勘查的过程中，储量和产量都有大幅度的提升，在核行业系统引起强烈轰动，中国石油天然气集团有限公司也极为关注此项业务的进展，公司高层相关领导和相关部门多次听取辽河油田汇报并亲自到现场考察，并指示"要坚持用自己的队伍，自己的技术，自己的储量搞试采；以钱家店凹陷为阵地，进行总体部署，拿到（3~5）×10⁴t控制储量。"促使自2010年起，将辽河铀矿地质勘查业务纳入中国石油天然气集团有限公司年度计划，由集团公司按年度下拨铀矿专项勘查资金，支持和确保辽河铀矿事业的顺利发展。为此，辽河油田在原通辽铀矿基础上组建新能源开发公司，负责铀矿等业务的勘查管理工作，辽河油田勘探开发研究院也相应成立铀矿研究室，开展勘查部署及成矿地质综合研究。由于集团公司的重视，进一步加强和理顺了铀矿勘查项目管理，实现队伍落实，资金落实，任务目标落实，为辽河铀矿事业的持续发展指明了方向，奠定了基础。

一、坚持勘探钱Ⅱ块，落实第一个大型铀矿床

按照深化勘探、扩边增储，加强研究、提高效益的总体指导思想。围绕寻找大型铀矿床的目标，对钱Ⅱ块及周边地区展开部署，储量规模不断扩大。

2001年，在完成申报钱Ⅱ块06-07线资源量之后，扩大了对钱Ⅱ块的勘探范围，主要以06-07号勘探线之间的勘探工作为基础，向西南方向的08-20勘探线拓展，重点查明姚家组上段的铀矿化，在05-13线间重点查明姚家组下段的铀矿化。

2005—2007年，在钱Ⅱ块共施工120个钻孔，总进尺35572.3m。完成了06-20及05-13线之间的详查与勘探，并于2008年初通过国家放射性矿产储量评审委员会评审验收。储矿体面积681510m²，总资源量2030.0t。其中331类型300.7t，占总资源量的14.8%，332类型1076.3t，占总资源量的53.0%，333类型653.0t，占总资源量的32.2%。钱Ⅱ块总资源量达到5467.5t。

2008—2012 年，共施工钻孔 286 个，总进尺 102818.50m。完成了钱 Ⅱ 块 02-33 线的详查工作，并于 2013 年通过国家放射性矿产储量评审委员会评审验收，矿体总面积 2141487m²，总资源量为 7906.2t。其中 332 类型 3703.6t，占总资源量的 46.84%；333 类型 4202.6t，占总资源量的 53.16%。

钱 Ⅱ 块经过 16 年的勘探，通过 3 次向国家放射性矿产储量评审委员会提交资源 / 储量 13373.7t，使钱 Ⅱ 块的总资源量达到国家大型铀矿床规模。

配合勘查部署在成矿规律研究方面也取得新进展。一是明确提出本矿床具有同生沉积铀成矿作用，铀矿床位于姚家组沉积期辫状河流沉积体系中的洼地，姚家组砂体对铀成矿具备较好的还原能力，有利于铀的同生沉积预富集；二是阐述了不同时期后生改造叠加铀成矿资作用。（1）在晚白垩世晚期—嫩江沉积期末至明水沉积期发生了强烈的反转隆升、掀斜及断裂构造活动，形成了较好的地下水动力学条件。该反转构造活动是松辽盆地油田流体渗出的主要构造期，深部含油气水沿贯通断裂上渗，并使原来的含铀含氧水发生二次还原形成二次铀矿化。（2）古近纪—新近纪时期本区又一次较强烈的隆升掀斜构造活动，在矿区 NE 和 SW 几千米范围内形成姚家组的构造天窗，且矿区东南侧有大范围的姚家组地层裸露区，为地表含氧水渗入姚家组地层提供了良好的通道。含铀含氧水顺层向姚家组深部运移并溶解地层中的铀，再次与沿断裂渗出的深部油气水相遇，形成氧化还原地球化学障，可能是本矿床的主要成矿期。由此确定钱家店（钱 Ⅱ 块）铀矿床是同生沉积加后生改造叠加成因的砂岩型铀矿床。

二、甩开勘探，发现 2 个新区块

（一）甩开勘探，发现钱 Ⅲ 块

2008 年，在钱 Ⅲ 块第一个探井 QC9 获得工业矿层，是继钱 Ⅱ 块之后，在姚家组上段发现的一个整装铀矿段。当年共完成钻井 18 口，初步控制 QC9 井区和钱 Ⅲ-35-08 井—钱 Ⅲ-27-04 井两个含矿区带。概略估算钱 Ⅲ 块（333 类型 +334 类型）内蕴经济资源量 4149.0t。

2009 年在钱 Ⅲ 块开展详查，完成详查井 26 个，新增资源量 265.1t。钱 Ⅲ 块铀矿床总资源量达到 4459.1t。达到一个中型铀矿床的规模。

2010 年在钱 Ⅲ 块进一步开展详查，完成详查井 24 口，由于详查井矿化情况变化大，通过复算后，资源量减少 543t，资源量总量降为 3871.1t。同时优选钱 Ⅲ 块 27-04 井区开展新区地浸采矿试验，试验结果表明：该区块属于埋深大、低渗透、高承压的铀矿床，水文地质条件复杂程度属于第一类型—水文地质条件简单的矿床，地浸水文地质条件介于第二型与第三型之间为有利—较有利。

通过三年的勘查，发现钱 Ⅲ 块含矿带较窄，矿体变化快，矿化规模相对较小，此后，减少了钻探工作量。

（二）甩开勘探，发现钱 Ⅳ 块

2008 年 10 月，在钱 Ⅳ 块部署完钻的预查井 QC19 井在 368.95~376.75m 井段见良好的工业铀矿层，矿层厚度 7.8m，品位 0.062%，平方米铀量 14.26kg/m²。QC19 井是钱家店凹陷铀矿扩大勘探进程中获得的重大突破。按照 400m×400m 普查井网度，初步估算 QC19 井单井控制的（334 类型）内蕴经济资源量 2289.6t。

QC19 井区构造平缓，成矿地质条件优越，且矿层厚度大，平均品位高，应具有较大的成矿规模。预示着钱 Ⅳ 块具有形成大规模铀矿化的勘查潜力。按照点面结合、突出重点；立足已知、逐步展开勘探部署思路，2008—2013年在钱Ⅳ块共实施钻井口，累计控制铀资源储量30892.4t，达到国家特大型铀矿床规模标准。

三、区域勘查初见成效

按照立足钱家店凹陷中段，继续扩大储量规模；强化区域预查，优选新探区的部署思路。在以钱Ⅱ块、钱Ⅲ块和钱Ⅳ块为中心，继续扩大储量规模的同时，沿钱家店凹陷南北两段及其他凹陷开展钻探预查评价，获得新突破。

（一）钱家店凹陷重点地区普查，发现多个新矿点

在钱家店凹陷成矿地质条件综合分析的基础上，为继续扩大勘查成果，在发现钱Ⅲ和钱Ⅳ之后，继续开展区域井的钻探工作。2009—2013年，共完钻区域井53口，工业孔18口，矿化孔35口，发现矿点6个潜力区带，即QC54、QC75、QC96、QC100、QC119、QC124。其中QC124井发现嫩江组新的含矿层系，含矿井段355.95~359.95m，厚度4m，品位0.0157%，平方米铀量1.33kg/m^2。6个潜力区带中除QC100外，其余3口井都具有矿化层少、单层厚度薄且不连续、品位相对较高，但平方米铀量较低的特点。在综合评价优选的基础上，开展了QC100井区的详查工作。

2011年钱Ⅴ块采用400m×400m勘查工程间距完钻探井32口，其中获工业矿井10口，矿化井21口，新增资源/储量2661.2t；

2012年完钻井16口，工业铀矿井7口，铀矿化孔9个。新增资源/储量1756.1t；

2013年完钻孔5个，工业铀矿孔1个，铀矿化井4口。新增资源/储量102t。

通过三年的钻探勘查，在钱Ⅴ块共控制铀资源量4519.3t，达到中型矿床规模。该矿床虽然是平方米铀量相对较低、但矿层分布稳定，仍具有较大的拓展勘探潜力。

（二）甩开勘探，预查开鲁坳陷

区域预查主要在开鲁坳陷的奈曼、陆家堡和龙湾筒地区展开。区域预查发现了青山口组、姚家组、嫩江组、四方台组和明水组含矿层系，并在陆家堡西部凹陷的四方台组获得工业矿层。

2006年，在陆家堡地区部署了3口井，3口井均见矿化异常，其中JC3井达到工业矿化指标，矿层厚度3.1m，品位0.026%，层位四方台组。JC3井获得工业矿层后，加大了对该区勘查力度，共部署预查井26口，矿化井9口。在上白垩的姚家组、四方台组、嫩江组和明水组都见到了矿化异常。矿化井多具有矿化层薄且分散、品位低的特点，未达到工业矿化标准。

2010年，根据石油井的复查结果，在奈曼凹陷实施预查井3口，2口井见到矿化显示。钻探成果表明：该区嫩江组上段砂体较发育，厚度15~20m、连通性好；嫩江组下段泥岩区域隔水层稳定发育，局部也存在内部隔水层；有利的斜坡构造、嫩江末期构造反转发育逆断层，有利于完善的补—径—排系统形成。其成矿经历了从潜水氧化到层间氧化转变的两个阶段，是有别于钱家店铀矿床的新的成矿模式。

2011年开始对龙湾筒凹陷实施钻探，截至2013年共完钻8口井。

在勘查工作取得重大突破的同时，地质综合研究工作也取得了新进展。圆满地完成了集团公司下达的《辽河外围探区铀矿成矿条件研究及有利区优选》项目，对探矿工程部署起到了积极的指导作用。获取的主要地质认识有：

（1）辽河外围地区经历了断陷、坳陷、构造反转、隆升剥蚀和差异升降五个构造发展

阶段，不同的演化阶段对砂岩铀矿的形成给予了不同的贡献。早白垩世伸展断陷阶段形成了含煤、石油、天然气的断陷层序建造，该建造富含丰富的还原流体，为砂岩型铀成矿作用的进行准备了充足的还原剂；晚白垩世早期热降坳陷阶段，沉积了研究区有利的成矿砂体组合；晚白垩世晚期构造反转、隆升剥蚀阶段形成构造剥蚀天窗，形成完整的补—径—排成矿流体系统；新近纪—第四纪差异升降阶段对先成铀矿具有保矿作用。辽河外围地区构造条件对铀成矿十分有利，尤其是晚白垩世晚期构造反转阶段和古近纪隆升剥蚀阶段是控制外围地区后生铀成矿的主构造期，同时断裂系统提供了油气向上运移的通道，为铀成矿提供了还原剂；

（2）辫状河砂体为钱家店铀矿床的富集提供良好的储集空间，辫状河砂体具有良好的渗透性、成层性和连通性，可以构成大规模的地下水流动系统，不仅为铀成矿流体提供了输导通道，同时也提供了铀的储存空间。铀矿更容易在具有一定砂体厚度和泥质含量、非均质性增强，物性条件适中的河道微相砂体中富集；

（3）辫状河沉积洼地为铀成矿提供内部还原剂，在辫状沉积环境中，特别是洼地的沉积，细碎屑物中往往富集大量的有机质、植物炭屑、黄铁矿等还原性组分，虽然经常被侵蚀和冲刷，但富含还原性组分的侵蚀产物可随砂体在沉积洼地沉积下来；

（4）钱家店铀矿床是层间氧化砂岩型铀矿床，可通过层间氧化带的宏观、微观岩石学特征以及层间氧化带的地球化学特征来识别氧化、还原及氧化还原过渡带；

（5）钱家店铀矿床是以蚀源区和铀储层本身的双重铀源叠加作用而成，蚀源区内岩浆岩为最好的铀源岩，其中酸性、中—基性岩浆岩相对较好；变质岩和火山碎屑岩次之。在沉积时期，以蚀源区铀源提供为主；在漫长的后期改造成矿期，以盆地内地层自身铀源为主。两者皆为重要的铀成矿物质来源。

（6）开鲁坳陷主要发育辫状河、冲积扇及三角洲沉积。其中辫状河砂体主要以砂质沉积为主，为"砂包泥"结构。平面上分布稳定且范围较广，具有较好的连通性及成层性，物性较好；剖面上具有典型的泥—砂—泥结构，且厚度适中，是最有利的铀储层。冲积扇扇端及三角洲前缘砂体物性相对较好，具有一定的成层性，且分布较为稳定，亦具有稳定的泥—砂—泥结构，是较为有利的铀储层。

通过《辽河外围探区铀矿成矿条件研究及有利区优选》项目研究，探索了一套适合于研究区识别和定量描述层间氧化带的方法，探索了一套用氧化砂岩百分含量来及时预测层间氧化带的方法，初步建立了钱家店铀矿成矿模式，建立了石油探井铀矿化评价标准，初步探讨了铀矿富集区预测方法。

四、合作开发取得新进展

由于中国铀矿的开采权还没有放开，中国石油没有开发权，只能走与中核集团合作开发的道路。合作开发分两个阶段，即合作开发阶段和合资开发阶段。

（一）合作开发阶段

2006年7月，中国石油与中核集团金原铀业公司达成了《钱Ⅱ块铀矿床的合作开发协议》。协议的主要内容如下。

1. 合作方式

辽河油田以矿权、储量、试采成果参与合作，中核集团负责开发建设。辽河油田按产品13%（国际价）比例进行分成。

2. 合作范围

限于钱Ⅱ块铀矿床 06~07 勘探线之间的 0.62km²，探明储量 3437.5t。

3. 产能建设

2009 年底完成基本建设，2010 年建产能 150t，矿山设计生产 16 年。合作区 2009 年 11 月转入工业生产阶段，建产规模 150t/a。

（二）合资开发阶段

2012 年 7 月 5 日，中国石油与中国核工业集团有限公司，在北京正式签署《通辽钱家店地区铀资源合作开发协议》，协议的主要内容如下。

1. 时间

2012 年 7 月 5 日，中国石油天然气集团公司与中国核工业集团公司，在北京正式签署《通辽钱家店地区铀资源合作开发协议》。

2. 范围

钱Ⅱ块已完成评审的备案资源量 13373.7t，总面积 9.829km²。

3. 合资公司工作进展

2013 年 11 月 29 日，集团公司下达增资意见批复；

2013 年 12 月 31 日，双方草签合资协议；

2014 年 2 月，辽河油田选派 9 位生产、技术、财务、人事等管理人员进入合资公司。

4. 发展规划

一期工程：钱Ⅱ块实现产能 350t/a；

二期工程：钱Ⅳ块纳入合资公司开发范围，实现产能 300t/a；

5. 发展目标

2020 年，合资公司将形成"一个中心、两个矿区"的新格局，金属铀产能规模到 650t/a，建成国际一流的铀矿企业。

第五节　深化勘查，稳步增储阶段

在主要区块主体矿体都已发现后，勘查进入一个深化勘查，扩大储量规模、升报储量及伴生矿床研究阶段。该阶段勘查投入相对减少，在钱家店地区主要以扩边增储、储量升级和成矿规律研究为目的。在铀成矿主控因素分析的同时，加大铀矿勘查技术的研究。

一、钱Ⅳ块北部资源量升级

2015 年在钱Ⅳ块中段（25~32 线），按 200m-100m×100m 钻探网度勘探，向国家储委放射性矿产资源评审委员会上报铀资源量 13248.0t，探明的内蕴经济资源量（331 类型）537.2t，控制的内蕴经济资源量（332 类型）7414.3t，推断的内蕴经济资源量（333 类型）5296.5t。矿床平均品位 0.0262%，平均厚度 5.72m，平均铀量 3.19kg/m²；主要矿体长约 2950m，宽 200~1200m，平均厚度 6.82m，平均品位 0.0272%，平均铀量 3.96kg/m²，面积 1.72km²，估算铀资源量 6815.2t，占总资源量的 51.44%。

2019 年 7 月按规范要求完成了钱Ⅳ块北段 97~29 勘探线之间区域的详查工作，提交了《内蒙古通辽市钱家店铀矿床钱Ⅳ块（97~29 线）详查地质报告》，并于 2019 年 11 月通过国家放射性矿产资源储量评审中心评审。评审通过的铀矿资源量（332 类型 +333 类型）

7869.6t，平均品位 0.0242%，平均厚度 4.61m，平均平方米铀量 2.37kg/m²，其中：332 类型 4005.8t，占总资源量的 50.90%，平均品位 0.0235%，平均厚度 5.09m，平均平方米铀量 2.54kg/m²；333 类型 3863.8t，占总资源量的 49.1%，平均品位 0.0249%，平均厚度 4.18m，平均平方米铀量 2.22kg/m²。

伴生钪的资源量（333）为 275.0t，平均品位 $8.45×10^{-6}$；铼的资源量（333）为 17.9t，平均品位 $0.55×10^{-6}$。

二、精细勘探，扩大储量规模

近年来，钱Ⅱ、钱Ⅳ、钱Ⅴ块进行增储的扩边勘探成果丰硕。通过精细勘探，扩大了储量规模。

三、伴生矿床研究

钱家店铀矿田主要伴生元素有 Re（铼）、Se（硒）、Mo（钼）、Sc（钪）、V（钒）五种伴生元素，含矿砂岩中 Re、Se、Mo、Sc、V 的含量都大于地壳克拉克值，表明这五种伴生元素均有富集现象，但富集程度不同。虽然与铀相伴生并富集的元素种类繁多，然而可以综合评价利用的元素只有铼和钪。铼和钪的研究工作从 2018 年得到重视，开始进行岩性和浸出液中进行含量测试。测试结果表明：

（1）采用 ICP—MS 对岩心的微量元素进行测试。测试结果表明岩心样品中存有铼资源，其平均品位在 0.4~0.6mg/L 之间，部分样品中有 2~3mg/L 的高含量样品，充分说明铼存有高浓度区；

（2）采用 "D302-Ⅱ阴离子交换树脂富集硫脲光度法" 和 "ICP-MS 法直接测定法" 来测定地浸液中微量铼的含量，水冶车间地浸液中铼的浓度基本维持稳定，铼浓度在 0.08~0.1mg/L 之间，也出现了部分井口浓度高于 0.1mg/L 的地方，浓度的铼含量已经比新疆地浸液中的铼浓度高了 1 倍，条件十分有利。

地浸液测试结果显示，钱家店铀矿床伴生元素铼含量已达到砂岩型铼矿的开采指标，且铀矿开采过程中已将其同时带入地浸液。地浸液浓度较高。

成矿规律研究表明：铼的成矿受发育的层间氧化带控制，其活化、迁移及富集都具有与铀相似的特征；铼比铀具有更敏感的地球化学性质，部分铼晚于铀沉淀，钪矿体部分富集中心略偏移还原带一侧。

四、形成的主要勘查方法和技术

首先，通过资源评价方法的研究，形成了资源丰度类比法铀资源估算方法，方法可相对定量预测了各含矿区块的资源潜力，预测的含矿区块仍具有较大的勘探潜力，为勘探部署和规划计划提供依据；其次，进一步完善了综合找铀方法，从解剖盆地入手，充分利用石油勘探中采集的地震资料，结合铀储层的非均质性及高伽马值特性，集成了地震资料浅层目标处理技术、地震资料精细解释技术、地震储层及物性反演技术和铀矿含矿检查技术来预查铀矿富集区，形成了一套铀矿富集区预测的技术系列；最后，在充分了解传统的铀矿勘查规范的基础上，结合油气含矿区油田勘探开发特征资料特征，创新性地建立了适合含油气盆地内砂岩型铀矿的勘查方法与技术流程。形成了含油气盆地矿化异常石油井复查技术，测井储层薄层识别技术和低成本快速钻探技术和数字化编录及数据自动化统计分析等技术，有效指导其他油田矿区砂岩型铀矿勘探。

在铀矿勘查的同时，加强伴生元素的研究，从中优选出铼和钪两种元素进行其成矿条件及富集规律研究，并根据其与铀的伴生关系，初步估算其资源潜力。认识到铼和钪都有一定的资源基础，且铼的室内和现场试验都已证明其完全可以从铀矿开采的尾液中吸附出来，进行低成本开采。

总之，钱家店铀矿床的发现是松辽盆地找矿的重大突破，为石油企业找铀开辟了先河，也将成为地质行业综合找矿的典范。

第四章　地层及其分布

辽河铀矿探区位于开鲁坳陷，钻井揭露和周边出露的地层包括上古生界至新生界，累计厚度大于15000m。坳陷基底为上古生界石炭系—二叠系轻变质岩，盖层为中生界和新生界沉积。中生界的白垩系下统为主要生、储油气层系，上统是铀矿勘查的主要目的层。

第一节　区域地层

开鲁坳陷的前中生代和中生代地层分布与大地构造分区一致，赤峰—开原断裂以南属华北地层区辽西地层分区，以北属内蒙古草原地层区大兴安岭东南地层分区和松南地层分区。

辽西地层分区指郯庐断裂以西，嫩江—八里罕断裂以东，锦西—要路沟断裂为北，赤峰—开原断裂以南；大兴安岭东南地层分区，南以赤峰—开原断裂为界，北至西乌旗—扎鲁特旗一带，东以嫩江—八里罕断裂为界，西至克什克腾旗—迪彦庙一带；松南地层分区，南起赤峰—开原断裂，北止天山—茂林一线，东始于松辽盆地东缘南段，西达嫩江—八里罕断裂。辽河铀矿探区位于松南地层分区，基底为石炭—二叠系浅变质岩，沉积盖层为中生界和新生界。白垩系是辽河铀矿探区最发育的地区，厚度大，累计厚度达5000m以上；层位齐全，中国陆相白垩系三大生物群（热河生物群、松花江生物群和明水生物群）在该区皆发育；分布面积广，铀矿探区所属的开鲁盆地、彰武盆地均有分布。白垩系由10个组级单位组成，分为上统和下统，下统以断陷形式产出，为火山岩—火山碎屑岩建造、河湖相碎屑岩建造、含煤建造；上统以不整合形式覆盖在早白垩世地层之上，以坳陷形式产出，为河湖相碎屑岩建造。

第二节　沉积充填及地层序列

据地表露头和钻井揭示，辽河铀矿探区发育的地层有前中生界、中生界和新生界，大部分地区被第四系覆盖，仅在开鲁坳陷西南侧、南侧边缘地带有出露。

一、前中生界

前中生界构成铀矿探区的基底，由上古生界石炭系—二叠系石灰岩、砂岩、板岩、砂页岩、粉砂质页岩、火山碎屑岩、火山岩组成（图4-2-1）。

二、中生界

中生界是开鲁坳陷的主要沉积岩系，自下而上划分为三叠系、侏罗系和白垩系。

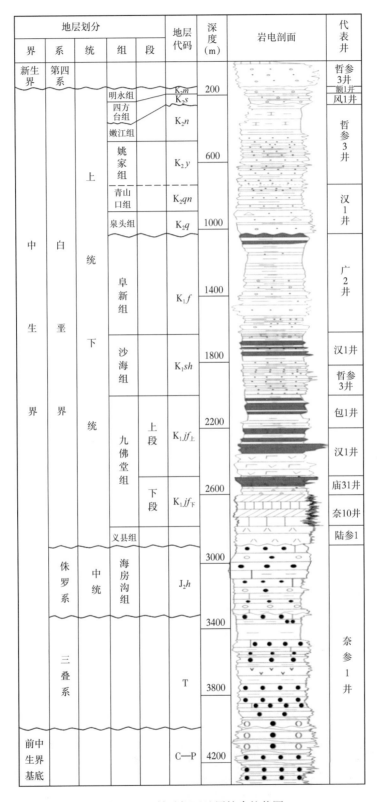

地层划分					地层代码	深度(m)	岩电剖面	代表井
界	系	统	组	段				
新生界	第四系							哲参3井
中生界	白垩系	上统	明永组		K_2m	200		额1井 / 风1井
			四方台组		K_2s			
			嫩江组		K_2n			哲参3井
			姚家组		K_2y	600		
			青山口组		K_2qn			汉1井
			泉头组		K_2q	1000		
		下统	阜新组		K_1f	1400		广2井
			沙海组		K_1sh	1800		汉1井 / 哲参3井
			九佛堂组	上段	$K_1jf_上$	2200		包1井 / 汉1井
				下段	$K_1jf_下$	2600		庙31井 / 奈10井
			义县组					陆参1
	侏罗系	中统	海房沟组		J_2h	3000		奈参1井
	三叠系				T	3400 / 3800		
前中生界基底					C—P	4200		

图 4-2-1 铀矿探区地层综合柱状图

（一）三叠系

叠系仅在奈曼凹陷奈参 1 井及八仙筒凹陷仙参 1 井钻遇，按岩性及孢粉组合特征属下三叠统哈达陶勒盖组（T_1h），自下而上划分为上下两段：

下段：以仙参 1 井 1191~2405.5m（未穿）井段为代表，视厚度 1091.5m。岩性分为上下两部分，下部为深灰色凝灰质泥岩；上部以凝灰岩为主，灰色凝灰质细砂岩及深灰色凝灰质泥岩次之，夹灰色、灰黑色泥岩、紫红色含砾泥岩、杂色凝灰质角砾岩。本井与下伏地层关系不明。

该段孢粉组合为 Calamospora—Lundbladisporites—Alisporites。其中，裸子植物花粉占优势，含量达 60.9%，蕨类植物含量次之，占 39.0%。

上段：以奈参 1 井 1143.0~1567.5m 井段为代表，视厚度 424.5m，岩性为紫红色、褐紫色泥岩夹紫红色粉砂质泥岩及泥质粉砂岩。

该段孢粉组合为 Verrucosisporites—Lundbladisporites—Chordasporites。其中，裸子植物花粉含量达 53.7%，蕨类孢子含量为 46.3%，较下伏组合含量和类型略有增加。

（二）侏罗系

分布在奈曼凹陷，根据奈参 1 井 723.5~1134m 井段揭示的岩石组合特征，属侏罗系中统海房沟组（J_2h），视厚度为 410.5m。按岩电特征分为上下两部分。下部（1014.0~1143.0m）为灰色、紫红色岩屑砂岩与紫红色、灰绿色细砾岩夹深灰色、紫红色、灰绿色泥岩，产少量孢粉化石。与其下伏三叠系哈达陶勒盖组呈角度不整合接触。

上部（760.5~1014.0m）为灰黑色、深灰色、浅灰色灰质砾岩、灰质泥岩与灰质中砂岩、细砂岩夹灰黑色泥质砾岩、粉砂质泥岩。

孢粉为 Delttoidospora—Delttoidospora—Asseretospora—Cycadopltes 组合。其中，蕨类孢子占优势，含量达 67.4%，裸子类花粉含量为 32.6%。

（三）白垩系

白垩系是铀矿探区主要沉积岩系，厚度大，累计厚度可达 5000m 以上；层位齐全，中国陆相白垩系的三大生物群（热河生物群、松花江生物群、明水生物群）均在盆地内有所发育。根据岩石特征、古生物组合特征，自下而上划分为下白垩统义县组、九佛堂组、沙海组、阜新组和上白垩统泉头组、青山口组、姚家组、嫩江组、明水组、四方台组。

1. 下白垩统义县组（K_1y）

零星出露在坳陷西南敖汉旗地区，坳陷内除奈曼凹陷外，其他凹陷均有钻遇，岩性为灰色、绿灰色、紫红色中性火山喷出岩、凝灰岩及安山质凝灰角砾岩，局部有少量的安山质角砾岩或集块岩。揭示最大厚度 916.0m。与下伏地层呈角度不整合接触。孢粉为 Densoisporites—Cicatricosisporites—Piceites 和 Densoisporites—Aequitradites—Piceites 组合。

2. 下白垩系统九佛堂组（K_1jf）

探区内各断陷广泛分布，厚度 500~1000m。按岩性特征分为上下两段：

九佛堂组下段：岩性以深灰色凝灰质砂岩、砂砾岩、凝灰岩、凝灰角砾岩为主，夹深灰色泥岩、页岩、油页岩及泥灰岩薄层，局部发育火山岩（龙湾筒凹陷）、岩盐（奈曼凹陷北部）和碳酸岩（陆家堡凹陷西部）。与下伏义县组呈整合接触。

九佛堂组上段：岩性以湖相深灰色泥质岩与油页岩为主，夹砂岩、砂砾岩。

本组富含介形类、孢粉、腹足类等化石，并产有典型热河动物群分子，如 Lycopterasp.、Ephemeropsistrisetalis、Eoestheriasp. 等。介形类以 Cyprideavitimensis—Limnocyprideajianchangensis—

Lycopterocyprisaff. liaoxiensis 组合为代表，并见有 *Cypridea aff. dorsobipina*、*C. rostella*、*C. prognata*、*Djungarica* 等九佛堂组常见的重要分子。腹足类有 *Viviparus matumotoi*、*Probaicaliavitimensis*；双壳类见 *Sphaeriumjehoense*。

孢粉以 *Cicatricosisporites—Concavissimisporites—Classopollis* 组合为代表。其中裸子植物花粉占优势，含量为54%~95.9%；蕨类孢子占 4%~45%；未见被子植物花粉。

3. 下白垩统沙海组（K₁sh）

沙海组分布较九佛堂组广泛而稳定，主要由半深湖—浅湖相的深灰色、灰黑色泥岩、油页岩夹浅灰色、灰绿色细砂岩、泥质粉砂岩组成。厚度 300~500m，最厚可达 980m。与下伏九佛堂组呈平行不整合接触。

岩性特征在不同地区或凹陷存有差异。陆家堡凹陷东、西部差异主要表现在前者底部为一套褐灰色油页岩夹深灰色泥岩，后者为深灰色泥岩夹油页岩；钱家店、龙湾筒及奈曼凹陷主要为湖相泥岩。

本组介形类以 *Limnocyprideaqinghemenensis—Cyprideaunicostata* 组合为代表；腹足类有 *Bellamyafengtienensis*、*Viviparus matumotoi*、*Beiiamyaclavilithiformis*、*Propaicaliagerassimovi*、*Zaptychiusdelicatus* 等；双壳类有 *Sphaeriumjeholense* 及 *Sph.anderssoni*；

孢粉组合为 Cycataricosisporites—*Abdi*verrucospora—Piceaepollenites。顶部出现了少量的被子植物花粉。

4. 下白垩统阜新组（K₁f）

盆地各凹陷广泛分布，为一套湖盆回返收缩期的浅湖相、三角洲相及河流沼泽相沉积。由于各凹陷遭受不同程度剥蚀，沉积厚度差异较大，陆家堡凹陷东部三十方地洼陷沉积厚度可达 1200m；奈曼、陆家堡凹陷西部及龙湾筒凹陷沉积厚度为 200~600m；钱家店凹陷仅有 260m。岩性为灰色粉砂岩、砂岩、灰绿色凝灰质砂岩、砂砾岩与灰色泥岩、粉砂质泥岩呈不等厚互层，下部以泥岩、粉砂质泥岩居多；上部以砂质岩为主，泥岩含炭屑较多。含介形类、腹足类及孢粉化石。与下伏沙海组呈整合接触。

介形类以 *Cyprideaglobra—Darwinulacontracta—Ziziphocyprissimakovi* 组合为代表。腹足类有 *Viviparus sp.*、*Tulotomoides sp.*、*Probaicaliagerassimovi*、*Zaptychiusqanshengxigouensis*。

孢粉为 *Cicatricosisporites—Laevigatosporites—Pilosiporites—Asteropollis* 组合。其蕨类孢子含量较下伏地层明显增长，被子植物花粉开始出现，主要有 *Clavatipollenites*、*Asteropollis* 等。

5. 上白垩统泉头组（K₂q）

主要分布在龙湾筒和张强地区，由冲剂扇和河流相灰白色、紫红色、砖红色或杂色砂砾岩、砂岩夹红色泥岩、粉砂质泥岩组成。分选差，最大砾径10cm，次棱角—次圆状，泥质胶结。孢粉组合以裸子植物花粉占优势，蕨类植物居次要地位，被子植物有一定数量，主要分布在龙湾筒地区，厚度 215~425m，与下伏阜新组呈不整合接触。

6. 上白垩统青山口组（K₂qn）

该组中下部以浅灰色、深灰色泥岩为主，粉砂质泥岩次之，局部夹浅灰色砂砾岩、细砂岩、粉砂岩。富含介形虫、腹足类化石，含炭屑和黄铁矿；上部为浅灰色砂砾岩、砂岩及灰、绿色泥岩。本组产西氏枣星介、肋纹枣星介等化石，蕨类植物孢子含量增多。各凹陷广泛分布，厚度 117~236m。

7. 上白垩统姚家组（K₂y）

为松辽盆地南部重要的含矿岩系。岩性主要为灰色、浅灰色、浅红色、黄色砂岩、泥砾岩、砂砾岩，夹紫红色、灰色泥岩及粉砂质泥岩，局部见植物碎屑等。与下伏青山口组呈平行不整合接触。厚度变化较大，陆家堡凹陷为19~66m，奈曼凹陷为46.0m，龙湾筒凹陷为80~200m，钱家店为90~240m。

介形类以 *Cyprideaexernata—Triangulicypris*（外饰女星介—三角星介）组合为代表，主要分子有 *Cyprideainfidelis*，*C.tera*，*C.concinaformis*，*Traperoidellamundulaformis* 等。

8. 上白垩统嫩江组（K₂n）

嫩江组下部以钙质砂岩、薄层鲕状灰岩为主，上部为深灰色泥岩。含丰富的孢粉、介形类、叶肢介等化石。与下伏姚家组为连续沉积。厚度变化大，陆家堡凹陷为30~77m，奈曼凹陷为52m，龙湾筒凹陷为80~200m、钱家店为30~110m。

介形类以 *Cyprideagungsulinesis—C.Liaohenensis—Lycopterocyprisvialida*（公主岭女星姐—辽河女星介—肥胖狼星介）组合为代表。

孢粉以 *Schizaeoisporites—Classopollis—Beaupreaidites*（希指蕨孢—克拉俊粉—基柱山龙眼粉）组合为代表。

9. 上白垩统四方台组（K₂s）

分布于龙湾筒凹陷、奈曼凹陷、陆家堡凹陷。以棕红色粉砂质砾岩、砂岩与泥质粉砂岩为主，夹有绿灰、灰绿、棕红色粉砂岩，含灰白色钙质团块。含介形类、孢粉、腹足类、轮藻类化石，厚40~200m，与下伏嫩江组呈角度不整合接触。

10. 上白垩统明水组（K₂m）

分布于龙湾筒凹陷、陆家堡凹陷东部地区。岩性为冲、洪积相灰、浅灰色长石砂岩夹红色泥岩、砂质泥岩及泥质细砾岩，含腹足类、介形类、瓣鳃类等化石，厚度为30~100m，与下伏四方台组为连续沉积。

介形类以 *Talicyprideaamoena*（愉快似女星介）组合为代表。腹足类有 *Truncatella sp.*（截螺），*Valvata sp.*（盘螺）。

孢粉以 *Schizaeoisporites—Aquilapollenites*（希指蕨孢—鹰粉）组合为代表。

三、新生界

开鲁坳陷新生界分布范围广，厚度薄，以新近系和第四系为主。

（一）古近系

古近系渐新统依安组（E₃y）为灰色粉砂质泥岩夹煤层，厚度不大，一般不超过100m。与下伏明水组呈角度不整合接触。由于新构造运动，盆地抬升，缺失古新统（E₁）和始新统（E₂）。

（二）新近系

新近系仅发育泰康组，下部为灰白色砂砾岩，中部为灰色细砂岩，上部为黄绿、灰绿色泥岩、砂质泥岩，共同组成一个完整的沉积旋回。厚度50~80m，最厚达150m。变化趋势是东部厚、西部薄，与下伏白垩系呈平行不整合接触。

本组含少量植物及昆虫化石，介形虫：*Candoniellaaff. suzini*、*Eucyprisaff. Privis*，*E. cf. Stagnalis* 等。

（三）第四系

第四系为一套以河湖沉积和风沉积为主的地层。岩性为灰白色松散细砂层，顶部为黄色表土。

第五章 成矿地质条件

辽河铀矿主要赋存于上白垩统中。较丰富的铀源，适宜的水文地质条件，"泥—砂—泥"的岩石组合，发育的砂体，反转构造"天窗"和贯通的深断裂及多种类型的还原介质为铀矿床的形成提供了良好条件。

第一节 铀源条件

充足的铀源供给是砂岩型铀矿床形成的基础。通过铀源类型、品质、析出率及析出量等方面的研究，可以揭示铀源对成矿的作用过程、机制，为以后的找矿勘查提供理论指导。

一、蚀源区铀源条件

（一）铀蚀源区

辽河铀矿探区沉积期发育的铀储层和层间氧化期的层间承压水都主要来自西南部的燕山造山带和西北的大兴安岭地区。

1. 西部大兴安岭构造带

大兴安岭构造带赋铀岩体广泛发育。中生代及之前的岩浆活动较为频繁，岩石类型主要包括花岗闪长岩、正长花岗岩、二长花岗岩和花岗斑岩。按岩浆作用可划分为中—晚三叠世、晚侏罗世和早白垩世三个期次。

中—晚三叠世：中三叠世花岗岩锆石 U—Pb 年龄主要集中在 246~237Ma，区内代表性岩体为孟恩陶勒盖岩体。

晚侏罗世：花岗岩锆石 U—Pb 年龄主要集中在 154~148Ma。

早白垩世：本区花岗岩锆石 U—Pb 年龄主要集中在 141~121Ma。

2. 南部燕山造山带

中生代时期岩浆活动大致可分为 5 期，即早侏罗世、中侏罗世、晚侏罗世和早白垩世早期及晚期。其中火山活动以前四期表现明显，最后一期大致可与第四期衔接，侵入活动则以后四期表现明显。

燕山造山带第一幕岩浆活动的火山岩以早侏罗世英安岩、玄武岩为代表，时代早于175 Ma。兴隆沟组火山岩厚度为 180~600m，考虑到辽西地区髻髻山组和义县组中的火山岩层（包括火山碎屑岩，但不包括火山碎屑沉积岩）的总厚度为 2000~3000 m，兴隆沟组火山岩约占燕山地区侏罗纪—早白垩世火山岩总厚度的 5%~10%。

第二幕以髻髻山组下部中性火山活动为特征，岩性以安粗岩为主（随不同火山盆地而有差异），侵入岩则为闪长岩＋花岗闪长岩（或石英二长岩）＋花岗岩组合，活动时代是中侏罗世，同位素年龄 175~160Ma。

第三幕以晚侏罗世髻髻山组上部酸性和中性火山活动为特征，岩性组合主要为流纹岩、粗面岩、安粗岩，侵入岩组合为闪长岩＋石英二长岩＋正长岩＋花岗岩，活动时代150~135Ma。

第四幕以义县组下部火山岩为代表，岩性主要为安粗岩和酸性岩，侵入岩组合为闪长岩＋石英二长岩＋正长岩＋碱性正长岩＋花岗岩，活动时代为早白垩世早期135~120Ma。

第五幕是早白垩世晚期，火山活动趋于尾声，岩性为义县组上部的中酸性火山岩，而侵入岩组合为花岗岩＋碱性花岗岩，以出现碱性花岗岩为特征，活动时代为120~110Ma。

（二）岩石矿物学特征

钱家店铀矿蚀源区的各类岩石具如下特征。

1. 岩浆岩的宏观及微观特征

花岗岩：蚀源区花岗岩面积分布广泛，铀含量高，为较好的铀源岩。在露头上见到的花岗岩有正长（斜长）花岗岩、糜棱状花岗岩、文象花岗岩。正长（斜长）花岗岩，浅肉红色、灰白色，花岗结构，粒级多为2~8mm，主要矿物成分为碱性长石，次为石英和斜长石［图5-1-1（a）、（b）］。糜棱状花岗岩，糜棱状结构，主要矿物成分为长石、石英。文象花岗岩，显微文象结构，除少数正长石和石英以独立存在形式出现外，大部分为构成显微文象结构的长英质矿物组成。

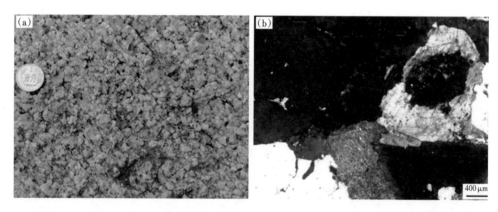

图5-1-1　花岗岩宏观及微观特征

斑岩：有流纹斑岩、碎裂碳酸盐化长英质碎斑岩、花岗闪长斑岩等。流纹斑岩，斑状结构，基质为显微嵌晶包含结构，斑晶占25%，基质占75%，斑晶由石英（熔蚀结构发育）、透长石（裂纹发育，具卡氏双晶）组成，偶见黑云母小斑晶，基质由石英和长石微晶组成［图5-1-2（a）］。碎裂碳酸盐化长英质碎斑岩，碎裂碎斑结构，原岩为花岗质或酸性侵入岩、火山岩，遭受多次构造应力作用后而形成如今面貌，主要矿物成分为碎小斑块状石英、长石，其间为碎粒状长英矿物，裂隙中充填物为方解石［图5-1-2（b）］。花岗闪长斑岩，多斑结构，基质为微晶结构，斑晶占65%，基质占35%，斑晶主要为更中长石，见少量普通角闪石和正长石斑晶，普通角闪石见绿泥石化，部分斑晶呈聚斑状，基质由微晶更中长石、正长石、石英及角闪石组成。更中长石65%，正长石12%，石英18%，蚀变普通角闪石5%。磁铁矿和榍石的含量均小于1%。

闪长岩及玢岩：蚀源区常见的玢岩有蚀变闪长玢岩和蚀变安山玢岩。蚀变闪长玢岩，少斑结构，基质为微粒结构，斑晶占5%，基质占95%，斑晶为绿泥石化或绿帘石化角闪石，基质由微细粒（0.10~0.50mm）绢云母化中长石和绿泥石、绿帘石化角闪石及少许磁铁矿组

图 5-1-2　斑岩微观特征

成，基质中中长石、角闪石显示半平行排列［图5-1-3（a）］。闪长岩有蚀变花岗闪长岩和蚀变细粒闪长岩。蚀变花岗闪长岩，中细粒（0.5~3.0mm）花岗结构。矿物成分：更中长石58%、正长石10%、黑云母化普通角闪石15%、石英15%、榍石1%、磁铁矿1%［图5-1-3（b）］。

英安岩：蚀源区见到的有英安岩和蚀变英安岩。英安岩，灰白色，少斑结构，基质为显微嵌晶包含结构，斑晶占8%，基质占92%。斑晶主要为更长石，次为透长石，见少许黑云母和石英，多数呈聚斑晶。基质具显微嵌晶包含结构，由等轴粒状石英微粒包含长石微晶组成，少许黑云母小片和赤铁矿小颗粒星散于基质中［图5-1-3（d）］。蚀变英安岩，绿色，斑状结构，斑晶占10%，基质占90%。斑晶主要为更中长石；基质为交织结构，由板条状斜长石、蚀变矿物绿泥石和霏细状长英质组成。蚀变英闪岩，褐灰色，少斑结构，斑晶占7%，基质占93%。斑晶主要为更中长石，和纤闪石化黑云母化普通角闪石组成，基质具变显微嵌晶包含结构，有不规则状及压扁拉长的石英包含着密密麻麻斜长石微晶和尘埃状磁铁矿小颗粒［图5-1-3（c）］。

安山岩：蚀源区安山岩有安山岩、蚀变安山岩、角闪安山岩、蚀变杏仁安山岩等。安山岩，紫灰色，斑状结构，基质为交织结构，斑晶占25%，基质占75%，斑晶主要为中长石，基质由板条状斜长石（中长石）、铁化角闪石交织组合并略平行排列［图5-1-4（a）、（b）］。蚀变安山岩，灰色，少斑结构，基质为交织结构，斑晶占7%，胶结物占93%，斑晶主要为黑云母化普通角闪石，部分角闪石绿帘石化，基质为板条状中长石微晶，其间隙中夹杂蚀变角闪石和磁铁矿小颗粒［图5-1-4（c）、（d）］。角闪安山岩，斑状结构，斑晶占10%，胶结物占90%，斑晶为普通角闪石，基质由板条状中长石微晶及其间角闪石微晶、磁铁矿微晶交织而成。蚀变杏仁安山岩，少斑结构，基质为交织结构，杏仁石占4%，斑晶占5%，基质占91%，杏仁由方解石组成，斑晶由普通角闪石组成，基质由半平行排列的斜长石微晶（绢云母化）和少量角闪石微晶及少许尘埃状磁铁矿组成。

粗安岩：蚀源区粗安岩有石英粗安岩、粗安岩、蚀变粗安岩。石英粗安岩，斑状结构，基质为显微嵌晶包含结构，斑晶占10%，基质占90%，斑晶主要为中长石，见少许白云母化的黑云母斑晶和少许正长石斑晶，基质由石英及其包含的长石微晶组成［图5-1-5（a）］。粗安岩，斑状结构，基质为交织结构，斑晶占15%，基质占85%，斑晶主要为斜长石（中长石），次为透长石（正长石），少量普通角闪石，基质由长石微晶和少量角闪石微晶及尘埃状赤铁矿组成［图5-1-5（b）］。

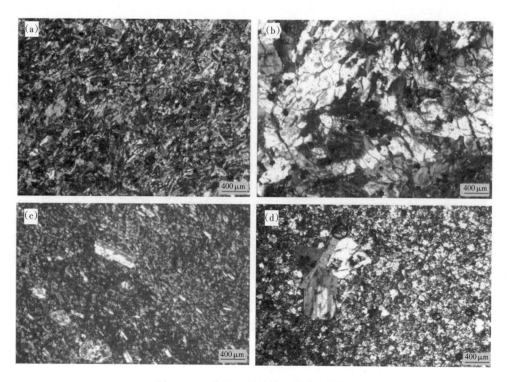

图 5-1-3　玢岩、闪长岩、英安岩特征

图 5-1-4　安山岩宏观及微观特征

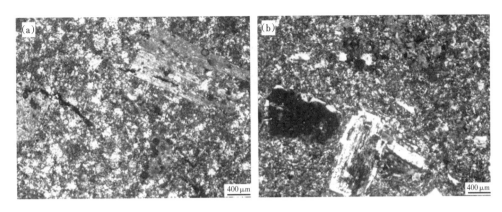

图 5-1-5　粗安岩微观特征

玄武岩：蚀源区出露玄武岩、杏仁玄武岩、气孔状玄武岩、蚀变玄武岩。玄武岩，黑色，少斑结构，基质为间粒结构，斑晶占8%，基质占92%，斑晶为普通辉石，基质为板条状拉长石（An=56），格架间充填粒状普通辉石和磁铁矿（0.01~0.05mm）小颗粒。矿物中拉长石30%，普通辉石58%；紫苏辉石5%，磁铁矿7%[图5-1-6（a）、（b）]。杏仁玄武岩，填间结构，杏仁构造，杏仁石占15%，基质占85%。杏仁石由蛋白石、玉髓或绿脱石组成，多数中心为蛋白石、玉髓，边部为绿脱石，基质由拉长石微晶杂乱或半定向分布，其间填隙火山玻璃和辉石微晶。蚀变玄武岩，斑状结构，基质为间粒结构，斑晶占30%，基质占70%，斑晶主要为拉长石，泥化较强烈，次为伊丁石化橄榄石，基质为板条状拉长石格架之间充填伊丁石化橄榄石小颗粒和褐铁矿，见少许气孔和少许绿脱石充填的杏仁石。气孔状玄武岩，黑色，气孔构造，少斑结构，基质为间隐结构，气孔占15%，斑晶占4%，基质占81%，气孔多近圆形，有定向排列趋势，斑晶为绿帘石化的普通角闪石，基质具间隐结构，长条状拉长石微晶杂乱分布，其间充填玻璃质和尘埃状磁铁矿。蚀变玄武岩，斑状结构，基质为间粒结构，斑晶占30%，基质占70%，斑晶主要为拉长石，泥化较强烈，次为伊丁石化橄榄石，基质为板条状拉长石格架之间充填伊丁石化橄榄石小颗粒和褐铁矿，见少许气孔和少许绿脱石充填的杏仁石。气孔状玄武岩，黑色，气孔构造，少斑结构，基质为间隐结构，气孔占15%，斑晶占4%，基质占81%。气孔多近圆形，有定向排列趋势，斑晶为绿鳞石化的普通角闪石，基质具间隐结构，长条状拉长石微晶杂乱分布，其间充填玻璃质和尘埃状磁铁矿。

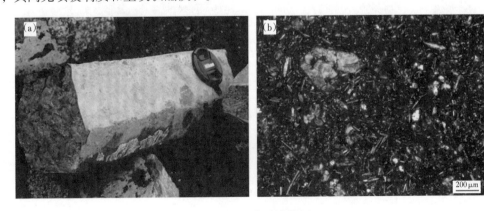

图 5-1-6　玄武岩特征

其他岩浆岩类：蚀源区还有流纹岩、二长岩等其他岩浆岩类。其中流纹岩有碎斑流纹岩、流纹岩、碎裂流纹岩。碎斑流纹岩，碎斑结构，基质为霏细结构。斑晶占35%，基质占65%，基质由霏细状长英质矿物组成，大量赤铁矿充填在基质中或斑晶碎裂的裂隙中。二长岩有石英二长岩、黑云母石英二长岩和碎屑碳酸盐化石英二长岩。

2. 变质岩的宏观及微观特征

板岩：蚀源区板岩有斑点板岩、空晶绢云斑点板岩。空晶绢云斑点板岩，变余角砾晶屑、玻屑凝灰结构，原岩为流纹质角砾晶屑、玻屑凝灰岩，经重结晶变质作用，原来的流纹岩角砾已变成细小的石英组成的角砾。原来的玻屑和火山尘变成细小石英和黑云母，只有长石和石英晶屑及闪长岩岩屑、黑云斜长片麻岩岩屑保留下来。角砾级碎屑2~40mm，约占28%，蚀变玻屑和火山尘约占57%，晶屑约占15%［图5-1-7（a）］。斑点板岩，斑点构造，变余泥状结构，这是泥质岩受热接触变质作用后，部分重结晶的金云母小片聚结成椭圆形斑点，其基质由细小的伊利石和高岭石及少许铁质矿物组成［图5-1-7（b）］。

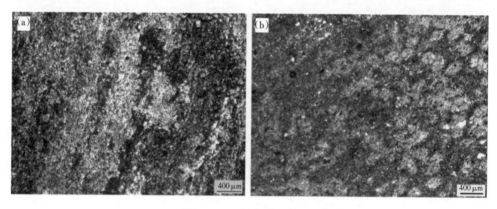

图5-1-7　板岩微观特征

石英岩和片岩：蚀源区石英岩有片状黑云磁铁石英岩、片状黑云方解石磁铁石英岩。片状黑云磁铁石英岩，片状构造，片状粒状变晶结构。矿物成分有石英52%，磁铁矿30%，黑云母5%，方解石3%［图5-1-8（a）］。常见的片岩有绿帘角闪石英片岩、透闪石榴钙质片岩［图5-1-8（b）］。

图5-1-8　石英岩和片岩的微观特征

糜棱岩和片麻岩：蚀源区见到碎裂碳酸盐化片糜棱岩，碎裂糜棱结构，原为糜棱岩，具糜棱结构，主要由微粒石英和绢云母组成。遭受压剪性应力作用后碎裂，岩石形成大小不一，形态不规则的碎块或碎斑，并伴随强烈的碳酸盐化［图 5-1-9（a）］。常见的片麻岩有混合岩化蚀变角闪斜长片麻岩、混合岩化蚀变角闪二长片麻岩。混合岩化蚀变角闪斜长片麻岩，具片麻状构造和粒状变晶结构，基体占 60%，脉体占 40%，基体为蚀变角闪斜长片麻岩，主要为绢云母化斜长石，次为绿泥石化、绿帘石化普通角闪石，脉体呈分支脉状构造，成分为石英［图 5-1-9（b）］。混合岩化蚀变角闪二长片麻岩，具片麻状构造和粒状变晶结构，由绢云母化斜长石、微斜长石和少量石英、少许绿帘石化角闪石组成。脉体呈分支脉状构造，成分为石英，基体占 70%，脉体占 30%。

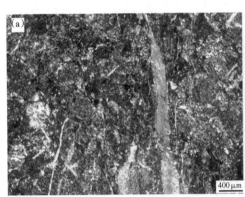 

图 5-1-9　糜棱岩和片麻岩的宏观及微观特征

其他变质岩类：蚀源区还见到了矽卡岩等其他变质岩类。矽卡岩为磁铁石榴阳起石矽卡岩，不等粒不均匀粒状变晶结构，矿物成分：阳起石约 69%，石榴石约 20%，斜长石约 5%，磁铁矿约 6%，石英＜ 1%。

3. 火山碎屑岩的宏观及微观特征

凝灰岩：蚀源区见到的凝灰岩有安山质晶屑凝灰岩、流纹质熔结凝灰岩、流纹质强熔结凝灰岩和变质流纹质角砾晶屑玻屑凝灰岩。安山质晶屑凝灰岩，晶屑凝灰结构，晶屑主要为斜长石、绢云母化，见少许石英和方解石化的角闪石晶屑，约 35%。岩屑主要为安山岩岩屑，约 5%。火山灰已转变为绿泥石、黏土矿物和微粒石英及铁的氧化物，占60%［图 5-1-10（a）］。流纹质熔结凝灰岩，气孔构造，熔结凝灰结构，假流动构造。气孔占 30%，火山碎屑占 70%。其中火山碎屑由以下几部分组成：塑性玻屑已脱玻化为梳状和霏细状长英质矿物，占 70%。塑性岩屑多为粒状石英，占 5%。岩屑由流纹岩和少量安山岩、砂岩、板岩组成，占 10%。晶屑，由长石和石英组成，占 5%。火山尘已转化为霏细状长英质矿物，占 10%［图 5-1-10（b）］。流纹质强熔结凝灰岩，强熔结凝灰结构，假流动构造［图 5-1-10（c）］。变质流纹质角砾晶屑玻屑凝灰岩，变余角砾晶屑玻屑凝灰结构，原岩为流纹质角砾晶屑玻屑凝灰岩，经重结晶变质作用，原来的流纹岩角砾已变成细小的石英组成的角砾，原来的玻屑和火山尘变成细小石英和黑云母，只有长石和石英晶屑及闪长岩岩屑、黑云斜长片麻岩岩屑保留下来［图 5-1-10（d）］。

凝灰熔岩：常见的凝灰熔岩有石英粗安质角砾凝灰熔岩和流纹质角砾凝灰熔岩。石英粗安质角砾凝灰熔岩，角砾凝灰熔岩结构，熔岩胶结物为变显微嵌晶包含结构。火山碎屑约占 25%，熔岩胶结物占 75%。火山碎屑由火山角砾和晶屑组成，其中火山角砾约占 8%，长轴 2~45mm，棱角状，成分为安山岩，晶屑约占 17%，主要为斜长石晶屑，次为钾长石（正长石为主）晶屑，偶见石英晶屑，晶屑部分具溶蚀结构。熔岩胶结物由长石和石英组成，含许多尘埃状赤铁矿或褐铁矿［图 5-1-11（a）］。流纹质角砾凝灰熔岩，角砾凝灰熔岩结构，熔岩胶结物为霏细结构。火山碎屑约占 45%，熔岩胶结物占 55%。火山碎屑主要由石英、正长石（透长石）晶屑组成，见少量（10%）流纹斑岩岩屑，岩胶结物由霏细状长英矿物组成［图 5-1-11（b）］。

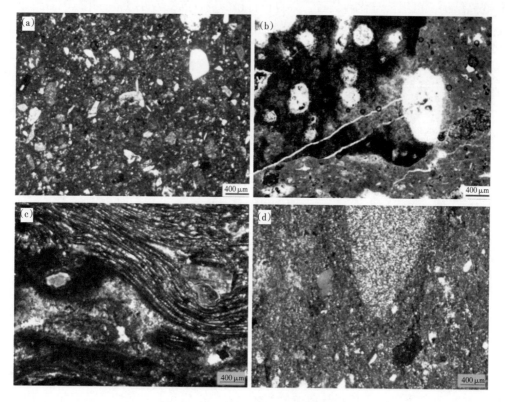

图 5-1-10　凝灰岩宏观及微观特征

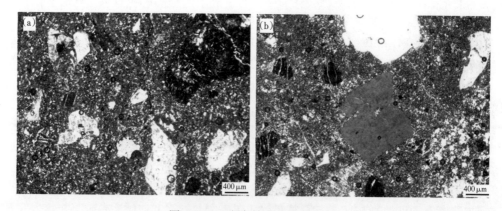

图 5-1-11　凝灰熔岩的微观特征

4. 沉积岩的宏观及微观特征

灰岩：常见的灰岩有泥晶灰岩、碎裂砾砂屑灰岩。泥晶灰岩，泥晶结构，岩石几乎全部由泥晶（＜0.03mm）方解石组成（图5-1-12）。

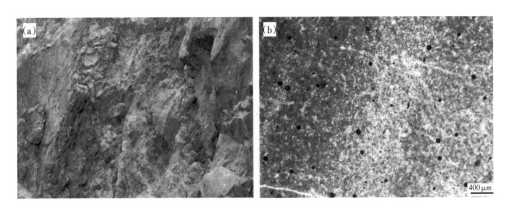

图 5-1-12　灰岩的宏观及微观特征

砂岩和泥岩：蚀源区见到的砂岩为浅红褐色中粗粒钙质岩屑质石英砂岩，中粗粒粒状结构，分选性好，磨圆度高（多为次圆形），碎屑含量82%，其中火山岩碎屑含量高达25%，主要由安山岩组成，填隙物含量18%。蚀源区见到的泥岩为紫红色砂钙质泥岩［图5-1-13（a）］。紫红色砂钙质泥岩，泥状结构，泥质物（黏土矿物伊利石、高岭石）约占55%，方解石约占20%，砂屑（0.03~0.12mm）约占20%，褐铁矿约占5%［图5-1-13（b）］。

硅质岩：硅质岩（微石英硅岩），硅质微晶结构（0.01~0.05mm），岩石由微粒（0.01~0.05mm）他形石英和少许（＜5%）针铁矿组成。

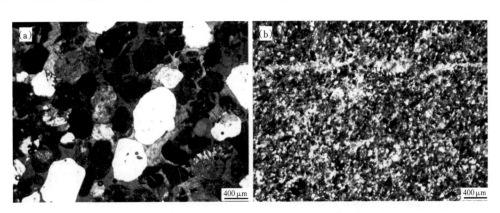

图 5-1-13　砂岩和泥岩的宏观和微观特征

（三）含矿性

1. 岩浆岩含矿性

蚀源区岩浆岩样品的平均铀含量整体较高，其中花岗岩铀含量最高达14.85μg/g，平均为5.56μg/g（表5-1-1），高于其他各类铀含量。

花岗岩铀含量、析出率高，且分布面积广，是蚀源区主要的铀源岩。玄武岩和玢岩次之。安山岩、粗安岩是潜在的铀源岩。其他岩类为较差铀源岩。

表 5-1-1　钱家店外围蚀源区岩浆岩铀源特征表

岩性		新鲜样品				风化样品				析出率（%）
		$w(U)(\mu g/g)$			样品数	$\omega(U)(\mu g/g)$			样品数	
		最大	最小	平均		最大	最小	平均		
酸性	花岗岩	14.85	3.16	5.56	12	2.85	0.70	2.06	10	62.95
	流纹岩	6.49	2.24	4.25	8	2.06	1.2	1.84	6	56.71
	英安岩	4.95	0.71	2.37	4	2.08	1.01	1.55	2	34.60
	斑岩	4.13	1.88	2.57	6	2.35	1.08	1.46	5	43.19
中性	粗安岩	5.42	1.74	3.47	6	2.5	1.33	1.75	6	49.57
	安山岩	7.6	2.65	3.80	20	2.18	0.44	1.35	15	64.47
	闪长岩	2.48	2.48	2.48	2	2.5	0.96	1.73	2	30.24
	二长岩	2.77	1.98	2.24	3	2.13	1.79	1.73	2	22.77
中基性	玢岩	4.95	1.65	2.24	2			0.68	1	69.64
基性	玄武岩	4.95	0.33	1.85	7	1.35	0.33	0.71	6	60.54

2. 变质岩含矿性

板岩、石英岩是较好的铀源岩。其他类型岩石（表 5-1-2），是较差的铀源岩。整体而言，变质岩提供铀源能力较差。

表 5-1-2　辽河铀矿探区含铀岩系 U 含量变化统计表

层位	原生砂体中 U 含量（μg/g）	氧化砂体中 U 含量（μg/g）	U 析出量（μg/g）	U 析出率（%）
嫩江组	7.75	5.07	2.68	34.6
姚家组	7.37	5.28	2.08	28.3
青山口组	5.23	3.29	1.31	25.1

3. 火山碎屑岩含矿性

火山碎屑铀含量普遍较高，最高达到 14.85μg/g。凝灰岩平均铀含量达到 4.19μg/g，析出率为 45.11%（表 5-1-2），是火山碎屑岩中最好的铀源岩。凝灰熔岩析出率较低，只有 28.38%，可为潜在铀源岩。凝灰质砂岩新鲜样品铀含量低于风化样品，说明风化后不但不能析出铀，还要吸附一部分铀物质。

4. 沉积岩含矿性

沉积岩样品中除灰岩铀含量较高（3.31μg/g）外（表 5-1-2），其他沉积岩样品铀含量普遍较低，最高也仅有 1.30μg/g。灰岩析出率接近 40%，可作为较差的铀源岩，推测沉积岩可能成为潜在的铀源岩，其提供铀源能力相对岩浆岩和变质岩要差。

二、含铀岩系铀源条件

辽河铀矿区含铀岩系本身铀源形成于同沉积期，蚀源区碎屑铀和溶解铀（U^{6+}）的充分供应，使铀储层本身的背景铀含量高于地球克拉克值（2.7μg/g），成为最重要和最直接的铀源地质体。在成矿期，随着富氧流体的持续渗入，区域层间氧化作用使含铀岩系本身的碎屑铀再次释放（$U^{4+} \rightarrow U^{6+}$），叠加到层间氧化带前锋线附近的铀成矿作用过程中。

（一）岩石学特征

开鲁坳陷的上白垩纪统，包括青山口组、姚家组、嫩江组，姚家组为最主要的含铀岩系，次为青山口组上段。

1. 青山口组上段岩石学特征

青山口组岩性主要为灰色砂岩、含砾砂岩，成分以长石、岩屑、石英为主，其中长石含量 10%~30%，石英含量 25%~35%，岩屑含量 25%~40%。长石蚀变较强，常有云母化、黏土化、碳酸盐化。颗粒呈次圆—次棱角状，磨圆中等，分选较好，泥质胶结，疏松，局部见少量炭屑及黄铁矿。

2. 姚家组岩石学特征

姚家组是钱家店最主要的含铀岩系，以砂岩、含砾砂岩为主，夹薄层红色、紫红色泥岩。

姚家组砂岩包括红色和黄色氧化砂岩和原生灰色砂岩。红色和黄色砂岩普遍结构疏松，泥质胶结，其内部有机质、黄铁矿和植物炭屑极为少见。碎屑颗粒主要为长石、岩屑、石英，其中长石含量 12%~25%，石英含量 27%~40%，岩屑含量 30%~60%。碎屑颗粒轮廓一般不清晰，常见碎屑颗粒边缘被溶蚀的现象。长石蚀变较强，常有云母化、黏土化、碳酸盐化。黑云母含量相对较少，多数边缘发生溶蚀现象，轮廓不完整，由于发生云母水解作用，析出的铁质残留在颗粒边缘或解理面，边缘浅褐色或呈褐色团块。黄铁矿、菱铁矿较少，黄铁矿、钛铁矿碎屑颗粒常见褐铁矿化，边缘或整体被浸染为褐红色。

灰色矿化砂岩以中砂岩、细砂岩为主，多含植物炭屑，砂岩中碎屑颗粒以长石、石英和岩屑为主，其中长石含量 15%~20%，石英含量 30%~45%，岩屑含量多在 49% 左右，颗粒之间钙质胶结现象普遍，局部可见方解石的富集现象。碎屑颗粒轮廓比较清晰，少数边缘发生溶蚀。颗粒碎屑中长石、云母微弱蚀变或差异性蚀变现象非常普遍。

原生灰色砂岩，其碎屑颗粒中长石含量 12%~30%，石英含量 30%~50%，岩屑含量约 30%~50%，且碎屑颗粒轮廓清晰。由于位于还原带，长石类型较多，且一般未发生蚀变；云母也较多，一般未蚀变，水解作用很弱。

姚家组细粒沉积物主要为泥岩，紫红色泥岩和暗色泥岩均有发育。红褐色含铁质结核含砂泥岩，红褐色（含铁质结核、含砂）泥状结构。黏土矿物（伊利石、高岭石）占 86%，砂屑（多为 0.03~0.40mm）占 8%，褐铁矿 6%（多呈结核状存在）。推测其沉积相为河漫滩相。灰黑色泥岩，灰黑色，泥状结构。岩石几乎全部由黏土矿物（伊利石、高岭石）组成。浅绿灰色含生物碎屑钙质泥岩，浅绿灰色，含生物碎屑泥晶、泥状结构。生物碎屑已钙化，属双壳类中的叶肢介或介形虫化石。主要成分为黏土矿物（伊利石、高岭石），含少量泥晶方解石。推测其沉积相也为湖相。紫红色砂质泥岩，红色，砂质泥状结构，黏土矿物（伊利石、高岭石）占 67%，砂屑（大小多为 0.06~0.20mm，石英为主，见长石）占 25%，褐铁矿 8%。

3. 嫩江组岩石特征

嫩江组中泥岩较发育。泥状结构明显，岩石成分单一、均匀，陆源碎屑分选较差，少量炭泥质条带。泥质粉砂岩和鲕粒灰岩均含生物碎屑，鲕粒分选一般，磨圆中等，含量 80% 左右，圆、椭圆状，直径一般 0.2~1mm，以薄皮鲕、同心鲕为主，圈层结构发育，一般为 2~3 层。鲕粒之间为亮晶胶结，颗粒内溶蚀作用强烈，沥青充填丰富，也有方解石充填。砂岩中见变质岩岩屑和钙质胶结，粒间填隙物以钙质胶结物为主，胶结物泥晶结构，碎屑颗粒间点—线接触。

（二）铀丰度与析出率

含铀地层原生砂体中铀含量最高是姚家组，析出率最高是嫩江组，而青山口组析出率最低（表5-1-2）。姚家组和青山口组铀储层发育，层间氧化带规模大、具备优质铀源的条件，嫩江组铀储层不发育，能提供的铀源有限。

第二节　构造条件

一、大地构造背景

钱家店铀矿床所处的开鲁坳陷在大地构造上处于我国大型砂岩型铀矿床发育的古亚洲造山带天山—西拉木伦活动带构造单元，隶属于古亚洲大陆构造体系。钱家店地区的大规模区域铀成矿过程中还受到了滨太平洋构造域的叠加影响（焦养泉，2015）。从造山带演化的角度看，古亚洲造山带自晚古生代拼合以来，虽然在随后的印支运动、燕山运动和喜马拉雅运动过程中受到了强烈改造，但总体轮廓未变，表现为周期性隆升剥蚀状态。这种构造背景使开鲁坳陷盆山耦合作用过程得以充分体现。

开鲁坳陷南部为燕山造山带，经历了多次构造运动。

早白垩世，燕山造山带快速隆起。到晚白垩世，在嫩江—八里罕断裂以东，已形成一定规模。现今海拔400~1670m，坳陷内海拔100~200m，推测上白垩以来剥蚀厚度800m。可见上白垩统沉积期，燕山造山带隆起有一定的高度，可与开鲁坳陷形成较好的盆山耦合，同时形成"宽缓大斜坡"地貌。宽缓大斜坡是同沉积期地表水系的径流区，通过地表水系将造山带物源区大量的风化剥蚀物搬运至沉积盆地沉积而构成潜在的含铀岩系。同样，在成矿期，盆山结合部位的"宽缓大斜坡"也成为富氧含铀成矿流体的径流区与补给区。

晚燕山运动成就了完整的大规模的"补—径—排"成矿流体系统。一方面将坳陷西南和西北边部地层掀斜，将青山口和姚家组铀储层剥露地表，使源于燕山造山带的溶解铀能充分地入渗到铀储层中，形成区域层间氧化带，并使铀富集成矿。另一方面，晚燕山运动的挤压影响到了坳陷内部构造形态，在坳陷东北形成冲断层和构造剥蚀"天窗"。它充当了区域含矿流场的泄水通道，构成了钱家店铀矿床完整的"补—径—排"成矿流体系统。

二、坳陷构造演化与成矿

钱家店矿区处于松辽盆地开鲁坳陷的东缘。其构造演化与松辽盆地主体具有一定联系，与成矿关系密切的构造演化划分为6个阶段，即二叠世—中侏罗世基底形成期、早白垩世断陷期、晚白垩世泉头—嫩江期热沉降期、四方台—明水期反转褶皱期、古近纪—新近纪再次隆升期、第四纪差异升降期。

（一）基底形成期

二叠纪—中侏罗世，中朝陆块与西伯利亚陆块碰撞拼贴，古亚洲造山带基本构造格架形成，区内岩浆岩和变质岩建造广泛发育。开鲁坳陷基底实际上是两部分，南部是华北陆块，北部是古亚洲造山带，两者也共同组成松辽盆地基底。该阶段松辽断陷盆地和周缘地区火山活动活跃，特别是南部的燕山造山带表现为大规模的富铀中酸性火山岩喷发和花岗岩侵入。花岗岩平均铀含量高达7.22μg/g，高于Taylor等（1985）上地壳U平均值2.7μg/g约2.4倍。广泛分布火山穹窿和花岗岩穹窿构造，形成钱家店地区富铀花岗岩基底建造及富铀的蚀源区。

（二）断陷期（K_1y—K_1f）构造演化特征

钱家店凹陷断陷期的构造演化分为四个阶段：初始张裂阶段、快速裂陷阶段、稳定沉降阶段和回返萎缩阶段。

初始张裂阶段（义县期）：早白垩世早期，在区域性地幔隆起背景下，地壳上部出现拉张应力环境，形成了凹陷西部陡坡带主干断裂系统，导致大规模火山喷发，凹陷基底下沉，沉积有多套薄层碎屑岩沉积和火山岩系沉积。

快速裂陷阶段（九佛堂期）：由于陡坡带边界断裂强烈活动，盆地快速下降，可容空间增大，在初期下降盘发育大量的近岸水下扇沉积和扇三角洲沉积。发育的半深湖、深湖相暗色泥岩沉积和近岸水下扇及扇三角洲沉积，是主要生、储油岩系。

稳定沉降阶段（沙海期）：边界断裂活动减弱，湖盆稳定沉降，湖盆水域达到最大，水体相对较深，发育广泛的湖相沉积，沉积中心与沉降中心吻合。

回返萎缩阶段（阜新期）：边界断裂活动进一步减弱，湖盆水域收缩，陆源碎屑补给不足，沉积物以泥、粉砂为主。阜新期末发生的燕山运动Ⅲ幕，使盆地内地层产生轻微褶皱，同时伴随盆缘产生的走滑断裂，盆地反转抬升遭受剥蚀，结束断陷盆地的发展历史。

（三）坳陷期（K_2q—K_2n）构造演化特征

泉头—嫩江沉积时期，由于太平洋板块向北西俯冲和上地幔热隆起的减弱，松辽地区岩石圈逐渐冷却，断裂活动也随之减弱，产生冷收缩，在重力均衡和冷却沉降作用下，地壳呈不均一的整体下沉，使得相互分割的若干断陷形成统一的盆地，构造演化转入热沉降阶段。开鲁地区坳陷成为松辽盆地的一个次级构造单元。

早期断坳转化时期形成的起伏地貌，经过泉头组的填平补齐后，地势趋于平坦。在青山口组—姚家组沉积时期，形成宽缓的斜坡背景。在此背景下发育了规模较大的通辽水系，形成从西向东的冲积扇—辫状河—辫状河三角洲沉积体系。其辫状河沉积体系规模大，长达180km，宽10~20km，不同规模的砂体广泛发育（图5-2-1），为钱家店特大型铀矿床的形成提供了有利条件。

进入坳陷期后，随着盆地的沉降，在钱家店地区发育了两次较大规模的湖侵，形成了规模较大的区域隔水层。一是嫩江组沉积期大规模的湖侵，发育大套稳定暗色泥岩，厚度50~100m，覆盖整个开鲁坳陷。二是青山口组末期，湖侵规模较嫩江期小，仅在钱家店和龙湾筒地区分布，为浅灰色泥岩，厚度10~20m。这两套稳定分布的泥岩，形成两套稳定的区域隔水层。

（四）反转褶皱期（K_2s—K_2m）构造演化特征

反转期区域构造应力发生改变，由坳陷期的垂直沉降转变为北西向侧向挤压隆升。嫩江沉积末期，受太平洋板块的俯冲作用，松辽盆地受北西向挤压，发生区域性大规模的构造反转运动。在钱家店地区形成挤压反转构造，并随着后期挤压强度的增加，遭受强烈的剥蚀，铀矿目的层姚家组出露地表，形成姚家组剥蚀"天窗"。在区域构造挤压背景下，盆地西南部边缘地层进一步掀斜，裸露地表，遭受剥蚀，有利于蚀源区含氧含铀水的渗入。同时由于地层的掀斜，斜坡的坡度加大，更有利于层间水的流动。从而构成由蚀源区补给—斜坡径流—天窗和断裂排泄的地下水循环系统。在该地下水循环系统下，斜坡区形成了大规模的区域氧化带，大规模的区域氧化作用携带铀储层本身的铀和蚀源区富铀母岩提供的丰富的溶解铀，向区域层间氧化带前锋线附近集成矿。该期铀成矿为钱家店地区第一次主成矿期，铀矿化的U—Pb等时线年龄值为67±5Ma，与构造活动期相吻合。

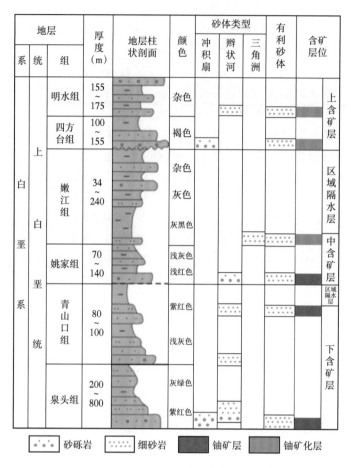

地层			厚度(m)	地层柱状剖面	颜色	砂体类型			有利砂体	含矿层位
系	统	组				冲积扇	辫状河	三角洲		
白垩系	上白垩统	明水组	155~175		杂色		辫状河			上含矿层
		四方台组	100~155		褐色	冲积扇		三角洲		
		嫩江组	34~240		杂色 灰色 灰黑色			三角洲		区域隔水层 / 中含矿层
		姚家组	70~140		浅灰色 浅红色		辫状河			区域隔水层
		青山口组	80~100		紫红色 浅灰色		辫状河			下含矿层
		泉头组	200~800		灰绿色 紫红色	冲积扇	辫状河			

砂砾岩　细砂岩　铀矿层　铀矿化层

图 5-2-1　钱家店地区砂体、矿层综合柱状图

伴随着反转隆升运动，早期的断裂、同生断裂（继续）活动，油气、油田水等沿活动断裂运移、扩散，为铀储层提供大量还原介质。这一阶段主要发育含铀氧化流体与深部油气逸散还原流体接触的叠加成矿作用。形成较为发育的碳酸盐化（亮晶方解石化、白云石化、菱铁矿化）、黄铁矿化、重晶石化，与油气运移有关的铀石、沥青铀矿矿化。

（五）隆升剥蚀（古近纪）期构造演化特征

距今 65Ma 的古近纪开始，由于太平洋板块的俯冲方向由 NW 向转为 NWW 向，区域应力场改变，坳陷整体抬升遭受剥蚀，普遍缺失古新世—始新世沉积。自渐新世依安组以来，一直为地势起伏不大的内陆河湖沉积环境。受构造差异性升降影响，沉积中心常发生迁移。此时地幔隆升、地壳拉薄持续进行，火山活动较频繁，分布有碱性玄武岩—拉斑玄武岩的岩石组合。白垩纪晚期形成的构造"天窗"进一步隆升剥蚀，改变了"天窗"在成矿流体系统中的作用，形成了局部由天窗补给、断裂排泄的地下水循环新系统。在"天窗"地表氧化水的渗入改造作用下，早期矿体不断迁移至有利地带重新沉淀富集成矿。

（六）差异升降（新近纪—第四纪）期构造演化特征

新近纪盆地全面上升，沉积中心明显西移，新近系大安组和泰康组分布于盆地西部，盆地东南部隆升剥蚀再未接受沉积。第四系是在侵蚀夷平的基础上沉积的一套风积、冲积、洪积而成的松散堆积。

第三节 沉积与铀储层

中生界白垩系上白垩统开鲁坳陷是砂岩型铀矿勘查的主要层系。

一、沉积体系类型

开鲁坳陷上白垩统沉积相类型包括冲积扇—扇三角洲、辫状河—辫状河三角洲、曲流河—曲流河三角洲、湖相等。各区在不同的构造演化阶段,受控于古地貌特征及断层性质等因素,具有不同的沉积相类型和分布。

(一)冲积扇

开鲁坳陷上白垩统各期均有冲积扇相发育,位于盆地边缘,由于后期抬升剥蚀,局部地区保存不完整。

1.岩性特征

冲积扇具有特殊的岩性组合,以陆东地区明水组为例,沉积剖面的岩性以碎屑粒径大为重要标志,岩性以砾岩、砂砾岩为主体,夹有红色、杂色泥岩和薄碳质岩层。单层厚度较大,粗碎屑比例高。

在岩石学性质上,以成熟度极低为显著特征。砂岩类型主要为岩屑长石砂岩、长石岩屑砂岩和杂砂岩。在碎屑颗粒成分上,依地区不同差异很大。泥质夹层薄而不稳定,多为红色、杂色含砂泥岩。分选差,颗粒大小不等,结构混杂,颗粒以基质支撑较多见,颗粒形状基本为具棱角的条状及椭圆状,磨圆度很低。

2.沉积构造特征

辽河外围的冲积扇砂体规模不大,叠合厚度数百米,其形态多为楔状插入凹陷,前端过渡为扇三角洲或冲积平原,沉积层序在下部多为反韵律,上部则过渡到扇三角洲分支河道或辫状河流的正韵律。

沉积物为洪流与泥石流交替。在洪流沉积中,洪积层理明显,由若干组砾石向砂级变化的粒序组合,组合底部为冲刷面,向上可见槽状、楔状交错层理,层理细层不清晰,多是由颗粒的定向排列和粒级的变化显示。泥石流沉积呈杂乱的、层理不发育的块状体。冲积扇的沉积构造简单,构造组合关系单调。

冲积扇砂体的粒度特征在概率累积曲线上表现为宽区间低斜度的多段式,与典型的现代冲积扇粒度分布特征十分相似。在冲积扇中少见生物化石。

(二)扇三角洲

开鲁坳陷发育的扇三角洲,因构造活动强烈而频繁,水上部分的冲积扇大都受到不同程度的剥蚀。

1.扇三角洲分布特征

扇三角洲多位于断陷盆地(凹陷)边缘,陆上环境生物化石属种单调,以含陆生生物(如植物遗迹、炭屑等)为特征。

开鲁坳陷扇三角洲多沿短轴方向发育,具有明显的近源、快速沉积的特点。砂岩成熟度偏低,颗粒成分复杂,结构混杂。在沉积剖面中以颗粒粗大的砂岩和砂砾岩为主,岩石类型属低成熟的硬砂质长石砂岩和杂砂岩,结构上多为分选差、颗粒不均匀的不等粒结构。颗粒磨圆度较低,呈不规则的、具棱角的片状、条状和球粒状。扇三角洲的相序组合中，陆上部分为冲积扇，其前缘相带中以正韵律的水下分支流河道为主体。

2. 扇三角洲前缘微相特征

扇三角洲前缘亚相中，发育水下分支流河道、河口砂坝、席状砂等微相。由于各微相所处沉积环境不同及水动力条件的差异，造成沉积物的层理构造及组合特征不同。

1）水下分支流河道微相

由较强水流冲积而成，沉积剖面以粗或较粗的碎屑为主，牵引流构造十分发育，层理构造与辫状河很相似，局部夹有浊流甚至碎屑流沉积物，岩性多为粗砂、含砾砂岩甚至砾岩。砂泥岩分异较好，砂岩成组集中发育，砂岩单层厚度较大，一般为5~30m。冲刷面和冲刷充填构造较发育，粗颗粒的砂砾岩底部常见冲刷面，并具滞留沉积物，向上分别为槽状和板状交错层理、斜层理，此外还发育有薄层的平行层理和少量粒序层理，顶部为纹层状泥岩，单砂层多为正韵律层序。

在粒度分析中，概率累积曲线形态为牵引流水动力搬运的特点。

在电性曲线上，水下分支流河道自然电位曲线呈突变式箱形，与泥岩具有明显的分异性，视电阻率曲线为高阻的特征。

2）河口沙坝和席状砂微相

河口沙坝微相位于水下分支流河道向湖盆中心延伸方向上，是水下分支流河道单向水流减弱，呈喷射流状态下的沉积物。沉积剖面为砂、泥岩不等厚互层，砂岩略多，呈中—薄层状。沉积物层理构造主要发育小型板状交错层理、斜层理及波状纹层。

席状砂微相主要分布于前缘，岩性为薄层粉—细砂岩，层理构造为水平纹层或波状纹层。

总之，扇三角洲前缘亚相中，水下分支流河道沉积物占有突出地位，其他各微相的发育状况取决于水下河道的发育规模。

（三）辫状河

辫状河岩性以砂砾岩为主，具槽状交错层理等明显的沉积构造，并具牵引流特征。可划分为河道、河漫滩两个亚相；其中河道又可划分为心滩、辫状水道两个微相。

辫状河沉积体系受盆地西南部物源与水系的影响，沿 WS—NE 方向发育分布在开鲁坳陷西南部与中部，主要位于八仙筒—通辽一带，分布范围较大。总体上，姚家组、自南西向北东方向，沉积体系的类型由辫状河沉积体系过渡为辫状河三角洲沉积体系。

1. 主要沉积特征

辽河外围姚家组辫状河沉积体系的主要沉积特征有：

（1）岩石以中细粒砂岩为主，岩石成分成熟度和结构成熟度较低，碎屑成分主要为长石、石英和岩屑，岩石类型为岩屑长石砂岩和长石岩屑砂岩。

（2）粒度概率累积曲线具典型的河流相特征，由跳跃和悬浮的两段式总体组成，悬浮总体比较发育。

（3）沉积构造非常发育，以牵引流的形成机制为主。主要的沉积构造有冲刷（充填）构造、槽状交错层理、块状层理、递变层理等。

（4）一个完整的垂向序列由含砾砂岩或中细砂岩向上变为粉砂岩和少量泥岩，正韵律特征明显。沉积旋回的底部一般发育冲刷构造，自下而上发育槽状交错层理或块状层理、递变层理、波状交错层理、水平层理等。

2. 沉积微相特征

辫状河相又可进一步划分为辫状河河床沉积和越岸沉积两个亚相，进一步划分为河道滞留沉积、心滩、河道充填和泛滥平原4个微相（图5-3-1）。

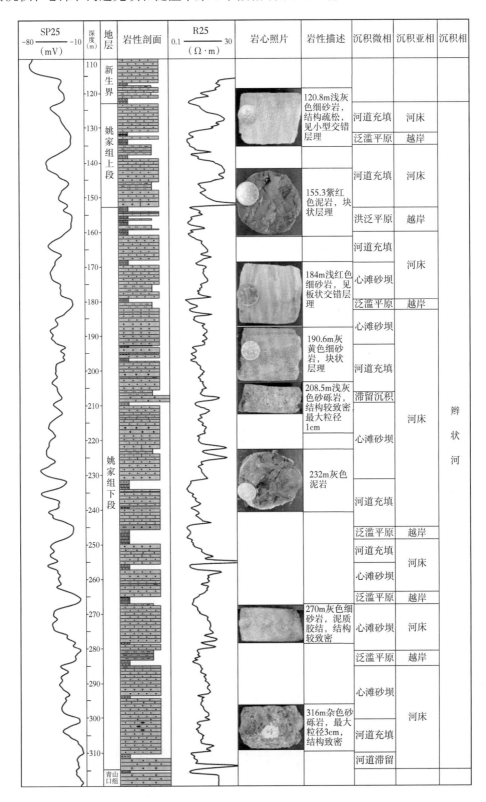

图 5-3-1 钱Ⅴ-33-41井姚家组辫状河及其微相沉积图

1）辫状河床亚相

辫状河床亚相由河道滞留沉积，河道充填沉积和心滩三个微相组成。河道滞留沉积规模较小，不连续，与下伏紫红色泥岩的冲刷界面清晰，岩性以砂砾岩为主。测井上，自然电位曲线表现为箱形和钟形底部的小钟形或小漏斗形；视电阻率曲线呈钟形，指状高值（图 5-3-2）。

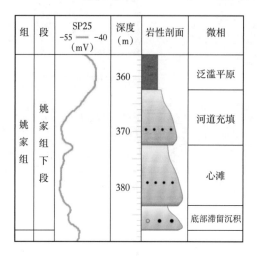

图 5-3-2 河道滞留沉积（钱Ⅱ-01-21）

河道充填沉积多由细粒砂岩、中粒砂岩、粗粒砂岩组成，砂岩中见粉砂质泥岩薄夹层，或泥岩夹层因河床改道被冲刷而残留下的中型泥砾，或由泥砾断续组成的砾石层。发育河道滞留沉积之上，主要发育槽状交错层理，板状交错层和块状层理。受垂向加积作用控制，垂向上具向上变细的正旋回。测井上，自然电位曲线呈钟形、光滑箱形或微齿化箱形；视电阻率曲线以钟形、箱形为特征（图 5-3-3）。

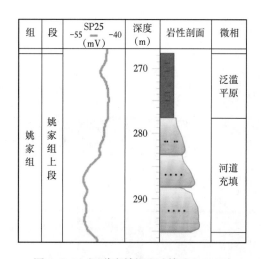

图 5-3-3 河道充填沉积（钱Ⅱ-01-21）

心滩沉积主要由细砂岩、中砂岩组成，砂体较纯，不含泥岩或粉砂岩，常发育板状交错层理，平行层理，由于沙砂坝多次迁移和摆动，并常常形成由多个砂体叠置构成的"叠覆泛砂体"，而且单个砂体受不同期次、不同级次的冲刷层次界面制约。测井上，自然电位曲线主要表现为箱形和齿化箱形；视电阻率曲线常表现为锯齿箱形、漏斗形（图 5-3-4）。

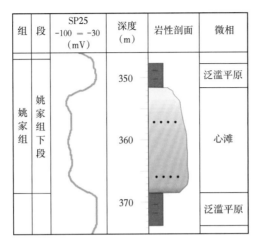

图 5-3-4　心滩沉积，钱Ⅲ-47-04

2）越岸亚相

越岸亚相主要由洪泛平原微相组成，岩性主要由紫红色泥岩和少量灰色、灰绿色粉砂质泥岩组成，为垂向加积产物，沉积构造一般常具水平层理和块状构造。在测井曲线上以低幅的平直曲线或微齿化曲线为特征（图 5-3-5）。

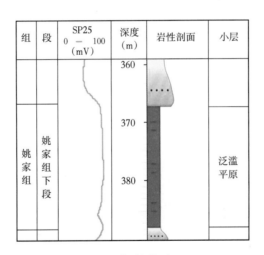

图 5-3-5　泛滥平原沉积，QC30

辫状河相概率累积曲线呈三段式，由滚动总体、跳跃总体和悬浮总体组成（图 5-3-6）。其中，跳跃总体占主体，岩性以细砂岩和中砂岩为主，占 60%~80%。

滚动总体小于 20%，岩性为中粗砂岩、砂砾岩；悬浮总体为 20%~30%，岩性为泥质粉砂岩和泥岩；多数标准偏差 $\sigma < 0.79$；多数偏度 SKI > 0.48，为正偏态；多数峰度 KG $>$ 1.29。概率累积曲线跳跃总体斜率较高，倾角 $> 60°$。

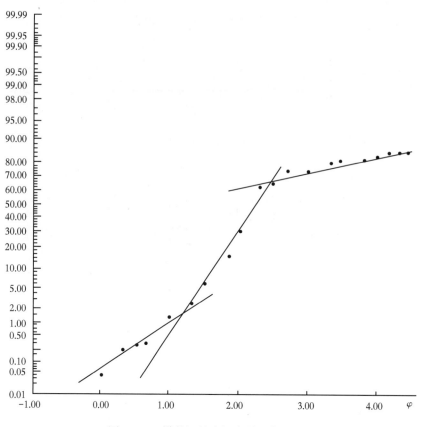

图 5-3-6 辫状河粒度概率累积曲线特征

（四）辫状河三角洲

钱家店矿区主要发育辫状河三角洲平原。

1. 辫状河三角洲平原亚相

辫状河三角洲平原包含众多成因相，主要有辫状分流河道、越岸湖和沼泽微相（图5-3-7）。

辫状分流河道是辫状河三角洲的骨架，由于其源于辫状河沉积体系，所以它继承了砂质辫状河的基本特征，如极大的宽厚比和含砾性，大型交错层理发育，分选性较好等等。但它又不同于辫状河道，其规模变小，且频繁向下游分岔。由于辫状分流河道濒临湖泊，所以液化变形构造也常见。

越岸湖是分流河道间的小型湖泊，洪水期主要接受泥质沉积物并接受生物作用的改造。辫状河三角洲平原的越岸湖面积一般较小，水体较浅，通常3~4m，当河流支流注入时，可形成小型的湖成三角洲沉积。由于越岸湖周期性覆水，因此覆水的成因标志较为发育，如大量的淡水动物化石等（图5-3-8）。由于局部水体可能较浅，因此也可见到部分极浅水或者暴露标志，如粗大的动物潜穴等（图5-3-9）。

当辫状分流河道边缘决口或分流河道分支注入越岸湖时，形成小型决口三角洲，持续的注入作用会在扇顶面形成相对固定的透镜状水道——决口分流河道，其规模远小于辫状分流河道（图5-3-10）。

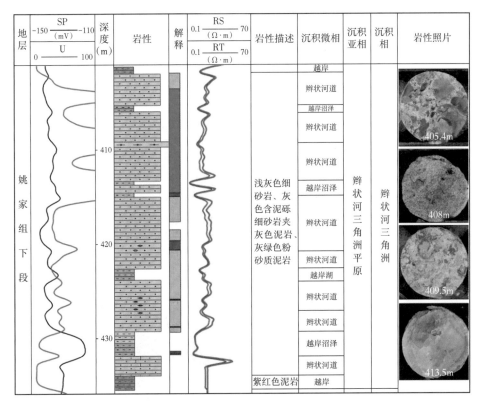

地层	SP (mV) −150 −110 / U 0 100	深度 (m)	岩性	解释	RS (Ω·m) 0.1 70 / RT (Ω·m) 0.1 70	岩性描述	沉积微相	沉积亚相	沉积相	岩性照片
姚家组下段		410 420 430				浅灰色细砂岩、灰色含泥砾细砂岩夹灰色泥岩、灰绿色粉砂质泥岩 紫红色泥岩	越岸 辫状河道 越岸沼泽 辫状河道 辫状河道 越岸沼泽 辫状河道 辫状河道 越岸湖 辫状河道 辫状河道 越岸沼泽 辫状河道 越岸	辫状河三角洲平原	辫状河三角洲	405.4m 408m 409.5m 413.5m

图 5-3-7　辫状河三角洲平原沉积亚相图

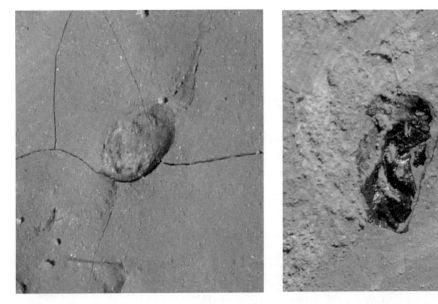

图 5-3-8　含有叶肢介化石的紫红色泥岩（钱家店矿区）

图 5-3-9　粗大动物潜穴（钱家店矿区）

图 5-3-10　决口三角洲相的透镜状层理

　　辫状河三角洲平原沼泽位于分支河道间的低洼地区，其表面接近平均高潮线。沼泽中植物繁茂，排水不良，为较好的还原环境。其沉积为深色有机黏土、泥炭、褐煤，夹有洪水成因的纹层状粉砂。富含保存完整的植物碎片，并含有丰富的黄铁矿自生矿物。当排水通畅时，黏土中的有机质可能不发育，并可见昆虫、藻类、介形虫、腹足类化石。

　　2. 辫状河三角洲前缘组合

　　在开鲁坳陷东北部，辫状河三角洲总体表现为辫状河三角洲平原组合，但是有些沉积旋回底部保留有辫状河三角洲前缘组合。辫状河三角洲前缘组合包含了多种成因相，其中水下分流河道、河口坝以及三角洲前缘泥等几种微相。

　　水下分流河道是分流河道在湖泊中的延伸部分，它具有河道的基本特征，岩性以细砂岩为主，常常表现为块状构造和大型槽状交错层理，但是规模相对较小（图 5-3-11），并被三角洲前缘的河口坝和泥岩包围。

图 5-3-11　具有大型槽状交错层图

　　河口坝是三角洲前缘最常见的一种沉积微相，以砂泥互层沉积为特征（图 5-3-12）。通常近端河口坝的砂层数多、厚度大，泥层数少、厚度薄，发育小型槽状交错层理（图 5-3-13），而远端河口坝的砂则层数少、厚度薄，泥的层数相对多且厚度大，发育小型水流波痕纹理和水平纹理等。

图 5-3-12　辫状河三角洲前缘砂图

图 5-3-13　水下分流河道砂体
小型槽状交错理

三角洲前缘泥是三角洲牵引流作用间歇期的一种背景细粒沉积物，具有湖泊沉积性质。它通常与河口坝砂体或者水下分流河道砂体呈互层结构，但是从远端河口坝向近端河口坝，三角洲前缘泥所占比例逐渐减少。

（五）湖泊

辽河外围地区嫩江组时期整体发育湖泊沉积体系。其岩石类型为暗色泥岩、粉砂岩为主，发育水平层理、纹层理，见大量贝壳、腹足类化石。

二、沉积相分布

辽河外围探区共发育冲积扇、扇三角洲、辫状河、辫状河三角洲及湖泊 5 种沉积相类型。不同地区、不同层位发育的沉积相类型及分布特征有所不同。

（一）泉头组沉积相分布

辽河外围探区泉头组主要发育冲积扇、辫状河、辫状河三角洲及湖泊 4 种沉积相类型。冲积扇主要分布于邻近西南部及南部蚀源区的八仙筒、龙湾筒、钱家店及张强地区；辫状河则主要分布于张强北部—昌图地区，呈近北东向展布；辫状河三角洲分布于辫状河前端，呈北西向条带状分布；湖泊相分布于探区东北部。

（二）青山口组沉积相分布

青山口组主要发育冲积扇、辫状河、辫状河三角洲及湖泊 45 种沉积相类型。冲积扇主要分布于邻近西南部蚀源区的八仙筒地区，范围较小；辫状河则主要分布于龙湾筒—钱家店南部地区，呈近北东向展布；辫状河三角洲位于钱家店北部—保康地区，分布范围较大；泛滥平原分布于东南部和西北部，范围较大，呈条带状展布；湖泊相分布于东北部。

（三）姚家组沉积相分布

姚家组主要发育冲积扇、扇三角洲、辫状河、辫状河三角洲及湖泊 5 种沉积相类型。姚家组划分为上下两段。姚家组下段地层分布较小，呈北东向向长条状展布，西南部邻近蚀源区为冲积扇，范围较小，辫状河则主要分布于龙湾筒—钱家店南部地区，呈近北东向展布，辫状河三角洲位于钱家店北部—保康地区，泛滥平原分布于东南部和西北部，呈条带状展布；湖泊相分布于东北部，范围较小；姚家组上段西北部为大型扇三角洲，东南部为大型辫状河三角洲，东北部为湖泊相。

（四）嫩江组沉积相分布

嫩江组发育辫状河三角洲及胡泊 2 种沉积相类型，整体为湖泊相，仅在湖泊周边地区组小规模辫状河三角洲。

（五）四方台组沉积相分布

四方台组主要发育冲积扇、辫状河、辫状河三角洲、泛滥平原及湖泊 5 种沉积相类型。冲积扇主要分布于邻近蚀源区的西南部奈曼—新庙地区、西北部的陆家堡及龙湾筒南部地区；辫状河则主要分布于八仙筒—龙湾筒地区；辫状河三角洲位于陆家堡东部—龙湾筒北部地区，呈北东向长条形展布；陆家堡东北部发育小范围泛滥平原；东北部为湖泊相。

（六）明水组沉积相分布

明水组分布范围较小，仅发育辫状河、泛滥平原及湖泊3种沉积相类型。辫状河及泛滥平原分布于西南部的八仙筒—陆家堡地区，东北部保康以北为大范围湖泊相。

三、铀储层特征

（一）铀储层岩石学特征

1.组构特征

以块状砂岩为主，绝大多数砂岩中广泛发育平行层理、板状交错层理和槽状交错层理。砂岩粒级以中粒、细粒为主，占粒级总体的69.68%，泥质含量9.56%，高于平均值。填隙物中杂基含量仅为2.68%，部分样品中泥砾含量较高。碎屑颗粒多为点接触，少量为线—点接触，胶结类型以接触型、接触—孔隙型、孔隙型为主，碳酸盐质砂岩呈连晶或凝块型胶结，碎屑颗粒呈次棱角—次圆状、次圆状。

2.碎屑及填隙物成分

按照碎屑成分和相对含量对钱家店矿区不同储层砂岩进行成分分类（图5-3-14），砂岩成分类型均以长石岩屑砂岩为主，次为岩屑砂岩，极少量岩屑长石砂岩。沉积岩岩屑平均含量为17.87%。石英和长石含量差别不大。本区岩屑种类较为繁杂，酸性岩屑中流纹岩、英安岩含量较高，其次为花岗岩，中性岩中有粗面岩、正长细晶岩、安山岩等，沉积岩中包括绢云母化泥岩、硅质岩、泥晶灰岩、泥—粉晶白云岩、灰质粉砂岩等，变质岩主要为浅变质的硅质板岩、石英岩、石英片岩等。由于砂岩粒度以中、细砂岩为主，花岗岩岩屑多已破碎为石英、长石碎屑。因此，从碱性长石碎屑含量较高等分析，它们来自花岗岩的可能性较大。本区重矿物组合中，来自岩浆岩的组合钛磁铁矿和白钛石为主，次为含石榴子石组合，说明本区物源有少量的高级变质岩。

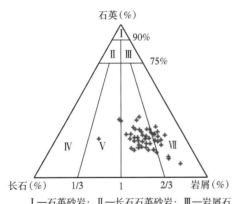

I—石英砂岩；II—长石石英砂岩；III—岩屑石英砂岩；IV—长石砂岩；V—岩屑长石砂岩；VI—长石岩屑砂岩；VII—岩屑砂岩

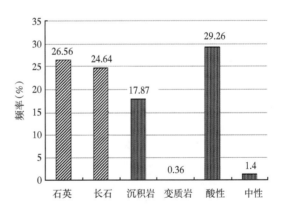

图5-3-14 钱家店储层砂岩成分三角图及碎屑成分含量柱状分布图

钱家店矿区矿石岩心均较疏松，砂岩孔隙较发育，泥质填隙物含量一般不超高7%。填隙物包括了沉积时形成的黏土杂基，成岩形成的黏土矿物、碳酸盐、黄铁矿，以及矿化蚀变形成的黏土矿物、碳酸盐、黄铁矿等。

填隙物中泥质含量为0.5%~7.0%，平均含量2.71%；方解石含量为0%~26%，平均含量1.95%；白云石含量为0%~26%，平均含量3.31%。无矿砂岩泥质含量为1.0%~30.0%，平均含量 4.88%；方解石含量为 0%~20%，平均含量 1.48%；白云石含量为 0%~20%，平均含量 2.98%。部分样品中见一定量的菱铁矿胶结物（X- 全岩分析）。

3. 矿物组成

X—衍射全岩分析可以对砂岩中矿物成分尤其是黏土矿物总量、碳酸盐进行定量分析。钱家店地区砂岩中矿物成分，以石英为主，相对含量 48.5%~75.2%，平均 65.58%；次为长石，含量 12.1%~30.5%，平均 20.27%。黏土总量和碳酸盐含量都较低，平均分别占 7.93% 和 6.04%。

砂岩黏土矿物以高岭石为主，次为伊蒙混层。砂岩碳酸盐中以铁白云石为主，占 64.99%，次为菱铁矿。

高岭石单晶假六方片状，晶格不完整，集合体呈书册状，蠕虫状，多呈孔隙充填式产出（图 5-3-15），相对含量为 35.0%~80.0%，平均含量 61.72%。伊 / 蒙混层呈卷片状、叶片状以孔隙衬垫式或充填式产出，含量为 11.0%~50.0%，平均含量 27.36%。伊利石和绿泥石相对较低，平均含量分别是 4.24% 和 6.68%。混层比在 18%~70%，平均 38.32%。

勘查区泥岩黏土矿物以伊蒙混层为主，次为高岭石、绿泥石和伊利石，并且随着泥岩含矿品位的增大，高岭石含量增高，可见高岭石与铀成矿密切相关。高岭石的存在与母岩的风化、含矿流体流经岩石的高岭石化有关，同时在氧化还原过渡带与铀矿同时沉淀，造成含矿带高岭石含量增大。伊蒙混层与成岩作用有关，伊蒙混层阳离子交换能力强，对铀具较强的吸附能力。

（二）成岩作用

钱家店凹陷姚家组埋深较浅，总体为半固结—固结，孔渗性较好。成岩作用较弱，主要有压实（溶）作用、胶结作用、溶蚀作用和破裂作用，对铀成矿影响不大。

1. 压实（溶）作用

沉积物沉积下来后，随着盆地的下沉和上覆地层的增厚，沉积物经受压实作用，颗粒接触逐渐紧密，沉积物中空隙、水分排出，部分塑性碎屑组分挤压变形填入孔隙，使原生孔隙体积逐渐缩小，孔隙度降低，渗透性变差。

对薄片观察结果表明，区砂岩由于上覆地层压力不断增大，使得刚性颗粒（石英）产生了破裂（图 5-3-16），云母等片状矿物受挤压发生变形（图 5-3-17），部分泥质岩屑呈假杂基状充填于岩石孔隙中。而砂岩的支撑类型主要为颗粒支撑，接触类型主要为点接触、点—线接触，线接触居于次要地位。这些都说明研究区姚家组存在压实（溶）作用，但是压实程度属于弱—中等。

2. 胶结作用

矿区姚家组胶结作用不强，主要以孔隙式胶结为主。各种胶结物充填于颗粒之间的孔隙内或成环边状生长在颗粒边缘，进一步降低原生粒间孔，同时也增加了骨架颗粒强度，阻止压实作用的进行。

黏土矿物胶结作用：根据薄片资料及野外岩心观察，姚家组黏土矿物是主要的胶结物，其产状主要有包壳状、团块状、条带状［图 5-3-18，图 5-3-19，图 5-3-20（a）、（b）］，他们是由岩屑及长石的溶蚀及黏土化形成。黏土矿物的胶结作用对砂岩物性的影响，表现在其占据了一定的孔隙空间，同时有些黏土矿物可能会形成于喉道中，甚至堵塞喉道而使渗透率大大降低。由于姚家组砂岩物性条件整体比较好，黏土矿物胶结对砂体整体的物性影响不大。相反，适量疏松多孔的黏土矿物可能会增强砂体的吸附性，使铀元素更易富集成矿。

(a)菱形铁白云石，QIV-41-05井，337.3m 扫描电镜，1200 ×

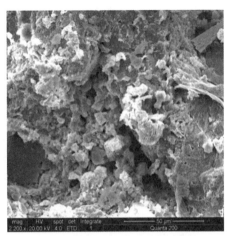

(b)卷片状，叶片状呈孔隙衬垫式伊蒙混层，QIV-20-19井，433.5m 扫描电镜，2200 ×

(c)菱形白云石、书册状，蠕虫状高岭石，QIV-45-01井，299.1m 扫描电镜，1815 ×

(d)书册状，蠕虫状高岭石，QIV-41-05井，338m 扫描电镜，1215 ×

(e)书册状，蠕虫状高岭石，QIV-69-148井，286.5m 扫描电镜，4000 ×

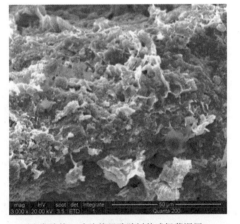

(f)卷片状，叶片状呈孔隙衬垫式伊蒙混层，QIV-65-16井，314.70m 扫描电镜，3000 ×

图 5-3-15 碳酸盐矿物及黏土矿物形微观图（钱家店）

图 5-3-16　砂岩中刚性颗粒（石英）破裂

图 5-3-17　砂岩中云母受挤压变形（4×10）

图 5-3-18　包壳状黏土胶结物（10×10）

图 5-3-19　团块状黏土胶结物（10×10）

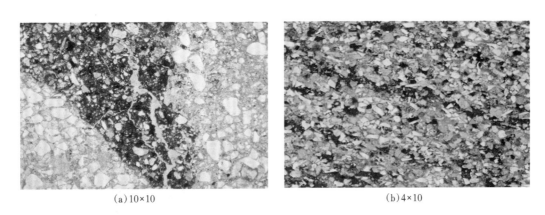

（a）10×10　　　　　　　　　　　　　　　　（b）4×10

图 5-3-20　条带状黏土胶结物

3. 溶蚀作用

与自生矿物沉淀作用相对应的是砂岩中矿物的溶解、溶蚀作用。砂岩中的矿物组分（碎屑矿物、重矿物、自生矿物等），均可在一定的成岩环境中发生溶蚀，甚至消失。溶蚀作用形成的孔隙构成了砂岩次生孔隙的主要部分。

矿区姚家组砂岩中，溶蚀作用概括为两大类：

长石或中酸性喷出岩岩屑溶蚀：此类溶蚀多见。（1）长石沿解理面溶蚀呈窗格状，溶蚀强烈时，长石颗粒大部分被溶蚀，呈现蜂巢状或残骸状（图 5-3-21），粒内孔形态一般不规则，并且连通性较差；（2）长石完全溶蚀（图 5-3-22），其形态一般较规则，连通性较好；（3）除长石外，一些中酸性喷出岩岩屑、黑云母碎屑、绿泥石碎屑均可见到细小的溶孔（图 5-3-23）。

黏土基质或碳酸盐胶结物溶蚀：通过粒间溶孔、特大孔体现，此类溶蚀较少见。主要是黏土基质和少量碳酸盐胶结物被溶蚀（图 5-3-24），部分碎屑颗粒边缘也可溶蚀呈港湾状，其孔径一般较大，主要分布在 10~150μm。

图 5-3-21　长石蜂巢状溶孔（4×10）

图 5-3-22　长石溶蚀铸模孔（4×10）

图 5-3-23　中酸性喷出岩岩屑溶孔（4×10）

图 5-3-24　黏土矿物溶孔（10×10）

4. 破裂作用

破裂作用分为构造裂缝和成岩裂缝。

姚家组主要发育构造裂缝（图 5-3-25 和图 5-3-26）。砂岩中，可见各种开启的裂缝孔隙，如岩石裂隙、颗粒裂隙、胶结物裂隙，有些裂隙在延伸方向上还出现了分叉现象，也常见到由石英等刚性颗粒经压实作用产生的颗粒内裂缝。

图 5-3-25　中砂岩中的构造裂缝（4×10）

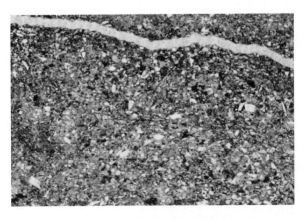

图 5-3-26　粉砂岩中的构造裂缝（4×10）

（三）储层孔隙特征及渗透性

1.孔隙类型

钱家店矿区姚家组铀储层的孔隙类型有 5 种：原生粒间孔、粒间溶孔、粒内溶孔、晶间孔和微裂缝。以原生粒间孔为主，次为粒间溶孔和晶间孔（表 5-3-1）。

表 5-3-1　钱家店姚家组孔隙类型

孔隙类型		成因	发育程度
原生孔隙	粒间孔	机械压实作用、胶结作用和充填作用的产物	大量
次生孔隙	粒间溶孔	压实与溶解作用的产物，为原生粒间孔和次生扩大孔之和，原生加次生混合成因的孔隙类型	少量
	粒内溶孔	溶解作用的产物，是碎屑颗粒被部分溶蚀形成的孔隙空间。若全部被溶，仅残留黏土套膜，则称之为铸模孔	少量
	晶间孔	充填作用产物，是充填在孔隙中的黏土矿物晶粒间的微孔	大量
	微裂缝	成岩作用、构造作用的产物	少量

粒间孔：原生粒间孔隙在成岩过程中的机械压实作用、胶结作用和充填作用的产物［图 5-3-27（a）~（f）］，粒间孔普遍发育在砂岩中，是铀储层的主要孔隙类型，孔径较大，可达 500μm。

粒间溶孔：岩石中长石、岩屑含量较高，镜下可见部分溶蚀粒间孔隙、港湾状溶蚀粒间孔隙、超大型溶蚀粒间孔隙。此类孔隙孔径较大，孔径最大可达 100μm，孔隙连通性好。

粒内溶孔：以长石粒内溶孔、岩屑粒内溶孔为主，由长石、岩屑颗粒内部溶蚀形成，孔径一般为 1~5μm，长石粒内孔多沿矿物解理溶蚀形成。

晶间孔：存在于杂基内的微孔或自生黏土矿物晶间，包括泥状杂基在固结成岩时收缩形成的孔隙和黏土矿物重结晶的晶间孔隙。研究区内各层段均有发育，偏光显微镜下难以分辨，扫描电镜下观察，孔径一般小于 5μm。

微裂缝：主要指沉积、成岩或构造作用形成的微裂缝（隙）（图 5-3-28），另外还包括碎屑继承母岩或在搬运过程中形成的颗粒裂缝。成岩缝大致有两种，第一种是层间缝，由于沉积形成层理，经压实作用层理间形成的缝状孔隙，此裂缝在纹层状泥岩中较发育；第二种是收缩缝，在成岩期由于脱水，岩石收缩形成的裂隙，形状不规则，大小不一，主要分布于泥岩或粉砂质岩中。

构造缝：构造作用形成的裂缝一般延伸较远。对孔隙的连通性起到了极其重要的作用，研究区目的层这类裂隙分布较少。统计发现，除微裂缝、成岩缝和构造缝外，其他孔隙类型的发育都与岩石类型有关。

2.岩石孔隙结构特征

砂岩喉道类型分为 5 种（图 5-3-29），钱家店矿区含矿层喉道类型以缩颈型喉道、点状喉道为主，孔隙间连通性较好（图 5-3-30）。

铸体薄片图像分析结果（表5-3-2）表明，岩石面孔率为3.32%~21.9%，平均9.47%。孔隙直径68.81~272.75μm，平均值为140.96μm。比表面0.09~0.20μm⁻¹，平均值为0.11μm⁻¹。形状因子0.46~0.54，平均值为0.50。孔喉比0.79~4.78，其平均值为2.35。配位数0.14~0.82，平均值为0.38。均质系数0.32~0.56，平均值为0.44。标准偏差28.11~165.97，平均值为71.58。最大喉道宽度26.82~145.81μm，平均值为66.51μm。最小喉道宽度2.33~7.75μm，平均值为3.61μm。平均喉道宽度10.10~28.93μm，平均值为19.06μm。

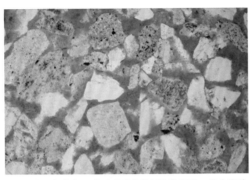

(a) 极细—细粒长石岩屑砂岩中的原生粒间孔、粒内溶孔
铸体薄片，单偏光，100×
QIV-48-21井，396.50m

(b) 细粒岩屑长石砂岩中的粒间溶孔、粒内溶孔铸模孔
铸体薄片，单偏光，100×
QIV-85-38井，250.70m

(c) 粗—中粒岩屑砂岩中的粒间孔、粒间溶孔、粒内孔、颗粒裂缝
铸体薄片，单偏光，100×
QIV-120-57井，483.30m

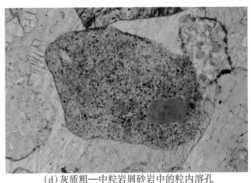

(d) 灰质粗—中粒岩屑砂岩中的粒内溶孔
铸体薄片，单偏光，200×
QC95井，447.60m

(e) 极细—细粒长石岩屑砂岩中的粒间孔、长石溶孔
铸体薄片，单偏光，200×
QIV-48-21井，396.50m

(f) 原生粒间孔
扫描电镜，599×
QIV-61-20，303.7m

图5-3-27　孔隙类型

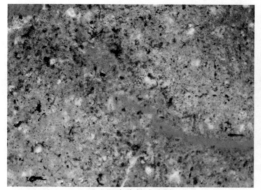

（a）泥岩中的成岩缝
薄片，单偏光，100×
QIV-48-21井，376.6m

（b）泥岩中的收缩缝
扫描电镜，400×
QIV-69-30井，253.7m

图 5-3-28　微裂缝

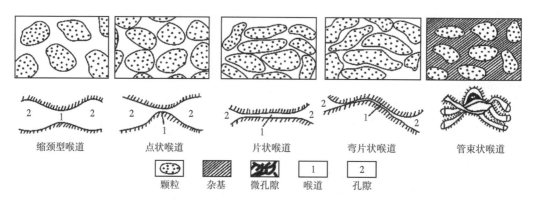

缩颈型喉道　　　点状喉道　　　片状喉道　　　弯片状喉道　　　管束状喉道

颗粒　　杂基　　微孔隙　　1 喉道　　2 孔隙

图 5-3-29　碎屑岩的孔隙喉道类型

（a）粗—中粒岩屑砂岩中的缩颈型喉道、点状喉道、
点状喉道、片状喉道铸体薄片，单偏光，
100×（QIV-69-148井，289.6m）

（b）细粒长石岩屑砂岩中的缩颈型喉道、点状喉道
扫描电镜，820×（QC95井，450.3m）

图 5-3-30　钱家店矿区喉道类型图

表 5-3-2　钱家店姚家组铸体薄片图象分析参数统计表

井号	样号	井深（m）	面孔率（%）	平均孔隙直径（μm）	平均比表面（μm⁻¹）	平均形状因子	平均孔喉比	平均配位数	均质系数	标准偏差	喉道宽度（μm）最大	喉道宽度（μm）最小	喉道宽度（μm）平均
QⅣ-53-08	15	359.50	6.52	132.37	0.10	0.46	2.56	0.40	0.47	55.77	97.74	3.16	19.47
QⅣ-20-23	8	426.30	5.04	115.33	0.11	0.52	1.54	0.21	0.41	55.89	42.34	3.16	16.84
QⅣ-20-23	9	426.85	5.66	225.41	0.10	0.50	2.00	0.34	0.47	122.84	113.35	4.48	28.93
QⅣ-20-23	11	429.70	9.20	133.30	0.11	0.49	2.56	0.46	0.41	65.84	68.39	3.16	21.20
QⅣ-120-57	1	481.10	3.32	101.19	0.12	0.54	0.79	0.14	0.52	44.94	31.80	7.75	17.27
QⅣ-20-19	5	428.50	9.93	68.81	0.20	0.46	2.72	0.48	0.47	30.24	26.82	2.33	10.10
QⅣ-08-13	3	406.20	7.25	92.05	0.11	0.50	1.83	0.23	0.56	28.11	44.87	3.16	14.18
QⅣ-08-13	6	411.50	13.53	264.83	0.09	0.48	3.26	0.64	0.43	152.56	128.19	3.16	28.25
QⅣ-41-05	17	379.70	10.66	120.03	0.10	0.51	2.34	0.32	0.43	58.43	48.51	3.16	16.95
QⅣ-41-05	19	381.50	13.72	136.63	0.10	0.49	3.46	0.63	0.50	59.32	68.02	3.16	20.25
QⅣ-41-05	31	368.20	21.29	272.75	0.09	0.47	4.78	0.82	0.42	165.97	145.81	3.16	25.47
QⅣ-69-148	1	281.35	7.84	96.06	0.11	0.54	1.62	0.22	0.49	36.08	40.40	3.16	15.78
QⅣ-69-148	2	281.70	12.14	123.90	0.11	0.50	2.70	0.41	0.38	62.11	54.26	3.16	16.50
QⅣ-69-148	5	283.40	7.18	138.22	0.10	0.52	1.87	0.36	0.42	66.56	48.51	4.48	21.87
QⅣ-69-148	9	286.00	7.34	108.29	0.11	0.51	1.78	0.23	0.42	66.90	51.12	3.16	14.04
QⅣ-69-148	10	286.50	3.81	94.19	0.12	0.50	1.08	0.18	0.48	38.58	38.24	3.16	15.02
QⅣ-69-148	19	289.60	16.59	173.03	0.09	0.52	3.00	0.48	0.33	106.72	82.34	4.48	21.95
平均			9.47	140.96	0.11	0.50	2.35	0.38	0.44	71.58	66.51	3.62	19.06

　　孔隙和喉道分布（图5-3-31）表明，孔隙直径主要分布在100~200μm和大于200μm的区间内，喉道宽度主要分布在2.5~32.5μm之间，总体孔径和喉道都较大。目的层平均孔径140.96μm，平均喉道宽度19.06μm，均质系数平均值0.44，为中孔细喉较均匀型储层。

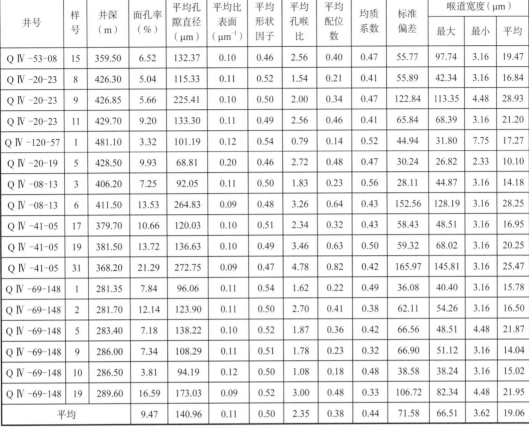

图 5-3-31　钱家店矿区铀储层孔隙直径、喉道宽度分布直方图

3.矿石的渗透性

　　钱家店凹陷砂岩孔隙度、渗透率的变化范围较大，从小于0.01mD到几千毫达西不等（图5-3-32）。

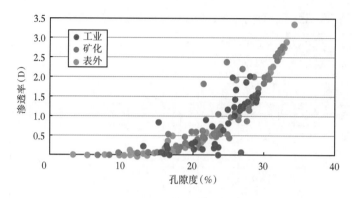

图 5-3-32 普通样及含矿样物性散点图

（四）常量元素地球化学特征

钱家店铀矿床岩石主、微量元素测定分析结果见表 5-3-3。SiO$_2$/Al$_2$O$_3$ 比值界于 3.17~8.71 之间，平均为 6.52，低于佩蒂庄的长石砂岩样品的平均值（8.86），反映了本区姚家组砂岩的成熟度较低。

表 5-3-3 钱家店钱Ⅵ块砂岩型铀矿岩石与矿石主量元素分析结果（单位：%）*

样号	SO$_2$	TiO	Al$_2$O$_3$	TFe	MnO	MgO	CaO	Na$_2$O	K$_2$O	P$_2$O$_5$	LOI	TOTAL	矿化与蚀变
Q4-14	67.78	0.47	12.65	4.04	0.06	0.53	0.34	2.07	3.32	0.11	7.99	99.36	矿化
Q4-24	77.38	0.27	8.86	1.99	0.10	0.69	1.82	1.94	3.13	0.13	3.26	99.57	—
Q4-30	30.47	0.20	5.46	2.05	1.20	0.84	30.46	0.87	1.31	0.22	25.71	98.79	矿化
Q4-32	78.99	0.40	9.88	1.23	0.03	0.37	0.71	1.96	3.25	0.10	2.60	99.52	—
Q4-44	71.03	0.41	12.13	2.67	0.06	1.01	1.86	2.71	3.61	0.09	4.00	99.58	—
Q4-46	80.04	0.28	9.80	1.27	0.06	0.37	0.64	1.70	3.12	0.08	2.41	99.77	矿化
Q4-51	80.52	0.23	9.57	1.37	0.02	0.35	0.67	1.46	3.14	0.06	2.24	99.63	—
Q4-56	76.80	0.28	9.87	2.97	0.13	0.66	0.76	1.51	3.27	0.07	3.63	99.95	—
Q4-64	53.09	0.29	7.43	3.13	0.15	4.87	10.81	1.66	2.46	0.06	15.80	99.75	—
Q4-70	75.60	0.37	11.06	1.59	0.06	0.62	1.30	1.95	3.30	0.07	3.77	99.69	矿化
Q4-72	58.91	0.19	7.94	2.56	0.14	4.05	8.69	1.52	2.61	0.06	12.88	99.55	矿化蚀变
Q4-74	70.26	0.70	13.82	3.49	0.06	0.80	0.42	1.90	3.21	0.12	4.84	99.62	矿化
Q4-75	66.06	0.20	7.46	8.73	0.28	2.18	2.51	1.44	2.45	0.05	8.95	100.31	矿化蚀变
Q4-84	77.62	0.31	10.72	1.70	0.04	0.49	0.69	1.98	3.31	0.10	2.93	99.89	矿化蚀变
Q4-89	73.19	0.42	13.26	1.35	0.08	0.30	1.23	2.11	3.70	0.12	3.90	99.66	矿化
Q4-96	76.05	0.72	10.00	2.13	0.05	0.71	1.37	1.96	3.07	0.09	3.54	99.69	矿化蚀变
Q4-124	60.68	0.74	19.12	3.88	0.02	1.44	0.51	1.84	3.61	0.16	7.65	99.98	—
Q4-117	70.80	0.36	10.40	1.63	0.04	1.29	3.09	2.97	3.25	0.10	5.70	99.63	—

注：* 大陆动力学国家重点实验室（西北大学）XRF 分析。

CaO 在大多数中细粒—细粒及中粗粒—粗粒长石岩屑杂砂岩中含量低，矿区 CaO 含量为 0.34%~2.51%，以方解石碎屑及灰岩岩屑存在于杂砂岩中。胶结物中由雏晶状泥质杂基组成，符合河流相以成分成熟度低的碎屑、岩屑及泥质沉积物为主的沉积特点。

赋矿岩石 K$_2$O+Na$_2$O 含量为 6.19%~7.98%，平均值 6.83%，具有明显的富钾特征。砂岩中长石碎屑以钾长石为主，与岩石的镜下鉴定微斜条纹长石含量普遍大于更长石含量是一致的。另外与含有正长细晶岩—粗面岩岩屑也是一致的，反映蚀源区发育偏酸性、偏碱性的花岗质岩石。

（五）沉积相类型与铀储层

姚家组沉积时期受坳陷水系控制，发育冲积扇、辫状河及辫状河三角洲沉积体。

冲积扇相发育于坳陷的边部，钻井资料较少，研究程度较浅。辫状河及辫状河三角洲沉积体的平原亚相钻探控制程度比较高，研究也比较细致。储层发育的有利相带是辫状河河床亚相的河道和心滩微相、辫状河三角洲平原的辫状河道微相。其中规模最大的是辫状河河道亚相，面积可达 3000km^2。物性最好的是心滩微相砂体。层间氧化带铀成矿理论认为，不是规模大、物性好一定就是好储层，而是在有利于层间水流动的同时，必须还需要水岩反应时间。因此，储层规模适中，具有较好的"泥—砂—泥"组合，储集物性适中，即能让氧化含铀水流动，也要让其有时间与还原介质充分反应的储层才是最好的储层。辫状河沉积体系的河道微相砂体和辫状河三角洲平原辫状河道微相砂体往往具备上述条件，是有利的储层（表5-3-4）。而辫状河沉积体系的心滩微相砂体，由于其物性太好，层间水流动过快，加之其砂体较纯，缺乏有机质，不利于成矿，是较差的铀储层。

表5-3-4　沉积体系各亚相及微相特征表

沉积体类型	亚相	微相	规模（km）			物性	
			长	宽	厚	孔隙度（%）	渗透率（mD）
辫状河	河床	河道	100~200	10~20	100~300	15~25	0.2~50
		心滩				25~35	50~1000
辫状河三角洲	平原	辫状河道	30~40	20~30	100~200	15~30	0.2~100

第四节　层间氧化带

辽河铀矿探区上白垩统凹陷受构造演化和沉积成岩作用控制，广泛发育了两种类型的氧化带。按层系划分，主要有泉头组、青山口组、姚家组（上段、下段）、嫩江组、四方台组、明水组七套氧化带，按氧化类型分为层间氧化和潜水氧化两大类，以层间氧化发育为主，并对于砂岩型铀矿成矿起主要作用，钱家店铀矿床主要赋存在上白垩统姚家组。

一、层间氧化带特征

层间氧化带是砂岩型铀矿的重要找矿标志，是砂岩型铀成矿的主控因素之一，包括氧化带、氧化还原过渡带、原生未蚀变砂岩带3个部分。

（一）宏观岩石学特征

1. 氧化带

氧化带由强氧化带和弱氧化带构成，它沿着低于潜水面的透水层顺层发育，处在两个隔水层之间，由含氧的承压水的氧化作用而形成。氧化带内部岩石类型主要由红色或黄色砂岩或砂砾岩组成，强氧化带以玫瑰红色、褐红色细砂岩、中粗砂岩为主，结构疏松，黏土质胶结，其内部有机质、黄铁矿少见，基本不含植物炭屑，部分含泥砾砂岩中可见泥砾间砂岩被氧化的现象，反映出强氧化的特色；弱氧化带以姜黄色细砂岩、中粗砂岩为主，结构较疏松、以泥质胶结为主，部分钙质胶结，与红色氧化砂体一样，其内部有机质、植物炭屑、黄铁矿少见。

2. 氧化还原过渡带

氧化还原过渡带位于氧化带末端，此带水中的自由氧大部分已被消耗，水溶液带入的

U^{6+}还原成U^{4+}而沉淀，为铀矿化带。由于氧化作用微弱，黄铁矿基本未氧化，过渡带砂岩颜色总体上以浅灰色、灰色为主。氧化还原过渡带内部岩石类型主要由浅灰色中、细砂岩或含泥砾细砂岩组成，结构疏松，黏土质胶结，局部可见植物炭屑、有机质及黄铁矿，部分含泥砾砂岩中可见被还原的现象。

3.原生未蚀变砂岩带

原生未蚀变砂岩带位于铀矿化带之下，不含游离氧，有机质、硫化物和二价铁的矿物均未受到氧化，水中含铀量较低，无矿化，岩石颜色保持原样。其内部岩石类型主要以灰色、深灰色细砂或泥质细砂岩为主，单层砂体厚度不大且与暗色泥岩频繁互层，其内部多含有植物炭屑和黄铁矿，炭屑轮廓清楚，黄铁矿呈浸染状或结核状分布于砂体中。

（二）层间氧化带的微观特征

1.基本特征

1）氧化带

（1）成分特征：碎屑颗粒含量50%~90%，填隙物含量10%~50%，其中碳酸盐胶结物含量5%~20%。碎屑颗粒长石含量12%~25%，石英含量27%~40%，岩屑含量30%~60%，碳酸盐胶结物以白云石和方解石为主。

（2）结构特征：中砂及泥岩比例相对偏大，碎屑分选中等，磨圆次棱角—棱角状，碎屑物颗粒轮廓不清晰，常见碎屑颗粒边缘被溶蚀现象。胶结类以孔隙型为主。

（3）蚀变组合特征：长石蚀变作用较强，常有云母化、黏土化、碳酸盐化；黑云母含量相对较少，多数边缘发生溶蚀现象，轮廓较不完整，由于发生云母水解作用，析出铁质残留在颗粒边缘或解理，边缘呈浅褐黄色或褐色团块。

（4）含铁矿物特征：赤铁矿发育，黄铁矿、菱铁矿、钛铁矿少见，碎屑颗粒常见褐铁矿化，边缘或整体被浸染为褐红色。

2）氧化还原过渡带

（1）成分特征：碎屑颗粒含量80%~85%，填隙物含量15%~20%，其中碳酸盐胶结物含量5%~15%。碎屑颗粒中长石含量15%~20%，石英含量30%~45%，岩屑含量多在49%左右。碎屑颗粒间多为钙质胶结，胶结物多为泥晶结构，局部可见方解石的富集现象，钙质胶结物含量平均值为11%。

（2）结构特征：细粒砂岩比氧化带和还原带占优势，且填隙物含量较少，中砂、细砂占71%。碎屑分选中等，磨圆次棱角—棱角状，过渡带砂岩中碎屑颗粒轮廓不如还原带中清晰，比氧化带中颗粒轮廓清楚。

（3）蚀变组合特征：长石、云母微弱蚀变或差异性蚀变现象，蚀变程度没有氧化带高，但蚀变现象比氧化带中要更常见。黑云母多发生蚀变或水解，析出铁质残留在颗粒边缘或解理，边缘浅褐黄色或呈褐色团块，蚀变或水解程度较氧化带中偏低。

（4）含铁矿物特征：可见黄铁矿、钛铁矿，且黄铁矿比还原带中含量偏高，星点状黄铁矿、莓球状黄铁矿及他形黄铁矿更加常见。

3）原生未蚀变砂岩带

（1）成分特征：碎屑颗粒含量50%~90%，填隙物含量10%~50%，其中碳酸盐胶结物含量5%~20%。碎屑颗粒中长石含量12%~30%，石英含量30%~50%，岩屑含量30%~50%，碳酸盐胶结物以方解石、白云石、菱铁矿为主。

（2）结构特征：中砂、细砂为主。还原带胶结类型以接触型、接触—孔隙型为主，碳酸盐质砂岩呈连晶或凝块型胶结，碎屑颗粒呈次棱角—次圆状和次圆状。

（3）蚀变组合特征：长石类型较多，可见斜长石、微斜长石与条纹长石，其中以斜长石含量居多。且一般未发生蚀变；岩屑以凝灰岩岩屑为主，还可见石英岩岩屑、安山岩岩屑等。可见白云母、黑云母颗粒，黑云母含量较白云母多，保留有云母颗粒，一般未发生蚀变，水解作用弱，基本没有铁质的析出。

（4）含铁矿物及炭屑特征：黄铁矿、菱铁矿发育，无赤铁矿，可见少量植物炭屑。

钱家店凹陷姚家组碎屑颗粒含量70%~90%，平均80%，填隙物含量4%~26%，平均值为8%，其中碳酸盐胶结物含量1%~26%，平均5%。各层间氧化带变化较小。

2. 矿物组成

氧化带、过渡带和还原带砂岩中成岩矿物石英及长石含量比例较大，过渡带长石和石英含量略高于氧化带，与还原带相近，碳酸盐矿物低于二者，且过渡带、还原带砂岩中含有一定量的黄铁矿及少量菱铁矿；氧化带中方解石含量高于过渡带和还原带，还原带白云石、菱铁矿比例占绝对优势，白云石以菱形为主。

X射线衍射黏土分析结果表明层间氧化带砂岩黏土矿物以伊蒙混层为主，次为高岭石，少量伊利石及绿泥石。伊蒙混层呈卷片状、叶片状以孔隙衬垫式或充填式产出。氧化带中伊蒙混层相对较高，过渡带中伊蒙混层含量较低，而高岭石含量较高，伊利石及绿泥石含量相差不大。过渡带中高岭石含量增高，可见高岭石与铀成矿密切相关，高岭石的存在与母岩的风化、含矿流体流经岩石的高岭石化有关，同时在氧化还原过渡带与铀矿同时沉淀，造成含矿带高岭石含量增大。伊蒙混层与成岩作用有关，伊蒙混层阳离子交换能力强，对铀具较强的吸附能力，可造成泥岩型铀矿的预富集。

3. 碎屑颗粒特征

通过氧化、还原及过渡带的碎屑组分分析表明，各带长石、石英含量变化较小，长石含量一般在10%~50%，平均27%左右。石英含量一般在10%~40%，平均27%左右；过渡带中沉积岩相对较小，含量12%，酸性岩屑相对较高，平均达37%。

4. 填隙物特征

钱家店铀矿床填隙物主要有方解石、白云石、高岭石和菱铁矿（图5-4-1），氧化带中方解石含量明显高于还原带和过渡带；过渡带中的白云石和高岭石相对较高。氧化带碳酸

（a）碎屑颗粒轮廓不太清晰，并见方解石富集现象

（b）方解石局部富集（单偏光）

图5-4-1　矿化带微观鉴定特征

盐胶结物以白云石和方解石为主；还原带碳酸盐胶结物以方解石、白云石、菱铁矿为主；过渡带碎屑颗粒间多为钙质胶结，胶结物多为泥晶结构，局部可见方解石的富集现象，含量明显较还原带、氧化带高，钙质胶结物含量平均值为11%（图5-4-2）。

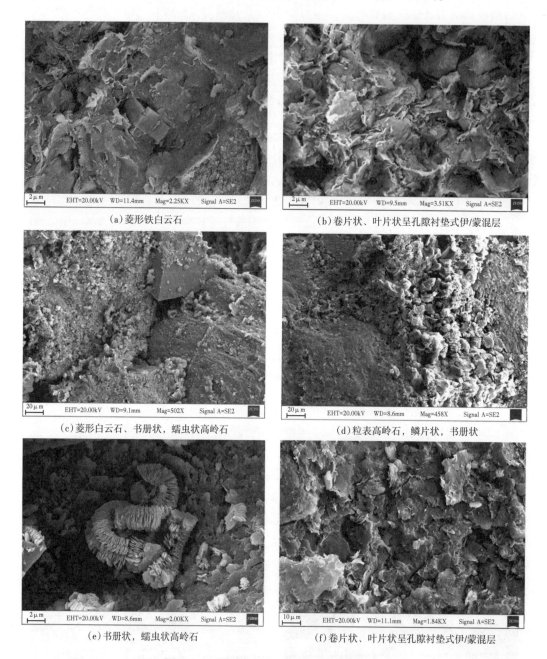

(a) 菱形铁白云石

(b) 卷片状、叶片状呈孔隙衬垫式伊/蒙混层

(c) 菱形白云石、书册状，蠕虫状高岭石

(d) 粒表高岭石，鳞片状、书册状

(e) 书册状，蠕虫状高岭石

(f) 卷片状、叶片状呈孔隙衬垫式伊/蒙混层

图5-4-2　碳酸盐矿物及黏土矿物微观貌图

（三）氧化带的岩石地球化学特征

钱家店铀床层间氧化带岩石中不仅矿物组成呈现分带性，而且元素含量及环境参数特征也呈现明显的分带性。尤其是对氧化—还原环境反映较为敏感的参数如U、$C_有$、Fe_2O_3、FeO、$S_全$等变化明显。

1. 主量元素特征

根据层间氧化带中化学作用类型和元素地球化学活动强度，将层间氧化带中主量元素组分分为（表5-4-1）：敏感组分组—TFe$_2$O$_3$、Fe$_2$O$_3$、FeO，活动组分组—SiO$_2$、Al$_2$O$_3$、K$_2$O、Na$_2$O，次活动组分—MgO、MnO、CaO，惰性组分组—TiO$_2$、P$_2$O$_5$四组。

表 5-4-1　钱家店地区姚家组砂岩主量元素（%）和微量元素（μg/g）分析结果

样号	QC-1	QC-2	QC-3	QC-4	QC-5	QC-6	QC-7	QC-8	QC-9	QC-10	QC-11	QC-12	QC-13	QC-14
井号	QC90		QC95			48-21	04-07		56-08		QC14			
岩性	浅红色细砂岩	浅红色细砂岩	浅红色细砂岩	浅红色细砂岩	浅红色细砂岩	浅灰色细砂岩	浅灰色细砂岩	浅灰色细砂岩	浅灰色细砂岩	浅灰色细砂岩	浅灰色细砂岩	浅灰色细砂岩	浅灰色细砂岩	浅灰色细砂岩
分带	氧化带					过渡带					还原带			
SiO$_2$	74.06	75.77	74.70	71.46	76.97	79.21	77.98	77.62	69.18	75.97	71.09	73.97	76.49	74.25
Al$_2$O$_3$	10.10	10.35	10.15	11.30	9.97	9.43	10.39	10.32	13.47	11.04	8.55	10.62	10.16	9.64
FeO	0.57	0.54	0.88	0.99	1.10	2.18	2.19	2.32	2.31	1.97	1.80	1.59	1.31	1.59
Fe$_2$O$_3$	0.88	0.95	1.20	1.01	0.99	0.40	0.06	0.37	0.50	0.36	0.28	0.54	0.66	0.10
TFe$_2$O$_3$	2.08	2.07	2.82	2.86	2.89	3.47	2.94	3.64	3.76	3.12	2.98	2.74	2.34	2.65
FeO/TFe$_2$O$_3$	0.27	0.26	0.31	0.35	0.38	0.63	0.74	0.64	0.61	0.63	0.60	0.58	0.56	0.60
Fe$_2$O$_3$/TFe$_2$O$_3$	0.42	0.46	0.43	0.35	0.34	0.12	0.02	0.10	0.13	0.12	0.09	0.20	0.28	0.04
MgO	1.11	0.66	0.82	0.84	0.43	0.14	0.16	0.15	0.40	0.32	1.79	0.83	0.60	0.94
CaO	1.99	1.14	1.36	2.42	1.06	0.38	0.38	0.30	0.45	0.45	3.85	1.65	1.19	1.87
Na$_2$O	2.38	2.53	2.63	3.62	2.47	1.76	1.83	1.94	1.73	1.90	1.32	1.70	1.74	1.68
K$_2$O	3.71	3.89	3.74	3.14	3.57	3.16	3.53	3.42	3.28	3.84	2.91	3.83	3.53	3.86
P$_2$O$_5$	0.06	0.06	0.06	0.09	0.08	0.05	0.06	0.12	0.09	0.08	0.07	0.05	0.07	0.08
MnO	0.05	0.04	0.04	0.05	0.05	0.05	0.04	0.06	0.04	0.07	0.09	0.05	0.04	0.06
TiO$_2$	0.28	0.27	0.35	0.28	0.24	0.23	0.25	0.33	0.60	0.25	0.32	0.37	0.34	0.33
LOI	3.59	2.63	2.73	3.32	1.65	1.46	1.79	1.53	2.59	2.26	6.39	3.59	2.80	4.02
Total	100.86	100.90	101.48	101.38	101.45	101.92	101.60	102.07	98.43	101.61	101.46	101.55	101.27	101.07
Al$_2$O$_3$/SiO$_2$	0.14	0.14	0.14	0.16	0.13	0.12	0.13	0.13	0.19	0.15	0.12	0.14	0.13	0.13
Na$_2$O/K$_2$O	0.64	0.65	0.70	1.15	0.69	0.56	0.52	0.57	0.53	0.49	0.45	0.44	0.49	0.44
Sc	3.40	3.60	7.80	7.20	5.10	< 0.5	5.60	2.30	5.90	2.80	3.30	7.00	5.10	6.80
Ti	1535.30	1503.80	1961.20	1666.00	1366.90	1137.40	1375.70	1924.10	3442.30	1503.10	1930.40	2107.90	1891.50	1920.70
V	38.10	26.80	34.20	32.90	28.80	20.90	23.00	71.90	131.80	23.30	74.80	45.70	31.70	52.50
Cr	14.20	14.50	15.80	41.20	18.60	12.90	13.50	15.90	31.70	13.20	22.70	22.20	20.90	24.20
Cu	9.70	11.10	11.80	9.30	12.60	15.40	13.20	13.00	17.70	9.20	6.70	9.70	9.70	6.70
Sr	359.70	284.00	255.80	512.80	262.50	184.50	248.50	265.90	391.70	181.90	293.30	230.60	235.90	266.50
Zr	182.80	188.80	232.80	154.10	150.20	160.50	168.10	175.70	259.40	161.80	195.80	274.80	242.70	218.60
Ba	539.10	533.30	929.10	1201.20	680.30	466.10	488.80	557.20	635.60	543.90	493.70	619.50	523.20	598.00
Pb	18.00	18.80	20.00	21.20	17.50	18.60	22.60	30.60	64.60	19.90	19.60	20.20	18.40	19.50
Rb	141.40	147.60	132.10	69.20	110.60	122.30	130.80	136.70	164.70	140.50	104.80	128.60	129.60	126.90
Li	25.77	28.23	30.58	13.57	20.17	25.22	27.05	25.14	24.83	31.77	23.86	28.60	25.34	24.48
Be	1.81	1.82	2.01	1.35	1.68	1.71	2.00	1.73	2.02	2.48	1.77	1.82	1.70	2.08

样号	QC-1	QC-2	QC-3	QC-4	QC-5	QC-6	QC-7	QC-8	QC-9	QC-10	QC-11	QC-12	QC-13	QC-14
井号	QC90		QC95			48-21	04-07		56-08		QC14			
岩性	浅红色细砂岩	浅红色细砂岩	浅红色细砂岩	浅红色细砂岩	浅红色细砂岩	浅灰色细砂岩	浅灰色细砂岩	浅灰色细砂岩	浅灰色细砂岩	浅灰色细砂岩	浅灰色细砂岩	浅灰色细砂岩	浅灰色细砂岩	浅灰色细砂岩
分带	氧化带					过渡带					还原带			
Co	4.17	3.91	4.77	4.61	4.58	3.43	3.08	1.56	4.20	4.60	6.38	4.43	3.26	3.98
Ni	20.64	26.25	13.62	23.00	12.32	16.34	6.91	3.45	23.85	14.78	11.86	9.29	10.30	12.37
Nb	9.63	9.14	13.96	11.80	7.14	10.33	10.57	12.40	14.53	26.99	9.81	11.40	11.18	8.47
Cs	5.77	6.06	5.91	2.59	3.29	3.72	4.02	3.80	3.29	4.99	3.65	4.75	4.10	3.98
Hf	6.67	7.54	7.59	4.53	5.68	6.20	6.74	4.47	6.06	9.10	6.26	8.23	7.15	5.84
Ta	0.13	0.20	0.77	0.63	0.54	1.03	0.74	1.21	0.64	2.28	0.22	0.57	0.28	0.44
W	1.24	1.65	1.92	1.12	1.99	2.22	1.19	1.69	2.13	3.90	1.18	1.68	1.93	1.27
Th	7.29	9.14	8.08	4.12	5.76	7.52	7.69	5.51	6.60	10.60	7.66	8.19	8.17	8.24
U	1.86	2.47	2.76	1.72	1.46	23.87	32.96	1159.80	308.45	147.14	3.34	5.11	4.32	3.23
Sn	2.05	2.19	1.46	1.08	1.96	3.39	2.72	2.56	3.00	1.71	4.71	7.74	2.47	3.15
Mo	0.94	0.84	0.44	0.99	1.16	1.87	0.67	0.92	1.88	0.51	0.82	0.62	0.96	0.60
La	20.32	24.87	21.29	21.30	15.24	28.00	33.97	24.97	28.87	41.90	24.41	25.70	23.06	22.29
Ce	40.21	46.61	45.13	40.20	31.15	48.74	56.11	48.46	52.83	77.43	49.82	51.70	47.35	43.52
Pr	5.38	6.46	7.14	4.71	4.06	6.05	7.07	6.10	6.30	8.97	6.85	6.74	5.77	6.89
Nd	20.29	23.11	23.65	19.50	15.02	20.32	26.59	22.56	25.79	33.50	24.50	24.80	24.09	23.62
Sm	4.29	5.65	4.88	3.64	2.93	4.30	4.10	2.91	5.25	5.16	5.31	5.02	5.37	4.18
Eu	0.21	0.15	0.35	1.33	0.30	1.24	1.19	1.19	1.35	1.81	0.92	1.08	0.25	0.46
Gd	2.89	4.07	3.75	2.47	2.42	3.26	4.85	3.47	3.91	6.63	4.38	3.83	4.04	4.35
Tb	0.38	0.55	0.58	0.36	0.36	0.46	0.66	0.36	0.63	0.80	0.61	0.58	0.48	0.56
Dy	2.96	2.76	3.21	1.75	1.94	2.88	3.34	1.95	2.67	3.17	3.66	2.69	2.90	3.31
Ho	0.48	0.58	0.70	0.31	0.39	0.43	0.74	0.25	0.40	0.72	0.73	0.62	0.70	0.80
Er	1.73	2.35	2.12	1.04	1.42	1.56	2.25	1.40	1.73	2.40	2.80	1.89	1.32	2.37
Tm	0.32	0.26	0.32	0.13	0.19	0.30	0.27	0.20	0.21	0.30	0.33	0.22	0.23	0.25
Yb	1.19	2.44	2.09	1.08	0.98	1.64	1.86	1.39	1.84	1.91	2.15	2.29	1.60	2.21
Lu	0.18	0.33	0.31	0.13	0.15	0.30	0.25	0.20	0.27	0.30	0.42	0.26	0.32	0.30
REE	100.84	120.20	115.52	97.94	76.55	119.47	143.26	115.41	132.04	185.00	126.89	127.44	117.47	115.11
LREE	86.21	101.06	97.21	85.71	65.47	103.11	123.74	102.10	113.79	161.81	105.58	108.94	100.26	96.32
MREE	10.73	13.18	12.77	9.55	7.95	12.13	14.14	9.87	13.81	17.57	14.88	13.21	13.04	12.85
HREE	3.90	5.96	5.54	2.69	3.13	4.23	5.38	3.44	4.44	5.63	6.42	5.29	4.16	5.94
$\delta(Eu)$	0.08	0.02	0.14	4.25	0.26	2.43	1.65	4.27	1.75	2.51	0.84	1.26	0.08	0.29
$\delta(Ce)$	0.78	0.75	0.80	0.77	0.84	0.83	0.69	0.83	0.74	0.85	0.82	0.83	0.80	0.71
Th/U	3.914	3.703	2.928	2.394	3.957	0.315	0.233	0.005	0.021	0.072	2.292	1.603	1.892	2.556

注: REE 表示矿石砂岩稀土元素总量, LREE 表示轻稀土含量, HREE 表示重稀土含量, MREE 表示中稀土含量。

1) 敏感组分组—TFe_2O_3、Fe_2O_3、FeO

氧化带中 Fe_2O_3 含量最高, 与其全铁的比值 =0.34~0.46, 平均值为 0.40; 过渡带 Fe_2O_3

含量变低，与其全铁的比值 =0.02~0.13，平均值为 0.10；还原带 Fe_2O_3 含量与其全铁的比值 =0.04~0.28，平均值为 0.15，略高于过渡带。在氧化带、过渡带和还原带中含量变化具有明显的分带性（图 5-4-3）。

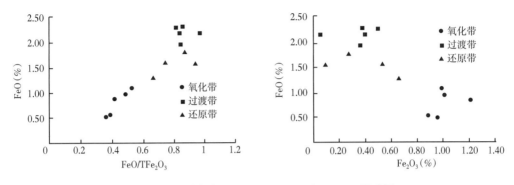

图 5-4-3　钱家店地区 Fe_2O_3、FeO 和 TFe_2O_3 关系图

2）活动组分组—SiO_2、Al_2O_3、K_2O、Na_2O

SiO_2 在氧化带、过渡带和还原带含量变化不大，只在过渡带有一定增高。Al_2O_3 与 Al_2O_3/SiO_2 在相关图上分布规律较差（图 5-4-4），几个带交叉重叠，不具地球化学分带意义。K_2O 在氧化带、过渡带和还原带含量变化不大，基本不具有分带意义。Na_2O 在相关图上分布呈现可区分的趋势，大致可区分氧化带、过渡带和还原带，具有地球化学分带意义。Na_2O/K_2O 受 Na_2O 的影响，与 Al_2O_3/SiO_2 配合可以区分氧化带、过渡带和还原带，所以基本具有地球化学分带意义。

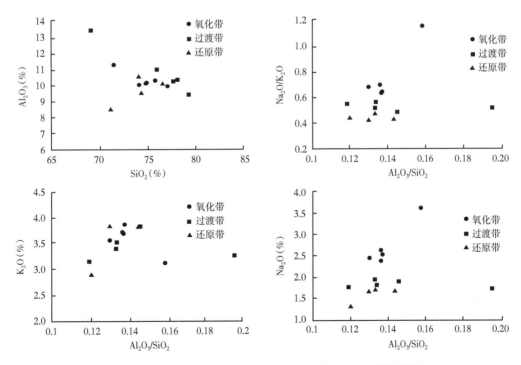

图 5-4-4　钱家店地区 Al_2O_3、SiO_2、K_2O 和 Na_2O 含量关系图

3）次活动组分—MgO、MnO、CaO

在与 Al_2O_3/SiO_2 关系图（图 5-4-5）上氧化带和还原带交织在一起，然而过渡带能很好的划分出来，个别点 CaO、MgO 的增高可能反应了 Ca、Mg 元素局部富集，因此只具有一定的分带指示意义。MnO 含量很低，一般为 0.04%~0.09%，加上化学分析对 Mn 的精度较差的原因，没有指示分带的意义，在此不予讨论。

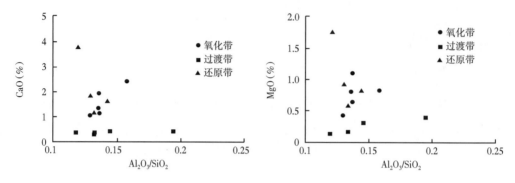

图 5-4-5　钱家店地区 Al_2O_3/SiO_2 与 CaO、MgO 关系图

4）惰性组分组—TiO_2、P_2O_5

Ti 和 P 在砂岩中分别主要以赋存在金红石、钛铁矿、榍石和磷灰石等稳定矿物中的形式存在，这些矿物的结构性质决定了它们在外生地质作用中具有极强的稳定性，难以发生化学变化。而化学分析所表现出的变化在于风化作用过程中，伴随着硅酸盐矿物的溶解、淋失，从而导致岩石体积变化使它们产生富集或亏损的现象。

2. 氧化带微量元素特征

将层间氧化带不同带砂岩微量元素平均含量与未蚀变还原带砂岩的微量元素平均值进行比较，如图 5-4-6 所示。考虑到分析测试误差和原岩并非绝对均匀的特点，可认为变化率小于 ±10%（在图中即为 ±0.1）的元素为氧化过程中没有发生迁移的稳定元素，超过 10%（+0.1）的元素作为在层间氧化作用中具有活动性的元素，大于 10%（+0.1）的为富集，小于 -10%（-0.1）的为亏损（朱西养，2005），据此将各带中的微量元素含量在层间氧化带分带中的变化划分如表 5-4-2 所列。

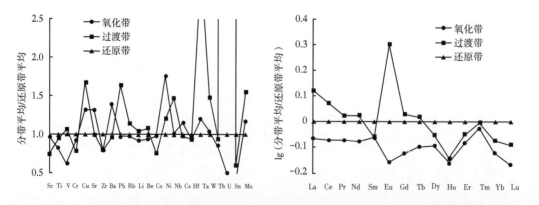

图 5-4-6　钱家店地区层间氧化带砂岩微量元素含量变化和 REE 分配对比图（还原带标准化）

78

表 5-4-2　钱家店地区层间氧化带砂岩微量元素富集、亏损分类表

	氧化带	过渡带
富集	Cu、Sr、Ba、 Ni、Cs、Mo、Nb、Ta、W	Cu、Pb、Rb、Ni、 Nb、Ta、W、U、Mo
稳定	Co、Pb、Rb、Li、Be、Hf、Sc、Cr	Ba、Hf、Th、Ti、V、Sr、Li、Be、Cs
亏损	Ti、V、Zr、Th、U、Sn	Sc、Cr、Zr、Sn、Co

从图 5-4-6（a）及表 5-4-2 可以看出，从氧化带到过渡带，砂岩中富集、稳定及亏损的微量元素个数大体相同，然而元素种类具有较大的变化，表明伴随层间氧化作用这一地质过程，成矿主岩的微量元素发生迁移变化，含量和组成发生了再分配。与氧化带比较，过渡带中多达 10 种元素（Cu、Pb、Rb、Li、Be、Nb、Ta、W、U 和 Mo）的不同程度富集表明，随着氧化流体的运移，介质的 Eh、pH 等条件发生变异，不断有元素可以从成矿流体（地表水或地下水）中沉淀下来。Cu 虽然属于相对稳定的元素，但也表现出在过渡带一定的富集趋势。富集程度最大的是 U，其他元素多为地球化学异常。总体看，层间氧化作用中由氧化带到过渡带趋于富集的微量元素主要为放射性元素（U）、大离子亲石元素（Li、Ba）、亲硫元素（Ni）、高场强元素（Nb、Ta）和性质活跃的变价元素 Mo 等。

3. 氧化带稀土元素特征

在还原带标准化分布型式图，能直观看出砂岩稀土元素分布较零散，说明氧化带砂岩相对未氧化原岩遭受了改造作用，使其稀土元素发生了迁移分异。从氧化带到过渡带砂岩的 LREE、MREE 和 HREE 均有不同程度富集，REE 有从氧化带迁出，然后进入到成矿流体（地表水或地下水），再在过渡带富集沉淀。REE 明显迁移，反应了水—岩作用时间较长、强度较大，这在钱家店地区发育规模较大的氧化带处得到了验证，与伊犁、吐哈盆地明显区别（吴柏林等，2003；魏观辉等，1995）。

而 $\delta(Eu)$ 和 $\delta(Ce)$ 在成矿层间氧化带中的规律性却比较明显：$\delta(Ce)$ 由氧化带到过渡带随氧化作用的减弱逐渐趋于降低（图 5-4-7）；而 $\delta(Eu)$ 值随氧化作用的减弱趋于增加，在过渡带砂岩中最高，这两个参数的表现相反。在表生风化作用中 Ce、Eu 变化规律

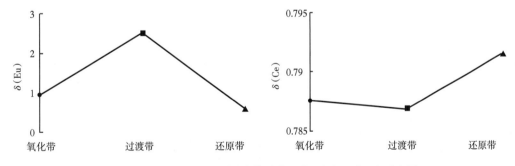

图 5-4-7　钱家店地区不同分带砂岩 $\delta(Eu)$ 和 $\delta(Ce)$ 对比图

相同，其原因主要为氧化环境中斜长石水解，Ce^{3+} 氧化，形成方铈石，虽然 Eu^{2+} 呈碱性易溶，但过渡带偏酸性，使 Eu^{2+} 在过渡带不能溶于水发生沉淀，使岩石中 Eu 相对富集。$\delta(Eu)$ 和 $\delta(Ce)$ 在成矿层间氧化带中的规律性变化较好地指示了层间氧化带中氧化—还原

环境的变化，意味着成矿层间氧化带流体作用具有稳定性和持续性，揭示了层间氧化带中地球化学环境与铀矿化的内在联系（宋云华等，1987；马英军，2004；朱西养，2005）。

4. 氧化带还原性指标特征

地层内部存在还原剂，且与铀矿化的关系密切，但还原剂在其中并不是均匀分布的。对地层内部不同地球化学类型砂岩中的还原剂丰度及其地球化学特征的研究，有助于探讨还原剂在地层内部非均匀分布的原因，对于深层次追踪还原剂与铀矿化的关系具有重要意义。

总结分析研究区姚家组地层内部不同地球化学类型砂岩中有机碳、$w(Fe^{3+})/w(Fe^{2+})$、$S_全$等含量（表 5-4-3），借此来说明还原剂丰度与地球化学特征。

表 5-4-3　钱家店地区不同分带砂岩各种还原性指标数据表

样品编号	岩性	有机碳（%）	$S_全$（%）	$w(Fe^{2+})$（%）	$w(Fe^{3+})$（%）	$w(Fe^{3+})/w(Fe^{2+})$	分带
2011T-3771	浅红色细砂岩	0.08	0.02	0.71	1.97	2.77	氧化带
2011T-3772	浅红色细砂岩	0.08	0.01	0.73	1.07	1.47	
2011T-3779	浅黄色细砂岩	0.11	0.01	0.38	0.69	1.82	
2011T-3786	灰色细砂岩	0.59	0.96	0.43	0.72	1.67	过渡带
2011T-3787	灰色细砂岩	0.61	1.58	0.48	0.75	1.56	
2011T-3791	浅灰色细砂岩	1.17	2.31	1.11	1.34	1.21	
2011T-3792	灰色细砂岩	0.86	2.54	1.14	1.20	1.05	
2011T-3803	灰色细砂岩	1.12	0.25	3.67	1.14	0.31	还原带
2011T-3804	深灰色细砂岩	2.36	0.14	1.83	0.48	0.26	
2011T-3810	灰色细砂岩	1.96	0.22	3.17	1.62	0.51	

1）有机碳含量

岩石中有机碳含量是衡量还原能力的重要指标，一般认为其含量 ≥ 0.1% 时，岩石就具备比较好的还原能力。由表 5-4-3 可知，还原带中原生灰色砂岩中有机碳含量最高，平均值为 1.81%，高于过渡带灰色矿化砂岩的平均值 0.81%，氧化带中红色和黄色砂岩有机碳含量最低，平均值为 0.09；造成该现象的原因可能是层间氧化带作用所致，红色和黄色砂岩中有机碳在强氧化条件下转变为有机酸随铀共同迁移，导致含量降低；而原生灰色砂岩处于还原环境，有机碳保存最好，含量最高；灰色矿化砂岩位于氧化还原过渡带，有机碳含量居于两者之间。

2）$S_全$含量

由表 5-4-3 和图 5-4-10 可知 $S_全$ 在不同地球化学类型砂岩中的含量明显不同。矿化砂岩中的 $S_全$ 含量最高，平均值为 1.85%，而原生灰色砂岩的含量平均值仅为 0.2%，红色及黄色氧化砂岩中 $S_全$ 含量最低，平均值为 0.01%。铀与黄铁矿的共生是导致矿化砂岩中 $S_全$ 含量如此之高的原因。此外，铀的含量变化与 $S_全$ 的变化趋势一致，在一定程度上也体现了黄铁矿对铀成矿的贡献。

3）$w(Fe^{3+})/w(Fe^{2+})$

对比不同地球化学类型砂岩 $w(Fe^{3+})/w(Fe^{2+})$ 的数值（表 5-4-3，图 5-4-10），可以看出氧化带中红色和黄色砂岩中 $w(Fe^{3+})/w(Fe^{2+})$ 比值最高，平均值达 2.02，这两类砂岩比值较高是因为氧化作用使 Fe^{2+} 转变为 Fe^{3+}，导致 Fe^{3+} 含量升高；其次为过渡带中灰色矿化砂岩，比值为 1.37；原生灰色砂岩的 $w(Fe^{3+})/w(Fe^{2+})$ 比值最低，平均值为 0.36，代表较强的还原环境，指示了一种混杂的地球化学环境，经过后生氧化作用，过渡带中大

部分 Fe^{2+} 被氧化为 Fe^{3+}，并伴随着铀的沉淀。

5. 层间氧化过程中元素变化规律

在钱家店凹陷，由于水解作用的发生，层间氧化带砂岩中 SiO_2 得到了富集，其在过渡带中表现出的增高现象，为偏酸性环境下石英呈现再生加大原因；Na_2O 在氧化带、过渡带和还原带含量逐渐降低，表明在层间氧化带发育过程中 Na 得到富集，相对还原带原岩，氧化带砂岩有 Na 的明显迁入，Na_2O 总体体现出比 K_2O 更活跃易流失的特征。在层间氧化带中，含 Ca、Mg 矿物发生水解，经淋滤作用，CaO 和 MgO 进入层间水中，并随地下水迁移，在偏酸性环境发生沉淀，以方解石和白云石的形式胶结砂岩。在层间氧化过程中由氧化带到过渡带，砂岩中的 U 含量逐渐增加，而 Th 的含量则略为增加，Th/U 比值则逐渐减小（表 5-4-4）。从氧化带到过渡带伴随着成矿流体的运移，元素中的活跃组分发生了显著的变化，在岩相学方面表现为强烈的高岭土化、碳酸盐化、重晶石化等蚀变现象，岩石宏观颜色同样有明显的差异，由红色、黄色砂岩过渡到浅灰色、深灰色砂岩；层间氧化带前锋线位于过渡带之中，是良好的氧化—还原障，有利于地下水中铀的沉淀，是有利的成矿场所，铀矿化作用严格受层间氧化带控制，富矿体主要产于过渡带灰色砂岩中。

表 5-4-4　层间氧化各带岩石学和地球化学特征对比表

	氧化带	氧化—还原过渡带	还原带
砂岩颜色	红色、褐红色、黄色	浅灰色	灰色
含铁矿物	赤铁矿、褐铁矿	黄铁矿、钛铁矿	少量黄铁矿、菱铁矿
Fe^{3+}/Fe^{2+}	1.47~2.77	1.05~1.67	0.26~0.51
TOC	0.08%~0.11%	0.59%~1.17%	1.12%~2.36%
S	0.01%~0.02%	0.96%~2.54%	0.14%~0.25%
Eh	15.75~20.2	11.75	6.8
主量元素	富集：Na_2O、Fe_2O_3	富集：SiO_2	—
微量元素	富集：Cu、Sr、Ba、Cs、Mo、Nb、Ta、W 亏损：Tl、V、Zr、Th、U、Sn	富集：Cu、Pb、Rb、Ni、Nb、Ta、W、U、Mo 亏损：Sc、Cr、Zr、Sn、Co	
稀土元素	δ（Eu）亏损、δ（Ce）富集	δ（Eu）富集、δ（Ce）亏损	δ（Eu）亏损、δ（Ce）富集

（四）氧化带识别标志和分带性特征

钱家店地区姚家组层间氧化带识别标志和分带性依据模型（图 5-4-8）。

完全氧化带内部岩石类型主要由红色或黄色砂岩或砂砾岩组成，砂岩被完全氧化，长

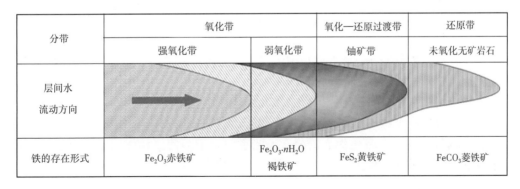

分带	氧化带		氧化—还原过渡带	还原带
	强氧化带	弱氧化带	铀矿带	未氧化无矿岩石
层间水流动方向				
铁的存在形式	Fe_2O_3 赤铁矿	$Fe_2O_3 \cdot nH_2O$ 褐铁矿	FeS_2 黄铁矿	$FeCO_3$ 菱铁矿

图 5-4-8　层间氧化带型砂岩型铀矿成矿示意图

石含量相对较少，常见碎屑颗粒边缘被溶蚀现象，钙质胶结物含量普遍比矿化带少；长石及黑云母蚀变作用强；黑云母边缘浅褐黄色或呈褐色团块；赤铁矿发育，黄铁矿、菱铁矿较少见，含铁矿物大部分遭受强烈氧化，碎屑颗粒常见褐铁矿化，边缘或整体被浸染为褐红色。还原带岩石类型主要由灰色砂岩组成，未被氧化；长石含量相对较高，胶结物以菱铁矿为主，方解石及白云石胶结物含量较少，碎屑物颗粒轮廓清晰；长石及云母基本未发生蚀变；黄铁矿、菱铁矿发育，无赤铁矿，可见少量植物炭屑。过渡带岩石类型既包括红色与黄色砂岩，也有灰色砂岩；长石含量相对较少，局部可见方解石胶结物的富集现象，过渡带砂岩中碎屑颗粒轮廓不如还原带中清晰，比氧化带中颗粒轮廓清楚；过渡带中可以看到长石微弱蚀变或差异性蚀变以及云母水解现象，长石蚀变程度没有氧化带高，蚀变现象比氧化带更为常见，云母水解程度较氧化带偏低。黄铁矿、钛铁矿，且黄铁矿比还原带中含量偏高。

钱家店凹陷姚家组层间氧化带各分带岩石地球化学特征〔$C_{有}$、$w(Fe_2O_3)/w(FeO)$、$S_{全}$、ΔE_h、pH 值〕存在较为明显的差异。相比于还原带灰色细砂岩，氧化带红色、黄色细砂岩中 $C_{有}$ 较低，$S_{全}$ 含量低，$w(Fe_2O_3)/w(FeO)$ 含量高，ΔEh 值偏低。红色砂岩、黄色砂岩具有后生氧化的特征；灰色细砂岩 $C_{有}$ 较低，$S_{全}$ 含量高。不同颜色泥岩的 $C_{有}$ 和 $S_{全}$ 特征与细砂岩具相似性，说明泥岩的成矿机制与砂岩类似。Fe_2O_3/FeO 比值可区分氧化带、过渡带和还原带，具有地球化学分带意义。层间氧化作用中由氧化带到过渡带趋于富集的微量元素主要为放射性元素（U）、大离子亲石元素（Li、Ba）、亲硫元素（Ni）、高场强元素（Nb、Ta）和性质活跃的与 U 相伴生的变价元素（Mo、V 和 Re）等。氧化带砂岩遭受了改造作用，水—岩作用时间长、强度大，使其稀土元素发生了迁移分异。从氧化带到过渡带砂岩的 LREE、MREE 和 HREE 均有不同程度富集。

（五）氧化带发育的控制因素

1. 砂体规模对层间氧化作用的制约关系

氧化带主要发育于铀储层厚度相对较大的部位，砂体厚度一般大于 50m，含砂率 80% 以上。过渡带位于砂体厚度在 50~30m 之间，含砂率在 60%~80% 之间，而还原带砂体厚度相对较小的部位，一般在 30m 以下，含砂率也在 60% 以下（图 5-4-12 和图 5-4-13）。

2. 非均质性对层间氧化作用的制约关系

砂体的非均质性包括沉积的非均质性、成岩的非均质性和储层物性的非均质性，其中沉积的非均质性是基础。氧化带主要分布在砾岩和粗砂岩区域，即砂体最为发育的主河道地区；过渡带位于粒径突变的部位，主要岩性为中砂岩和细砂岩；还原带基本上为粉砂岩、细砂岩所占据，粒度最细。

氧化带主要分布在隔挡层厚度 2m 以下的地区，过渡带位于隔挡层厚度 2~6m 的区域中，还原带隔挡层厚度为 6m 以上。隔挡层厚度较薄的地区有利于层间氧化作用的进行；过渡带中泥岩隔挡数量增加，层厚度适中，层间氧化带在此尖灭，水体发生滞留，有利于铀的沉淀；还原带由于没有层间氧化水的进入。

砂体的非均质性对层间氧化作用影响较大，是制约层间氧化带分布的重要因素。

3. 暗色泥岩对层间氧化作用的制约关系

氧化带内部基本没有暗色泥岩的分布，暗色泥岩增多使氧化作用减弱，还原作用增强。过渡带中暗色泥比率在 0~20% 之间，还原带中暗色泥岩比率最高，一般在 20% 以上。过渡带受暗色泥岩控制，是氧化环境向还原环境的过渡区，为较好的氧化还原地球化学障，同时暗色泥岩对铀元素具有较强的吸附作用，利于铀矿的形成。

在氧化砂体尖灭的前端，铀矿体发育（图 5-4-9），暗色泥岩发育程度对层间氧化及铀成矿具有明显的控制作用。

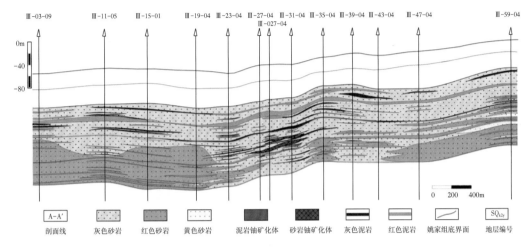

图 5-4-9　层间氧化带与暗色泥岩配置规律（注意红色砂体在暗色泥岩增多的部位减少）

各旋回层间氧化带的发育具有继承性，从 Y1 至 Y6 氧化带由东北向西南方向逐渐退缩，分布面积也逐渐缩小。到姚家组沉积末期氧化带主要分布在钱家店地区中部的东西两侧；还原带由北部向南部扩散，面积逐渐扩大，到姚家组沉积末期，钱家店地区主要为还原带；过渡带在姚家组沉积初期分布面积最大，其主要分布在钱家店中北部地区，并围绕着氧化带呈环状分布，而到姚家组沉积末期，随着氧化带的退缩过渡面积也逐渐缩小，并分布在其边缘。

二、氧化带平面分布

（一）泉头组氧化带平面分布

泉头组氧化带主要分布在辽河外围西南部八仙筒、龙湾筒、钱家店南部及张强南部地区，泉头组氧化带南部近东西向展布，北部呈南北向展布。过渡带位于氧化带前端，呈条带状展布，宽 7~10km，长约 200km。

（二）青山口组氧化带平面分布

青山口组氧化带主要分布在辽河外围地区中北部，包括龙湾筒凹陷、钱家店凹陷及昌图凹陷等地区，其氧化带整体呈北东方向展布。过渡带位于氧化带前端，呈条带状展布，分布在钱家店凹陷北部及太平川、保康附近，宽 2~3km，长约 120km。

（三）姚家组氧化带平面分布

1. 姚家组下段氧化带分布

姚家组下段氧化带主要分布在开鲁坳陷东南部，包括钱家店凹陷中南部、龙湾筒凹陷及其西南地区，一直延伸到盆地边界，其氧化带整体呈北东方向展布。过渡带位于氧化带前端，围绕架玛吐凸起呈 U 形环带状展布，主要分布在钱家店凹陷北部地区，宽 2~3km，长约 80km。

2. 姚家组上段氧化带分布

姚家组上段氧化带主要分布在辽河外围地区西北部、西南部及南部地区，包括陆家堡凹陷西北部、新庙凹陷、奈曼凹陷、龙湾筒凹陷南部边缘和钱家店南部边缘地区，其氧化带整体呈半弧形，由盆地边缘向中心展布。过渡带位于氧化带前端，呈条带状展布，主要分布在陆家堡、八仙筒、龙湾筒及钱家店等地区，宽1~2km，长约280km。

（四）嫩江组氧化带平面分布

嫩江组主要发育潜水氧化带，主要分布在开鲁坳陷西南部，包括陆家堡凹陷东部、新庙凹陷、奈曼凹陷，其氧化带呈近北西向带状展布。过渡带位于氧化带下方。

（五）四方台口组氧化带平面分布

四方台组氧化带主要分布在开鲁坳陷西北部和南部地区，包括陆家堡凹陷西北部、新庙凹陷、奈曼凹陷、龙湾筒凹陷中南部等地区，其氧化带整体呈弧形，由盆地边缘向中心展布。过渡带位于氧化带前端，呈条带状展布，主要分布在陆家堡东南部和龙湾筒中北部等地区，宽5~6km，长约100km。

（六）明水组氧化带平面分布

明水组末期，盆地抬升，明水组氧化带遭受剥蚀，仅在开鲁坳陷中部残留，包括陆东堡凹陷西北部、和奈曼凹陷北部，其北部氧化带呈近北东向条带状展布，南部氧化带呈近东西向展布。过渡带位于氧化带前端，呈条带状展布，主要分布在陆家堡东南部和八仙筒等地区，宽1~2km，长约80km。

第五节　还原剂类型及基本特征

一、还原介质类型

钱家店铀矿床内部还原介质主要以炭化植物碎屑有机质、黄铁矿等。外部还原介质主要为暗色泥岩、深部油气等还原质流体。

二、内部还原介质基本特征

（一）有机质

1.有机质组分

铀储层中的有机质主要为炭化植物碎屑（图5-5-1）。

（a）宏观特征　　　　　　　　　　　（b）微观特征

图5-5-1　铀储层内部有机质类型宏观和微观特征（钱家店矿区）

1）有机质显微组分

常见的显微组分为镜质组、惰质组和黄铁矿，未见壳质组。三种组分稳定，没有明显差异。其中镜质组含量最高，平均含量约为91%，惰质组含量约为4%，黄铁矿含量约为5%（表5-5-1）。

表5-5-1 钱家店铀储层内部煤屑有机质显微组分及成熟度测试结果表

样品编号	深度（m）	R_o（%）	均质镜质体（%）	基质镜质体（%）	惰质组（%）	黄铁矿（%）
钱Ⅳ WT-01-01	428.6	0.357	93	2	3	2
钱Ⅳ WT-01-02	427.1	0.350	87	6	4	3
钱Ⅳ WT-01-05	406.0	0.348	80	17	2	1
钱Ⅳ WT-01-06	304.2	0.351	82	8	4	6
钱Ⅳ WT-01-08	281.5	0.271	76	15	2	7
钱Ⅳ WT-01-09	273.8	0.269	75	18	3	4
钱Ⅱ 13-17-02	347.8	0.341	60	37	2	1
钱Ⅱ 15-14-01	251.8	0.513	74	15	5	6
钱Ⅱ 15-14-02	255.7	0.433	64	23	6	7
钱Ⅱ 15-14-03	257.4	0.379	91	4	2	3
钱Ⅱ 15-14-04	259.0	0.379	91	4	2	3
钱Ⅱ 15-14-06	267.8	0.365	33	58	4	5
钱Ⅱ 15-14-07	270.0	0.364	15	80	2	3
钱Ⅴ 17-08-01	282.8	0.336	11	70	8	11
钱Ⅱ 29-11-01	399.9	0.357	48	30	14	8
钱Ⅱ 23-13-01	329.4	0.331	76	16	5	3
钱Ⅱ 17-19-01	303.6	0.310	89	2	4	5
钱Ⅳ 73-08-01	370.4	0.346	53	28	8	11
钱Ⅳ 73-08-02	344.0	0.338	63	27	7	3
钱Ⅳ 73-08-03	229.0	0.309	92	0	2	6
钱Ⅳ 81-08-01	334.1	0.382	66	24	4	6
钱Ⅳ 41-02-01	282.6	0.292	88	4	3	5
钱Ⅳ 41-02-02	299	0.270	91	5	1	3
钱Ⅳ 41-02-03	311.8	0.264	89	0	6	5
钱Ⅳ 41-02-04	328.1	0.374	89	1	2	8
钱Ⅱ 27-09-01	331.5	0.363	76	15	4	5
钱Ⅳ 81-104-01	247.0	0.253	81	8	5	6
平均值		0.342	72	19	4	5

镜质组显微组分特征：主要由均质镜质体与基质镜质体组成（图5-5-2）。一些均质镜质体上还发育着明显的后生孔隙［图5-5-3（a）、（b）］与原生孔隙［图5-5-3（c）、（d）］。原生孔隙发育常呈定向性排列，可能是定向性的细胞结构被破坏后形成的孔隙。发育的后生孔隙，对均质镜质体具有强烈的破坏作用［图5-5-3（b）］。这些孔隙常被无机矿物如黄铁矿［图5-5-3（c）、（d）］等所充填。均质镜质体之间常见有基质镜质体的分布，并且在基质镜质体中常见有破碎的半丝质体。

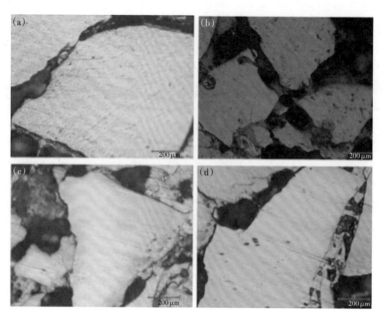

图 5-5-2 钱家店铀储层中煤屑的均质镜质体

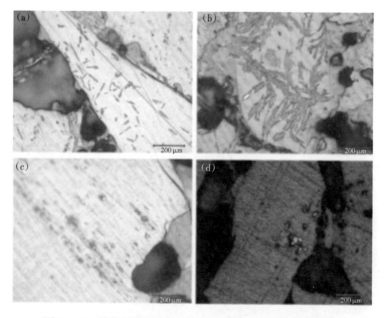

图 5-5-3 钱家店煤屑的均质镜质体与基质镜质体显微特征

惰质组显微组分特征：惰质组显微组分一般没有明显的细胞结构，偶见有保存较差的细胞结构。含矿段中惰质组有明显的半丝质体［图 5-5-4（a）］和具有一定细胞结构的丝质体［图 5-5-4（b）］。非含矿段样品中惰质组主要为半结构丝质体与半丝质体［图 5-5-4（c）、（d）］，偶见粗粒体，与黄铁矿难以区分且含量极少。非含矿与含矿样品相比，含矿样品的惰质组分含量没有明显的变化，且保存好，易辨识。

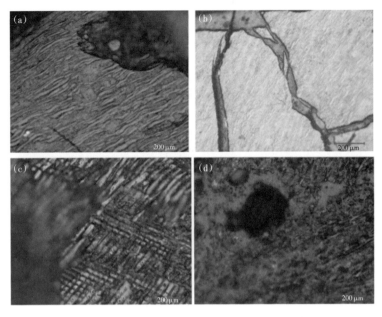

图 5-5-4 钱家店铀储层中煤屑的惰质组显微特征

2）有机质共生黄铁矿显微特征

黄铁矿在铀储层中广泛发育，是铀成矿过程中重要的还原剂。有机质共生黄铁矿的表现形式多种多样。主要为镜质体间自形的黄铁矿［图 5-5-5（a）］、充填于镜质体原生孔隙与次生孔隙间［图 5-5-5（c）］、充填于藻类细胞中［图 5-5-5（b）、（c）］。被黄铁矿充填的藻类细胞有的结构保存完好，有的则经过明显的拉伸变形［图 5-5-5（c）、（d）］。含矿段样品中黄铁矿显微特征与非含矿段相似，也可见充填于原生、次生孔隙与藻类细胞中，而充填在孔隙中的黄铁矿多呈草莓状。

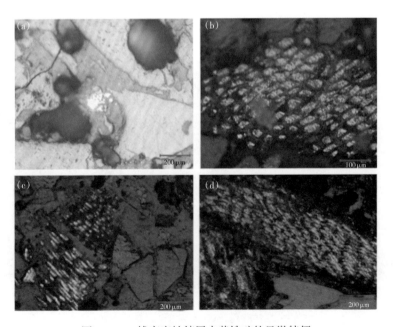

图 5-5-5 钱家店铀储层中黄铁矿的显微特征

2. 有机质成熟度

钱家店矿区铀储层中有机质成熟度变化范围在 0.253%~0.513% 之间，平均值为 0.342%。成熟度与深度呈一定的正相关（图 5-5-6）。铀储层内部的有机质成熟度较低，处于年轻褐煤阶段。处于未成熟或褐煤阶段的有机质在钱家店铀成矿作用过程中发挥重要作用。

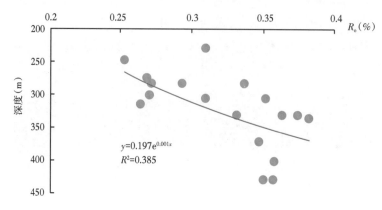

$$y=0.197e^{0.001x}$$
$$R^2=0.385$$

图 5-5-6　钱家店铀储层有机质成熟度垂向变化规律

3. 有机质与铀矿化的关系

有机质的地质作用贯穿于铀的迁移、沉淀和富集成矿过程中。其作用主要有三个方面：

（1）还原作用。几乎所有固体的沥青和煤的腐殖酸及其分解产物均具备使铀还原和沉淀的条件。在有机质的内部和周围都能看到铀矿物，如晶质铀矿、沥青铀矿和铀石等。

（2）吸附作用。在还原条件下，有机质对铀具有明显的吸附作用（图 5-5-7），特别是有机质中的腐殖酸和胶体有关。有机质的吸附作用，可以加速铀的富集。相应的，经过吸附作用的预富集，可以加速铀的还原。

（3）迁移作用。有机质中干酪根通过热裂解可产生大量的有机酸，对铀有较强的迁移能力。储层中的有机质不仅可以还原吸附铀，而且在氧化条件下是促使铀迁移的有利介质。

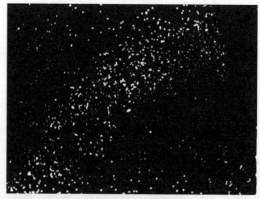

（a）砂岩中的有机质条带（2000×）　　　　（b）与（a）相同视域铀的X射线影像

图 5-5-7　铀被有机质吸附（夏毓亮等，2012）

（二）黄铁矿

1. 黄铁矿类型

钱家店矿区铀储层内部黄铁矿较为常见，其形态各异。有自形、莓球状、块状（胶状）和他形四种类型。

莓球状黄铁矿：主要是在同生阶段、早成岩阶段形成的。其形状为球状或似球状，少数呈椭圆状，为集合体或者单个球粒形态。内部不是实密均一的黄铁矿固体，而是由许多离散的微晶黄铁矿颗粒组成，类似草莓表面，颗粒的排列可以是规则的，也可以是不规则的。组成莓球状黄铁矿的微晶黄铁矿颗粒一般是均一等大的，为立方体结构或者五角十二面体结构［图5-5-8（a）］。

胶状黄铁矿：也被称为块状黄铁矿，其显著特点是不规则的外形［图5-5-8（b）］。局部充填砂岩碎屑空隙，难以分清各个黄铁矿的颗粒分界，成岩成矿过程中起胶结作用，故名胶状黄铁矿。

他形黄铁矿：他形黄铁矿晶体形状不规则，有单独的晶体形态［图5-5-8（c）］。矿物颗粒间接触关系复杂，也可不接触，或在矿物颗粒边缘。形态位置不同，成因也有差异。

自形黄铁矿：有着规则的黄铁矿标准立方体、八面体、五角十二面体、聚形等自形外形，切面多为三角形、五角形等［图5-5-8（d）］。分布于碎屑颗粒之间，是成岩早期的产物。

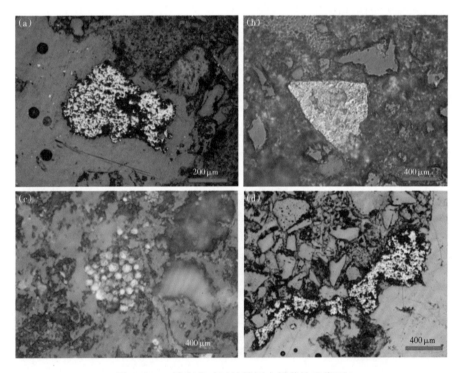

图 5-5-8　钱家店矿区铀储层内部黄铁矿类型

2. 黄铁矿与铀矿化的关系

黄铁矿在铀成矿过程中为铀的还原沉淀提供有利条件。在钱家店矿区的浅灰色细砂岩样品中发现铀吸附在黄铁矿内部及周围的现象（图5-5-9）。

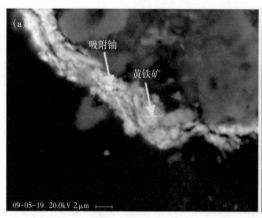

图 5-5-9　钱家店矿区的黄铁矿与吸附铀

（三）内部还原剂丰度与地球化学特征

还原剂不是均匀分布于铀储层内部的，其在铀储层内部非均匀分布与铀矿化密切相关。

1.TOC

钱家店铀矿床岩石中有机碳总含量，是衡量还原能力的重要指标。当其 $\geq 0.1\%$ 时，岩石就具备比较好的还原能力。不同颜色的砂岩，其有机质含量变化较大（表 5-5-2）。是钱家店铀储层不同砂岩 U、TOC、Fe_2O_3、FeO、$S_全$ 等参数数据。如表 5-5-2 和图 5-5-10 显示，红色和黄色砂岩中由于有机碳在强氧化条件下转变为有机酸随铀共同迁移，导致含量降低，分别为 0.10%、0.11%；而原生灰色砂岩处于还原环境，有机碳保存最好，含量最高，为 0.18%；灰色矿化砂岩位于氧化还原过渡带，有机碳含量居于两者之间，为 0.16%。

表 5-5-2　钱家店砂岩铀储层中 U、TOC、Fe_2O_3、FeO、$S_全$ 等参数表

岩性		$w(U)(10^{-6})$	$w(TOC)$（%）	$w(Fe_2O_3)$（%）	$w(FeO)$（%）	$w(Fe_2O_3)/w(FeO)$	$w(S_全)$（%）
红色氧化砂岩	样品个数	6	28	37	37	37	29
	平均值	2.73	0.10	2.32	0.65	4.66	0.01
黄色氧化砂岩	样品个数	10	34	50	50	50	34
	平均值	4.37	0.11	1.82	0.69	3.89	0.01
灰白色砂岩	样品个数	61	67	97	97	97	80
	平均值	66.05	0.13	1.03	0.85	1.61	0.10
灰色矿化砂岩	样品个数	40	18	39	39	39	22
	平均值	341.81	0.16	1.11	1.62	1.05	0.15
原生灰色砂岩	样品个数	28	8	29	29	29	27
	平均值	10.51	0.18	1.14	1.08	1.37	0.03

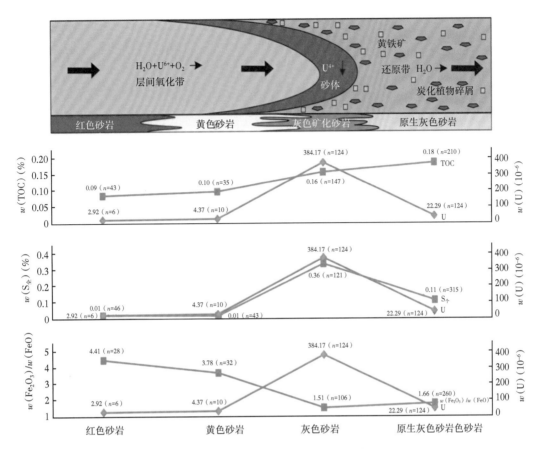

图 5-5-10　钱家店铀储层内部还原剂含量与铀成矿模式示意图

2. $S_全$ 含量

$S_全$ 在不同地球化学类型砂岩中的含量变化明显。矿化砂岩中的 $S_全$ 含量最高，为 0.15%，原生灰色砂岩和红色及黄色氧化砂岩中的含量低，分别为 0.03% 和 0.01%。矿化砂岩中 $S_全$ 含量高的原因可能是铀与黄铁矿的共生所致，而铀的含量变化与 $S_全$ 的变化趋势一致，在一定程度上也体现了黄铁矿对铀成矿的贡献。

3. $w(Fe_2O_3)/w(FeO)$

不同地球化学类型砂岩 $w(Fe_2O_3)/w(FeO)$ 的变化较明显，红色氧化砂岩的 $w(Fe_2O_3)/w(FeO)$ 比值最高，达 4.66。黄色氧化砂岩次之，比值为 3.89。还原环境下的原生灰色砂岩的 $w(Fe_2O_3)/w(FeO)$ 比值较低，为 1.37；灰色矿化砂岩中 $w(Fe_2O_3)/w(FeO)$ 最低，为 1.05。

还原剂与铀矿化关系密切。矿化砂岩中，TOC 含量与 $S_全$ 含量普遍较高，而 $w(Fe_2O_3)/w(FeO)$ 比值则明显偏低。在非矿化砂岩中，TOC 含量与 $S_全$ 含量普遍较低，且原生灰色砂岩中 TOC 含量高于矿化砂岩，铀的矿化不是有机质越多越好，需要恰到好处的氧化还原平衡条件。非矿化砂岩中 $w(Fe_2O_3)/w(FeO)$ 比值往往较高。

内部还原剂对层间氧化带的制约是直接的，铀储层中发育适当的还原剂，才有利于稳定的区域层间氧化带前锋线的形成。通过对铀储层内表现还原剂地球化学特征的，可以有效推断铀矿化的分布范围和发展趋势。

（四）制约铀储层内部还原能力的地质因素

1. 沉积作用与还原剂

钱家店矿区陆相沉积体系是复杂多变的，不同的沉积相、亚相、微相，沉积物中还原剂成分和含量不同，沉积体系对TOC含量有明显的约束作用。在越岸湖和沼泽发育的区域TOC往往形成高值区，而辫状河道等发育的区域TOC含量较小。

钱家店矿区暗色泥岩中$S_全$较高。暗色泥岩主要发育在越岸湖和沼泽区域，而辫状河道等发育的区域$S_全$较小。沉积微相对$S_全$也有着一定约束作用。

$w(Fe_2O_3)/w(FeO)$与沉积作用有关，决定碎屑岩的颜色趋势。可以发现，$w(Fe_2O_3)/w(FeO)$值在越岸湖和沼泽发育的区域比较低，在辫状河道发育的区域$w(Fe_2O_3)/w(FeO)$值比较大，且向上游地区有逐渐变大的趋势，越靠近主要辫状河发育区，$w(Fe_2O_3)/w(FeO)$值越大。

2. 铀储层规模与还原参数的关系

铀储层规模主要由砂体厚度与含砂率来表征。铀储层规模与各还原参数的关系比较复杂。

1）铀储层规模对TOC含量的影响

钱家店铀矿床含矿砂体厚度30~40m，TOC含量较高（图5-5-11）。

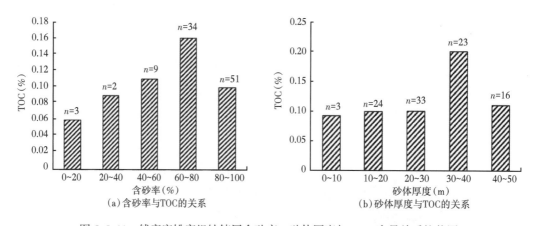

图5-5-11　钱家店姚家组铀储层含砂率、砂体厚度与TOC含量关系柱状图

在钱家店矿区，越岸湖和沼泽发育的区域一般发育着30~40m的砂体，并且由于该区域水动力条件相对较弱，细粒沉积物的沉积导致其含砂率较分流河道发育的区域小。在分流河道发育的区域，砂体通常在50m左右，且含砂率极大。铀储层规模的大小与TOC的含量有着密切的联系。

2）铀储层规模对$S_全$的影响

$S_全$的高值区主要分布在铀储层厚度和含砂率变化相对较大的区域，铀储层厚度为20~30m，含砂率为60%~80%。低值区主要分布在铀储层厚度和含砂率变化相对平缓的区域，该区域铀储层厚度主要为10m以下和50m以上，含砂率在60%以下（图5-5-12）。

3）铀储层规模对$w(Fe_2O_3)/w(FeO)$值的影响

$w(Fe_2O_3)/w(FeO)$值与铀储层厚度和含砂率具有密切正相关线性关系，都是随着它们值的增大而增大（图5-5-13）。

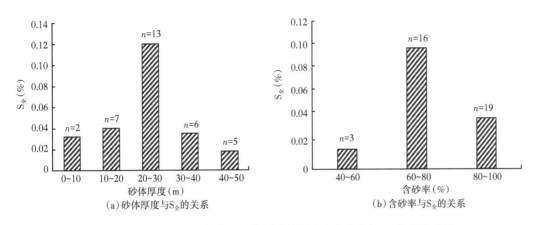

(a) 砂体厚度与S_全的关系 　　　　　　　(b) 含砂率与S_全的关系

图 5-5-12　钱家店矿区姚家组铀储层砂体厚度和含砂率与 $S_全$ 关系柱状图

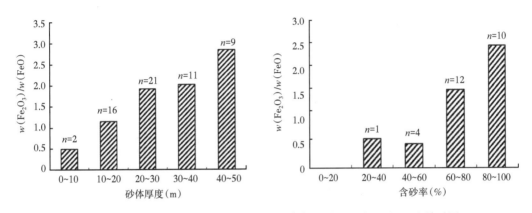

图 5-5-13　钱家店矿区铀储层厚度、含砂率与 $w(Fe_2O_3)/w(FeO)$ 关系图

3. 成岩作用与还原剂的关系

1）钙质成岩作用对 TOC 的影响

TOC 与 $CaCO_3$ 含量呈正相关关系（图 5-5-14），且相关性较好，相关系数 $R^2=0.668$。钙质成岩作用与铀矿化作用的发生具有同步耦合性特征。

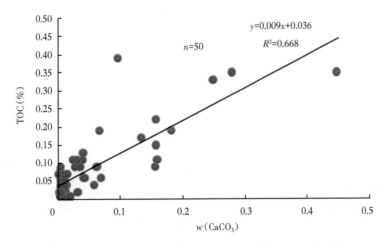

图 5-5-14　钱家店矿区铀储层中 $CaCO_3$ 含量与 TOC 关系图

2）钙质成岩作用对 $S_全$ 的影响

$S_全$ 含量的高值区几乎全部发育在钙质层密集发育的区域，$S_全$ 含量随着钙质层厚度的增大而逐渐增大。

（五）铀储层内部还原剂与铀矿化的关系

钱家店砂岩型铀矿的形成受层间氧化带的控制，主要分布在层间氧化还原过渡带内。

1.TOC 对铀矿化的影响

铀矿化主要发育于 TOC 值为 0.1%~0.3% 的区间，仅部分矿化分布于 TOC 含量低值区（＜ 0.1%）与高值区（＞ 0.3%）中。在钱家店铀储层 Y1 矿层中 TOC 与矿化概率呈负相关关系，矿化概率高的 TOC 区间为 0~0.1%，其次为区间 0.1%~0.2%（图 5-5-15）。Y2 矿层 TOC 超过 0.2% 矿化概率较小，0~0.2% 矿化概率大（图 5-5-16）。

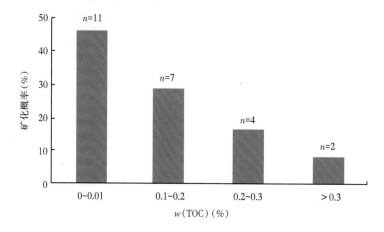

图 5-5-15　TOC 与钱家店 Y1 铀矿层矿化概率直方图

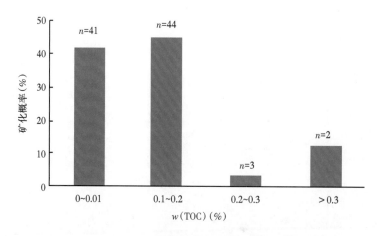

图 5-5-16　TOC 与钱家店 Y2 矿层铀矿化概率直方图

2.$S_全$ 对铀矿化的影响

铀矿化主要发育在 $S_全$ ＞ 0.10% 的高值区，并且砂岩型铀矿的矿化规模与 $S_全$ 高值区的发育规模与范围具有十分密切的相关关系，$S_全$ 高值区的发育规模越大，其矿化规模也就越大（图 5-5-17）。当 $S_全$ 大于 0.15% 时，砂岩型铀矿的矿化概率明显偏高。

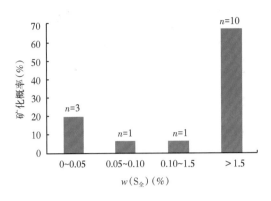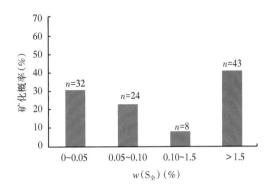

图 5-5-17　$S_{全}$ 与砂岩型铀矿矿化概率直方图

3. $w(Fe_2O_3)/w(FeO)$ 对铀矿化的影响

铀矿化主要集中在 $w(Fe_2O_3)/w(FeO)$ 相对低值区域（＜4），部分分布在高值区（＞6）。随着 $w(Fe_2O_3)/w(FeO)$ 比值的逐渐增大，砂岩型铀矿的矿化概率明显的随之减小（图 5-5-18）。

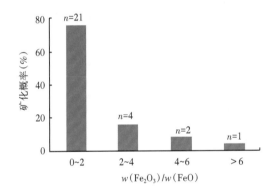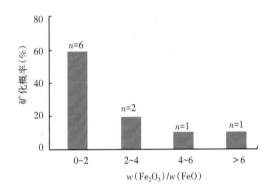

图 5-5-18　$w(Fe_2O_3)/w(FeO)$ 与砂岩型铀矿矿化概率直方图

三、外部还原介质

（一）外部还原介质类型

铀矿化与辫状河洼地的细粒暗色沉积物、深部的油气及火山热液关系密切，是对铀成矿起较大作用的外部还原剂。

（二）暗色细粒沉积物

1. 岩石、矿物学学特征

姚家组辫状三角洲平原暗色细粒沉积物呈透镜状与辫状分流河道砂体接触。在这些暗色细粒沉积物中含有炭化植物碎屑、黄铁矿、介形虫等。

暗色细粒沉积物的还原剂，由其中的有机质、黄铁矿等组成。在矿石中，铀以铀矿物形式与黄铁矿伴生。铀矿物的存在形式主要有三种类型：以颗粒状形式与莓球状黄铁矿共生［图 5-5-19（a），（b）］，以胶状形式与莓球状黄铁矿共生［图 5-5-19（c）］、以胶状形式与胶状黄铁矿共生［图 5-5-19（d）］。

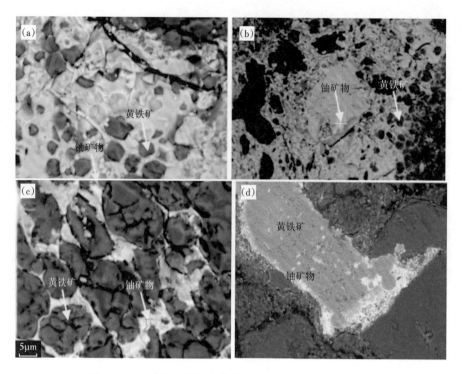

图 5-5-19 暗色细粒沉积物中铀矿物与黄铁矿共生类型

2. 岩石地球化学参数特征

暗色细粒沉积物中（表 5-5-3），无矿化细粒沉积物中的 TOC 最高，$w(\text{Fe}_2\text{O}_3)/w(\text{FeO})$ 最低，$\text{S}_全$ 较高，是最好的还原剂。红色细粒沉积物中 TOC 最低，$\text{S}_全$ 最低，$w(\text{Fe}_2\text{O}_3)/w(\text{FeO})$ 最高，具有较高的氧化性。

表 5-5-3　不同类型细粒沉积物中 TOC、Fe₂O₃、FeO、S全等含量分析结果

岩性		$w(\text{TOC})$ (%)	$w(\text{Fe}_2\text{O}_3)$ (%)	$w(\text{FeO})$ (%)	$w(\text{Fe}_2\text{O}_3)/w(\text{FeO})$ (%)	$w(\text{S}_全)$ (%)	样品数
暗色矿化细粒沉积物	最大	0.14	8.92	3.2	55.78	1.78	36
	最小	0.11	0.32	0.04	0.24	0.01	
	平均	0.125	2.22	1.18	3.26	0.226	
暗色无矿细粒沉积物	最大	0.74	6.92	4.25	31.11	1.6	69
	最小	0.01	0.19	0.09	0.23	0.008	
	平均	0.183	2.48	1.47	2.8	0.189	
红色细粒沉积物	最大	0.5	10.53	3.2	27.96	1.78	60
	最小	0.01	0.23	0.04	0.26	0.006	
	平均	0.092	3.27	0.816	6.45	0.062	

3. 暗色细粒沉积物还原剂类型

钱家店地区铀储层外部还原介质中的还原剂主要是有机质和黄铁矿。

1）有机质

暗色细粒沉积物中的有机质类型主要为炭化植物碎屑、细分散状的干酪根以及少量的动物化石。

炭化植物碎屑：暗色细粒沉积物中可以观察到少量炭化植物碎屑，且植物碎屑颗粒较小，只零星地分布在暗色细粒沉积物中（图 5-5-20）。

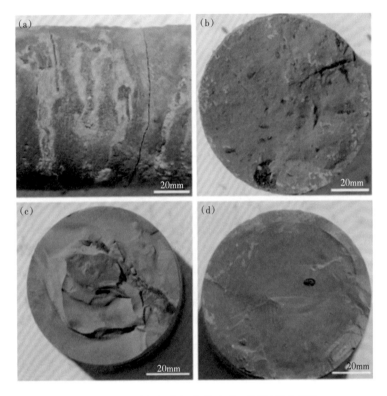

图 5-5-20　暗色细粒沉积物中的还原剂岩心照片

分散有机质—干酪根：以低等生物藻类及它们的腐泥化产物成分居多。

干酪根显微组分特征：干酪根的显微组分由镜质组、惰质组、壳质组和腐泥组组成。以腐泥组与镜质组为主，占总组分的 95% 以上（表 5-5-4）。腐泥组主要由腐泥无定形体与腐泥碎屑体构成，镜质组由无结构镜质体与镜质碎屑体构成，偶见结构镜质体。惰质组与壳质组含量极少，且惰质组主要表现为丝质体，壳质组主要表现为孢粉体。

镜质组的母源物质为高等植物的木质部，而腐泥组的母源物质为藻类等低等植物。

干酪根类型划分：在识别干酪根显微组分的基础上，通过对各组分百分比含量统计，用类型指数 TI 来表示显微组分含量与有机质类型之间的量化关系，计算公式是：

$$TI=100a+50b-75c-100d$$

其中，a、b、c、d 分别代表腐泥组、壳质组、镜质组、惰质组的百分含量。其具体结果如表 5-5-4 所示。

表 5-5-4 干酪根显微组分统计表

样号	井深(m)	腐泥组				壳质组			镜质组			
		腐泥无定形体	腐泥碎屑	其他	合计	孢粉体	菌孢体	合计	结构镜质体	无结构镜质体	镜质碎屑体	合计
钱Ⅳ-81-104-39	363	62	90	/	152	2	/	2	2	129	12	143
		20.7	30	/	50.7	0.7	/	0.7	0.7	43	4	47.7
钱Ⅳ-81-104-41	374.5	146	87	/	233	/	/	/	1	35	31	67
		48.7	29	/	77.7	/	/	/	0.3	11.7	10.3	22.3
钱Ⅲ-23-12-8	376.6	41	82	2	125	3	1	4	3	131	35	169
		13.7	27.3	0.7	41.7	1	0.3	1.3	1	43.7	11.7	56.3
钱Ⅳ-08-40-4	258	44	86	/	130	8	/	8	1	122	38	161
		14.7	28.7	/	43.3	2.7	/	2.7	0.3	40.7	12.7	53.7
103-11	314.3	48	75	1	124	6	/	6	1	132	36	169
		16	25	0.3	41.3	2	/	2	0.3	44	12	56.3
107-16	195.5	51	78	/	129	1	/	1	3	123	43	169
		17	26	/	43	0.3	/	0.3	1	41	14.3	56.3
钱Ⅴ-01-17-3	172.8	61	89	1	151	17	1	18	1	87	42	130
		20.3	29.7	0.3	50.3	5.7	0.3	6	0.3	29	14	43.3
110-17	240	65	83	2	150	9	1	10	3	97	38	138
		21.7	27.7	0.7	50	3	0.3	3.3	1	32.3	12.7	46

由公式可知,类型指数变化范围由 +100 至 -100。用类型指数 TI 划分有机质类型(或干酪根类型)的数值界线标准如下:

Ⅰ型(腐泥型):类型指数 > 80;

Ⅱ1型(腐殖腐泥型):类型指数 40~80;

Ⅱ2型(腐泥腐殖型):类型指数 0~40;

Ⅲ型(腐殖型):类型指数 < 0。

由表 5-5-4 结果可知,干酪根共可划分为Ⅱ1(混合 1)型、Ⅱ2(混合 2)型和Ⅲ(腐殖)型三种。样品钱Ⅳ-81-104-41 属于Ⅱ1型、样品钱Ⅲ-23-12-8、103-11 属于Ⅲ型,其余各样品都属于Ⅱ2型,说明研究区暗色细粒沉积物处于长期驻水的环境。

2)黄铁矿

钱家店铀矿区暗色细粒沉积物中黄铁矿较为常见,与铀储层内部的黄铁矿特征类似,形态多样，有莓球状 [图 5-5-21（a），（b）]、胶状 [图 5-5-21（c），（d）] 以及其他形状 [图 5-5-21（e），（f）]。发现黄铁矿多与菱铁矿伴生。

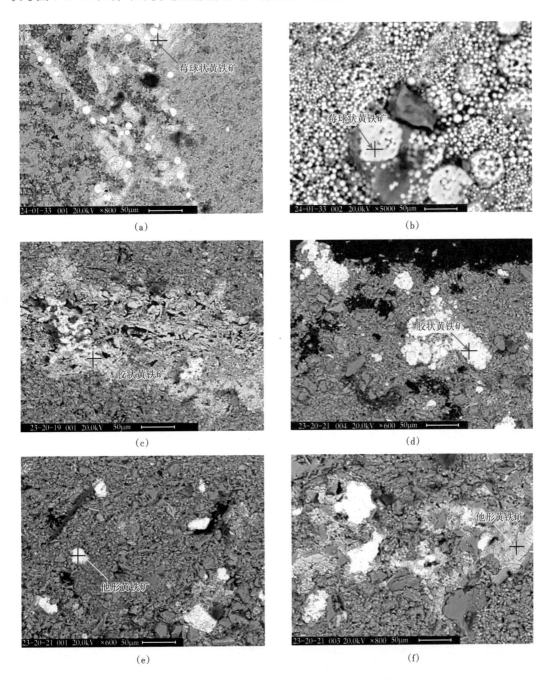

图 5-5-21　暗色细粒沉积物中的黄铁矿扫描电镜照片

4. 还原介质中有机质的成熟度

区内暗色细粒沉积物中的有机质成熟度很低，镜质体反射率介于 0.47%~0.54%，其平均反射率为 0.50%，按有机质的成岩演化阶段来划分，铀储层外部还原介质中的有机质基本处于未成熟的阶段。

5. 暗色细粒沉积物与铀矿化的关系

暗色细粒沉积物中的有机质与铀矿化的关系主要表现在：

（1）姚家组中铀储层外部的暗色泥岩和暗色粉砂质泥岩中的有机质，是形成有机酸的物质基础。

（2）腐殖型（Ⅲ型），其原始母质主要为陆生高等植物。这些组分在水和氧气供应充足的条件下经微生物分解形成多种腐殖酸。

表 5-5-5　暗色细粒沉积物中干酪根镜质体反射率测试结果表

样品编号	井深（m）	层位	岩性	R_o（%）
钱Ⅳ-81-104-39	363	EST-Pss2	灰色泥岩	0.49
钱Ⅳ-81-104-41	374.5	EST-Pss1	灰黑色泥岩	0.49
钱Ⅲ-23-12-8	376.6	EST-Pss1	灰色粉砂质泥岩	0.51
钱Ⅳ-08-40-4	258	EST-Pss1	灰色泥岩	/
103-11	314.3	EST-Pss1	灰色泥岩	0.47
107-16	195.5	EST-Pss1	灰色泥岩	/
钱Ⅴ-01-17-3	172.8	EST-Pss2	灰色泥岩	/
110-17	240	EST-Pss1	灰色泥岩	0.55

（3）暗色泥岩和暗色粉砂质泥岩中的分散有机质的热演化程度低，处于未成熟阶段。

铀储层外部的暗色细粒沉积物具有较强的还原能力，红色砂体厚度在暗色细粒沉积物增多的部位变薄甚至尖灭。暗色细粒沉积物的存在阻止了层间氧化带的进一步发育（图 5-5-22）。

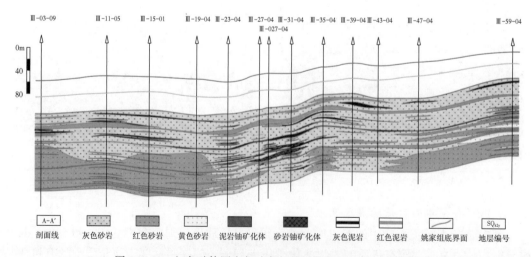

图 5-5-22　红色砂体厚度与暗色细粒沉积物此消彼长关系图

（三）深部油气

铀的富集与烃类关系密切（表5-5-6）。

表5-5-6 钱家店铀储层U、酸解烃类（μL/kg）含量参数表

岩性	样品个数	U（μg/g）	CH_4	C_2H_6	C_3H_8	iC_4H_{10}	nC_4H_{10}	iC_5H_{12}	nC_5H_{12}
红色氧化砂岩	2	12.05	107.34	17.47	6.72	0.55	2.88	1.33	1.50
灰色矿化砂岩	20	461.73	533.87	91.49	47.94	1.76	7.50	3.99	2.37
原生灰色砂岩	28	18.13	415.51	102.81	56.17	1.97	10.75	5.12	3.31

岩性	样品个数	C_2H_4	C_3H_6	烯类量	气态烃	重烃	烃总量	气烃/重烃	
红色氧化砂岩	2	17.91	8.48	26.38	132.08	5.71	137.78	25	
灰色矿化砂岩	20	27.37	15.03	42.40	675.07	13.85	688.92	53	
原生灰色砂岩	28	33.38	15.85	49.23	576.46	19.18	595.64	29	

注：气态烃 $=C_1+C_2+C_3+iC_4$；重烃 $=nC_4+iC_5+nC_5$

（四）铀储层外部还原介质与铀矿化空间配置关系

钱家店铀矿床主要发育于白垩系姚家组陆相红层中，区域层间氧化带规模巨大，横向延伸超过200km。姚家组为辫状河三角洲平原相，其分流河道砂体是砂岩型铀矿的主要储铀层，而其发育在越岸湖和沼泽区的暗色细粒沉积物构成外部还原介质层，对铀矿化具有一定的控制作用，暗色泥岩厚度一般介于0~6m，当暗色泥岩厚度大于10m时，几乎没有矿化发生（图5-5-23），是区域找矿的重要标志之一。

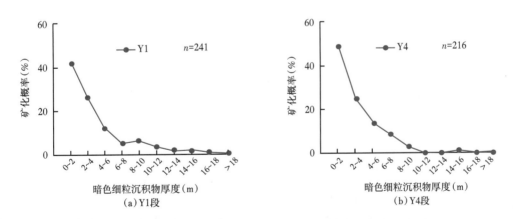

图5-5-23 外部暗色细粒沉积物厚度与砂岩型铀矿矿化概率关系图

储层外部还原介质中还原剂与铀矿化关系密切，在一定程度上控制着铀矿床的形成与发育（图5-5-24）。

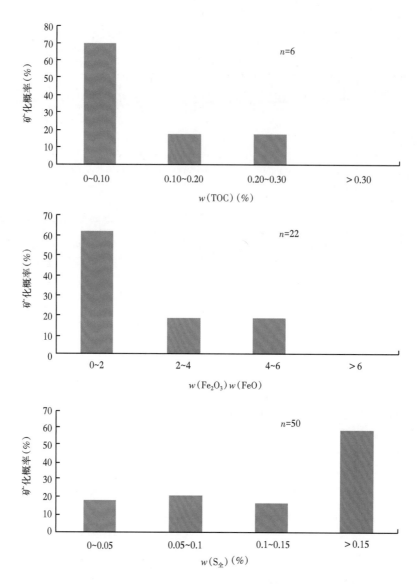

图 5-5-24　外部还原介质参数与砂岩型铀矿化概率直方图

（五）制约外部还原剂的地质因素

1. 沉积亚相控制暗色泥岩的分布

开鲁坳陷姚家组沉积期主要发育冲积扇、辫状河和辫状河三角洲沉积体系，其中能发育暗色泥岩的有辫状河三角洲沉积体系的平原亚相，辫状河低洼带和辫状河三角洲平原越岸湖和沼泽亚相。

2. 断层和不整合面控制油气散失

深层油气是钱家店凹陷的另一种外部还原剂，通过两种运移通道与含矿层沟通，一是通过长期发育的深断裂和与之伴生的分支断裂与含矿层沟通，二是由于阜新末期的抬升剥蚀，部分生油层与上白垩统形成不整合接触，后期生成的油气可沿不整合面运移，再通过晚期断层与含矿层沟通。

第六节　区域水文地质条件

一、自然地理概况

（一）现代地形地貌特征

开鲁坳陷位于大兴安岭与燕山山脉所挟持的三角形区域，属松辽平原西部的西辽河平原。区内地形总体趋势为南北高，中间低，最高点海拔670.0m，最低点海拔119.0m。在平原区范围内表现为西高东低，自西向东缓倾斜。

开鲁坳陷南部为燕山山地与西辽河平原的过渡地带，由构造剥蚀丘陵、黄土丘陵及黄土台地组成，海拔一般为300~600m，向西辽河平原方向倾斜，地面坡度角一般为10°~15°。

开鲁坳陷中部为西辽河平原，主要由微起伏平地、河漫滩、一级阶地、沙丘、沙地及丘间洼地等组成，其上河网密布，主要为西辽河水系。地形总体趋势为自西、西南、西北方向向东、东南、东北方向缓倾斜。海拔580~119m，地面坡降一般为1/2000~1/1000，呈波状起伏。在平原区内部以西辽河河漫滩区为最低，向南北方向翘起。西辽河平原主要由冲积地层组成，第四系厚度50~200m，开鲁县与科尔沁区交界处为平原区第四系沉积最厚的地区，钻孔揭露最大厚度为216m。平原区除西辽河、新开河、乌力吉木仁河、养畜牧河等河流的河漫滩及一级阶地区以外，大部分为风积沙所覆盖，形成了著名的科尔沁沙地。风积物为原冲积层经风力改造及短距离搬运而成，西辽河及西拉木伦河以南主要分布活动—半固定沙丘，以北为固定—半固定沙丘，相对高差2~20m，形态多为东西向分布的大型复合沙垄。西辽河上游及其以南地区活动的新月形沙丘及沙丘链、风蚀坑、风蚀柱极其发育。沙垄间分布有垄间低地，水草丰美，是天然的草牧场。

开鲁坳陷西北部为大兴安岭与西辽河平原的过渡地带，主要由低山丘陵及山前坡洪积扇裙等组成，海拔一般为300~600m，向西辽河平原方向倾斜，地面坡度角一般为10°~20°。

（二）气象特征

开鲁坳陷区属中温带半干旱季风气候区，大陆性气候十分明显，表现为春季干燥多风，夏季湿热多雨，秋季凉爽，冬季严寒少雪的气候特点。

降水特征：本区年最大降水量为673mm，年最小降水量为158.9mm，年平均降水量320~430mm。在西辽河平原中部最小，向四周降水量增大。本区气象要素具有一定的周期性，大致10年为一个水文周期，在10年水文周期中一般出现2个丰水年、5个平水年和3个干旱年。

蒸发特征：区内年最大蒸发量为2713.9mm，年最小蒸发量为1266.7mm，多年平均蒸发量1700~2200mm，并呈现出由西北向东南蒸发量减少的趋势。开鲁—奈曼—库伦连线以西多年平均蒸发量大于1900 mm，以东小于1800 mm，蒸发量在时间上分布不均，以4月、5月、6月三个月的蒸发量最大，占全年总蒸发量的45%~50%。

本区年平均气温6~7℃。冻结期由11月至次年的4月，冻结深度147~179cm，无霜期140~208天。多年平均风速2.7~4.0m/s，最大风速31m/s，并以北风及西北风为主。多年平均日照2800~3600h。相对湿度48%~58%。

（三）水文特征

开鲁坳陷区地表水系较发育，河网密布，大小湖泊星罗棋布，自20世纪50年代以来，区内还修建了许多大、中、小型水库和引水、分水工程。

1. 河流

区内以辽河流域为主，主要支流有老哈河、西拉木伦河、乌力吉木仁河、教来河、新开河、孟克河等。

教来河：发源于赤峰市敖汉旗努鲁尔虎山，流经敖汉旗，在下洼镇入境，经奈曼旗、开鲁县、科尔沁区，在科尔沁左翼中旗姜家窝堡附近汇入西辽河，境内流长190.24km。下洼以上为教来河上游，河谷宽1.5~2.5 km，河槽陡深，河岸高达5~15m，河道平均比降1/400左右。下洼至唐土甸子为中游，河床逐渐变宽，比降1/900~1/2000。唐土甸子至河口为下游，河床变浅变宽，河宽变为20~30km，河曲发育，河道极不稳定。据道力歹站流量观测资料，丰水年径流量$0.751 \times 10^8 \mathrm{m}^3/\mathrm{a}$，平水年径流量$0.448 \times 10^8 \mathrm{m}^3/\mathrm{a}$，枯水年径流量$0.289 \times 10^8 \mathrm{m}^3/\mathrm{a}$，多年平均径流量$0.495 \times 10^8 \mathrm{m}^3/\mathrm{a}$。

孟克河：发源于敖汉旗南部山区，自敖汉旗玛尼罕乡入境，境内流长75.86km。河流有水期间流入奈曼境内的西湖，近年来河流流量逐年减少，自1984年以后基本干枯。据白家湾站流量观测资料，多年平均径流量$0.432 \times 10^8 \mathrm{m}^3/\mathrm{a}$。

老哈河：发源于河北省与内蒙古交界的七老图山，流经河北省承德市北进入赤峰市境内，经红山水库，在翁牛特旗玉田皋乡入境，在海流吐附近与西拉木伦河汇合，境内流长159.94km。据乌墩套海站流量观测资料，多年平均径流量$6.781 \times 10^8 \mathrm{m}^3/\mathrm{a}$。

西拉木伦河：发源于大兴安岭南麓，赤峰市克什克腾旗大红山北麓白槽沟，干流经克什克腾旗南部、林西县，在巴林右旗与翁牛特旗交界处的查干诺尔苏木入境。境内长148.58km，进入台河口水利枢纽处分成二股，一股为主流，于海流吐处与老哈河汇流，另一股入新开河。西拉木伦河河床宽1000m左右，河道比降1/700~1/300。在海拉苏镇境内有其支流响水河汇入。据西拉西庙站流量观测资料，丰水年径流量$12.405 \times 10^8 \mathrm{m}^3/\mathrm{a}$，平水年径流量$8.823 \times 10^8 \mathrm{m}^3/\mathrm{a}$，枯水年径流量$5.206 \times 10^8 \mathrm{m}^3/\mathrm{a}$，多年平均径流量$9.041 \times 10^8 \mathrm{m}^3/\mathrm{a}$。

新开河：新开河自台河口水利枢纽分水后（解放初期在西辽河故道基础上整修而成），自西向东贯穿平原区的北部，在科左中旗小瓦房附近汇入西辽河。全长376 km，平均比降1/1800。新开河台河口站丰水年径流量$5.226 \times 10^8 \mathrm{m}^3/\mathrm{a}$，平水年径流量$3.626 \times 10^8 \mathrm{m}^3/\mathrm{a}$，枯水年径流量$2.667 \times 10^8 \mathrm{m}^3/\mathrm{a}$，多年平均径流量$3.712 \times 10^8 \mathrm{m}^3/\mathrm{a}$。

乌力吉木仁河：发源于大兴安岭东南麓，其主要支流有天山西河（欧木林河）、海哈尔河（黑木林河）、腾格尔河（广兴堡河）、鲁北河（胜利河）、乌努格其河、塔拉布拉克河等。乌力吉木仁河主流发源于大兴安岭南端大罕山东麓，其主要支流有天山西河、海哈尔河。河源至梅林庙河道全长412.84km，平均比降1/700~1/500，在通辽市科左中旗英窝附近汇入新开河。乌力吉木仁河为西辽河的一级支流，原属无尾河，现梅林庙水文站以下河道，是由1958年以来的几次大洪水冲刷百里草原干渠后而形成目前的河道。其主流沿西辽河平原北缘绕行，梅林庙以下河段河道比降1/2000~1/1500。据梅林庙站流量观测资料，丰水年径流量$5.174 \times 10^8 \mathrm{m}^3/\mathrm{a}$，平水年径流量$2.280 \times 10^8 \mathrm{m}^3/\mathrm{a}$，枯水年径流量$1.154 \times 10^8 \mathrm{m}^3/\mathrm{a}$，多年平均径流量$3.646 \times 10^8 \mathrm{m}^3/\mathrm{a}$。

2. 水库

区内有大、中型水库12座，集水面积287.84km²，兴利库容$5.2041 \times 10^8 \mathrm{m}^3$，最大库容

$8.668 \times 10^8 m^3$，设计灌溉面积 168.97×10^4 亩 ❶，有效灌溉面积 130.49×10^4 亩。

3. 湖泊

区内有自然湖泊 767 个，总集水面积 $381.79 km^2$，总蓄水能力 $35312 \times 10^4 m^3$。其中淡水湖泊 554 个，总集水面积 $202.07 km^2$，总蓄水能力 $14650 \times 10^4 m^3$。咸水湖泊 213 个，总集水面积 $179.72 km^2$，总蓄水能力 $20662 \times 10^4 m^3$。

4. 水利工程

自 20 世纪 50 年代以来，在西拉木伦河、西辽河、新开河、老哈河、教来河上修建了大中型水利工程（分水工程、引水工程、拦水工程）15 处，干、支渠遍布整个高产农田分布区，其中干渠总长 2099.976km。近年来，特别是 70 年代以后，由于河流径流量的减少及水利工程年久失修等原因，使得区内地表水的利用量大大降低。

二、地下水类型及含水岩系

（一）地下水类型

开鲁坳陷在垂向上沉积了大量的中新生界碎屑岩和松散堆积岩，根据地下水的赋存状态、水动力特征及岩石水理性质，本区地下水分为 4 种类型，即松散岩类孔隙潜水、碎屑岩类裂隙孔隙承压水、生油岩系裂隙孔隙封存水和基岩裂隙水。

松散岩类孔隙潜水：赋存于第四系松散沉积物中。含水岩组主要为白土山组的冰水沉积，大青沟组的河湖相沉积，顾乡屯组的河流相沉积及现代的河流和风沙堆积物。它们一起组成盆地内厚大含水层的主体，水量丰富，水位埋深 1~5m，涌水量 1000~5000t/d。为盆地上部水文地质构造层，属渗入体系。

碎屑岩类裂隙孔隙承压水：赋存古近系和上白垩统的陆相碎屑岩中。含水岩组主要为古近系和上白垩统的泉头组、青山口组、姚家组、嫩江组、四方台组、明水组的陆相碎屑岩，"泥—砂—泥"结构明显。泉头组、姚家组、四方台组和古近系为区域含水层，而嫩江组、青山口组和明水组部分岩段为区域隔水层。区域含水层内分布有局部隔水层，区域隔水层内也存在有含水透镜体。含水层埋深由百米至上千米不等，水量较丰富。浅部地下水水位埋深 5~15m，涌水量 500~1000 t/d。它们组成盆地中部水文地质构造层，属渗入体系。

生油岩系裂隙孔隙封存水：赋存于下白垩统被泥岩圈闭的砂岩透镜体或构造圈闭中。含水岩组为九佛堂组、沙海组和阜新组。其砂泥比分别为 17.5%~40.7%、10.8%~16.43% 和 0.6%~29.1%。九佛堂组和沙海组属优质生油岩，形成较多的油气藏和油藏水。下白垩统含水体系组成坳陷下部水文地质构造层。控凹断裂和局部大断裂沟通了深部油气水，也沟通了上、中、下水文地质构造层之间的水力联系。盆缘断裂和下部水文地质构造层一起，形成完整的油、气、水的渗出体系。

基岩裂隙水：赋存于西北部基岩分布区及盆地基底的花岗岩、火山岩和石炭系、二叠系的浅变质岩中，以裂隙水为主。在基岩分布区，富水性较弱，涌水量不大（邹顺庚，2000）。

（二）区域含水岩系

1. 区域隔水层的结构和组成

隔水层对砂岩型铀矿的形成至关重要，有利的隔水层分布，可以保证含矿流体顺利地在砂体中迁移。区域隔水层在垂向上主要有四组：

---

❶ 1 亩 =666.67 平方米。

（1）新近系泰康组上段隔水岩组：主要隔水岩性为黄色、蓝灰色、灰绿色粉砂质泥岩夹少量粉砂岩，是第四系孔隙潜水的稳定隔水底板。视电阻率曲线表现为箱状低阻，厚度10~20m。

（2）上白垩统四方台组上段隔水岩组：主要岩性为红色、灰色泥岩和粉砂岩，是四方台组的最大湖泛面沉积层，在四方台组发育区稳定分布，是明水组的含水岩组的底板。视电阻率曲线表现为平直低阻，厚度20~50m。

（3）上白垩统嫩江组隔水岩组：主要岩性为灰黑色致密泥岩，其下部的黑色泥页岩是嫩江组的标志层。作为区域性稳定隔水层，是姚家组含水岩组的顶板隔水层。视电阻率曲线表现为平直低阻，厚度40~80m。

（4）上白垩统青山口组上段顶部隔水岩组：主要岩性为红色和黑色泥岩，为良好的隔水层，其分布面积广、稳定性好。是姚家组含水岩组的底板隔水层。视电阻率曲线表现为箱状低阻，厚度5~20m。

另外，上白垩统姚家组上下段和青山口上下段内部也有泥岩、粉砂质泥岩透水性差的岩性，其厚度不均，也可形成较稳定的区域隔水岩组。比如在钱家店地区姚家组上段和下段、青山口上段和下段之间分布有稳定的隔水层。

2. 区域含水岩组

开鲁坳陷铀矿勘探的主要目的层是新近系和上白垩统的陆相碎屑岩，其含水岩组主要为新近系泰康组和上白垩统的泉头组、青山口组、姚家组、四方台组、明水组的陆相碎屑岩，多埋藏于100~1000m以内。主要岩性为砂砾岩、砂岩、细砂岩和粉砂岩。含水层呈多层结构，可划分出6个较稳定的含水岩组。

（1）新近系泰康组下段承压水含水岩组：隔水顶板为新近系泰康组上段隔水岩组，隔水底板为明水组顶部局部发育的泥岩和粉砂质泥岩，底板隔水条件相对较差。岩性主要为砂岩、砂砾岩，夹多层泥岩，含水层厚度30~60m。岩石疏松，孔渗条件好，富水性强，单井涌水量大于1000m³/d。水化学类型主要为HCO_3^- Na 型和 HCO_3^- Na·Ca 型，矿化度＜1g/L，pH 值为 7.5~8.0。

（2）上白垩统明水组承压水含水岩组：隔水底板为四方台组上段隔水岩组，顶板为明水组顶部局部发育的泥岩和粉砂质泥岩，顶板隔水条件相对较差。岩性主要为砂岩、细砂岩夹泥岩互层，岩石非常疏松，孔渗条件好。富水性强，单井涌水量大于500~1000m³/d。水化学类型主要为 HCO_3^- Na 型和 HCO_3^- Na·Ca 型，矿化度＜1g/L，pH 值为 7.5~8.1。

（3）上白垩统四方台组承压水含水岩组：隔水底板为嫩江组隔水岩组，顶板为四方台组上段隔水岩组，顶底板条件都较好，是有利的含水岩组。主要为砂砾岩、砂岩。岩石较疏松，孔渗条件较好。富水性较强，单井涌水量大于500~800m³/d，水化学类型主要为 HCO_3^- Na 型和 HCO_3^- Na·Ca 型，矿化度＜1g/L，pH 值为 7.5~8.2。

（4）上白垩统姚家组承压水含水岩组：隔水顶板为嫩江组隔水岩组，底板为青山口组上段隔水岩组。主要为砂砾岩、砂岩，粉砂岩，含水层稳定。由于有些地区局部次级隔水层发育，使该含水岩组呈多层结构，每层厚20~40m。富水性贫乏至中等，单井涌水量50~200m³/d，单位涌水量0.01~0.04L/（s·m），渗透系数0.01~0.3m/d。水化学类型主要为 HCO_3^- Na 型和 HCO_3^- Na·Ca 型，矿化度 1.0~6.0g/L，属微咸水，pH 值为 7.2~8.0。

（5）上白垩统青山口组上段承压水含水岩组：隔水顶板为青山口组上段顶部隔水岩组，底板为青山口组中部隔水岩组，底板隔水条件相对较差。主要为砂砾岩、砂岩，粉砂岩。

106

（6）上晚白垩统泉头组承压水含水岩组：隔水顶板为青山口组中部隔水岩组，底板为阜新组灰色泥岩隔水岩组。岩性主要为砂砾岩，中间缺乏次级隔水层，厚度可达1000m。泉头组油田水水化学类型为HCO_3^-·Na型和HCO_3^-·Cl⁻·Na型，其矿化度很高，一般为1.7~15g/L，最高可达60g/L，pH值7.3~8.5。

综上所述，四方台组和姚家组含水岩组顶底板隔水岩组发育，砂体规模大，物性好，是最有利的含水岩组。其次是泰康组下段、明水和青山口上段水含水岩组，虽然砂体规模较大，物性也较好，但都存在底板隔水岩组发育不好的特点。最差的含水岩组是泉头组，缺失底板隔水岩组，且以砂砾岩为主，物性相对较差。

三、地下水系统特征及演化

晚白垩纪开鲁坳陷已成为松辽盆地西南部的一个次级坳陷，但由于它处于盆地西南边缘，同时受西南隆起的影响，其构造演化及沉积充填都与松辽盆地主体有明显的差异。大量地震、钻井及区域重磁资料的分析认为，开鲁坳陷与松辽盆地主体的构造演化经历了独立发育、统一湖盆、反转分离和沉降连通4个阶段（图5-6-1）。其中独立发育阶段为晚白垩世早期泉头组沉积期和青山口组沉积早期，统一湖盆阶段为青山口组沉积晚期—嫩江组沉积期，构造反转分离阶段为嫩江期末，一直延续到四方台期和明水期，沉降连通阶段为古近纪、新近纪和第四纪。

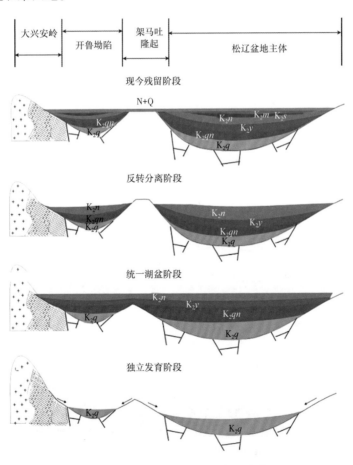

图5-6-1　松辽盆地上白垩统构造演化图

（一）独立发育期地下水系统特征

泉头组、青山口早期，开鲁坳陷沉积了一套以洪冲积扇为主的粗碎屑岩地层。泉头组为大套的棕色或紫红色砂砾岩，是渗透性较差的含水层。受古地形条件约束，泉头组含水层主要沿 NE 向呈条带状展布于芒汉和龙湾筒地区。龙湾筒一带含水层最厚，向四周逐渐变薄。受沉积环境影响，坳陷大部分为粗颗粒的砂砾岩，坳陷中心也未发现细粒沉积。

青山口早期基本继承了泉头期沉积环境的特点，在盆地周边主要为冲洪积相的砂砾岩、砂岩，为渗透性较差的含水层。在龙湾筒一带的盆地中心，有湖沼相的泥岩发育，为弱透水层。从盆地周边往盆地中心，岩性逐渐变细，由砂砾岩过渡至砂岩、粉砂岩以及粉砂岩与泥岩互层。

泉头组—青山口组早期地下水系统为一开放的潜水循环系统。地下水接受大气降水补给，由盆地周边向盆地中心（龙湾筒）汇流，排泄入湖（图 5-6-2）。该时期降雨入渗条件好，地下水与大气降水联系密切。受地形条件控制，地下水水力坡度较大，水交替循环条件好，富含氧的大气降雨持续补给地下水，含水层呈氧化状态，因此不具备铀成矿的地下水环境条件。

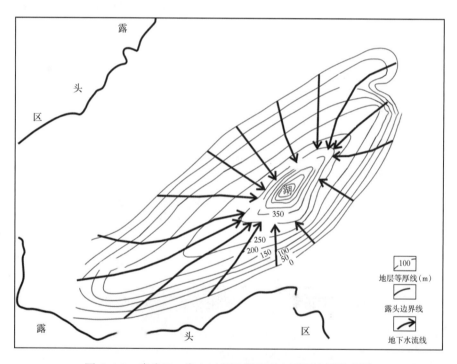

图 5-6-2　泉头组—青山口组早期地下水平面流场示意图

（二）统一湖盆阶段地下水系统特征

青山口组晚期，开鲁坳陷已基本完成填平补齐过程，地形已变平缓。该期松辽盆地正发生大规模湖泛，开鲁坳陷通过东南隆起的低洼处与松辽盆地主体相连。开鲁坳陷东北部沉积物以泛滥平原相、滨湖相的粉砂岩、泥岩为主，构成区域上的相对隔水层。西南地区以河流相沉积为主，形成一套以砂砾岩、砂岩为主的含水层。盆地边缘为洪冲积相的砂砾岩含水层，自盆地边缘往盆地中心岩性逐渐变细，含水层的渗透性变弱。

该时期松辽湖盆构成区域地下水的排泄中心，开鲁坳陷内的地下水流场由早先以龙湾筒为中心的汇流型转化为向北东方向的泄水型。盆地南部及周边为开放的潜水含水系统，接受大气降水补给，属于氧化环境，向龙湾筒及钱家店方向逐渐转变为承压含水系统。承压含水层与外界联系很弱，并且隔水顶板的黏土中富含有机质，在沉积过程中不断释放还原性气体，承压含水层属还原环境。自盆地周边往盆地深部，地下水环境由氧化环境逐渐转化为还原环境，在承压含水系统中有形成大规模铀矿床的成矿条件。

　　姚家组沉积期，松辽盆地沉降速度减小，湖面缩小退至开鲁坳陷东北部。开鲁坳陷内以河流相沉积为主，盆地边缘主要为洪冲积砂砾石层，中部为大规模的辫状河砂体，为潜水含水层。地下水含水系统由浅部姚家组潜水含水层、深部泉头组—青山口组承压含水层以及中部青山口组泥岩相对隔水层组成。该时期浅部姚家组含水系统为一开放的潜水含水系统，地下水继承了青山口末期的流场特点，地下水接受大气降水补给，向东北径流，往松辽盆地排泄。开鲁坳陷内含水层属氧化环境，不存在铀成矿的条件。深部泉头组—青山口组承压含水系统，仅在盆地周边接受上部姚家组潜水含水系统的补给（图5-6-3），地下水径流缓慢，水交替循环条件变差。

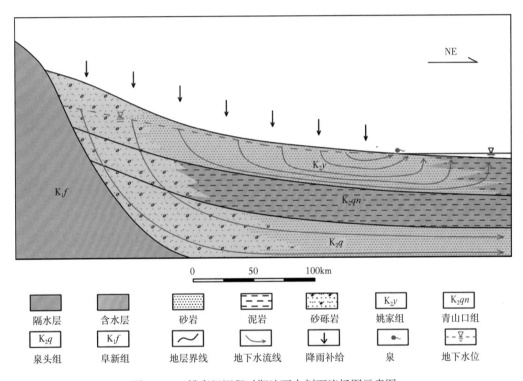

图 5-6-3　姚家组沉积时期地下水剖面流场图示意图

　　嫩江组时期，松辽盆地大规模湖泛，开鲁坳陷全面接受湖相沉积，在嫩江组顶部形成一套厚度稳定的泥岩，构成区域上的相对隔水层。该时期含水系统由深部泉头组—青山口组下段承压含水层、中部青山口组泥岩相对隔水层、上部青山口上段承压含水层、青山口上段顶部泥岩相对隔水层、上部姚家组承压含水层和嫩江组相对隔水层组成。该时期本区处于湖下较封闭的沉积环境，大量黏土、淤泥堆积。下伏姚家组、青山口组上段和泉头组—青山口组下段粉砂岩、砂岩、砾岩含水层呈承压状态，接受含氧大气降水入渗补给的能力大大减弱。由于上覆沉积层厚度的增大，土层压缩，在地静压力作用下承压含水层的水头压力增大，地下水主要以越流的形式向上排泄入湖（图5-6-4）。

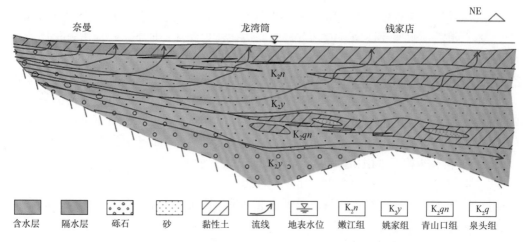

图 5-6-4 嫩江期(构造反转前)地下水剖面流场示意图

这一时期的地下水系统为封闭的承压含水系统,地下水运动较缓慢,水循环交替条件很差,承压含水层为还原环境,成矿条件相对较差,进入成矿的短暂间歇期。仅在盆地边缘地区,地下水接受少量的含氧降水补给,并在湖盆边缘的局部地区越流排泄,形成小型浅循环的局部流动系统。在一些局部的泥岩与砂岩互层或砂岩、粉砂岩透镜体中具有铀矿的富集条件,形成泥岩型铀矿,在坳陷西部的陆家堡和奈曼地区均发现泥岩型铀异常。

(三)构造反转分离阶段地下水系统特征

嫩江组末期,开鲁坳陷仍然继承了构造反转前三面环山的古地貌特征,地下水流场同样也具有构造反转前的特征,即东北部与松辽盆地主体相连,仍然为统一的汇水盆地。但西南部发生了明显的变化,这一时期,开鲁坳陷周边抬升遭受剥蚀,补给区增大,有利于含铀水进入铀储层。东北部由于构造反转开始隆升,在局部形成剥蚀"天窗"。但由于"天窗"相对于周边补给区相对高度较低,而承压含水层中的地下水,仍然从周边补给的高压区往"天窗"及盆地中心低压区径流,构造"天窗"成了较好的排泄区。但主流向仍然为松辽盆地统一的汇水盆地。构造反转后,早期控坳断裂复活,并发育一系列新断层,错断嫩江组—泉头组地层,构成地下水深循环的导水通道,这时断层也成为好的排泄区。

该时期由于坳陷四周抬升,地层受拉倾斜并形成一系列拉张裂隙,提高了降雨入渗的能力,同时东北部东南隆起长期遭受剥蚀,嫩江组顶部泥岩被完全剥蚀后形成构造"天窗",姚家组含水层得以出露地表。由于坳陷四周抬升遭受剥蚀,地下水系统由之前的封闭状态转变为盆地四周为开放的潜水含水系统,而坳陷内部沉降区域,继续保持承压含水系统特点。这个时期地下水系统的总体特征是:含氧大气降水从坳陷边部入渗后经下部承压含水层向盆地中央汇流,经断裂和构造"天窗"向上运移排泄入湖(图5-6-5)。

这一时期坳陷周边含水层入渗补给条件增强,地形坡度变大,水动力条件变强,地下水循环交替速度加快,早先的还原环境和后期含氧水流入渗构成了极为有利的铀成矿条件,是本区最主要的成矿时期。

四方台期—明水期,松辽盆地进一步发生大规模构造反转运动和掀斜运动,开鲁坳陷四周继续抬升遭受剥蚀,其北段东南隆起构成松辽盆地与开鲁盆地的分水岭,开鲁坳陷进一步沉降,整体地势为四周高、中间低,盆地中部为内陆湖泊。由于东南隆起隆升幅度进一步加大，以至于这一时期湖盆进一步向西南萎缩，钱家店地区不再接受沉积，缺失四方台组和明水组。由于地形坡度较大，水动力条件较强，该时期在盆地四周沉积了一套以砂砾岩、砂岩为主的粗颗粒含水层，在盆地中心则以湖沼相的泥岩沉积为主，为相对隔水层。

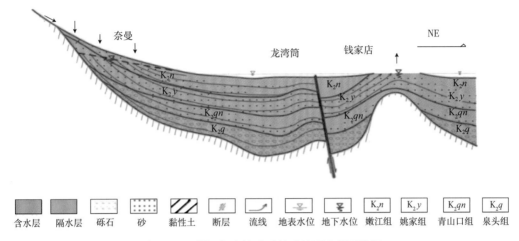

图 5-6-5　嫩江期末构造反转后地下水剖面流场

该时期的地下水含水系统由深部泉头组—青山口组下段承压含水层、中部青山口组泥岩相对隔水层、上部青山口组上段承压含水层、青山口组上段顶部泥岩相对隔水层、上部姚家组承压含水层、嫩江组相对隔水层及浅部的四方台组潜水含水层组成。

该时期坳陷周边为开放的潜水含水系统，接受西部、西南部大气降水补给后，往湖盆中心汇流，浅部四方台含水层中的地下水主要在湖盆边缘以溢流泉的形式排泄入湖，少部分水经湖盆下方承压含水层往盆地深部运移，通过断层向上运移排泄入湖，深部姚家组承压含水层、泉头组含水层中地下水经深循环，通过湖底断裂向上运移排泄入湖（图 5-6-6）。

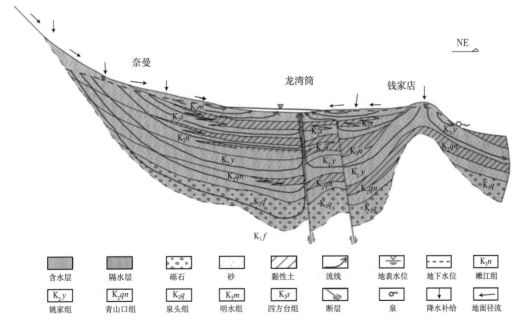

图 5-6-6　明水组末期地下水剖面流场示意图

111

但该时期钱家店地区隆升遭受剥蚀，湖盆向西南萎缩，钱家店东侧姚家组含水层经构造"天窗"接受大气降水补给，地下水往盆地深部承压含水层运动，钱家店断层导通下部承压含水层，使得地下水向上运动，然后进入上覆四方台组再向西南径流入湖。此外，陆东一带仍保留有一小型湖泊，在该湖泊和陆东断层的控制下构成了一个局部的地下水排泄区。

（四）沉降连通阶段

新生代以来，开鲁坳陷构造运动主要为隆升剥蚀和差异升降运动，湖盆消亡，主要以河流相粗颗粒沉积为主，在表层构成了一套潜水含水层。该时期的地下水含水系统由深部泉头组—青山口组下段承压含水层、中部青山口组泥岩相对隔水层、上部青山口组上段承压含水层、青山口组上段顶部泥岩相对隔水层、上部姚家组承压含水层、嫩江组隔水层、四方台组含水层及明水组—第四系潜水含水层组成。

该时期浅部明水组—第四系为开放的潜水含水系统，地下水接受大气降水补给后往北东向径流排泄，地下水交替循环条件好，含水层呈氧化环境。深部承压含水层在盆地周边接受降水补给后，沿北东方向往盆地深部运移，在松辽盆地中心排泄。承压含水层中地下水流动较慢，含水层整体呈还原环境。但在盆地边缘和构造天窗部位，含氧水不断入渗补给，形成局部氧化带。

（五）现今水系统特征

新近纪末以来，山区上升较平原显著，由于剥蚀和水系侵蚀等作用，早更新世末期至中更新世初期，古松辽向心状水系逐渐转变为现今的外流水系。各河流中上游流向，代表了水系变迁前的向心状水系的遗迹。流向的急剧突变，则是水系由向心状水系转变为外流水系的佐证。现今的松辽盆地南部主要是东西辽河水系，分别由东西两边流入，至架玛吐一带发生90°大转弯，汇聚起来最终流向辽东湾。研究区最新成矿年龄在中新世晚期（7Ma±），说明虽然地貌发生了很大变化，水系变成了外流水系，但依然对该地区铀成矿有利，或是具有改造作用。

第七节　古气候条件

一、开鲁坳陷气候演化的特点

据 A.N. 贝列尔曼的图解（图 5-7-1），在干旱、半干旱气候带蒸发量远远大于降雨量，土壤中植物残渣少，有利于氧气随降水下渗，地下水位较深，层间水中氧、铀含量偏高，能够发育一定规模的层间氧化带，有利于铀成矿。

开鲁坳陷自中生代以来直至现代，经历了漫长而频繁变化的干旱气候期。王鸿祯等认为，我国中新生代干旱、半干旱气候主要出现在三个时期（图 5-7-2）。第一干旱期：发育在欧亚联合古陆形成之初的三叠纪早、中世，出现中国北方干旱气候区。红层沉积见于准噶尔、华北及河西走廊等内陆干旱盆地。第二干旱期：从侏罗纪中、晚世开始，至新近纪晚期，我国大陆的中间地带均处于干旱、半干旱气候带。第三干旱期出现在新近纪末，干旱气候区缩小，仅发育在内蒙古西部和西北五省区。这期间出现了鄂尔多斯、柴达木、塔里木、准噶尔等大型内陆干旱盆地。

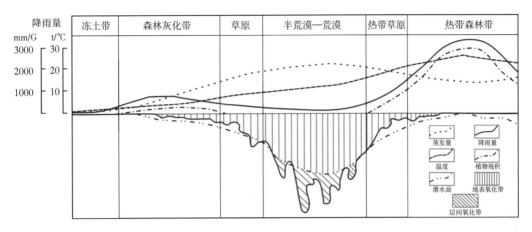

降雨量 mm/G t/℃

| 冻土带 | 森林灰化带 | 草原 | 半荒漠—荒漠 | 热带草原 | 热带森林带 |

3000 30
2000 20
1000 10

蒸发量　　降雨量
温度　　植物残积
潜水面　　地表氧化带
层间氧化带

图 5-7-1　地球各种气候带内氧化带发育示意图

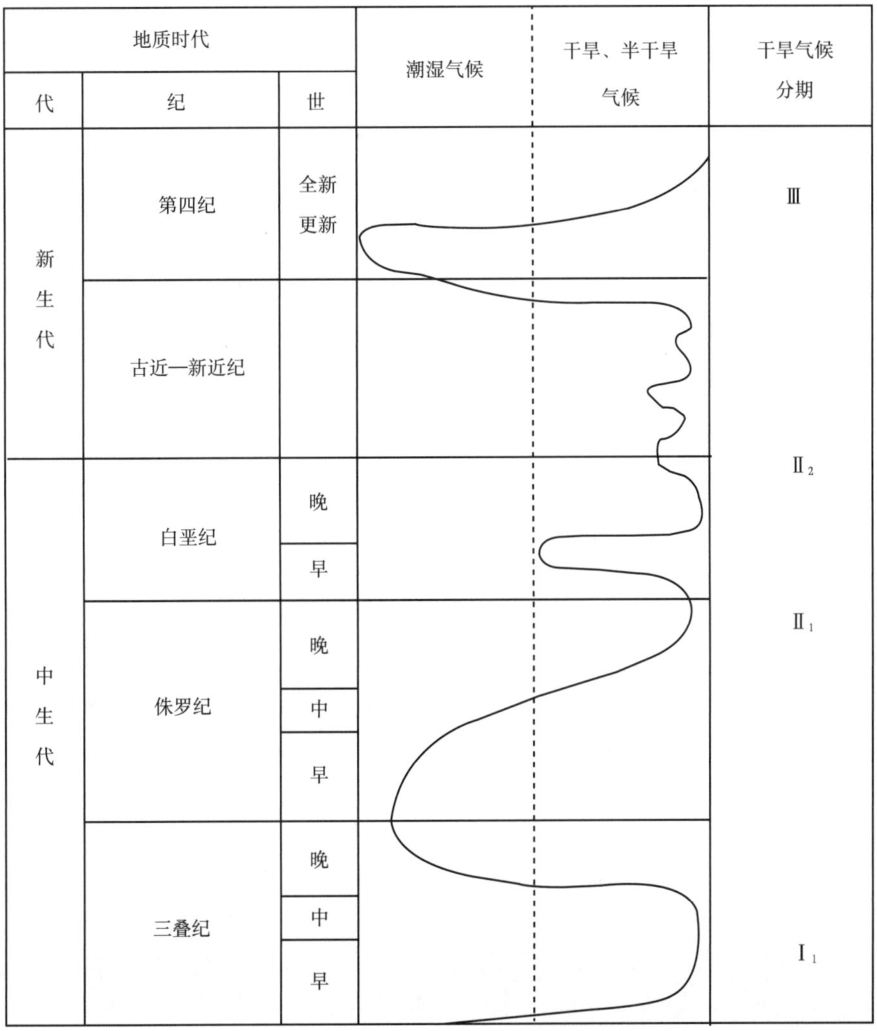

地质时代			潮湿气候	干旱、半干旱气候	干旱气候分期
代	纪	世			
新生代	第四纪	全新 更新			Ⅲ
	古近—新近纪				Ⅱ₂
中生代	白垩纪	晚			
		早			Ⅱ₁
	侏罗纪	晚			
		中			
		早			
	三叠纪	晚			Ⅰ₁
		中			
		早			

图 5-7-2　中国北方地区中生代气候演变图

113

经过更新世潮湿期后，开鲁地区也进入我国的第三干旱期，直到现代。在干旱气候影响下，该区广泛出现黄土地貌和戈壁沙漠、草原等景观。主要判识标志为：红色、杂色岩层，可见原生石膏、岩盐矿物，其中一些夹层可见介形虫和旱地植物的孢子花粉。

大型和超大型铀矿床基本都产于湿温期盆地沉积的暗色含煤和含油气建造和干旱—半干旱期盆地沉积的杂色碎屑岩建造中。世界北方主要砂岩型铀矿含矿带，在北纬 40° 带左右，现在也是干旱—半干旱的气候带。钱家店铀矿床也处于该铀矿带内，其成矿与古气候有密切关系。

二、钱家店矿区姚家组古气候特点

从区域古气候变化看，晚白垩世到更新世矿区的古气候主要为干旱、半干旱气候。通过钻孔录井、古生物化石组合特征、原生灰色泥岩微量元素含量和黏土矿物特征等方面的信息研究表明，姚家组古气候的演化在空间上表现出干热—温湿交替的古气候演化旋回特征，形成红色岩系与灰色岩系互层的沉积组合序列，有利于铀成矿。

（一）岩心颜色

从钻井岩心的颜色也可获取古气候信息。开鲁坳陷大量的钻井揭示姚家组主要以红层沉积为主。姚家组下段从坳陷西南边部的冲积扇到中部的辫状河及东北部的辫状河三角洲平原，大面积发育稳定且较厚的红色泥岩和红色砂岩，仅在辫状河的洼地及辫状河三角洲平原的越岸湖和沼泽发育少数灰色、黑色泥岩及灰色砂岩。姚家组上段与下段沉积特征基本相同，也以红色泥岩和红色砂岩为主，但规模没有下段大，且灰色砂岩和暗色泥岩相对发育。从岩石的颜色反映出姚家组总体上为氧化环境，气候以干旱炎热为主。当然有一部分红色砂岩是被后期层间氧化形成的，但研究表明，大量的红色砂岩还是原生红色。

（二）古生物组合特征及古气候意义

利用能够反映、代表母体植物生态环境特征的孢粉来探讨各个地质历史时期的古气候，是现在国内外普遍应用的有效方法。不同的植物群落生长在不同的气候条件、地理环境之中。随着环境的变化，植物种类、群落也随之发生更替或演变。就地带性植物而言，植被类型是一定气候区域产物（黄清华等，1999）。孢粉学应用的一个重要内容是探讨古气候。

钱家店铀矿勘探中，在姚家组中开展了孢粉连续取样工作。经过对 25 口井的岩心样品的孢粉化石鉴定，共鉴定孢粉 116 属，包括蕨类植物孢子 51 属，裸子植物花粉 32 属以及被子植物花粉 33 属。主要孢粉类型及其相对百分含量见表 5-7-1。由于样品鉴定非一人完成，为确保化石百分含量统计的准确性，该表未纳入种的百分含量。根据鉴定分析结果，将姚家组孢粉组合命名为隐孔粉属 *Exesipollenites*—三花孢属 *Nevesisporites*—网面三沟粉属 *Retitricolpites* 组合，组合特征如下所述。

裸子植物花粉在组合中占绝对优势，其相对含量多在 50.0% 以上，最高可达 93.0%。蕨类植物孢子和被子植物花粉居于次要地位，但二者表现不同。蕨类植物孢子表现稳定，不同的井或同一口井的不同井段，其相对含量多在 20% 上下浮动。被子植物花粉则刚好相反，表现为不同的井或同一口井的不同井段相对含量波动幅度巨大，为 0~60.2%。孢粉化石见图 5-7-3。

表5-7-1 钱家店凹陷姚家组主要孢粉类型及其相对百分含量表

样品	蕨类植物孢子 Schizaeosporites	Deltoidospora+Cyathidites	Foraminisporis	Polycingulatisporites	Neveasporites	总计	裸子植物花粉 Pinaceae	Disacatriletes	Podocarpidites	Cycadopites	Classopollis	Taxodiaceaepollenites	Exesipollenites	Inaperturopollenites	总计	被子植物花粉 Beaupreaidites	Callistopollenites	Lythraites	Cranwellia	Gothanipollis	Pentapollenites	Quantonenpollenites	Aquilapollenites	Fraxinoipollenites	Retitricolpites	Tricolpopollenites	Clavatipollenites	Asteropollis	Proteacidites	Tripororopollenites	总计
ML12 (355.9~543.4m)	0~4.1	0~1.4	0~2.1	0~3.4	0~1.8	13.0~18.6	10.3~23.5	0~5.1	0~5.0	1.8~8.7	0~13.8	0~26.1	0~29.9	0~10.3	54.5~79.3	0	0	0	0	0~3.1	0	0	0	0	0~3.6	0~18.2	0~10.3	0~2.2	0	0~1.0	2.1~30.4
MC22 (328.4~360.5m)	1.9~2.8	0~5.0	0~2.4	0~2.4	0~1.9	7.8~20.8	2.8~30.8	0~10.8	0.5~1.7	0.5~14.2	5.8~7.8	5.0~34.4	0.8~17.0	4.2~19.4	74.8~79.2	0	0	0	0	5.8	0~2.4	0	0~0.9	0	0~0.9	0~1.4	0	0~0.9	0	0	0~13.3
MC35 (366.6~366.8m)	1.9~2.4	1.4~4.4	2.4~3.3	1.9~2.4	7.0~7.8	20.9~31.2	6.0~14.1	1.4~3.9	1.9~3.4	2.2~2.4	0.9~1.5	2.4~9.3	17.1~27.9	9.8~11.6	57.1~65.1	0	0	0	0	4.7~5.4	2.4~3.7	0	0~0.5	0~1.4	0.5~1.0	0	0	0~0.5	0	0	11.7~14.0
MⅣ-08-20 (455.2m)	8.2	0.5	0	0~3.6	2.6	25.8	15.4	1.0	1.0	3.6	16.0	22.7	1.5	3.6	66.5	0	0	0	0	0	0	0	0	0	4.1	3.1	0	0	0	0	7.7
MⅣ-08-72 (306.5m)	0	1.7	2.2	3.9	3.9	16.0	13.0	1.7	1.7	0.6	0	6.2	56.0	2.8	84.0	0	0	0	0	0	0	0	0	0	0	0	0	0	0	0	0
MⅣ-16-73 (488.1m)	1.8	3.5	0.9	0	1.8	21.1	21.1	5.3	0.9	6.1	10.6	5.3	0	0.9	57.0	0	0	0	0	0	0	0	0	0	2.6	13.2	1.8	1.8	0	0	21.9
MⅣ-49-152 (190.0~374.8m)	0~44.7	0.5~2.2	0~3.5	0~4.2	0~2.4	10.5~45.2	4.0~32.6	0~4.7	0~1.0	1.2~18.0	1.3~36.4	0~37.9	0.4~18.8	0~5.5	53.0~85.2	0~0.5	0~0.7	0~1.9	0~1.2	0~0.7	0~0.8	0~10.6	0~1.5	0~3.2	0.4~15.7	0.8~12.5	0~2.3	0~1.9	0~0.4	0~0.5	4.3~33.9
MⅣ-96-81 (477.5m)	9.0	1.0	0.5	5.0	1.5	24.9	4.5	0.5	1.0	3.0	2.0	1.0	3.0	0.5	14.9	1.0	0.5	0.5	2.5	8.0	3.5	0	0	0.5	6.0	27.4	1.0	1.5	0	0	60.2
MⅣ-112-57 (497.6m)	6.9	5.2	0.9	0.9	1.7	23.3	5.2	0.9	0.9	6.0	2.6	8.6	17.2	2.6	44.0	0	0	0	0	0	0	0	0	0	4.3	25.9	0	0	0	0	32.8
MV-01-25 (135.4~144.6m)	16.3	4.6	1.9	7.1	3.3	9.0~25.3	2.1~52.3	6.2	1.8	0	25.0	23.5	1.8~17.6	8.5	66.3~77.3	0~2.5	0	0	0	0~0.5	0	0~2.8	0~1.0	0~1.0	0~6.4	5.0	0~2.3	0	0~2.5	0	4.6~16.5
MV-17-09 (157.9~299.4m)	50.0	11.0	8.6	9.1	7.4	6.1~64.0	1.0~26.0	5.3	3.7	17.0	40.0	19.0	2.7~50.0	5.4	28.0~72.0	5.4	3.8	0~0.5	0	39.0	0	1.2	0	2.3	11.0	13.0	0	0~0.5	0	0	0~43.0
MV-24-09 (279.9~282.1m)	4.9	4.8	13.0	9.1	3.7	1.7~21.0	1.0~12.0	0	1.7	3.7	80.0	9.3	7.1~36.0	6.8	57.0~93.0	0	3.3	0	0	9.5	0	1.0	0	3.9	9.1	10.0	0	4.8	0	0	33.0

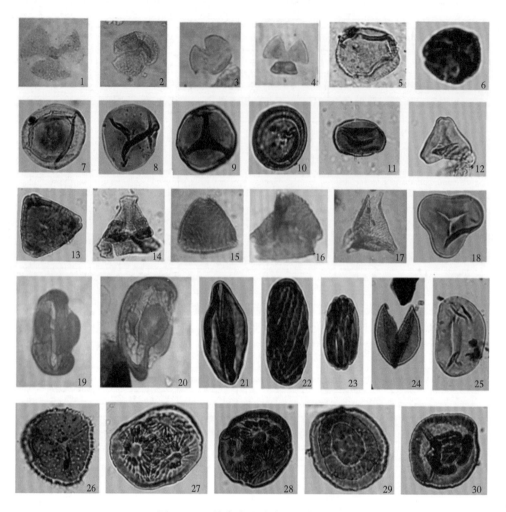

图 5-7-3　钱家店凹陷主要孢粉化石

1~4、19、20 放大倍数为 600 倍，其余为 500 倍（化石保存在中国石油辽河油田分公司勘探开发研究院试验所古生物组）；
1、2—*Retitricolpites*；3、4—*Tricolpopollenites*；5、6—*Callistopollenites*；7—*Exesipollenites tumulus*；8—*E.pseudotriletes*；
9—*E.triangulus*；10—*Classopollis annulatus*；11—*C.clssoides*；12—*Gothanipollis*；13—*Beaupreaidites*；14—*Aquilapollenites*；
15—*Cranwellia*；16、17—*Lythraites*；18—*Cyathidites minor*；19、20—*Quantonenpollenites*；21—*Cycadopites*；
22—*Schizaeoisporites laevigataeformis*；23—*S.certus*；24—*Taxodiaceaepollenites*；25—*Laevigatosporites ovatus*；
26—*Foraminisporis wonthaggiensis*；27、28—*Nevesisporites radiates*；29—*Polycingulatisporites*；30—*Interulobites*

　　根据姚家组孢粉化石特征，将姚家组由下至上细分为三个孢粉化石组合带。各带具体化石组合如下：

　　（1）第一组合带：古三孔粉属 *Archaeotriporopollenites*—三沟粉属 *Tricolpopollenites*—隐孔粉属 *Exesipollenites*—克拉梭粉属 *Classopollis*—三花孢属 *Nevesisporites* 亚组合（图 5-7-4）。

　　（2）第二组合带：克氏粉属 *Cranwellia*—隐孔粉属 *Exesipollenites*—克拉梭粉属 *Classopollis*—希指蕨孢属 *Schizaeoisporites* 亚组合（图 5-7-5）。

　　（3）第三组合带：泉头粉属 *Quantonenpollenites*—隐孔粉属 *Exesipollenites*—克拉梭粉属 *Classopollis*—希指蕨孢属 *Schizaeoisporites*—多环孢属 *Polycingulatisporites* 亚组合（图 5-7-6）。

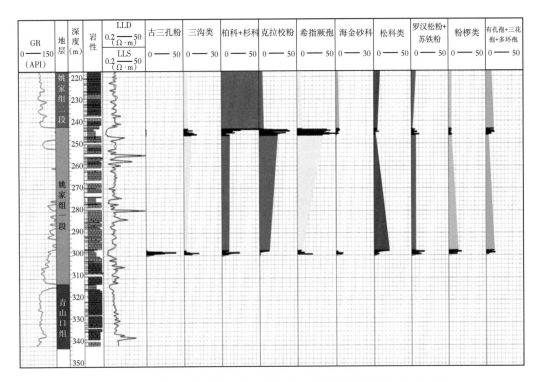

图 5-7-4　姚家组孢粉化石第一组合带含量综合图（钱Ⅴ-17-09 井）

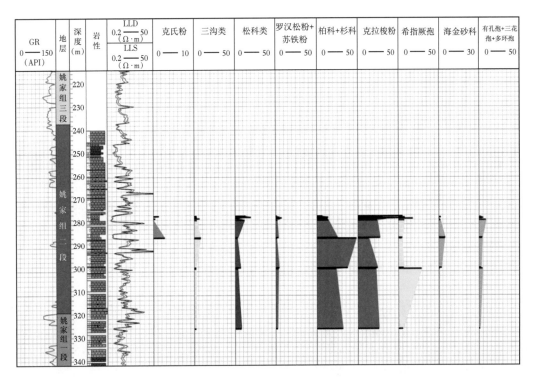

图 5-7-5　姚家组孢粉化石第二组合带含量综合图（钱Ⅳ-57-12 井）

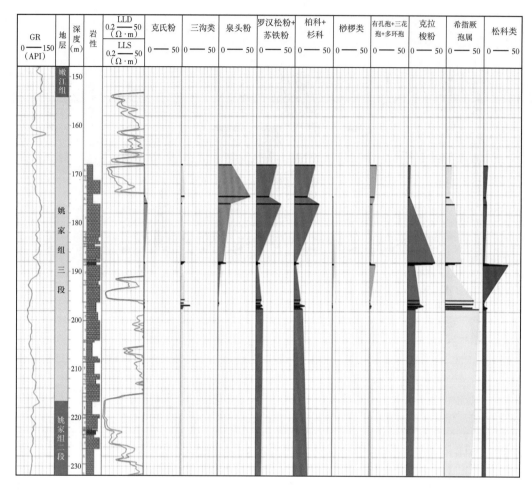

图 5-7-6 姚家组孢粉第三组合带含量综合图（钱Ⅳ-49-152井）

（三）古植被与古气候分析

在地球生物圈这个大系统中，生物与环境既相互依存，又相互制约，一定的孢粉组合能反映一定的植物群，而一定的植物群也有相应的生态环境特征。根据孢粉母体植物对气温和湿度的适应性，通常将其分为喜热组、喜温组、广温组和旱生组、湿生组和中生组。喜热组主要分布于热带、亚热带，少数可达暖温带；喜温组主要分布于暖温带，少数可达亚热带或寒温带；广温组母体植物广布于热带至温带（姚益民等，1994）。

根据孢粉母体植物形态和生态特征、干湿度环境和气候环境，将其孢粉植物群反映的植被、干湿度和气候带划分为三个演化阶段。

1. 第一演化阶段

根据 11 口井的资料特征可以发现，姚家组下部沉积初期，代表湿热类型的隐孔粉属 *Exesipollenites*、杉粉属 *Taxodiaceaepollenites*、无口器粉属 *Inaperturopollenites*、罗汉松粉属 *Podocarpidites*、苏铁粉属 *Cycadopites*、三花孢属 *Nevesisporites*、多环孢属 *Polycingulatisporites*、有孔孢属 *Foraminisporis*、桫椤孢属 *Cyathidites*、三角孢属 *Deltoidospora*、海金砂孢属 *Lygodiumsporites*、古三孔粉属 *Archaeotriporopollenites*、三沟粉属 *Tricolpopollenites*、网面三沟

粉属 *Retitricolpites* 等占据绝对优势地位。这说明姚家组一段沉积初期属湿热多雨的气候。同时，发现代表干热类型的克拉梭粉属 *Classopollis*、偏干热类型的希指蕨孢属 *Schizaeoisporites*、干凉类型的松科花粉 *Pinaceae* 偶尔可以见到高值，说明在湿热多雨的大气候下，会间断性的出现偏干热或偏干凉的小气候。

有 4 口井的资料特征显示，姚家组下部沉积早中期，代表湿热类型的隐孔粉属 *Exesipollenites*、杉粉属 *Taxodiaceaepollenites*、无口器粉属 *Inaperturopollenites*、罗汉松粉属 *Podocarpidites*、苏铁粉属 *Cycadopites*、三花孢属 *Nevesisporites*、多环孢属 *Polycingulatisporites*、有孔孢属 *Foraminisporis*、桫椤孢属 *Cyathidites*、三角孢属 *Deltoidospora*、海金砂孢属 *Lygodiumsporites*、古三孔粉属 *Archaeotriporopollenites*、三沟粉属 *Tricolpopollenites*、网面三沟粉属 *Retitricolpites* 等与代表干热类型的克拉梭粉属 *Classopollis*、偏干热类型的希指蕨孢属 *Schizaeoisporites*，含量高低此消彼长，说明这一时期气候特征为干、湿交替。

有 3 口井的资料显示，姚家组下部沉积中晚期，代表湿热类型的隐孔粉属 *Exesipollenites*、杉粉属 *Taxodiaceaepollenites*、无口器粉属 *Inaperturopollenites*、罗汉松粉属 *Podocarpidites*、苏铁粉属 *Cycadopites*、三花孢属 *Nevesisporites*、多环孢属 *Polycingulatisporites*、有孔孢属 *Foraminisporis*、桫椤孢属 *Cyathidites*、三角孢属 *Deltoidospora*、海金砂孢属 *Lygodiumsporites*、古三孔粉属 *Archaeotriporopollenites*、三沟粉属 *Tricolpopollenites*、网面三沟粉属 *Retitricolpites* 等与代表干热类型的克拉梭粉属 *Classopollis*、偏干热类型的希指蕨孢属 *Schizaeoisporites* 总体上表现为交替占据优势，且湿润类型略占上风，说明这一时期气候特征为干、湿交替，但总体上略偏湿润。

有 2 口井的资料显示，在姚家组下部沉积末期，代表干热类型的克拉梭粉属 *Classopollis*、偏干热类型的希指蕨孢属 *Schizaeoisporites* 占据绝对优势地位，这说明姚家组下部沉积末期属干旱炎热的气候。同时，发现代表湿热类型的隐孔粉属 *Exesipollenites*、杉粉属 *Taxodiaceaepollenites*、无口器粉属 *Inaperturopollenites* 等偶尔可以见到高值，说明在干旱炎热的大气候下，会间断性的出现湿热多雨的小气候。另外，干凉类型的松科花粉 *Pinaceae* 未见到高值，说明这一时期可能未出现干凉气候。

综合来看，姚家组下部的气候特征表现为：湿热多雨的大气候下会间断性的出现偏干热或偏干凉的小气候，干、湿交替和干、湿交替略偏湿润与干旱炎热的大气候下会间断性的出现湿热多雨的小气候。它的总趋势是"湿热 → 干湿交替 → 干热"。

2. 第二演化阶段

在姚家组中部中下部的泥岩夹层中见到大量的孢粉化石。有 5 口井资料显示，在姚家组中部沉积时期，代表湿热类型的隐孔粉属 *Exesipollenites*、杉粉属 *Taxodiaceaepollenites*、无口器粉属 *Inaperturopollenites*、罗汉松粉属 *Podocarpidites*、苏铁粉属 *Cycadopites*、三花孢属 *Nevesisporites*、多环孢属 *Polycingulatisporites*、有孔孢属 *Foraminisporis* 等与代表干热类型的克拉梭粉属 *Classopollis*、偏干热类型的希指蕨孢属 *Schizaeoisporites* 交替占据优势地位，总体上干热、偏干热类型略占上风，而且越向上优势越大，说明姚家组中部时期是一个干湿交替且略偏干旱，并不断向干旱气候演化。

3. 第三演化阶段

在姚家组上部的泥岩夹层中见到大量的孢粉化石。在中下部和中上部，代表湿热类型的隐孔粉属 *Exesipollenites*、杉粉属 *Taxodiaceaepollenites*、无口器粉属 *Inaperturopollenites*、苏铁粉属 *Cycadopites*、三花孢属 *Nevesisporites*、多环孢属 *Polycingulatisporites*、有孔孢

属 *Foraminisporis* 等与代表干热类型的克拉梭粉属 *Classopollis*、偏干热类型的希指蕨孢属 *Schizaeoisporites* 交替占据优势地位，其中中下部湿热类型略占上风，中上部干热类型略占上风。代表干凉类型的松科花粉 *Pinaceae* 偶尔会见到高含量，说明姚家组上部中下部和中上部是一个干湿交替且由下至上表现为偏湿热转变为偏干热，偶尔会偏干凉的气候。

在姚家组上部，代表湿热类型的泉头粉属 *Quantonenpollenites*、罗汉松粉属 *Podocarpidites*、苏铁粉属 *Cycadopites*、桫椤孢属 *Cyathidites*、三角孢属 *Deltoidospora*、海金砂孢属 *Lygodiumsporites*、三花孢属 *Nevesisporites*、多环孢属 *Polycingulatisporites*、有孔孢属 *Foraminisporis* 等占据优势地位，代表偏干热类型的希指蕨孢属 *Schizaeoisporites*、代表干凉类型的松科花粉 *Pinaceae* 含量较低，代表干热类型的克拉梭粉属 *Classopollis* 含量更低，说明姚家组上部是一个湿热多雨的气候。综合姚家组上部的气候特征，可以推断姚家组上部沉积时期是一个干、湿交替频繁，最终演化成湿热气候。

受取样井的数量和井位位置影响，目前姚家组发现的介形虫化石较少，所以只是结合孢粉化石做初步分析。总体看，姚家组由下至上的气候演变规律是"湿热多雨 → 干、湿频繁交替 → 偏干旱 → 湿热多雨"的循环。在此期间，局部穿插几次非常短暂的偏干凉气候。

（四）原生灰色泥岩微量元素含量

原生灰色泥岩微量元素含量及其分配在一定程度上可反映古气候的演变。选取泥质岩中对古气候反映比较敏感的微量元素进行含量变化规律分析，可以探讨泥岩形成时的古气候环境。

微量元素中，Cu 常被作为有机质含量的指标之一，Sr 含量和 Sr/Cu 对气候具有灵敏的指示，Sr 含量低指示潮湿的气候，Sr 含量高指示干旱气候。Sr/Cu 介于 1.3~5.0 指示温湿气候，大于 5.0 则指示干旱气候。

Ni/Co 比值同样可以反映古气候特征，Ni/Co > 7.0 反映古水体缺氧—贫氧，Ni/Co 介于 5.0~7.0 之间，反映古水体贫氧—次富氧，Ni/Co < 7.0 反映古水体富氧。

钱家店地区姚家组上段 Ni/Co 介于 1.1~2.2 之间，平均为 1.6；Sr/Cu 除两个点为 3.1 和 4.7 以外，其余全部介于 5.5~34.4 之间（表 5-7-2），平均值为 17.8。反映了姚家组上段沉积时水体为富氧水体介质。姚家组下段 Ni/Co 介于 0.8~2.3 之间，平均值为 1.5；Sr/Cu 除三个点为 3.9、4.3 和 4.4 以外，其余全部介于 5.1~52.2 之间，平均值为 11.4。同样反映了姚家组下段沉积时富氧水体介质及干旱沉积环境。

表 5-7-2　钱家店矿区姚家组暗色泥岩微量元素平均值判别指标统计表

样品数（个）		Co	Ni	Cu	Sr	Ni/Co	Sr/Cu	岩性	层位
16	区间	6.6~51.6	14.8-60.6	18.2~48.2	135~801	1.1~2.2	3.1~34.4	深灰色泥岩	姚家组上段
	平均	16.7	23.8	25.8	417.6	1.6	17.8		
38	区间	2.08~62.4	3.75~74.5	6.83~45.3	129~527	0.8~2.3	3.9~52.2	深灰色泥岩	姚家组下段
	平均	17.2	26.0	27.4	264.1	1.5	11.4		

（五）黏土矿物组合特征

黏土矿物晶粒微小，成分、结构易发生变化，对古气候、古环境的变化非常敏感。因

120

此，黏土矿物沉积分异、组合类型及其含量变化、微细结构等特征对古沉积环境有重要的指示意义。通常认为，高岭石的存在指示矿物曾经历了温暖潮湿环境下的弱酸性、强化学风化作用；伊利石、蒙脱石是弱碱性、干燥环境指示矿物。钱家店地区泥岩中伊蒙混层占黏土矿物比重最大，平均含量达75.8%（表5-7-3），而伊利石和高岭石分别为9.5%和12.1%，伊利石＋伊蒙混层含量占85.3%，数据显示各样品较为相似的黏土矿物类型，即"伊利石＋伊蒙混层组合"，表明姚家组时期为干燥炎热的气候特征。

表5-7-3 钱家店地区姚家组灰色泥岩黏土矿物种类及含量一览表

样品编号	相对比含量（%）				混层比（蒙）（%）	岩性
	伊/蒙混层	伊利石	高岭石	绿泥石		
钱Ⅳ-25-01	70.0	12.0	15.0	3.0	52	灰色泥岩
	70.0	5.0	20.0	5.0	55	灰色泥岩
钱Ⅳ-29-01	89.0	9.0	1.0	1.0	66	灰色泥岩
	81.0	12.0	6.0	1.0	53	灰色泥岩
	88.0	8.0	3.0	1.0	57	灰色泥岩
钱Ⅳ-29-02	94.0	3.0	2.0	1.0	70	灰色泥岩
	75.0	10.0	12.0	3.0	69	灰色泥岩
钱Ⅳ-29-06	87.0	10.0	2.0	1.0	51	灰色泥岩
	61.0	22.0	14.0	3.0	54	灰色泥岩
	83.0	8.0	7.0	2.0	71	灰色泥岩
钱Ⅳ-08-13	57	8	29	6	45	灰色泥质粉砂岩
	63	9	24	4	45	灰色泥质粉砂岩
钱Ⅳ-53-08	86	10	3	1	52	灰色泥岩
	88	5	5	2	47	灰色泥岩
钱Ⅳ-69-148	71	11	16	2	41	灰色泥岩
	61	10	26	3	41	灰色泥岩
钱Ⅳ-17-18	75	9	13	3	51	灰色泥岩
	65	10	20	5	52	灰色泥岩
平均值	75.8	9.5	12.1	2.6	54.0	

因姚家组发育红色陆源碎屑建造，很多人提出该时期为干旱、半干旱的古气候（张立平等，1994；李胜祥，2001；陈晓林，2008），但系统、细致的古生物研究成果表明，姚家组沉积期也经历了由较湿热气候向半温湿气候转化的短暂过程（申家年等，2008；赵静，2013）。姚家组下段所含的植物孢粉记录了其沉积时，本区地表植被以常绿阔叶林为主（占31.1%~49.2%），草本植物较少（占10%左右）。植被中热带成分占29.6%~47.2%，热带—亚热带成分占8.1%~35.4%，湿生成分占31.1%~52.5%。反映了该期以针阔叶混交林

为特征的较湿润热带气候。姚家组上段红层发育，所含植物孢粉显示了当时植被针叶林含量逐渐增加（占 15.1%~42.3%），常绿阔叶林逐渐减少（占 10.8%~30.5%），草本植物增加（占 12.6%~29.9%），植被中湿生（沼生、水生）成分减少（占 10.1%~34.2%）。反映出为针阔叶混交林、草丛半湿润的亚热带气候（黄清华等，1999；赵静，2013）。通过对晚白垩世早中期松辽盆地的藻类进行的系统研究，也得出了与孢粉鉴定结论一致的古气候认识。姚家组下段藻类化石极少，仅见零星 *Granodiscus*。姚家组上段藻类数量有所上升，但总量仍很少，以指示淡水环境的 *Pediastrum* 为主，有少量 *Filisphaeridium* 和 *Sentusidinium*，偶有见到指示咸水环境的 *Cymatiosphaera sp.*，同样指示了从淡水到微咸水湖盆环境的变迁，反映了古气候的逐步干旱化。

姚家组时期这种以干旱、半干旱为主，潮湿为辅的气候，造成地表植被发育差，有机质和其他还原物质少，使地表水中的游离氧消耗少，有利于富铀含氧地表水及地下水的形成。这种环境下沉积的厚层红色泥岩及砂岩原生组合，为大型铀矿床的形成提供了必要的沉积条件。

第六章　钱家店矿床地质

钱家店铀矿床位于内蒙古自治区通辽市胡力海镇和白兴吐苏木（乡），矿区面积约200km²，包括钱Ⅱ块、钱Ⅲ块、钱Ⅳ块和钱Ⅴ块四个矿段，其中钱Ⅱ块已投入工业开采。

第一节　矿床构造

钱家店铀矿床在上白垩统和下白垩统沉积期分属不同的构造单元。其下白垩沉积期为一个不对称双断凹陷，属开鲁盆地的一个次级构造单元。凹陷整体呈狭长的条带状沿NNE、NE方向展布，面积1280km²。由喜伯营子、胡立海、宝龙山三个次级洼陷组成，其中胡力海洼陷是钱家店凹陷中下白垩统沉积最厚、面积最大的生油气洼陷（文中盆地的等级序列由大到小为：松辽盆地 → 开鲁坳陷 → 钱家店凹陷 →×× 洼陷四个层级），钱家店铀矿床发育在胡力海洼陷北部断阶带的上方。上白垩沉积期开鲁坳陷与松辽盆地连为一体，成为松辽盆地西南的一个次级构造单元，即开鲁坳陷。钱家店铀矿床位于开鲁坳陷东北部，紧邻西南隆起。

一、断裂特征

钱家店矿区上白垩统构造整体表现为东北高西南低，东北部沉积薄、南部沉积厚的特征。区域内发育不同活动期次和不同规模的正、逆断层 20 余条。断裂系统比较复杂，走向主要为北东、北北东向，其次为北西向和近东西向。剖面上存在阶梯状、Y 字形等多种组合形式（图 6-1-1）。

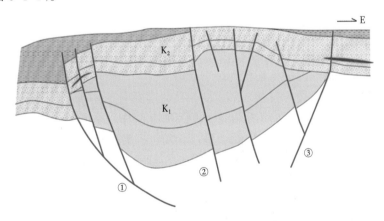

图 6-1-1　钱家店矿区断裂模式示意图

根据断裂性质、发育特征以及对沉积构造的控制作用，区内断层可分为三级：一级断裂是既控制下白垩统断陷的形成和发育，又控制上白垩统坳陷构造变形，同时沟通下白垩统油气系统和上白垩统含矿系统的断裂；二级断裂是控制下白垩断陷内二级构造带的形成和分布及上白垩坳陷内局部构造形成的断裂，其也具有沟通下白垩统油气系统和上白垩统含矿系统的作用；三级断裂多为晚期断裂，对上白垩坳陷期的构造影响较小，仅使局部构造进一步复杂化，往往与一级断裂、二级断裂连通，进一步扩大油气散失的范围。

矿区内①号断裂和③号断裂为一级断裂（图6-1-2）。其中①号断裂早期为正断层，晚期为逆断层，贯穿整个矿区西部地区，北北东向延伸，长度28.5km，倾向南东。断层长期活动，断距较大，切穿了上下白垩统层。在早白垩世为正断层，控制了凹陷的西部边界，义县期和九佛堂期活动强烈，到沙海、阜新时期逐渐减弱。到晚白垩世嫩江组末期在区域挤压背景下，断裂再次活动，反转形成逆冲构造。③号断裂的断裂性质与①号断裂基本相同，是控制下白垩凹陷的东部边界，其规模和延伸长度都比①断裂小。

②号断裂为二级断裂，发育在矿区北侧，与北部剥蚀区相接。断层早期为正断层，晚期为逆断层性质。同生活动从下白垩统义县组至上白垩统嫩江组沉积。走向为北北东向，延伸长度11.3km，断距较大。对于二级构造带的形成起到控制作用。其余断裂为三级断裂，断距小、延伸短，多为晚期断裂。部分为一级断裂、二级断裂的派生断裂，它们在复杂局部构造活动的同时，也沟通了一级断裂、二级断裂，扩大了与下部流体交流的空间。

二、构造特征

钱家店矿区晚白垩世的构造运动是早白垩世构造运动的继承和发展，北部地区的上白垩地层在①号断裂、②号断裂的控制下，发生了强烈的褶皱作用，形成了背斜与凹槽相间的构造格局。南部地区构造相对平缓，仅发育几个隆起幅度较小的背斜。

晚白垩世发育的背斜，按成因和形态可分为三类：第一类发育在北部地区，该地区在①号断裂和②号断裂这两条逆断层的推覆作用下，发生强烈的褶皱运动，形成了多个挤压背斜，轴向多为北北东向，在左旋应力的影响下，断裂东侧的背斜向北移动，西侧的背斜向南移动。这类背斜核部和两翼的上白垩统青山口组地层在厚度和岩性上无明显变化，而姚家组地层在背斜核部遭受剥蚀，形成剥蚀"天窗"。第二类发育在矿区中部和东部，是由于浆岩的向上侵入，破坏了青山口组、姚家组以及嫩江组地层的完整性而形成的塑性拱张背斜。第三类背斜主要发育在矿区南部，是在区域挤压背景下塑性地层发生弯曲形成，主要为小型宽缓短轴背斜，背斜核部和两翼的地层基本等厚。

在背斜构造之间也发育了较多的凹槽带，各个凹槽根据规模大小及产状各不相同，位于①号断裂附近的凹槽形态多为箕状，位于矿区中部的凹槽多为向斜构造。钱Ⅱ块所处的凹槽，是在北西侧①号断裂的控制下形成的。从北西到南东分别发育断阶带、深凹带和斜坡带。断阶带分布范围很窄，沿①号断裂东侧呈带状分布。在断阶带中地层很陡，倾角为45°左右，矿体分布相对不均匀，平面上呈块状发育，品位相对较高，钱Ⅱ块铀资源量最大的一个矿体就发育在断阶带之中。在深凹带地层倾角变缓，矿体分布均匀，平面上呈片状和条带状分布，矿体的品位和厚度较断阶带中的矿体有所减小。在斜坡带地层由西向东呈现出由缓变平的趋势，矿体发育逐渐变得零散，矿体品位和厚度逐渐降低。钱Ⅱ块的铀矿体发育受到了构造形态的严格控制。

钱Ⅲ块所处的凹槽位于钱家店矿床中部，是在挤压作用下形成的向斜构造，由于受到的挤压作用较大，形成了北东走向的核部较深的凹槽。钱Ⅲ块矿体受构造形态的控制，矿体展布与凹槽走向一致，呈北东向条带状展布，矿体越靠近凹槽核部铀品位越高。

钱Ⅳ块所处的凹槽位于钱Ⅲ块凹槽的东侧，两凹槽被幅度较低的一个小型凸起隔开。钱Ⅳ块凹槽面积较大，幅度较缓，南北向展布，南部较为开阔，北部较窄。②号断裂由北向南一直延伸到钱Ⅳ块凹槽的北部地区，该断层及其伴生断裂对钱Ⅳ块凹槽的的发育起到一定的控制作用。②号断裂及其伴生断裂构成一个断层带，在这一地区多呈阶梯状相互平行排列，由东向西依次下降形成凹槽。钱Ⅳ块北部的矿体多发育在断裂两侧，受凹槽形态的影响钱Ⅳ块的矿体分布在平面上，呈现出南部矿体面积较大，北部矿体面积较窄的形态。矿体在凹槽轴部及断层附近的品位较高，向东西两边呈现逐渐降低的趋势。

　　矿区南部一些零散分布的矿点发育在背斜等构造高点周围的凹槽部位或平缓构造带内。

三、构造与成矿

　　钱家店矿区的构造格局与嫩江组末期反转后开始形成层间氧化带的构造格局基本相同。各块段的分布与构造的关系有三种表象。一是矿床主要分布在凹槽内，目前发现的钱Ⅱ块、钱Ⅲ块和钱Ⅳ块矿床都分布在凹槽内（图6-1-2）。二是沿大断裂或派生断裂分布。三是在构造的坡折带富集成矿。

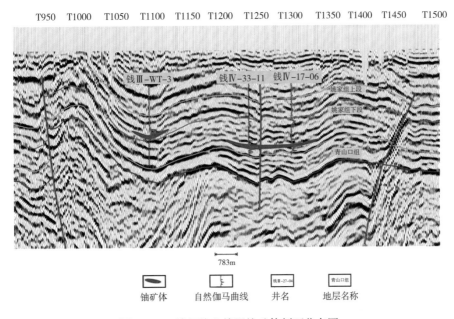

图 6-1-2　钱Ⅲ块和钱Ⅳ块矿体剖面分布图

第二节　储矿层位

　　钱家店铀矿床主要含矿层位是上白垩统青山口组、姚家组和嫩江组，以姚家组为主。

一、姚家组储矿层

　　姚家组分为姚家组下段和姚家组上段，中间为厚5~10m稳定紫红色泥岩层分隔。

　　姚家组下段：以浅灰色、灰色及浅红色细粒砂岩为主，少量中细粒砂岩及粉砂岩、泥岩。砂岩属于长石砂岩类，分选中等，次圆、次棱角状。砂岩层为厚层状，厚65~70m。

与下伏青山口组之间为平行不整合接触。

姚家组上段：以灰色细粒砂岩为主，夹粉砂岩、泥岩。砂岩属于长石砂岩类，分选好，次圆状，砂岩层为厚层状，厚50~60m，与上覆嫩江组之间为整合接触。

砂岩中常有有机质条带或团块状（黑色炭化树干）、星点状黄铁矿。紫红色泥岩质不纯，常与粉砂混杂且成分不均匀。灰色、深灰色泥岩成分较均匀，主要成分为长英质，少量云母类黏土矿物，深灰色泥岩反光镜下常有分散状有机质及黄铁矿颗粒。

姚家组存在多个相对稳定，层厚约0.5~5m不等的薄层紫红色泥岩隔水层，将姚家组分成6个含矿含水层（从下到上依次编号Y1~Y6），一般厚20~30m，是姚家组主要储矿主岩和储矿层。砂岩中夹有多层灰色泥岩或紫红色泥岩层（或透镜体），而在含矿地段多见有灰色泥岩薄层（或透镜体）。砂岩、泥岩组成多个下粗上细的正粒序组合。

姚一层（Y1）：沉积厚度20~35m，为一套上下粒级相近的辫状河三角洲平原沉积，视电阻率曲线呈箱形，曲线形态较光滑，表征沉积物分选性较好。砂体底部多见滞留沉积的底砾岩，曲线底部平直，属加速沉积式。曲线顶部过渡平缓，属于直线沉积式，预示沉积物的堆积是匀速进行的。深浅侧向和孔隙度测井曲线显示该层整体透水较好且相对均一，曲线底部的泥岩线为青山口组顶板，曲线值均大于上部泥岩地层线。

姚二层（Y2）：沉积厚度25~35m，也是一套粒级相近的辫状河三角洲平原沉积，视电阻率曲线呈箱形，总体特征与姚一段相近。进一步详细划分，可划分出3~4个旋回。深浅侧向曲线显示该层整体透水较好，但与一段比较而言，渗透性稍弱。

姚三层（Y3）：沉积厚度较小且变化大，一般不超过30m，砂体厚度更小。姚三段曲线形态多为箱形或漏斗形。由下至上，曲线变化幅度逐渐增大，顶部形态多为突变式，底部为渐变过渡式。这种曲线形态常常是三角洲平原小型湖泊下形成。漏斗形曲线反映沉积过程中水体能量增加，物源供应增多，粒度变粗，分选不好的反粒序结构。自然电位曲线显示该层砂体具有较好的渗透性。

姚四层（Y4）：由1~2个正（半）韵律组成，岩性下粗上细，呈渐变状，曲线形态为钟形。钟形多为曲流河曲线特征，其洪泛时沉积的泥岩较薄，达不到划分曲流河的标准，但其兼有曲流河与辫状河沉积的部分特征。

姚五层（Y5）：由1个正（半）韵律组成，岩性下粗上细，呈渐变状，曲线形态为钟形。砂体底部多见砾岩。自然电位曲线显示该层砂体具有较好的渗透性。

姚六层（Y6）：一般由1个正（半）韵律组成，岩性下粗上细，呈渐变状，测井曲线形态为钟形。砂体底部多见砾岩。自然电位曲线显示该层砂体也具有较好的渗透性。

二、青山口组

分为上下两段，下段主要为灰绿色、紫红色含砾砂岩夹灰色、紫红色泥岩，与下部地层相比，砾石含量明显减少，且砾石成分主要为石英，粒径较小（2~10mm），磨圆度较好。上段为浅灰色、浅红色细砂岩、浅灰色、紫红色泥岩互层，由3~5个正韵律组成，底部见冲刷面，泥岩单层厚度增大，泥岩中含少量孢粉化石。本组地层部分钻孔中见铀矿化异常及褐黄色砂岩（氧化蚀变带），呈零星及条带状分布。其顶部为厚6~10m较稳定的紫红色泥岩，可作为姚家组与青山口组的分界标志。视电阻率曲线为齿状高阻特征，地震反射特征呈中—弱振幅连续反射，与下伏阜新组呈角度不整合接触，厚度50~150m。

第三节 矿区沉积特征

一、含矿主岩岩性特征

（一）砂岩类

砂岩是矿区铀矿预富集、后期矿化蚀变和成矿的主要岩类，按含矿性及野外观察可分为灰色含矿（这里包括含矿＋矿化＋矿石）砂岩、灰色无矿砂岩、紫红色无矿砂岩三类。按粒级及填隙物将其分为中砂岩、细砂岩、含碳酸盐砂岩和粉砂岩四个亚类。

1. 中砂岩

岩石碎屑粒径在 0.25~0.50mm 之间，泥质填隙物和碳酸盐胶结物含量均小于10%。碎屑一般呈次棱状、次圆状为主，分选中等，接触方式以点接触为主，胶结方式以孔隙式、接触式为主，粒间孔隙发育。部分砂岩含有少量砾石，砾石成分以泥砾为主，少量碳酸盐岩砾。岩石类型主要包括细—中粒长石岩屑砂岩、中粒长石岩屑砂岩、中粒岩屑砂岩、砾质中粒岩屑砂岩及含砾粗—中粒长石岩屑砂岩等。含矿的中砂岩以灰色、棕灰色为主，少量褐色。无矿中砂岩以灰色、紫红色为主。岩石中含矿部分碎屑石英平均含量25%，碎屑长石平均含量为23%，岩屑平均含量达52%，其中酸性岩屑平均含量为38%；无矿部分碎屑石英平均含量为26%，碎屑长石平均含量为23%，岩屑平均含量达51%，酸性岩屑平均含量为34%。含矿与无矿砂岩在碎屑成分上差别不大。该岩石类型由于孔隙度较高、渗透性较好，成为油气逸散的最好通道，可见油迹、油斑、油浸花痕，往往伴随与油气相关的蚀变，局部发育有黄铁矿化集合体。

2. 细砂岩

碎屑主要粒径介于 0.125~0.25mm，泥质填隙物和碳酸盐胶结物含量均小于10%。主要包括极细—细粒长石岩屑砂岩、细粒长石岩屑砂岩、中—细粒长石岩屑砂岩。含矿细砂岩以灰色、棕灰色为主，无矿细砂岩以灰色、紫红色为主。镜下鉴定显示岩石中含矿部分碎屑石英平均含量为23%，碎屑长石平均含量为27%，岩屑平均含量达50%，其中酸性岩屑平均含量为39%；无矿部分碎屑石英平均含量为28%，碎屑长石平均含量为30%，岩屑平均含量达42%，酸性岩屑平均含量为26%。

3. 含碳酸盐砂岩

碳酸盐矿物含量在 10%~50% 的砂岩均归为此类（包括含碳酸盐砂岩和碳酸盐质砂岩）。主要包括亮晶方解石化细粒长石岩屑砂岩、黄铁矿—碳酸盐化细粒长石岩屑砂岩、含云中—细粒长石岩屑砂岩、含灰含泥砾细—中粒岩屑砂岩、云质细粒岩屑砂岩、云质中—细粒长石岩屑砂岩、含云细粒长石岩屑砂岩、碳酸盐质中—细粒长石岩屑砂岩。该类含矿岩石以灰色为主，无矿部分以灰色、紫红色为主。镜下鉴定显示该类岩石中含矿部分碎屑石英平均含量为29%，碎屑长石平均含量为19%，岩屑平均含量达52%，其中酸性岩屑平均含量为33%。无矿部分碎屑石英平均含量为32%，碎屑长石平均含量为27%，岩屑平均含量达41%，酸性岩屑平均含量为28%。

4. 粉砂岩

主要粒径位于 0.0156~0.125mm，碎屑次棱角状、次圆状，分选较差，胶结类型以孔隙型为主，少量基底型。填隙物以泥质、泥微晶碳酸盐为主，含量较高碎屑成分以石英、长石为主，次为酸性喷出岩、泥岩、硅质岩等。主要类型包括含泥极细—粉砂岩、交错层理泥质粉砂质极细粒长石岩屑砂岩、泥质极细—粉砂岩。含矿粉砂岩以灰色为主，酸性岩屑含量为35%左右。无矿粉砂岩灰色、紫红色为主，石英含量高，酸性岩屑含量为28%左右。该类岩性细碎屑含量少，后生蚀变矿化较弱，油气通道上偶然可见油气的污染，往往形成油迹、油斑或油气熏污的晕圈及次生边。

（二）砾岩类

砾岩类主要产于区内姚家组沉积二元结构底部的冲刷面上，具有明显河道滞留沉积的特点。砾石次圆状为主，分选差，以点接触为主。含矿砾岩类以灰色、棕灰色为主，而无矿砾岩类为紫红色、黄色，少量灰色。砾石成分以泥砾为主，局部发育碳酸盐岩砾石（泥晶灰岩、泥—粉晶白云岩、灰质砂岩等），砾石之间为细砂分布。根据砾石的成分不同，分为泥砾砂砾岩、复合砾砂砾岩和碳酸盐砾砂砾岩。泥砾砂砾岩含矿性较好，复砾砂砾岩次之，碳酸盐砾砂砾岩含矿性差或不含矿。砾岩碎屑成分：碎屑石英平均含量为10.3%，碎屑长石平均含量为10.1%，岩屑中硅质板岩岩屑平均含量为3.5%，正长细晶岩岩屑平均含量为3.8%，花岗岩岩屑平均含量为1.7%，流纹岩岩屑平均8.5%，硅化岩岩屑平均含量为3.4%，碳酸盐岩岩屑平均含量为20.6%，安山岩岩屑平均含量为1.0%，泥岩岩屑平均含量为19.9%。岩屑含量中碳酸盐岩屑和泥岩屑的含量较高。含矿泥砾砂砾岩边部具有还原褪色特征。

（三）泥岩类

紫红色、灰色、浅灰色，成分以黏土矿物及粒径小于0.0156mm的细碎屑为主，质不纯，常含粉砂，成分不均一为特点。岩屑类型和含量大幅度减少或缺失。灰色泥岩部分含铀，泥岩成分以黏土矿物（伊蒙混层、高岭石）和石英为主，少量长石、菱铁矿、铁白云石、方解石、黄铁矿及炭屑。泥岩发黄色荧光，富含有机质，具生油特征。有机碳含量为1.02%，属于好的烃源岩，在该泥岩所含黄铁矿微孔中发现铀石矿物。

二、储矿层沉积相

矿区主要储矿层姚家组沉积相类型以辫状河三角洲沉积体系为主，主要发育辫状河三角洲平原亚相。姚家组晚期在东北的局部地区发育辫状河三角洲前缘亚相，姚家组早期西南部局部发育辫状河沉积体系。

姚家组6个储矿层的沉积变化分为3个阶段。第一阶段：姚家组Y1—Y3沉积期，沉积从矿区西南部的辫状河沉积逐渐转为辫状河三角洲平原沉积，西南部发育的辫状河砂体（图6-3-1），经过了长距离的搬运，其岩性较细，以中砂岩、细砂岩为主，粗砂岩和砂砾岩较少，只在河道底部有发育。矿体位于辫状河下游地势变缓和多水系汇聚的洼地。洼地中见多层透镜体泥岩，泥岩中见有炭化植物碎片，是有利于成矿的较好的次级微地貌单元，根据暗色泥岩的分布范围预测洼地的大致发育区。洼地区砂岩颜色多样化，有浅灰色、灰色砂岩，也有红色和黄色砂岩。浅灰色和灰色砂岩与暗色泥岩发育区，显示其沉积期为还原环境。

矿层主体发育在辫状河三角洲平原相沉积，分为辫状河道和越岸湖、沼泽亚相。辫状河分道砂体较辫状河平原砂体规模小，岩性细，以细砂岩为主。其中的越岸湖及沼泽是两个沉积期形成的微相环境，岩性以粉砂岩和泥岩为主，暗色泥岩在剖面上表现为透镜状，平面上无规则的零散分布，且泥岩中见植物碎片及淡水动物化石，并含有丰富的黄铁矿自生矿物。暗色泥岩附近的砂岩均为浅灰、灰色砂岩，且分布较广，砂岩中富含有机质条带，是有利于铀的沉淀富集区。

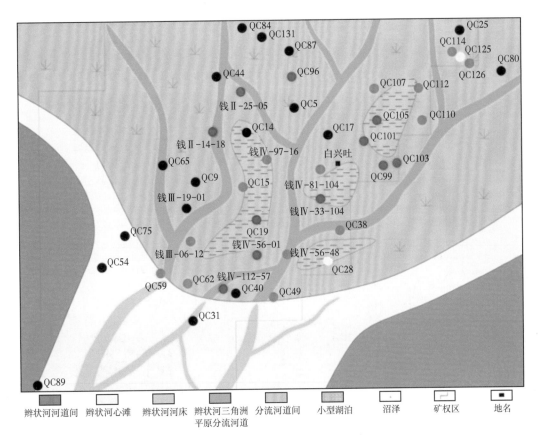

图 6-3-1　Y1—Y3 沉积相图

第四节　矿区层间氧化带特征

一、层间氧化带发育特征

钱家店铀矿床姚家组层间氧化带从 Y1 至 Y6 呈逐渐变小趋势，Y1 氧化带分布面积最大，主要分布在南部及周边地区，氧化带从西、南、东三面包围还原带。还原带分布面积相对较小，集中分布在中心及北部地区；过渡带分布面积最小，分布在氧化带与还原带之间，呈半环状（图 6-4-1）。

各储矿层层间氧化带的发育具有继承性，从 Y1 至 Y6 氧化带由东北向西南方面逐渐退缩，分布面积也逐渐缩小。到姚家组沉积末期氧化带主要分布在钱家店地区中部的东西两侧；还原带由北部向南部扩散，面积逐渐扩大，到姚家组沉积末期，钱家店矿区主要为还原带。过渡带在姚家组沉积初期分布面积最大，其主要分布在钱家店中北部地区，并围绕着氧化带呈环状分布，而到姚家组沉积末期，随着氧化带的退缩过渡带面积也逐渐缩小，并分布在其边缘。

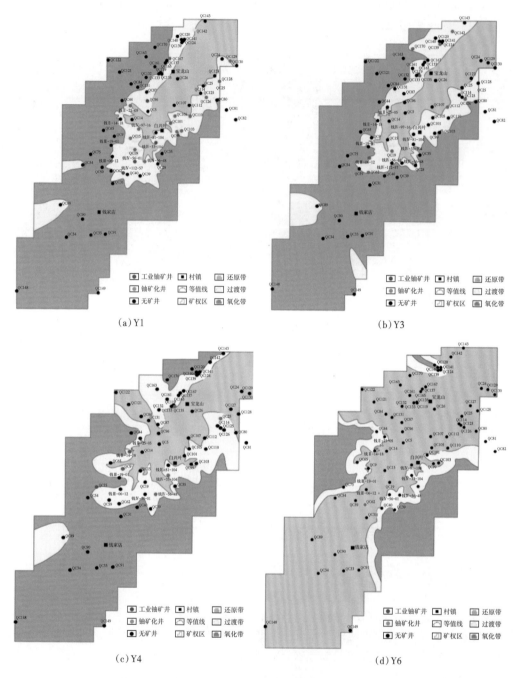

图 6-4-1 姚家组 Y1、Y3、Y4、Y6 层间氧化带分布图

二、红色砂岩成因

第一种观点（夏毓亮、黄世杰等，2015）：一是认为矿区除局部地段有层间氧化带砂岩外，大面积分布的红色是原生色，是姚家组沉积期干旱—半干旱气候所特有的岩性特征。其依据是：①红色（紫红色）色调均匀分布，无蚀变所致的斑点状；②红色分布面积

130

广；③在红色砂岩中有多处钙质结核，钙质结核是地表水反复渗透淋溶和毛细管作用形成的，是成岩作用的产物，也是半干旱、干旱气候特有的标志。二是认为钱家店铀矿层间氧化并不发育，不是典型的层间氧化带型砂岩铀矿床。氧化带主要表现为黄色、黄褐色，而黄色、黄褐色只在局部地段姚家组砂岩中见到。三是层间氧化砂体的形成与嫩江期地壳掀斜及构造"天窗"有关。特别强调构造"天窗"作为补给区的作用（图6-4-2），推测姚家组氧化砂体大范围分布在矿区北东和南东部。

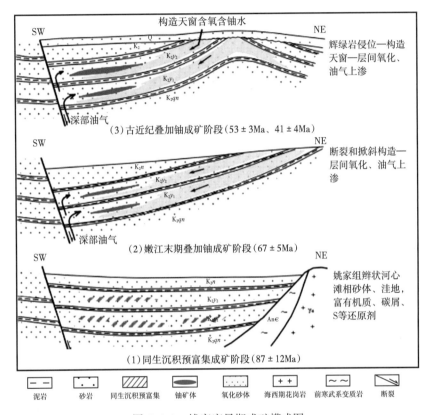

图 6-4-2　钱家店早期成矿模式图

第二种观点（陈晓林等，2006）认为：红色和黄色砂岩都为后生氧化蚀变的结果，原生沉积应以灰色为主。其依据是：①钱家店矿区姚家组红色砂岩在剖面上表现为层间氧化带，剖面上与地层不整合或与红色层底板均无关，而是顺着透水性最好的岩层发育，并且向地下水径流方向有明显的减薄、尖灭趋势；②在红色及黄色砂岩的上、下部靠近泥岩的部分往往有灰色砂岩分布，其中间泥岩夹层较多的部位也有灰色砂岩分布，其应为氧化残留的结果，也表明砂岩原生色应为灰色；③铀矿体和铀异常一般分布在红色、黄色砂岩与灰色砂岩交界部位附近的灰色、灰白色砂岩中，并在红色砂岩中分布有较多灰色、灰黑色泥质夹层的部位发育灰色砂岩及铀矿体；④红色砂岩局部含多套灰色泥岩夹层，灰色泥岩的出现表示古沉积环境应为弱还原—还原，与其相邻的砂岩应为灰色，但现在多为红色，为后期改造所致。

红色砂岩既有原生的也有后期氧化的。其中在矿区内的红色砂岩主要是后期氧化砂岩，远离矿区的红色砂岩多为原生氧化砂岩。

第五节　矿体地质

一、含矿砂体特征

（一）含矿砂体与隔水层空间配置

嫩江组隔水岩组：主要岩性为灰黑色泥岩，结构致密。其下部的黑色泥页岩是嫩江组的标志层。作为区域性稳定隔水层，是姚家组含矿含水层的顶板隔水层。

青山口组顶部隔水岩组：主要岩性为黑色泥岩，为良好的隔水层，其分布面积广、稳定性好，是姚家组含水含铀岩组的底板隔水层。

另外，姚家组也有泥岩、粉砂质泥岩、泥质粉砂岩等透水性差的岩性互层，厚度不均，形成了钱家店地区姚家组局部隔水层。矿区姚家组内部可识别出五个局部隔水层，分别为：姚二层（K_2y_2）底板隔水层、姚三层（K_2y_3）底板隔水层、姚四层（K_2y_4）底板隔水层、姚五层（K_2y_5）底板隔水层和姚六层（K_2y_6）底板隔水层（表6-5-1）。

表6-5-1 钱家店地区姚家组内部隔水层划分表

地层单元		钱Ⅱ	钱Ⅲ	钱Ⅳ	钱Ⅴ
K_2y_6	底界埋深	210（S）~150m（N）	225（W）~300m（E）	180（W）~290m（E）	150（W）~230m（E）
	铀储层厚度	20~24m	21~30m	25~40m	10~22m
	底板隔水层	分布稳定，厚度1~6m	分布稳定，厚度2~6m	分布稳定，厚度5~10m	分布稳定，厚度5~10m
K_2y_5	底界埋深	134（S）~329m（N）	250（W）~330m（E）	220（W）~330m（E）	190~230m
	铀储层厚度	16~35m	30~41m	23~50m	20~34m
	底板隔水层	局部稳定，厚度0.5~3m	分布稳定，厚度1~9m	分布较稳定，厚度2~4m	局部稳定，厚度1~7m
K_2y_4	底界埋深	160（S）~363m（N）	280（W）~360m（E）	240（W）~360m（E）	210（W）~270m（E）
	铀储层厚度	15~27m	26~34m	20~53m	15~38m
	底板隔水层	区域稳定，3~12m	区域稳定，4~16m	区域稳定，6~14m	局部稳定，0.5~8m
K_2y_3	底界埋深	185（S）~395m（N）	320（W）~390m（E）	276（W）~403m（E）	240（W）~320m（E）
	铀储层厚度	18~31m	23~25m	21~53m	10~36m
	底板隔水层	不稳定，0.5~6m	局部稳定，1~8m	较稳定，2~4m	不稳定，0.5~5m
K_2y_2	底界埋深	209（S）~418m（N）	350（W）~430m（E）	315（W）~460m（E）	260~330m
	铀储层厚度	16~34m	40~44m	33~62m	14~34m
	底板隔水层	不稳定，0.5~14m	稳定，3~5m	较稳定，1~8m	不稳定，1~6m
K_2y_1	底界埋深	221（S）~436m（N）	400（W）~465m（E）	364（W）~520m（E）	310~370m
	铀储层厚度	33m左右	36m左右	30~61m	24~52m

钱家店矿区姚家组铀储层的顶底板隔水层嫩江组与青山口组为区域隔水层发育稳定，横向上连续，区域上形成了较好的"泥—砂—泥"结构，为含矿流体提供了有力的迁移通道。姚家组内部发育了五个局部稳定的隔水层，垂向上，从 K_2y_2 底板隔水层到 K_2y_4 底板隔水层，隔水层的厚度和稳定性逐渐增加，在 K_2y_4 时期底板隔水层达到最好，也是姚家组上段和钱家店矿区姚家组铀储层的顶底板隔水层嫩江组与青山口组为区域隔水层发育稳定，横向上连续，区域上形成了较好的"泥—砂—泥"结构，为含矿流体提供了有力的迁移通道。姚家组内部发育了五个局部稳定的隔水层，垂向上，从 K_2y_2 底板隔水层到 K_2y_4 底板隔水层，隔水层的厚度和稳定性逐渐增加，在 K_2y_4 时期底板隔水层达到最好，也是姚家组上段下段的分界标志。到了 K_2y_5、K_2y_6 时期，隔水层厚度和稳定性变差。平面上，从钱Ⅱ块到钱Ⅳ块铀储层发育的规模逐渐增加，隔水层逐渐趋于稳定，连续性变强，厚度变大。但是到钱Ⅴ块矿床铀储层发育的规模逐渐变小，隔水层逐渐趋于不稳定，连续性变差，厚度变薄。钱Ⅳ块隔水层发育，"储隔"配置最好（图 6-5-1）。

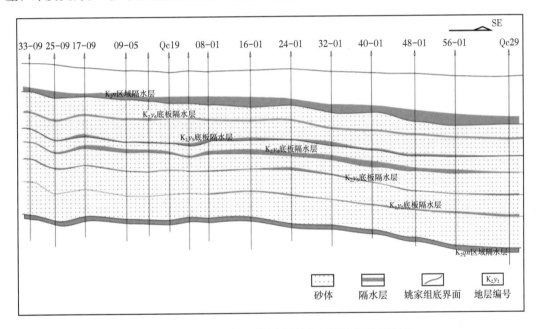

图 6-5-1　钱Ⅳ块储矿层隔水层的空间配置关系示意图

（二）含矿砂体空间展布

由区域隔水层和局部隔水层将矿田内含矿砂体分隔成七个砂层组，即青山口上段砂层组和姚家组 Y1—Y6 砂层组。各砂层组由于所处构造位置和沉积相类型不同，砂体埋深和厚度变化都较大。总体展布规律是：剖面上从下到上，储层规模逐渐减小，砂体厚度减薄。平面上，主水道的中部（钱Ⅳ块）地区储层最发育，砂体规模大，主水道两边（钱Ⅱ块、钱Ⅴ块）储层规模逐渐减小，砂体厚度相对较小。含矿砂体被夹持在隔水层之间，其产状与地层产状基本一致，埋深随着构造变化而变化。

1.青山口组上段砂体展布特征

青山口组砂体平均厚度为 80m 左右，总体呈现从南向北逐渐减薄的趋势。钱Ⅳ块矿床及其东南部砂体最厚，普遍在 100~120m，由钱Ⅳ块矿床向周边地区砂体厚度减薄明显，钱Ⅲ块矿床和钱Ⅴ块矿床北部厚度最薄，平均为 60m 左右。

青山口组地层总体发育河流相沉积，地层含砂率高值区沿主河道方向（钱Ⅳ块矿床到钱Ⅴ块矿床一带）呈带状展布，钱Ⅱ块青山口组地层主要发育泛滥平原相沉积，含砂率相对较低。

2.Y1 层砂体展布特征

Y1 砂体（矿层）是钱家店矿区砂体厚度最大的砂体。整体呈现东部厚、西部薄的趋势。其中钱Ⅳ块、钱Ⅴ块及周边地区厚度最大，平均在 40~50m，钱Ⅱ块和钱Ⅲ块及周边地区厚度变薄，平均仅为 15~20m。Y1 矿层含砂率较高，平均为 80% 左右，其中钱Ⅳ块东侧和西侧及钱Ⅴ块南部地区含砂率可达 90% 以上。Y1 矿层的富矿区钱Ⅱ块、钱Ⅳ块及钱Ⅴ块均紧邻含砂率的高值区发育。

3.Y2 层砂体展布特征

Y2 矿层砂体厚度整体呈现出南部厚北部薄的特征。厚度最大的区域主要分布在钱Ⅳ块、钱Ⅴ块矿床及周边地区，平均厚度为 40m，局部可超过 60m。向北砂体厚度逐渐减薄，在钱Ⅲ块及钱Ⅱ块最薄，平均仅为 15~20m。Y2 矿层砂体含砂率较高，钱Ⅱ块、钱Ⅲ块、钱Ⅳ块及钱Ⅴ块各块段含砂率普遍在 85% 以上，钱Ⅱ块和钱Ⅳ块所夹中间区域含砂率相对低值区，由南西向北东展布，但含砂率也可达到 70% 以上。

4.Y3 层砂体展布特征

Y3 矿层砂体厚度相对 Y1 矿层和 Y2 矿层有所减薄，厚度高值区主要分布在钱Ⅳ块及钱Ⅴ块南部地区，平均厚度为 35m 左右，平均厚度 20m 左右的低值区也在该地区零星分布。钱Ⅱ块的该层砂体厚度相对较薄，平均厚度为 25m 左右。钱Ⅲ块向北东方向一直到钱Ⅱ块东部为砂体厚度低值区，平均厚度仅为 15m。Y3 矿层含砂率在整个矿区变化较小，仅在钱Ⅱ东部发育一定规模的低值区，平均含砂率为 70%，其他地区含砂率普遍在 80%~90% 之间。

5.Y4 层砂体展布特征

Y4 矿层砂体发育在姚家组上段，砂体厚度较姚家组下段明显减薄，平均仅为 20m 左右。厚度高值区零星分布在钱Ⅲ块、钱Ⅳ块东南及钱Ⅱ块西部地区，（高值区）平均厚度在 25~30m 之间。Y4 矿层含砂率平均值较姚家组下段有所降低，平均值在 75%~80% 之间，高值区（含砂率在 80%~90% 之间）仅在钱Ⅱ块、钱Ⅲ块及钱Ⅳ块中部、北部呈条带状分布。

6.Y5 层砂体展布特征

Y5 矿层砂体厚度平均在 20~15m，厚度 20~30m 的相对高值区在钱Ⅱ块北部、钱Ⅲ块东部及钱Ⅳ块东南部零星分布。Y5 矿层含砂率东部及南部较高，平均值在 80%~90% 之间，东北部及钱Ⅴ块地区含砂率较低，平均值在 60%~70% 之间。

7.Y6 层砂体展布特征

Y6 矿层的砂体厚度是 6 套含矿层中最薄的矿层砂体，平均厚度在 15m 左右，仅在钱Ⅱ块北部和南部的断层附近发育小范围的厚度高值区。Y6 矿层的含砂率也相对较低，平均在 65%~70%，钱Ⅳ及钱Ⅱ块北部含砂率相对较高，但也仅为 80% 左右。

（三）含矿砂体粒度、物性特征

1.含矿砂体岩石粒度

含矿砂体以细砂岩（粒径 0.10~0.25mm）为主，中砂（粒径 0.25~0.50mm）、粗粉砂（粒径 0.05~0.10mm）次之，细粉砂（粒径 0.01~0.05mm）少，砾石（粒径 > 2.00mm）、粗砂（粒径 0.50~2.00mm）很少，而泥质（粒径 < 0.01mm）的含量中等（表 6-5-2）。

表 6-5-2　含矿砂体岩石粒度分析结果

粒径（mm）	＞1.00	1.00~0.5	0.5~0.25	0.25~0.10	0.10~0.05	0.05~0.01	＜0.01
含量（%）	0.54	1.45	10.73	51.59	13.84	6.76	14.93

2. 含矿砂体岩石孔隙度

姚家组下段、姚家组上段含矿砂体岩石孔隙度统计结果表明，姚家组下段含矿砂体岩石孔隙度为 12.4%~36.72%，平均值为 30.7%。姚家组上段含矿砂体岩石孔隙度为 20.6%~35.1%，平均值为 29.9%。总体来说，姚家组下段含矿砂体岩石孔隙度大于姚家组上段。姚家组下段、姚家组上段含矿砂体岩石孔隙度有一定的变化，各钻孔中含矿砂体岩石孔隙度绝大多数介于 27.2%~36.7% 之间。极少数样品孔隙度仅为 12.4%~12.5%，系含粉砂质较多所致。

3. 含矿砂体岩石渗透率

姚家组含矿砂体岩石渗透率范围在 1~4119mD，平均为 447.1mD。姚家组下段含矿砂体岩石渗透率范围在 1~4119mD，平均为 497.2mD；姚家组上段含矿砂体岩石渗透率范围在 1~1508mD，平均为 246.2mD。姚家组下段含矿砂体岩石平均渗透率明显高于姚家组上段。姚家组下段、姚家组上段含矿砂体中不同钻孔及同一钻孔不同层位岩石渗透率均有显著变化，表明矿区含矿砂体不同地段、不同层位的岩石渗透性有较大差异。

总之，姚家组含矿砂体岩石中岩石粒度变化较小；岩石孔隙度有一定的变化，极少数变化较大；岩石渗透率差别很大。岩石渗透率与孔隙度密切相关，岩石孔隙度越大其渗透率越大，反之亦然。矿区岩石渗透率与粒度关系不太明显，粒度的变化不足以大规模影响渗透率。

（四）含矿主岩特征

1. 含矿主岩类型

钱家店砂岩型铀矿有姚家组 Y1—Y6 层和青山口组上段共 7 套含矿砂体及分隔含矿含水层的泥岩岩石组合，其含矿主岩有：

（1）砂岩类：含矿砂体以砂岩为主。砂岩颜色以浅灰为主，部分为灰白色。砂岩按粒度分有粗砂岩、中砂岩和细砂岩，以细砂岩为主，部分为中砂岩，粗砂岩较少。按成分以石英砂岩和长石质石英砂岩为主，少量长石砂岩。

（2）砾岩类：含矿砂体中主要有泥砾岩，较少矿物碎屑砾岩。砾岩为层状或不连续层状。

（3）泥岩类（包括粉砂岩）：含矿泥从颜色上可分为紫红色泥岩和浅灰色、灰色泥岩，其中紫红色泥岩较发育，为层状或透镜状，部分连续的层状紫红色泥岩成为矿区的隔水层；浅灰色、灰色泥岩一般为透镜状，连续性较差，矿化泥岩均为灰色。

2. 含矿层砂岩岩石矿物学特征

1）碎屑成分特征

最常见的碎屑颗粒为石英、长石和岩屑。钱家店矿区姚家组砂岩的碎屑矿物主要由石英、岩屑、长石、黄铁矿和少量的炭屑、重矿物组成 [图 6-5-2（a）、（b）、（c）]。石英颗粒含量一般为 20%~30%，以单晶石英为主，单晶石英主要来自中酸性岩浆岩，表面干净，可见石英次生加大现象。石英磨圆度较差，呈次棱角、次圆状，分选中等—好。岩屑主要为中酸性的岩浆岩、火山岩和少量的沉积岩、变质岩，常见斑状结构和脱玻化现象及大多数火山岩屑脱玻化后析出来的不透明铁质物。长石颗粒主要为钾长石中的微斜长石和条纹长石，钾长石的镜下表面较脏，其次是斜长石。从双晶特点来看，斜长石主要是中酸性的斜长石。长石多为板状。黄铁矿按成因可分为继承性黄铁矿、成岩期自生成因黄铁矿和成矿期黄铁矿。炭屑可见细胞腔结构，重矿物包括锆石、电气石、榍石、石榴石、白钛石、钛磁铁矿等，其中锆石、电气石、榍石、白钛石最为常见。锆石呈柱状自形晶，电气石呈半环状。重矿物组合及其结构特征反映出源区母岩类型为中酸性岩浆岩。

图 6-5-2　钱家店矿区姚家组含矿砂岩典型样品的岩相学显微照片

2）结构特征

姚家组砂岩成分成熟度和结构成熟度都比较低，成分成熟度指数都小于 1。在碎屑成分上，石英含量较少，长石和岩屑含量较高，并以不稳定的中酸性岩浆岩为主。碎屑颗粒粒度中等，集中在 0.25~0.5mm，少数粒度低于 0.1mm。大多具有中细粒结构，少量细粉砂结构。砂体分选性总体差—中等，碎屑颗粒以次棱角—次圆状为主，磨圆度较差。颗粒接触关系以点—线为主，胶结类型为孔隙式和接触式。上述特征反映砂岩物源区风化产物搬运距离较短，沉积速度比较快。

3）填隙物特征

姚家组含矿砂岩中填隙物的含量一般为 5%~28%，主要为自生黏土矿物和方解石胶结物。自生黏土矿物主要为高岭石，少量的伊利石、蒙脱石。镜下可见后期方解石交代填隙物〔图 6-5-2（d）〕。

3.含矿层砂岩元素地球化学特征

1）主量元素地球化学特征

主量元素指地壳中含量较多的 O、Si、Al、Fe、Ca、Na、K、Mg 及 Ti 等常见元素，它们是构成地壳元素的主体。

主量元素含量分布特征：无矿砂岩、铀异常砂岩和含矿砂岩（品位 >0.01%）中的主元素（表 6-5-3），SiO_2、Al_2O_3、MgO、CaO、Na_2O、K_2O、P_2O_5、TiO_2 在不同铀含量岩石中基本上没有变化，矿化砂岩中烧失量、MnO、TFe_2O_3 稍有增加，U 大幅度增加。不同铀含量砂岩主要组分总体波动不大，SiO_2、Al_2O_3 含量较高，碱土金属元素 CaO、MgO 含量变化较大和低 Na 较高 K 的含量特征。化学成分主要为铝的硅酸盐。铀矿石中 CaO 不均匀分布，暗示含矿流体运移的不均一性。

主量元素相关性分析：沉积岩中许多常量元素的地球化学行为有相似性，元素之间具有一定的相关性。杨蔚华（1993）研究认为元素之间的相关性能够反映沉积岩的物源性质和沉积作用特征。因此探讨元素的相关性有利于揭示控制元素分布的主要因素。

元素相关系数（表 6-5-3）分析结果表明：（1）SiO_2 含量与 TFe_2O_3、MgO、CaO、MnO、TiO_2、P_2O_5、U、烧矢量呈较显著的负相关性，尤其与 TFe_2O_3、MgO、CaO 成特别显著的负相关性，负相关系数分别达 -0.81、-0.83 和 -0.81。（2）SiO_2 含量与 K_2O 及 Na_2O 呈较强的正相关性。（3）U 与 CaO 呈正相关性，反映 Ca 与成矿作用关系密切。（4）Ti 作为惰性元素化学性质比较稳定，风化后不易形成可溶性络合物，TiO_2 与 TFe_2O_3 及 Al_2O_3 相关性显著，与其他元素相关性差（图 6-5-3）。

表 6-5-3　不同铀含量砂岩主元素统计表

主量元素	无矿砂岩		异常砂岩		铀矿石	
	区间值	平均值	区间值	平均值	区间值	平均值
SiO_2（%）	70.59~80.73	76.26	69.22~80.76	75.96	66.97~81.43	74.93
Al_2O_3（%）	8.92~14.07	10.89	9.5~12.73	11.21	8.61~13.47	10.62
TFe_2O_3（%）	1.08~3.1	1.86	0.88~3.08	1.62	0.98%~3.76	2.53
CaO（%）	0.41~2.37	0.92	0.32~2.88	0.92	0.22~4.91	0.95
MgO（%）	0.32~1.1	0.86	0.12~0.99	0.47	0.11~2.09	0.51
MnO（%）	0.02~0.09	0.05	0.02~0.33	0.06	0.03~0.26	0.08
TiO_2（%）	0.23~0.68	0.37	0.26~0.63	0.37	0.21~0.60	0.37
P_2O_5（%）	0.06~0.14	0.09	0.06~0.12	0.09	0.06~0.12	0.09
K_2O（%）	3.04~3.87	3.45	2.94~3.62	3.28	2.71~3.84	3.26
Na_2O（%）	1.29~2.13	1.62	1.36~2.07	1.72	1.10~1.98	1.68
烧失量（%）	1.86~5.46	3.37	1.98~6.22	3.31	1.23~8.72	3.59
U（μg/g）	3~9	6	39~74	51	138~1391	365.79

2）微量元素地球化学特征

在对钱家店矿区 13 个见矿钻孔进行取样分析的基础上，以中国沉积岩元素平均含量为基准对样品元素含量进行标准化，计算其相对富集系数 K。公式为：

$$K = X_{样品} / X_{沉积岩}$$

式中　K——富集系数；

　　　$X_{样品}$——样品中元素的含量；

　　　$X_{沉积岩}$——中国沉积岩元素丰度（黎彤，1994）。

当样品富集系数 $K > 1$ 时，此元素在该样品中呈相对富集；$K < 1$ 时，此元素在该样品

中呈相对亏损。

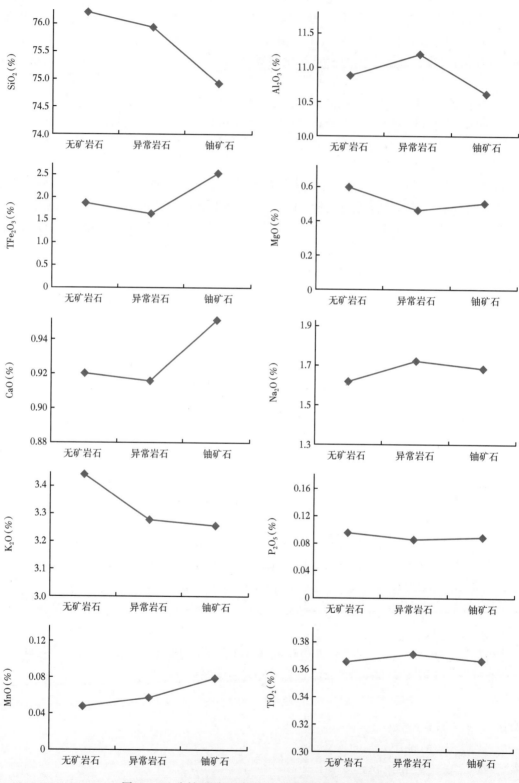

图 6-5-3　含铀不同级别岩石主量元素含量分布曲线图

微量元素含量分布特征。

计算无矿砂岩、异常砂岩、矿化砂岩中的元素富集系数（表6-5-4），发现其具有以下富集特征：

表6-5-4 钱家店地区姚家组含矿层砂岩微量元素成分分析表

微量元素	无矿岩石			异常岩石			铀矿石			中国沉积岩
	区间值（μg/g）	平均值（μg/g）	K	区间值（μg/g）	平均值（μg/g）	K	区间值（μg/g）	平均值（μg/g）	K	平均值（μg/g）
Cr	6.3~70.6	22.8	0.44	15.4~35	21.9	0.42	13.2~35.7	24.1	0.46	52
Cu	6.3~39.9	11.8	0.42	4.2~16.6	12	0.43	7.4~23.8	13.6	0.49	28
Zn	27.6~88	49.8	1.11	28.2~86.3	47.4	1.05	33.6~108.4	66.8	1.48	45
Sr	62~2111	342	1.04	157~327	242	0.73	147~624	320	0.97	330
Zr	123~343	209	1.61	128~412	218	1.68	141~391	219	1.68	130
Pb	18.2~1851.2	109.9	9.99	20.5~248.9	45.1	4.10	19~64.6	29.2	2.65	11
Rb	72~275	113	1.19	104~123	113	1.19	77~165	123	1.29	95
Cs	2.3~24.4	5	0.72	3~5.6	3.9	0.57	2.6~9.2	4.3	0.62	6.9
Co	2~17.9	5.8	0.18	2.6~10.8	6	0.18	1.6~18	6	0.18	33
Ni	4.1~34.2	10.8	0.43	4.7~L9.5	10.7	0.43	3.5~36	17.9	0.72	25
Nb	6.9~15.9	10.8	1.09	8.3~16.4	11.2	1.13	4.1~29.7	15.5	1.57	9.9
Hf	3.7~9.5	6.2	1.59	4.2~10.3	6.3	1.62	3.5~10	6.7	1.72	3.9
Ta	0.7~2.5	1.2	1.33	0.8~1.7	1.1	1.22	0.4~2.3	1.1	1.22	0.9
Sc	1~12	3.6	0.36	1.2~5.6	3,6	0.36	2.3~8.2	5.4	0.54	10
V	8.1~90.3	33.9	0.63	14.9~48.4	28.6	0.53	23.3~131.8	66.3	1.23	54
Ga	8.6~25.7	13.5	1.04	12.2~16.7	14.1	1.08	9.8~21	14.2	1.09	13
Mo	0.7~2.8	1.1	1.83	0.7~6.8	1.5	2.50	0.5~4.6	1.5	2.50	0.6
Th	5.1~13.9	8.4	0.97	7~12.2	8.9	1.02	4.4~14	8.5	0.98	8.7
U	3~9	5.6	2.80	39~74	50.5	25.25	138~1391	414.95	207.48	2

①无矿砂岩主要富集的元素为U、Zn、Sr、Zr、Pb、Rb、Nb、Hf、Ta、Ga、Mo、Th，相对亏损的元素为Cr、Cu、Cs、Co、Ni、V、Sc等。异常砂岩主要富集Zn、Sr、Zr、Pb、Rb、Nb、Hf、Ta、Ga、Mo、Th、U，富集程度较围岩高，其中U元素较高富集（K值为25），Pb和Mo元素较强富集（K值分别为4.1和2.7），反映Mo和Pb为U的指示元素。异常砂岩相对亏损的元素为Cr、Cu、Cs、Co、Ni、V、Sc等，与灰色砂岩基本一致。铀矿石富集元素为Zn、Sr、Zr、Pb、Rb、Nb、Hf、Ta、V、Ga、Mo、U，主要富集Zr、Pb、Nb、Hf、Ta、Mo、U，其中U元素强烈富集，含量变化范围为138~1391μg/g富集程度高达207，而Mo及V表现出较强富集；矿化砂岩相对亏损Cr、Cu、Cs、Co、Ni、Sc等，与无矿砂岩和异常砂岩亏损元素基本一致。

②在微量元素蛛网图上（图6-5-4），无矿砂岩、异常砂岩与铀矿石模式特征一致，均呈"W"形，只是元素富集和亏损程度不一，从无矿砂岩→异常砂岩→矿化砂岩，元素

富集程度逐渐加强，而元素亏损则逐渐减弱，反映它们具有相同的物源特征，但又经历了后期含矿流体的改造。元素富集和亏损程度也是区分无矿砂岩、异常砂岩及矿石砂岩的一种标志。

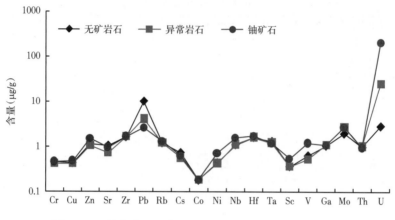

图 6-5-4　钱家店地区含矿层砂岩微量元素标准化蛛网图

③ 随着 U 元素富集程度的逐渐增强，富集元素的数量有减少的趋势，亏损元素越来越多。反映成矿过程中，沿流体运移方向水岩作用逐渐减弱，成矿主岩的微量元素发生迁移变化，含量和组成发生了再分配。

④ 钱家店矿区虽然出现中亚地区层间氧化带砂岩型铀矿中 Mo、V、Re、Sc 等元素共同富集的现象，然而，除 U 外其他微量元素富集度普遍不高，反映了钱家店矿区铀成矿作用与典型层间氧化带型铀矿不完全相同。

⑤ U 与微量元素相关性。对 U 和其他微量元素的相关分析结果表明，Zr、Hf 与 U 呈负相关性；在 U-Mo 呈明显的正相关；Th 元素在 U 含量小于 $100\mu g/g$ 给范围内与 U 呈正相关，在大于 $100\mu g/g$ 范围内呈现负相关；Sc 元素在 U 含量小于 $50\mu g/g$ 范围内与 U 不相关，在大于 $100\mu g/g$ 范围内呈现正相关；Cu、Ga 元素落点分散，与 U 相关性差；因此 Zr、Hf、Th 及 V 可以作为铀矿化的指示元素。

3）稀土元素地球化学特征

稀土元素地球化学性质非常相近，在地质作用过程中往往作为一个整体进行迁移，其组成和特征是地球化学的重要指示剂。

稀土元素含量分析结果及相关参数计算结果可知：

① 无矿砂岩稀土元素总量（REE）=105.47~176.96μg/g，平均 137.01μg/g，其中轻稀土含量（LREE）=97.76~161.22μg/g，平均 127.69μg/g，重稀土含量（HREE）=6.78~15.74μg/g，平均 9.31μg/g，LREE/HREE 比值在 10.06~18.01 之间，轻重稀土元素之间存在分异作用，岩石具有轻稀土富集、重稀土亏损的特点。这些表明灰色砂岩成岩时环境较稳定，遭受后期改造作用也较少。

② 异常砂岩稀土元素总量（REE）=126.34~151.27μg/g，平均 136.78μg/g，其中轻稀土含量（LREE）=119.95~138.11μg/g，平均 128.03μg/g，重稀土含量（HREE）=6.39~13.16μg/g，平均 8.75μg/g，明显高于围岩稀土元素含量。LREE/HREE 比值在 10.49~18.77 之间，表明异常砂岩遭受了后期流体的改造作用。

③ 矿石砂岩稀土元素总量（REE）=100.03~197.45μg/g，平均 147.86μg/g，其中轻稀土含量（LREE）=94.7~185.96μg/g，平均 138.47μg/g，重稀土含量（HREE）=5.33~17.61μg/g，平均 9.39μg/g，稀土元素进一步富集；LREE/HREE 比值在 10.07~19.07 之间，矿石砂岩稀土元素含量及参数变化范围比较大，表明成矿流体具有不同的来源、不同的矿化强度和组分。

二、矿体特征

（一）矿体空间分布特征

钱家店矿床共有 7 个矿层，自下而上矿层编号为 Q、Y1、Y2、Y3、Y4、Y5 和 Y6，各矿层范围边界和前述含矿砂体层（储矿层）一致，或者说两者在矿体分布区是一致的，砂体层在矿体外围也有展布。每个矿层都由 1 个或多个矿体组成。Q 矿层分布于青山口组上段砂体中，Y1 号、Y2 号和 Y3 号矿层分布于姚家组下段砂体中，Y4 号、Y5 号和 Y6 号矿层分布于姚家组上段砂体中（图 6-5-5）。

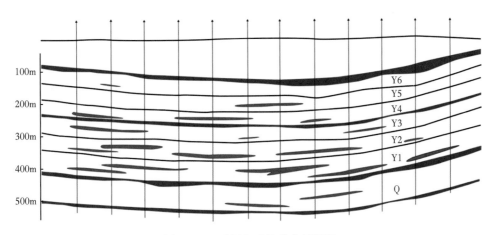

图 6-5-5　矿层和矿体分布示意图

平面上，矿体总体围绕"剥蚀天窗"成半环状分布，由钱Ⅱ块、钱Ⅲ块、钱Ⅳ块和钱Ⅴ块组成（图 6-5-6）。

Q 号矿层：产于青山口组上段的含矿砂体中，其分布范围较小，主要分布在钱Ⅳ块的中南部，矿体规模相对也较小，多为几十吨，个别大矿体可达到 800t 以上。

Y1 号矿层：产于姚家组下段底部的含矿砂体中。分布范围广，主要分布在钱Ⅱ块的东北部，钱Ⅳ矿床的中南部及钱Ⅴ矿床的南部。矿体规模大，大矿体规模可达 4000t 以上，1000t 以上矿体较多，是矿区内的主要含矿层。

Y2 号矿层：产于姚家组下段中部的含矿砂体中。其分布范围也较广，主要分布在钱Ⅱ矿床的中北部，钱Ⅳ矿床的中部及钱Ⅴ矿床的中部。矿体规模较大，大矿体规模可达 1000t 以上，也是矿区内的主要含矿层。

Y3 号矿层：产于姚家组下段顶部的含矿砂体中。分布范围小，主要分布在钱Ⅱ块的西南部和钱Ⅳ块的中部。矿体规模较小，最大矿体规模不超过 500t，一般小于 100 t。

Y4 号矿层：产于姚家组上段底部的含矿砂体中，分布范围小，主要分布在钱Ⅱ块的西南部和钱Ⅲ块中。仅在钱Ⅲ块中发现一个资源量超过 1000t 的矿体，其他矿体规模小。

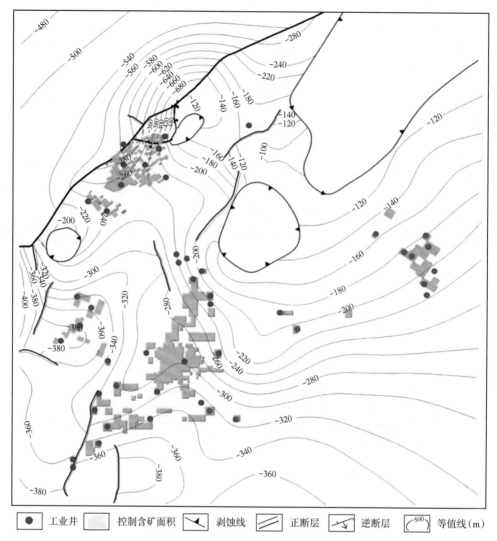

图 6-5-6　钱家店铀矿矿体平面分布图（红色为矿体，紫色为隔水层）

Y5 号矿层：产于姚家组上段中部的含矿砂体中，分布范围局限，仅分布在钱 Ⅱ 块的西南角和钱 Ⅲ 矿床中。矿体规模小，多为单孔控制，几十吨到数百吨不等。

Y6 号矿层：产于姚家组上段顶部的含矿砂体中，矿体零星分布，且规模很小，工业价值不大。

钱家店铀矿床中各矿块矿体产出层变化较大，形态也较复杂。其中钱 Ⅱ 块包含了姚家组 Y1～Y6 六个矿层和 62 个矿体，主矿层为 Y2 号和 Y3 号。钱 Ⅲ 块只有姚家组上段的 Y4 号和 Y5 号矿层，14 个矿体，主矿层为 Y4 号。钱 Ⅳ 块包括了所有 7 个矿层，共 302 个矿体，主矿层为 Y1 号和 Y2 号。钱 Ⅴ 块包括 Y1 号、Y2 号和 Y4 号三个矿层，38 个矿体，主矿层为 Y1 号。

矿体产出层位从东北向西南变新，位于西南的钱 Ⅲ 块含矿层位以姚家组上段为主，而位于东北的钱 Ⅱ 块和钱 Ⅴ 块都以姚家组下段为主。在平面上，围绕构造天窗，有靠近天窗层位偏上、矿体新、埋藏浅，远离天窗层位偏下、矿体老、埋藏深的趋势（图 6-5-7）。

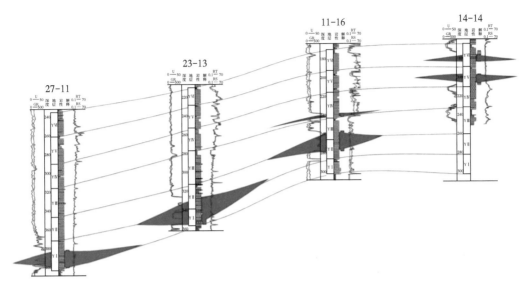

图 6-5-7　矿体分布剖面示意图

钱家店铀矿铀资源量主要位于姚家组下段含矿砂体的 Y1 号和 Y2 号层位的矿体，具有较大的工业价值。而姚家组上段含矿层 Y5 号和 Y6 号层位只有零星分布的小矿体，其工业利用价值欠佳。

（二）矿体产状和形态

矿体形态在剖面上呈透镜状和似层状，平面上多呈板状、多边形状和不规则状、块状或镰刀状。矿体产状与地层产状基本平行，在活动强的断裂和"剥蚀天窗"附近产状较陡，特别在钱Ⅱ块逆断层两侧，矿体产状特别陡，达到 20°~30°。而在西南钱Ⅳ块南部，随着地层产状的平缓，矿体（层）由北向南缓倾，倾角 1°~3°，与地层产状基本一致。

（三）矿层、矿体埋深与矿体规模

钱家店矿床各矿层、矿体埋深、规模见表 6-5-5。

表 6-5-5　钱家店矿体埋深及形态表

矿层号	矿体个数	矿体埋深（m）		矿体规模（m）				矿体产状	矿体形态
		最大埋深	最小埋深	最大长度	最小长度	最大宽度	最小宽度		
Q	38	508.45	426.7	700	50	400	50	透镜状	不规则状
Y1	111	480.05	249.95	1600	100	1300	50	透镜状	镰刀形、不规则状
Y2	146	455.75	189.55	900	100	800	50	透镜状	不规则状
Y3	78	394.85	237.35	1100	100	600	50	透镜状	不规则状
Y4	57	402.5	131.95	800	100	500	75	透镜状	块状
Y5	12	403.2	191.05	400	100	200	50	透镜状	块状
Y6	3	274.85	173.25	150	100	75	50	透镜状	块状

143

Q号、Y1号、Y2号、Y3号、Y4号、Y5号和Y6号矿层自下而上发育，其中Q号和Y6号矿层的矿体分别仅发育在钱Ⅳ块中段和钱Ⅱ块局部，受分布范围限制，矿体埋深变化较小，最大埋深与最小埋深跨度在80~100m之间。其他矿层的矿体分布在钱家店矿区的各个块段。构造形态起伏较大，受此影响，最大埋深与最小埋深之间变化较大，普遍相差在200m以上。除个别青山口组（Q）矿体底板埋深超过500m以外，其他矿体埋深都在500m以内。

钱家店矿床目前共发现矿体445个，其中335个矿体发育在Y1号、Y2号和Y3号矿层，占总矿体数的75%。这三套矿层矿体规模普遍较大，长度最大可达1600m，宽度最大可达1300m。其余矿层的矿体规模普遍较小，最大长度不超过1000m，最大宽度不超过500m。资源量大于1000t的单矿体共10个，均发育在Y1号、Y2号和Y3号矿层，其中单矿体铀资源量最大为4824.4t，发育在钱Ⅳ块的Y1号矿层中，其余9个资源量规模在1000~3000t之间，分别发育在钱Ⅱ块的Y2号矿层、钱Ⅲ块的Y3号矿层、钱Ⅳ块的Y1号矿层和Y2号矿层、钱Ⅴ块的Y1号矿层。除主矿体外，其余矿体一般规模较小，铀资源量为几百吨或几十吨。矿床的储量主要来自主矿层和主矿体，一个主矿体的储量可占矿段储量的30%以上，如钱Ⅳ块中产出于姚家组一段中下部的YI-1号矿体，矿体南北长约2000m，东西宽为50~700m，平均厚度为9.40m，平均品位为0.0284%，铀含量为5.68kg/m²，面积为1.72km²，资源量为4824.4t，占钱Ⅳ块总资源量的33%。储量集中于主矿层和主矿体，有利于工业开采。

（四）矿体的厚度、品位、平米铀量变化特征

厚度变化特征：钱家店铀矿矿体厚度变化范围在0.50~14.4m，平均厚度为3.98m，变异系数为55.6%。各矿层的矿体厚度差别较小，主要富矿、大矿体产于Y1号、Y2号和Y3号矿层，矿体平均厚度相对较大，平均在4.0m以上。Y4号矿层内矿体平均厚度达到5.9m，但该矿层仅在钱Ⅱ块发育三个矿体，其余各矿层的厚度平均值为3.8m（表6-5-6）。

表6-5-6　矿体厚度、品位、铀量表

矿层号	厚度（m）				品位（%）				铀含量（kg/m²）			
	最小厚度	最大厚度	平均厚度	变异系数	最小品位	最大品位	平均品位	变异系数	最小铀含量	最大铀含量	平均铀含量	变异系数
Q	0.5	12.3	3.7	65.85%	0.0123	0.1661	0.0369	89.97%	1.00	7.93	2.08	64.62
Y1	0.9	11.7	3.9	52.28%	0.0109	0.1120	0.0354	40.68%	1.00	12.97	2.42	75.62
Y2	0.7	14.4	4.1	56.34%	0.0102	0.1511	0.0318	68.24%	1.00	13.46	2.41	80.50
Y3	0.8	10.6	4.2	48.35%	0.0107	0.1373	0.0312	67.31%	1.01	9.28	2.34	62.82
Y4	1.0	10.3	3.5	50.43%	0.0103	0.0876	0.034	58.53%	1.00	6.20	2.14	61.68
Y5	1.5	10.6	3.8	60.26%	0.0125	0.0492	0.028	44.29%	1.01	4.91	1.89	64.02
Y6	2.0	11.4	5.9	83.05%	0.0282	0.0320	0.0306	6.54%	1.10	5.92	3.20	76.56

品位变化特征：钱家店铀矿床各矿体品位变化范围在0.0102%~0.1661%，平均品位为0.0336%，变异系数为68.5%。其中Q号矿层和Y1号矿层品位相对较高，在0.0350%以上，其余矿层品位差别不大，普遍在0.0310%左右。

铀含量变化特征：钱家店铀矿床各矿体铀含量变化范围在1.0~13.46kg/m²，平均铀含量 2.33kg/m²，变异系数为 73.4%。三套主要富矿层位 Y1 号、Y2 号和 Y3 号矿层平均铀含量较高，在 2.34~2.42kg/m² 之间。Y4 号矿层由于平均厚度较大，平均铀含量超过 3.00kg/m²，其他矿层铀含量相对较低，平均值在 2.00 kg/m² 左右。

（五）矿石中有害组分

目前，我国可地浸砂岩地浸方法采用酸法地浸，要求含矿岩石中易溶于酸的组分（主要是碳酸盐）一般应 < 3%。含矿岩石中碳酸盐的含量决定酸法开采的经济与否，碳酸盐含量高者不宜采用酸法开采，而应考虑碱法开采。酸法开采过程中，碳酸盐的危害一是耗酸，二是酸碱反应产生的沉淀物堵塞砂岩孔隙，降低岩石渗透性，不利于地浸。

钱家店矿床矿石中碳酸盐矿物主要是铁白云石，方解石次之。铁白云石不溶于冷酸，常温下滴酸不起泡，地浸过程远比方解石难溶，目前试验结果可能不影响地浸效果。矿体中含少量碳酸盐胶结的薄层状小透镜体，这些透镜体碳酸盐含量很高（ > 12%）。透镜体岩石类型主要有两种：一是碳酸盐胶结泥砾岩，二是碳酸盐胶结粉砂岩、细砂岩，碳酸盐胶结岩石较致密，硬度大，透水差。

根据前苏联及我国新疆伊犁砂岩铀矿地浸经验，矿石中碳酸盐 < 3% 可用酸法地浸。钱Ⅳ块分析结果看（表 6-5-7），矿石中碳酸盐含量总体为 2.30%，其中围岩碳酸盐含量略高于矿石，为 2.37%。围岩中泥、粉砂岩碳酸盐含量最高，均值为 3.33%。砂岩较低，碳酸盐含量均值为 1.99%。砂岩矿石碳酸盐含量中等，为 2.64%，泥岩矿石中碳酸盐含量最低，为 1.46%。在酸法地浸的允许范围内。

表 6-5-7 钱Ⅳ块 25-32 线碳酸盐含量特征统计表

序号	种类	岩性	样数（个）	变化范围（%）	平均值（%）	变异系数（%）	备注
1	围岩	泥岩、粉砂岩	13	0.56~11.80	3.33	109.4	
		砂岩	33	0.24~8.05	1.99	97.52	
		平均值	46	0.24~11.80	2.37	108.09	
2	矿石	泥岩、粉砂岩	22	0.04~7.65	1.46	161.35	
		砂岩	40	0.04~10.50	2.68	119.14	
		平均值	62	0.04~10.50	2.24	138.24	
3	总体		108	0.04~11.80	2.30	121.18	

钱Ⅱ块各矿体铀矿石碳酸盐分析结果总体偏高，平均大于 3%，不适宜酸法地浸。

（六）铀的赋存状态

矿石中铀的存在形式可分为吸附铀、铀矿物及含铀矿物三类。通过扫描电镜以及显微镜观察，可以发现钱家店地区含矿砂岩中铀矿物主要存在方式为吸附铀和铀矿物两种形式，存在于含铀矿物中的铀很少。铀矿物为沥青铀矿，吸附铀主要为有机质及黏土吸附，含铀矿物主要是砂岩中的碎屑锆石。

1. 吸附铀形式

被黏土矿物及云母吸附：矿区内吸附铀的黏土矿物有多种，以高岭石最为常见［图 6-5-8（a）］，伊利石也可以吸附铀［图 6-5-8（b）］，云母矿物尤其是黑云母颗粒同样可以吸附铀［图 6-5-8（c）］。铀的分布形态取决于这些矿物的形态。

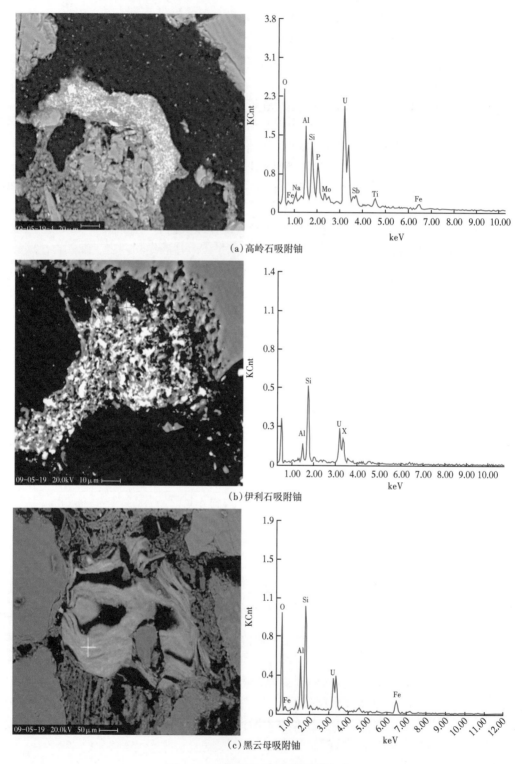

（a）高岭石吸附铀

（b）伊利石吸附铀

（c）黑云母吸附铀

图 6-5-8　钱家店矿区铀的吸附方式

　　碎屑颗粒吸附：吸附铀的碎屑颗粒为长石、石英、岩屑等，铀被吸附在石英 ［图 6-5-9（a）］、岩屑［图 6-5-9（b）］等碎屑颗粒的边缘以及长石被溶蚀的孔隙内

［图6-5-9（c）］或者长石颗粒之间［图6-5-9（d）］。

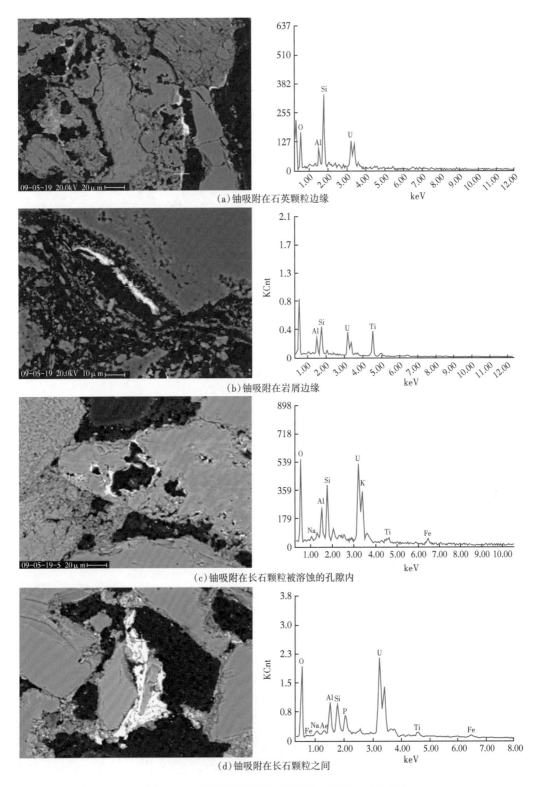

（a）铀吸附在石英颗粒边缘

（b）铀吸附在岩屑边缘

（c）铀吸附在长石颗粒被溶蚀的孔隙内

（d）铀吸附在长石颗粒之间

图6-5-9　铀吸附在碎屑颗粒边缘（钱Ⅳ-09-05-19）

147

2. 铀矿物形式

铀矿石中铀矿物为沥青铀矿。

铀矿物以胶状形式与莓球状黄铁矿共生：铀矿物以胶状形态与莓球状黄铁矿共生，黄铁矿呈金属光泽，浅黄铜色（图6-5-10），铀矿物具有复杂的色彩，可以观察到较明显的蓝色光泽。通过扫描电镜，铀与黄铁矿的共生关系非常明显（图6-5-11）。

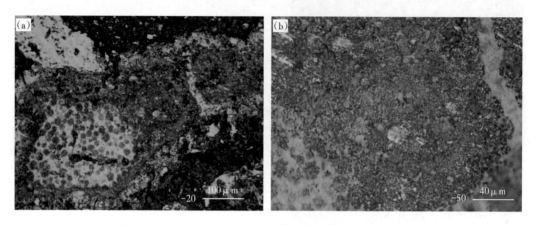

图6-5-10 铀矿物以胶状形式与莓球状黄铁矿共生（反射光）

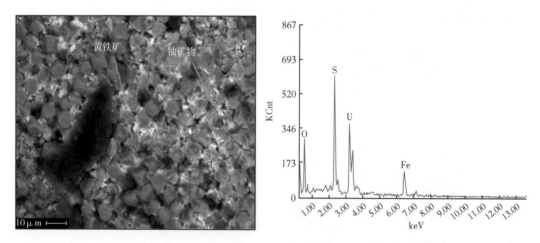

图6-5-11 铀矿物以胶状形式与莓球状黄铁矿共生（钱家店矿区）

铀矿物以胶状形态与胶状黄铁矿共生：铀矿物以胶状形态与同样为胶状的黄铁矿共生。在反射光下黄铁矿具有一定的金属光泽，浅黄铜色，铀矿物色彩较复杂（图6-5-12）。在扫描电镜下，可以更加清楚地看到铀矿物以胶状形态赋存在胶状黄铁矿之中（图6-5-13）。

颗粒状铀矿物与莓球状黄铁矿共生：铀矿物还可以颗粒状形式与莓球状黄铁矿共生（图6-5-14）

矿区矿石沥青铀矿成分电子探针分析结果见表6-5-8，沥青铀矿 UO_2 含量为55.9%~83.2%，杂质有Si、Al、P、Ca、Ti、Fe、S等。SiO_2 含量为0.39%~13.5%，Al_2O_3 含量为0.63%~4.62%，P_2O_5 含量为1.67%~9.51%，CaO含量为1.74%~3.17%，FeO含量为0.45%~3.47%。胶结物中的沥青铀矿 UO_2 含量略低，大多在55.9%~76.5%，少数 UO_2 达

148

80%~83.2%。杂质成分 SiO_2 含量较高，多数达 1.9%~13.5%，少数为 0.6%~0.82%，其他杂质成分 Al_2O_3、P_2O_5、FeO、TiO_2、SO_2 也较高。与黄铁矿共生的沥青铀矿 UO_2 含量高，在 76%~81.7%，杂质成分 SiO_2 含量较低，为 0.39%~0.98%，其他杂质成分 Al_2O_3、P_2O_5、FeO、TiO_2、SO_2 也较低。胶结物中分散粒状沥青铀矿与胶状黄铁矿共生块状沥青铀矿杂质含量的差别系矿物结晶程度差异所造成。

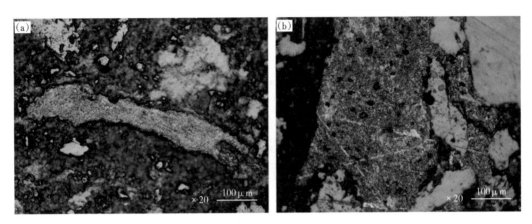

图 6-5-12　胶状形态铀矿物与胶状黄铁矿共生（钱家店矿区）X20（反射光）

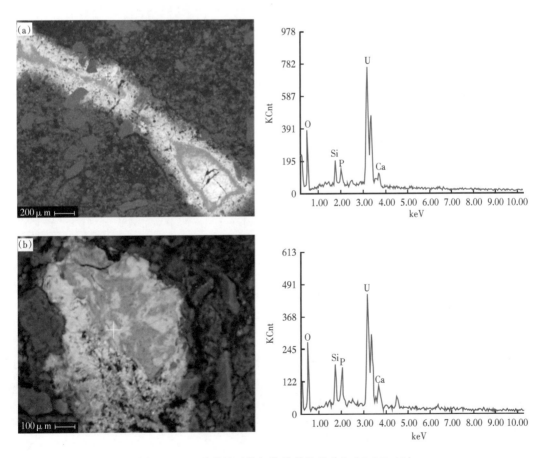

图 6-5-13　胶状铀矿物与胶状黄铁矿共生（QC19-13）

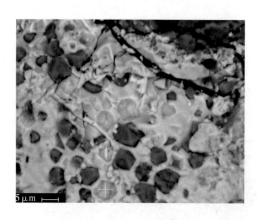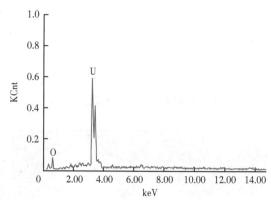

图 6-5-14　颗粒状铀石与莓球状黄铁矿共生（QC19-14）

表 6-5-8　钱家店矿区沥青铀矿电子探针成分分析结果（单位：%）

序号	样号	赋存状态	UO_2	SiO_2	Al_2O_3	P_2O_5	K_2O	CaO	FeO	TiO_2	SO_2
1	0401-47	与黄铁矿共生的块状沥青铀矿	81.7	0.39		2.67		2.05	0.81	1.90	
2		与黄铁矿共生的块状沥青铀矿	81.4	0.92		2.80		2.75	0.71	1.77	
3		与黄铁矿共生的块状沥青铀矿	76.0	0.98	0.63	2.26		2.99	0.45	1.69	
4		胶结物中细粒状沥青铀矿	80.0	0.82		2.15		3.17	0.54	1.52	
5		胶结物中细粒状沥青铀矿	73.4	0.60	0.91	1.67	0.54	1.74	1.14	1.09	0.49
6		胶结物中细粒状沥青铀矿	76.5	1.90	1.07	2.22	0.39	2.07	0.72	1.35	
7		胶结物中细粒状沥青铀矿	83.2	0.64		2.22		1.89	0.78	1.69	0.62
8	1608-8	粒状沥青铀矿	65.8	4.65	2.33	4.02		2.55	3.47	5.27	1.14
9		粒状沥青铀矿	63.3	5.92	3.69	1.10		2.56	3.23	5.29	0.99
10	1608-9	胶结物中块状沥青铀矿	60.7	7.69	0.68	7.36		2.31	3.33	7.34	1.69
11		胶结物中块状沥青铀矿	61.8	8.21	1.42	8.12		2.77	2.16	5.53	1.19
12		胶结物中块状沥青铀矿	55.9	9.15	3.71	9.51		2.61	1.81	2.25	0.89
13		胶结物中细粒状沥青铀矿	62.4	13.5	4.62	7.89		2.35	0.85	1.32	1.02

3. 含铀矿物形式

含铀矿物主要是以碎屑锆石及含铀钛铁矿等副矿物形式出现，一般不具工业意义。

三、成矿年龄

采用 U—Pb 同位素定年法，选取钱家店铀矿床、61 件样品进行测试，拟合等时线相关因数大于 0.980，所得成矿年龄为（89.0±11.0）Ma[图 6-5-15（a）]、（67.0±5.0）Ma[图 6-5-15（b）]、（53.0±3.0）Ma[图 6-5-15（c）]、（44.0±4.0）Ma[图 6-5-15（d）]、（40.0±3.0）Ma[图 6-5-15（e）]、（38.0±6.0）Ma[图 6-5-15（f）]。钱家店铀矿成矿年龄（89.0±11.0）Ma 与晚白垩世姚家组沉积年龄相当。而（67±5）Ma、（53±3）Ma、（50±1.9）Ma、（44±4）Ma 的成矿年龄与晚白垩世末—古近纪地质间断期吻合。

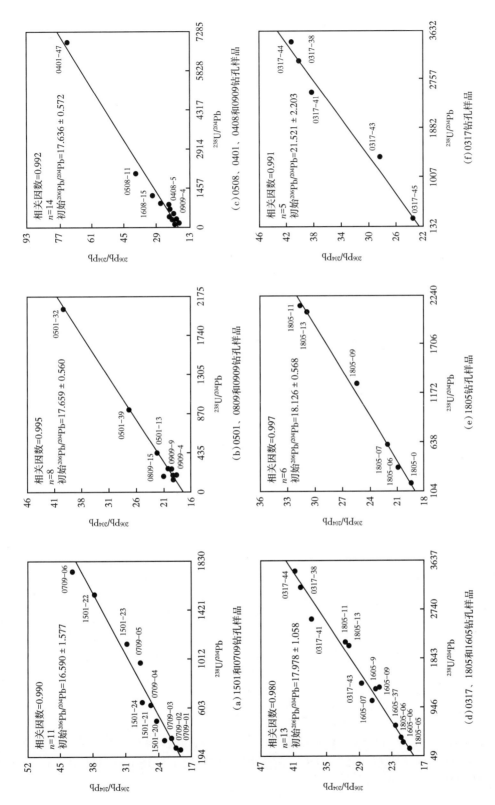

图 6-5-15　钱家店地区铀矿石 U-Pb 等时线年龄图解

四、铀的价态

姚家组下段（表6-5-9）U^{+4}含量为74~2347μg/g，平均为523μg/g。U^{+6}含量为14~2677μg/g，平均为227μg/g。U^{+6}/U^{+4}比值为0.05~1.6，平均为0.5。姚家组下段U^{+6}/U^{+4}比值明显偏低，成矿环境还原性较强，或由同生沉积矿化所致。

表6-5-9　钱Ⅱ块、钱Ⅳ块姚家组下段铀矿石铀的价态特征

序号	样品编号	检测结果（μg/g）			U^{+6}/U^{+4}	序号	样品编号	检测结果（μg/g）			U^{+6}/U^{+4}
		U	U^{+4}	U^{+6}				U	U^{+4}	U^{+6}	
1	Ⅱ-05	512	242	270	1.116	24	Ⅳ0917-44	2768	2347	421	0.18
2	Ⅱ-06	557	296	261	0.882	25	Ⅳ0917-46	217	202	14.8	0.07
3	Ⅱ-08	1558	813	767	0.943	26	Ⅳ1205-6	115	74.2	40.8	0.55
4	Ⅱ-11	562	444	118	0.266	27	Ⅳ1205-8	404	207	197	0.95
5	Ⅱ-13	549	302	247	0.818	28	Ⅳ1205-10	448	172	276	1.60
6	Ⅱ-14	401	267	134	0.502	29	Ⅳ1205-12	430	409	20.6	0.05
7	Ⅱ-16	549	305	244	0.800	30	Ⅳ2509-17	1199	461	738	1.60
8	Ⅳ0905-24	450	310	140	0.45	31	Ⅳ2509-19	435	260	175	0.67
9	Ⅳ0905-26	948	615	333	0.54	32	Ⅳ0816-8	551	478	72.7	0.15
10	Ⅳ0905-28	4654	1977	2677	1.35	33	Ⅳ0816-10	518	490	27.8	0.06
11	Ⅳ0905-30	1579	1364	215	0.16	34	Ⅳ0816-12	464	434	29.7	0.07
12	Ⅳ0905-32	680	572	108	0.19	35	Ⅳ1609-6	155	141	13.9	0.10
13	Ⅳ0905-34	1211	760	451	0.59	36	Ⅳ1609-8	1096	646	450	0.70
14	Ⅳ1616-3	110	90.0	20.0	0.22	37	Ⅳ1609-10	168	81.1	86.9	1.07
15	Ⅳ1616-5	1268	1212	55.9	0.05	38	Ⅳ3201-7	537	508	28.6	0.06
16	Ⅳ0817-5	104	83.3	20.7	0.25	39	Ⅳ3201-9	660	375	285	0.76
17	Ⅳ0817-7	896	424	472	1.11	40	Ⅳ3309-35	882	754	128	0.17
18	Ⅳ0817-9	565	524	41.1	0.08	41	Ⅳ3309-37	204	119	84.5	0.71
19	Ⅳ0917-34	190	132	58.3	0.44	42	Ⅳ5601-7	304	255	49.2	0.19
20	Ⅳ0917-36	313	252	60.5	0.24	43	Ⅳ5601-9	727	513	214	0.42
21	Ⅳ0917-38	387	316	71.0	0.22	44	Ⅳ0509-6	160	94.5	65.5	0.69
22	Ⅳ0917-40	1752	1507	245	0.16	45	Ⅳ0509-8	510	436	73.5	0.17
23	Ⅳ0917-42	1783	1658	125	0.08	平均					0.47

矿区内姚家组上段铀矿石中铀的价态特征变化较大，其中钱Ⅱ块U^{+6}高于U^{+4}，变化范围也不大，U^{+6}/U^{+4}比值为1.27~1.89，平均值为1.59（表6-5-10）。钱Ⅲ块U^{+6}/U^{+4}比值小于1，U^{+6}/U^{+4}比值为0.05~5.36，平均值为0.92（表6-5-11）。钱Ⅲ块成矿时环境还原性相对较强，与钱Ⅱ块有较大区别。

表 6-5-10 钱Ⅱ块姚家组上段铀矿石铀的价态特征

序号	样品编号	检测结果（μg/g）			U^{+6}/U^{+4}	序号	样品编号	检测结果（μg/g）			U^{+6}/U^{+4}
		U	U^{+4}	U^{+6}				U	U^{+4}	U^{+6}	
1	1605-07	230.5	82.5	148	1.79	13	1404-27	183.4	67.4	116	1.72
2	1605-08	1176	448	728	1.63	14	1404-28	392	158	234	1.48
3	1605-09	322	132	199	1.51	15	1405-05	255	105	150	1.43
4	1605-10	341	123	218	1.77	16	1405-06	36.5	13.8	22.7	1.64
5	1605-20	177.6	74.6	103	1.38	17	1405-07	244.7	84.7	160	1.89
6	1401-09	538	202	336	1.66	18	1405-08	1699	748	951	1.27
7	1401-10	980	359	621	1.73	19	1405-09	627	227	400	1.76
8	1401-12	1036	412	624	1.51	20	1805-10	459	183	276	1.51
9	1401-13	296	112	184	1.64	21	1805-11	806	339	467	1.38
10	1404-16	1288	492	796	1.62	22	1805-12	1053	369	684	1.85
11	1404-21	312	127	185	1.46	23	1805-13	681	256	425	1.66
12	1404-24	672	269	403	1.50	24	1805-14	1101	471	630	1.34
平均											1.59

表 6-5-11 钱Ⅲ块姚家组上段铀矿石铀的价态特征

序号	样品编号	检测结果（μg/g）			U^{+6}/U^{+4}	序号	样品编号	检测结果（μg/g）			U^{+6}/U^{+4}
		U	U^{+4}	U^{+6}				U	U^{+4}	U^{+6}	
1	Ⅲ1903-22	143	127	16.5	0.13	7	Ⅲ3508-2	160	145	14.5	0.10
2	Ⅲ1903-24	111	95.1	15.9	0.17	8	Ⅲ3508-6	742	181	561	3.10
3	Ⅲ2702-8	152	105	46.8	0.45	9	Ⅲ3508-8	923	832	91.3	0.11
4	Ⅲ2702-10	973	153	820	5.36	10	Ⅲ2320-7	576	548	27.7	0.05
5	Ⅲ2702-12	2690	2197	493	0.22	11	Ⅲ2320-9	116	107	8.83	0.08
6	Ⅲ2702-14	297	220	76.5	0.35		平均				0.92

　　钱Ⅳ块（表 6-5-12）四价铀的比例高于六价铀，所占比例为 38.39%~95.58%，平均值为 75.43%。六价铀较低，所占比例为 4.42%~57.52%，平均值为 24.57%。铀品位在 0.05%~0.1% 之间时，四价铀与六价铀比值较高，反之，比值较小。铀品位介于 0.05%~0.1% 之间的铀以吸附态铀为主。

表 6-5-12 钱Ⅳ块 25~32 线铀价态分析结果

| 钻孔编号 | 样品编号 | 取样位置（m） | | | 岩性简述 | 总U | U⁺⁴ | U⁺⁶ | U⁺⁴比例 | U⁺⁶比例 |
		自	至	长度		μg/g			%	
Ⅳ09-05	Ⅳ0905-24	427.00	427.25	0.25	浅灰色细砂岩	450	310	140	68.89	31.11
	Ⅳ0905-26	427.45	427.90	0.45	浅灰色细砂岩	948	615	333	64.87	35.13
	Ⅳ0905-28	428.05	428.35	0.30	浅灰色泥质粉砂岩	4654	1977	2677	42.48	57.52
	Ⅳ0905-30	428.60	428.70	0.10	浅灰色粉砂岩	1580	1364	216	86.33	13.67
	Ⅳ0905-32	428.90	429.20	0.30	浅灰色粉砂岩	680	572	108	84.12	15.88
	Ⅳ0905-34	429.35	429.50	0.15	浅灰色泥质粉砂岩	1210	760	450	62.81	37.19
Ⅳ16-16	Ⅳ1616-3	292.20	292.50	0.30	含砾深灰色粉砂岩	110	90	20	81.82	18.18
	Ⅳ1616-5	292.75	292.95	0.20	含砾深灰色粉砂岩	1268	1212	56	95.58	4.42
Ⅳ08-17	Ⅳ0817-5	402.20	402.40	0.20	浅红色泥砾岩	104	83	21	80.10	19.90
	Ⅳ0817-7	402.55	402.85	0.30	灰色泥岩	896	424	472	47.32	52.68
	Ⅳ0817-9	403.10	403.25	0.15	浅灰色细砂岩	565	524	41	92.74	7.26
Ⅳ09-17	Ⅳ0917-34	416.15	416.45	0.30	浅灰色细砂岩	190	132	58	69.47	30.53
	Ⅳ0917-36	416.75	417.05	0.30	浅灰色细砂岩	313	253	61	80.67	19.33
	Ⅳ0917-38	417.20	417.45	0.25	浅灰色细砂岩	387	316	71	81.65	18.35
	Ⅳ0917-40	418.90	419.20	0.30	浅灰色细砂岩	1752	1507	245	86.02	13.98
	Ⅳ0917-42	419.40	419.70	0.30	浅灰色细砂岩	1783	1658	125	92.99	7.01
	Ⅳ0917-44	419.90	420.30	0.40	浅灰色细砂岩	2768	2347	421	84.79	15.21
	Ⅳ0917-46	420.45	420.60	0.15	浅灰色泥质粉砂岩	217	202	15	93.09	6.91
Ⅳ12-05	Ⅳ1205-6	349.85	350.15	0.30	紫红色泥岩	115	74	41	64.52	35.48
	Ⅳ1205-8	350.45	350.65	0.20	紫红色泥岩	404	207	197	51.24	48.76
	Ⅳ1205-10	350.90	351.25	0.35	浅灰色细砂岩	448	172	276	38.39	61.61
	Ⅳ1205-12	352.80	353.00	0.20	浅灰色泥质粉砂岩	430	409	21	95.12	4.88
Ⅳ08-16	Ⅳ0816-8	393.00	393.25	0.25	浅灰色细砂岩	551	478	73	86.75	13.25
	Ⅳ0816-10	393.65	393.95	0.30	浅灰色细砂岩	518	490	28	94.59	5.41
	Ⅳ0816-12	394.10	394.60	0.50	浅灰色泥质粉砂岩	464	434	30	93.53	6.47
Ⅳ16-09	Ⅳ1609-6	367.25	367.60	0.35	含泥砾灰色细砂岩	155	141	14	90.97	9.03
	Ⅳ1609-8	367.80	368.00	0.20	灰色细砂岩	1096	646	450	58.94	41.06
	Ⅳ1609-10	368.25	368.5	0.25	深灰色泥岩	168	81	87	48.27	51.73
Ⅳ05-09	Ⅳ0509-6	411.25	411.50	0.25	深灰色泥岩	160	95	66	59.06	40.94
	Ⅳ0509-8	411.70	412.00	0.3	深灰色泥岩	509	436	73	85.66	14.34
均值						829.77	600.29	229.48	75.43	24.57

注：本表数值依据中国核工业集团有限公司北京地质研究院。

第六节　矿床水文地质、工程地质与环境地质

钱家店矿区钱Ⅱ和钱Ⅳ块开展了较完整的水文地质、工程地质与环境地质工作，通过两个块段的水文地质特征及地浸水文地质条件的研究，基本查明了矿床水文地质、工程地质和环境地质条件，确定了矿床水文地质类型、水文地球化学环境、地浸水文地质条件，提出了科学可行的矿床供水水源方向。

一、矿区地形地貌及气候特征

钱家店铀矿位于松辽平原南部辽河水文地质单元（Ⅱ2），属西辽河、新开河冲积平原。地势平坦，一般海拔高程157~169m之间，堆积地形为主，区内坨沼漫布，坨甸相间，风成微地形十分发育。本区在冲积、风积两个主要外营力的长期作用下，形成了一个以冲积地形为基础而又具有风成特色的地貌景观。气候属内蒙古东部的温带季风区，为半湿润向半干旱的过渡地带，属温带大陆性半干旱气候。年平均气温5~6℃，极端最高气温为36℃；极端最低气温为-35℃。年平均降雨量为381mm，年降雨量变化范围为320~450mm。年平均蒸发量为1800~2000mm，蒸发量远大于降雨量。矿区属季风区，年平均风速为3.545m/s，其中以3月至5月风速最大，平均风速5.0m/s，全年8级及以上的大风一般有30~60天。

在矿区西南部，地表水系不发育，在矿床外围南部约15km处西辽河呈东西向通过，年径流量（0.032~3.33）×$10^8 m^3$；矿床北部约16km处新开河自西向东流过，为季节性河流，雨季多年平均流量3.79 m^3/s。

二、矿床水文地质

钱家店铀矿床在勘探过程中，分阶段开展了区域及矿床水文地质研究，基本确定了矿床的水文地质类型，根据岩矿芯水文地质编录、室内岩石渗透率测定结果、综合测井解释成果和现场水文试验成果，对矿床地浸水文地质条件进行了分区。系统研究了含矿含水层的厚度、产状、渗透性、富水性及含矿层与非含矿层的渗透性差异及顶板、底板隔水层的隔水性能及稳定性，基本确定了矿床工程地质岩组类别。分析了地浸开采可能产生的污染及其影响。

（一）矿床水文地质特征

1. 含水岩层划分

矿区内分布较厚的中新生界碎屑岩及松散堆积层，形成了丰富的孔隙潜水和孔隙裂隙承压水。与区域含水岩层对比缺失新近系泰康组下段、上白垩统明水组、四方台和泉头组含水岩层。上白垩统姚家组下段顶部紫红色泥岩在矿区内稳定分布，是较好的隔水层，将姚家组进一步划分为姚家组上段和姚家组下段两个含水岩组。矿区分为第四系及上白垩统姚家组上段、姚家组下段、青山口组上段四个含水层。其中，姚家组下段是主要含矿含水岩层，次为姚家组上段和青山口组含矿含水层。

第四系含水层底板为嫩江组湖相暗色泥岩，厚度一般为40~80m，平均为35m，厚度变化小，稳定性较好。为区域性隔水层。

姚家组上段含水层，其顶板为嫩江组湖相泥岩，底板为姚家组下段顶部洪泛沉积的泥

岩，隔水底板比较稳定，岩性为泥岩、粉砂岩，其厚度一般为1.00~21.50m，平均为7.03 m，厚度变化较大，稳定性一般。

姚家组下段含水层，其顶板为姚家组下段顶部洪泛沉积的泥岩，底板为青山口组顶部的洪泛泥岩，岩性为泥岩、粉砂岩，其厚度一般为3.00~19.00m，平均为14.23m，厚度变化小，稳定性较好。姚家组下段由于局部隔水层的发育，可进一步划分次级单元，但其隔水层厚度较薄且不稳定，厚度一般为0.5~11.0m，平均为6.66m。

青山口组含水层顶板为青山口组顶部的洪泛泥岩和粉砂岩。

钱II和钱IV矿床水文试验成果表明，上白垩统姚家组下段含矿含水层地下水与其上覆姚家组上段含水层地下水无水力联系。

2. 含水岩层特征

1）第四系松散层含水岩层

第四系松散层含水岩层是矿床最上部含水层，为一套风积、冲积、湖积和冰水沉积而成的巨厚松散堆积物。自下而上包括：中更新统大清沟组（Q_2d）、上更新统顾乡屯组（Q_3g）和全新统（Q_4）。其地层结构自上而下表现为粉砂质黏土、黏土、粉土隔水层与细砂、中细砂含水层呈交替互层产出。据区内30个水文地质孔统计，松散层厚度一般为100.0~127.0m，平均厚度为118.0m。该含水层是由多个含水层组成的统一含水层组，含水层组上部砂体较厚且稳定，厚度为60m左右；中部为粉砂与黏土、粉质黏土互层，砂体厚度较薄；下部砂体稳定，厚度为20m左右。含水层赋存孔隙潜水，潜水位埋深浅，一般为1.32~7.04m，富水性好，单井涌水量一般为1000~2000m³/d。地下水的水化学成分较简单，总硬度29.24~369.80mg/L（以$CaCO_3$计），矿化度为0.26~0.71g/L，pH值为6.94~7.82，大多为中性水，水化学类型主要为$HCO_3—Na·Ca$、HCO_3-Na型水，是当地居民生产生活的主要供水水源。

2）上白垩统姚家组上段含水层

姚家组上段含水层顶板为嫩江组湖相暗色泥岩隔水层，底板为姚家组下段晚期的洪泛沉积泥岩。含矿含水层岩性由河流相沉积的红色、灰色细砂岩及少量的中粗砂岩、粗砂岩构成，多泥岩、粉砂岩夹层。岩石的矿物成分以钾长石为主，少量斜长石或微斜长石，其颗粒多为次棱角—次圆状，分选性一般。岩屑多为沉积碎屑，填隙物以泥质为主，次为粉砂质，见少量铁质、硅质和钙质。一般泥质分布不均，以颗粒支撑，孔隙式胶结为主，局部见泥质呈团块状，杂基支撑基底式胶结，较疏松。含水层在矿区内埋深一般为141.7~240.0m，厚度一般为50.2~83.5m。含水层水位埋深较浅，静水位为5.97m，承压水头为164.03m，单位涌水量为0.13m³/（h·m），导水系数为3.5m²/d，渗透系数为0.07m/d，反映了该含水层富水性和渗透性较弱。水矿化度一般为3.64~4.89g/L，pH值为7.15~7.79，水化学类型为$HCO_3·Cl-Na$型及$Cl·HCO_3-Na$型；Eh值为404~429mV，溶解氧为3.29~4.12mg/L，无H_2S，铁离子总量不大，Fe^{3+}与Fe^{2+}比值大于1或1左右。水中铀含量为130.0~312.0μg/L，水中氡浓度为31.556~75.276Bq/L。

3）上白垩统姚家组下段含矿含水层

姚家组下段含矿含水层是矿区主要含矿含水层，其含水岩层顶板为姚家组下段晚期的洪泛沉积泥岩，底板为青山口末期洪泛泥岩。含矿含水层岩性主要由辫状水道沉积的红色、灰色细砂岩及少量的中粗砂岩、粗砂岩构成，多泥岩、粉砂岩夹层，结构疏松，以泥质胶结为主，固结程度低，分选性好，次棱角状，富水性好，渗透性弱。在垂向上，含矿含水层由多个正（半）韵律层叠置而成；平面上，在矿床内含矿含水层岩性粒级无明显变化。

该含矿含水层厚度受辫状水道砂体控制，与砂体厚度空间展布相一致。河道砂体呈北东—南西向展布，厚度一般为102.00~139.40m，厚度变化小（表6-6-1），稳定性较好，具由河道中心向两侧逐渐变薄的特点。含矿含水层中间存在两个局部隔水层，在矿体产出部位相对连续，将姚家组下段含矿含水层分隔成三个局部含矿含水层（岩段），其中，姚家组下段一层砂体厚度为27.50~46.60m，姚家组下段二层砂体厚度为50.20~69.80m，姚家组下段三层砂体厚度为12.40~41.00m。含矿含水层在矿床内稳定分布，埋深大，赋存的地下水为承压水，地下水位埋深为2.18~5.87m，承压水头为285.82~313.82m；含矿含水层富水性较好（表6-6-2），涌水量为0.96~3.82 L/s，水位降深为8.17~75.30 m，单位涌水量为0.029~0.133 L/（s·m），含矿含水层渗透系数为0.08~0.49m/d，导水系数3.27~51.06m²/d，

表6-6-1 钱Ⅳ块姚家组下段含矿含水层特征统计表

参数项	含矿含水层顶板埋深（m）	隔水顶板厚度（m）	含矿含水层厚度（m）	隔水底板厚度（m）
平均值	294.6	7.03	125.59	4.03
最小值	187.2	0.5	102	0.40
最大值	330.4	21.5	139.4	11.9
标准差	24.11	3.70	4.9	2.65
变异系数（%）	8.18	52.62	3.9	65.74
统计个数	302	302	302	302

表6-6-2 钱Ⅳ块25~32线水文地质孔抽水试验成果表

序号	钻孔编号	降深（m）	涌水量（L/s）	单位涌水量[L/（s·m）]	导水系数（m²/d）	渗透系数（m/d）	
1	1A	56.69	1.89	0.0333	3.27	0.143	0.14
		38.56	1.30	0.0337		0.148	
		29.55	0.96	0.0325		0.139	
2	2A	26.98	3.43	0.127	13.17		0.19
		17.27	2.17	0.126			
		11.53	1.52	0.132			
3	3A	27.94	3.33	0.119	22.31		0.22
		21.80	2.40	0.110			
		8.17	0.96	0.117			
4	4A	75.30	2.17	0.029	5.60		0.08
		50.52	1.35	0.027			
		34.09	0.96	0.028			
5	5A	57.63	3.33	0.058	28.91		0.29
		38.22	2.32	0.061			
		23.90	1.31	0.055			
6	6A	24.98	3.33	0.133	51.06		0.49
		13.01	1.70	0.131			
		8.54	1.09	0.128			
7	7A	30.72	3.82	0.128	12.11	0.38	0.38
		16.57	1.89	0.114		0.42	
		12.05	1.40	0.116		0.34	

地下水等水压线具有北大南小的特点，其特征与现代地层埋深基本吻合；含矿含水层矿化度一般为 3.64~4.89g/L，pH 值为 7.15~7.79，水化学类型为 $HCO_3 \cdot Cl-Na$ 型及 $Cl \cdot HCO_3 - Na$ 型；Eh 值 404~429mV，溶解氧 3.29~4.12mg/L，无 H_2S，铁离子总量不大，Fe^{3+} 与 Fe^{2+} 比值大于 1 或 1 左右；水中铀含量为 130.0~312.0μg /L，水中氡浓度为 31.556~75.276Bq/L。

含矿含水层中非渗透性夹层以泥岩、粉砂岩为主，少量钙质砂岩夹层，可见辉绿岩脉。含矿含水层中非渗透性夹层较薄且数量较多，多以透镜体产出，一般为 10~21 层。其中，姚家组下段一层非渗透夹层厚度为 0.30~8.00m，姚家组下段二层非渗透夹层厚度为 0.40~5.90m，姚家组下段三层非渗透夹层厚度为 0.30~9.30m。

姚家组含矿含水层钻孔单位注水量为 0.036~0.21L/（s·m），吸水性能一般（表 6-6-3）。富水性良好，渗透性较弱，能基本满足地浸开采条件。

表 6-6-3　钱Ⅳ块 25~32 线水文地质孔注水试验成果表

钻孔编号	注水试验起止时间	稳定时间（h）	水位抬升（m）	注水量（Q）		单位注水量（q）		观测孔水位抬升（m）
				L/s	m³/h	L/（s·m）	m³/(h·m)	
钱Ⅳ-SW-1	2011 年 9 月 10 日 9：00~9 月 13 日 9：00	11.5	3.93	0.142	0.51	0.036	0.13	SW-1B（1.2）
钱Ⅳ-SW-2	2011 年 10 月 3 日 14：00~10 月 7 日 8：00	12	2.86	0.39	1.4	0.14	0.49	SW-2B（1.18）SW-2C（0.90）
钱Ⅳ-SW-3	2011 年 10 月 22 日 16：00~10 月 25 日 10：00	18	6.59	0.82	2.95	0.124	0.448	
钱Ⅳ-SW-4	2013 年 9 月 14 日 16：00~9 月 17 日 9：00	65	5.38	0.09	0.33	0.02	0.72	SW-4B（1.44）
钱Ⅳ-SW-5	2013 年 10 月 23 日 15：00~10 月 26 日 9：00	66	4	0.23	0.81	0.06	0.21	5B（1.88）、5C（0）5D（0）
钱Ⅳ-SW-6	2013 年 10 月 6 日 9：00~10 月 10 日 18：00	105	2.82	0.33	1.18	0.12	0.42	SW-6B（1.48）
钱Ⅳ-SW-7	2013 年 11 月 15 日 16：00~11 月 20 日 18：00	122	4.98	0.44	1.6	0.09	0.32	SW-7B（1.68）

4）青山口组含矿含水层

青山口组含矿含水层顶板为底板为青山组顶部洪泛泥岩，底板青山口组沉积中期洪泛沉积泥岩。岩性主要由河流相沉积的红色、灰色细砂岩及少量的中粗砂岩、粗砂岩构成，多泥岩、粉砂岩夹层。细粒砂岩中，细砂占 6.09%~43.59%，平均值为 21.45%；中粒砂岩中，中砂占 31.53%~70.45%，平均值为 55.16%。结构疏松，以泥质胶结为主，固结程度低，分选性好，次棱角状。含矿含水层厚度为 57.70~69.50m（厚度均为剔除含水层中不透水透镜状薄层后的厚度），平均厚度为 64.30m。含矿含水层黏粉粒含量为 2.76%~22.15%，均值为 12.08%；含矿含水层单位涌水量为 0.028~0.079L/（s·m）；含矿含水层渗透系数为 0.08~0.22m/d。

3. 地下水动态特征

1）第四系孔隙潜水

第四系孔隙潜水在矿区分布广泛，出露较多，第四系潜水在观测期内的变幅为0.20~0.58m（图6-6-1），且6月至8月动态变化波动较大，与当地气候、气象吻合。第四系潜水受降雨直接补给，水位波动明显。矿区内第四系潜水的水位年变幅约为±0.60m。

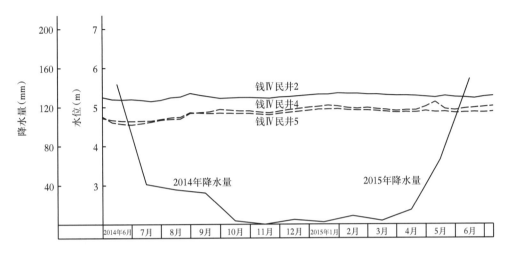

图6-6-1　钱家店矿区第四系孔隙潜水动态变化与降水量变化关系曲线

2）姚家组上段承压水动态

钱IV块姚家组Y4~Y6层承压水基本不受大气降水及季节性影响。钱II块总体水位波动相对较大，该层地下水位间接受大气降水及季节性影响（图6-6-2）。

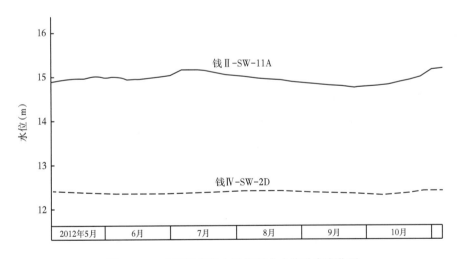

图6-6-2　矿区姚家组上段承压水水位动态变化图

3）姚家组下段承压水动态

钱IV块姚家组下段承压水动态变幅为0.28~0.76m（图6-6-3），且7月至9月动态变化波动较大，水位波动明显，间接受大气降水及季节性影响。

159

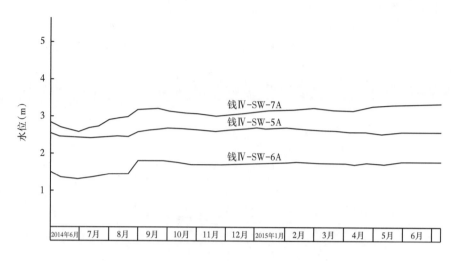

图 6-6-3 钱Ⅳ块铀矿床姚家组下段承压水动态变化曲线

4）青山口组承压水动态

钱Ⅳ块青山口组地下水动态变幅为0.20~0.22m（图6-6-4），6月至9月较其他月份水位动态变化波动较为明显。该层地下水位基本不受大气降水及季节性影响较小。

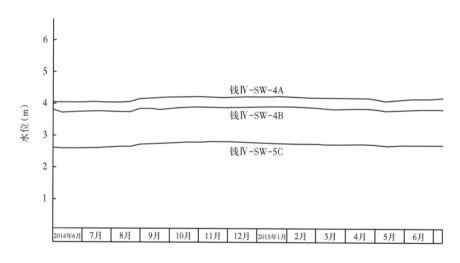

图 6-6-4 钱Ⅳ块青山口组承压水动态变化曲线

4.地下水补给、径流和排泄条件

矿床地下水的补给、径流和排泄条件，直接受区域水文地质条件的控制。矿床地下水以直接或间接方式受大气降水补给。第四系松散层孔隙潜水主要直接受大气降水补给，其次受矿床外围沿河流两侧河水补给。深部上白垩统承压水的补给条件比较复杂，间接接受第四系松散层孔隙潜水的渗入补给和各层间水相互越流（顶托）补给。

5.矿床主要充水因素

自然条件下矿床地下水的主要补给来源为：

（1）第四系潜水，它是区域中新生代地层富水岩组的主要补给源。区内第四系潜水分布广泛，直接受大气降水和地表水的补给，水量丰富。是矿床地下水主要的直接充水因素。

（2）大气降水，是渗入地下成为第四系潜水补给的水源，是矿床地下水的间接充水因素。

（3）其他地下水，深部地下水的越流和构造断裂充水带的地下水对矿床地下水的补给。

（二）地浸水文地质条件评价

1. 地浸水文地质参数

1）姚家组下段含矿含水层

（1）含矿围岩的胶结程度：一般较疏松，局部呈松散状态，部分地段有泥岩、泥砾岩出现，含水砂岩间有不透水夹层，相对较薄。

（2）岩石颗粒组成：比较均匀一致，以中粒长石砂岩为主，其次为较均匀的细粒长石砂岩。不均匀的砂砾岩、泥砾岩多为薄层出现，在矿床范围内不发育。

（3）粒度：岩石粒度成分以中粒组分为主，砾及粗砂含量较少。中粒砂岩中，中砂占3.20%~81.29%，平均值为58.03%，细粒砂岩中，细砂占4.36%~76.96%，平均值为24.14%，黏粉粒含量为4.9%~38.49%，平均值为11.3%。

（4）含矿含水层隔水顶底板：顶板岩石主要为紫红色粉砂质泥岩、紫红色泥岩，致密、不透水。据本区水文孔资料，该含矿含水层顶板埋深一般在289.0~319.0m，厚度为3.40~11.50m。隔水底板岩石以紫红色粉砂质泥岩、紫红色泥岩为主，其顶面埋深428.50~440.0m，厚度为2.5~6.3m。上述隔水顶板、底板岩石坚硬、致密、不透水，为隔水性良好、分布较稳定为的隔水层。

（5）含矿含水层厚度：据本区水文孔资料，含矿含水层平均厚度为101.80m（该厚度为剔除含水层中不透水透镜状薄层后的厚度）。

（6）地下水水位：埋深浅，静止水位埋深2.18~4.35m，标高为151.63~160.40m，承压水头较高，为304.63~311.82m。

（7）含矿含水层单位涌水量：为0.058~0.131L/（s·m）。

（8）含矿含水层渗透系数：为0.29~0.49m/d，均值为0.39m/d。

（9）含矿层岩石与非含矿围岩渗透性差异：含矿岩石与非含矿围岩主要岩性差异不大，粉+黏粒成分分别为15.47%和11.40%，渗透系数分别为0.18m/d和0.19m/d，矿石与围岩渗透系数基本一致，其比值为0.947（表6-6-4）。

表6-6-4　钱Ⅳ块姚家组下段含矿层与围岩地浸水文地质参数一览表

岩石类型	厚度		含矿含水层厚度		（粉+黏粒）含量（%）	（粉+黏粒）平均含量（%）	K_Φ（m/d）	K_Φ均值（m/d）	矿石与其围岩K_Φ的比值
	范围（m）	均值（m）	范围（m）	均值（m）					
矿层	15.5~31.3	21.76	99.70~104.2	101.8	9.35~38.49	15.47	0.18~0.19	0.18	0.947
围岩	68.4~88.7	80.4			5.49~18.52	11.40	0.12~0.24	0.19	

注：该表中矿层及围岩的K_Φ值为室内渗透试验求得。

161

（10）地下水化学特征：矿化度 1.63~2.32g/L，pH 值为 8.10~8.55，水化学类型为 HCO^3-Na 型，E_h 值为 409~442mV，溶解氧为 3.76~4.70g/L，无 H_2S，铁离子总量不大，Fe^{3+} 与 Fe^{2+} 比值大于 1。水中铀含量 103.0~408.0μg /L，含矿层水中铀略高于围岩水中铀含量。

2）青山口组含矿含水层

（1）含矿围岩的胶结程度：一般较疏松，部分地段胶结致密，有泥岩、泥砾、砂砾出现，泥质含量较高，含水砂岩间有不透水夹层，部分地段相对较厚。

（2）岩石颗粒组成：均匀性相对姚家组下段较差，主要原因为局部有泥砾、砂砾出现，岩石成分主要以细粒长石砂岩为主，其次为较均匀的中细粒长石砂岩。

（3）粒度：依据粒度试验结果，岩石粒度成分以中粒、细粒组分为主，砾及粗砂含量较少。中粒砂岩中，中砂占 31.53%~70.45%，平均值为 55.16%。细粒砂岩中，细砂占 6.09%~43.59%，平均值为 21.45%，黏粉粒含量为 2.76%~22.15%，平均值为 12.08%。

（4）含矿含水层隔水顶底板：顶板岩石主要为紫红色粉砂质泥岩、紫红色泥岩，致密、不透水。隔水底板岩石以紫红色粉砂质泥岩、紫红色泥岩为主，岩石坚硬、致密、不透水，隔水性良好。

（5）含矿含水层厚度：剔除含水层中不透水透镜状薄层后的厚度 60~70m，平均厚度 64.30m。

（6）地下水水位：埋深浅，一般为 3.5~14m。受地势影响地下水位不同，静止水位标高为 155.85~156.87m，承压水头高度 430.18~433.47m。

（7）含矿含水层单位涌水量：钱Ⅳ块为 0.028~0.079L/（s·m）。

（8）含矿含水层渗透系数：钱Ⅳ块为 0.08~0.22m/d。

（9）含矿层岩石与非含矿围岩渗透性差异：钱Ⅳ块含矿层岩石与非含矿围岩主要岩性差异不大，粉粒＋黏粒成分分别为 13.82%、11.32%；渗透系数分别为 0.185m/d、0.195m/d，矿石与围岩渗透系数基本一致，其比值为 0.95。

（10）地下水化学特征：矿化度 1.75~2.13g/L，pH 值为 8.13~8.35，水类型为 HCO_3-Na 型，E_h 值 387~423mv，溶解氧 4.27~4.74g/L，无 H_2S，铁离子总量不大，Fe^{3+} 与 Fe^{2+} 比值大于 1。水中铀含量 120.0~203.0μg /L，含矿层水中铀含量略高于围岩水中铀含量。

2. 地浸砂岩型铀矿床水文地质类型

1）姚家组下段

钱Ⅳ块试验段姚家组下段含矿含水层渗透系数 0.29~0.49m/d，介于 0.1~1.0m/d 之间，属渗透性一般的矿床；承压水头 304.63~311.82m，超过 100m，属强承压水的矿床；5 试验段单位涌水量为 0.058L/（s·m），介于 0.05~0.10L/（s·m）之间，属较大涌水量矿床，其他 3 个试验段单位涌水量 0.119~0.131L/（s·m），大于 0.10L/（s·m），属大涌水量矿床，总体属涌水量大的矿床；静止水位埋深 2.18~4.35m，小于 50m，属水位埋深小的矿床。

矿床含矿含水层埋深一般 289.0~319.0m，小于 350m，分布稳定，厚度超过 80m，隔水顶板和隔水底板岩层稳定，与其他含水层和地表水无水力联系，含矿含水层内含矿岩石的渗透性较均一，基本等于非含矿岩石的渗透性，属渗透性一般的矿床。

综上所述，按照《地浸砂岩型铀矿水文地质勘查规范》（EJT 1194—2005）规定，该矿床姚家组下段含矿含水层地浸水文地质条件复杂程度总体属于第一类型—第二类型，即水文地质条件简单—中等的铀矿床。

162

2) 青山口组

钱Ⅳ块铀矿床试验段青山口组含矿含水层渗透系数 4 试验段为 0.08m/d，小于 0.1m/d，属渗透性弱的矿床；在 5 试验段为 0.22m/d，介于 0.1~1.0m/d 之间，属渗透性一般的矿床；承压水头 430.18~433.47m，超过 100m，属强承压水的矿床；4 试验段单位涌水量为 0.028L/（s·m），介于 0.01~0.05L/（s·m），属较小涌水量矿床，5 试验段单位涌水量 0.079L/（s·m），介于 0.05~0.10L/（s·m），属较大涌水量矿床；静止水位埋深一般在 3.73~4.25m，小于 50m，属水位埋深小的矿床。

该矿床含矿含水层埋深一般 428.50~440.0m，大于 350m，分布较稳定，厚度超过 50m，隔水顶板和底板岩层基本稳定，与其他含水层和地表水无水力联系，含矿含水层内含矿岩石渗透性较均一，基本等于非含矿岩石的渗透性，属渗透性较弱——一般。

综上所述，按照《地浸砂岩型铀矿水文地质勘查规范》（EJT 1194—2005）青山口组地浸水文地质条件复杂程度总体属于第二类型—第三类型，即水文地质条件中等—复杂的铀矿床。

三、矿床工程地质

（一）第四系松散岩类

第四系岩性主要由细砂、泥质细砂、黄土状亚砂土、泥质亚砂土、粉砂等组成，结构松散，胶结程度差。其可能影响工程地质的因素主要有：（1）由于上部 0.5~4.0m 之间以风积砂和亚砂土为主，下部多为细砂、粉砂，其间夹多层厚度为 1~5m 的亚黏土和黏土，而黄土状亚砂土具有一定湿陷性，因湿陷其抗压强度降低可能造成工程地质基础沉降；（2）细砂被水浸饱和之后，流动性大，当地下水的平衡受到破坏时易形成流沙；（3）第四系水位埋藏浅，富水性好，岩层渗透性强，涌水量大，在工程上易形成渗漏和回水现象。

（二）主要含矿层

含矿含水层隔水顶板多为泥岩，少部分为粉砂岩、泥质粉砂岩，岩性较稳定，节理裂隙一般不发育，层间结合一般，岩石完整，RQD 值为 90%~100%，吸水状态下的抗压强度在 9.6~10.2 MPa，天然状态下的抗压强度为 17.0~18.8MPa，软化系数为 0.55~0.56，抗剪强度的摩擦系数为 0.63~0.65，凝聚力为 1.45~1.62MPa，天然密度为 2.13~2.23t/m³。具易钻进取心，稳定性好，隔水性能优越的特点。

含矿含水层隔水底板多为泥岩，岩性较稳定，节理裂隙一般不发育，层间结合一般，岩石完整，RQD 值为 90%~100%，吸水状态下的抗压强度为 9.9~10.8MPa，天然状态下的抗压强度为 17.5~18.9MPa，软化系数为 0.57，抗剪强度的摩擦系数为 0.65~0.66，凝聚力为 1.46~1.78MPa，天然密度为 2.16~2.24t/m³。具易钻进取心，稳定性好，隔水性能优越的特点。

含矿层隔水顶板、底板抗压、抗剪强度较好，具隔水性能优越的特点，能有效阻止矿床疏干过程中其他含水层产生越流补给，抵抗开采过程中结构应力的变化。

矿区内泥岩、泥质粉砂岩等不透水岩石的湿涨性能较大，在钻井施工中导致卡钻等孔内事故的发生。

姚家组下段部分区段有紫红色、灰色及杂色泥砾岩、砂砾岩存在，厚度不等，主要分布在底板附近，钻进过程中易发生孔内事故，对地浸工程布置及工程施工产生一定影响。

矿区内火山岩、侵入岩发育，由于其非常致密和坚硬，且局部地区产状较陡，当钻遇时，易发生影响钻进和损坏钻头等情况。

四、环境地质与供水条件

（一）环境地质

1. 有利地质环境

（1）不具备发生泥石流的物源、水源及地形地貌条件。矿区地面地形较平坦，地势开阔，地表为植被、草场，沟谷不发育，加之降雨量不大，一般不会形成大的洪水，发生泥石流可能性很小。

（2）不具备发生崩塌、滑坡的地质、地形地貌条件。矿区堆积地形十分发育，相对高差为3~8m，地形坡度为2%~10%，地形总体平缓，地表无基岩出露。第四系堆积层在区内广泛分布，厚度较大，一般为120m左右，无天然陡峻的边坡。地表主要为草场、牧场，地势平坦，不具备发生崩塌、滑坡的地质、地形地貌条件。

（3）发生地面沉降灾害的可能性较小。矿区内第四系潜水是当地生产、生活的主要供水水源，其补给来源丰富，开采量相对补给量较少，地下水位埋深较浅，地层、第四系沉积物相对比较致密，常规数量的抽水补水，一般不会影响地下承重结构，发生地面沉降灾害的可能性较小。

2. 地质灾害特征

（1）区域断裂和地震灾害。区域内新构造运动较活跃，断裂活动具有明显的继承性和反复活动性，矿区西北钱家店①号断裂是一个长期活动断裂，如在区域应力作用下产生活动，将可能影响矿区。通辽地震局近年资料显示，区内地震活动较频繁，但以3级以下小地震为主，3级以上有感地震数量相对较小，但因铀矿地浸工程的特殊性，矿床开发和地面设施建设中也应引起重视。

（2）雨季洪水灾害。矿区地势较为平缓，属半干旱地区，但不能排除异常年份发生大规模洪水的可能。夏季可能会有短时暴雨形成漫流，在相对低凹地段形成短时间洪水，对矿区生产、施工设施及人员可能造成威胁，在雨季应做好防洪工作，以保护人员和财产安全。

（3）地下水抽排而引起的地面沉降灾害。下部承压水具稳定的顶板、底板，含水性、富水性总体一般。在铀矿地浸开采过程中，综合利用开采过程中产生的废水、废液回灌至含矿含水层重复循环利用，大量抽排地下水而引起的地面沉降灾害。

（4）土壤盐碱化灾害。矿区地下水位埋藏较浅，一般为3~15m，在部分地形低洼地带为1~3m，甚至小于1m，在地下水位小于临界深度的地段，地下水径流相对滞缓，加之饱和带岩性主要由亚砂土、亚黏土组成，易形成土壤盐碱化，影响农作物和草场生长。

3. 地下水环境

矿区内主要企事业单位为中核通辽铀业有限责任公司和高林屯种畜场，居民点主要有十间房村、东四家子村、六家子村、白兴吐村、胜利屯和前查干花等，地广人稀，人口密度小，以农田、草场、牧场为主。

当地居民生产生活的主要供水水源是第四系孔隙潜水，水性大多为中性，水化学类型主要为 HCO_3-Na·Ca、HCO_3-Na 型，水总硬度为29.24~369.80mg/L，矿化度为0.26~0.71g/L，pH值为6.94~7.82；水化学成分、放射性元素指标与邻近地区基本相似，水中铀含量为0.70~2.40μg/L，水中氡浓度为2.223~8.343Bq/L。

（二）环境质量现状及评价

1. 空气中氡及氡子体浓度

矿区与周围居民区室外氡浓度及氡气子体 α 浓度基本处于同一水平，均在国家环境保护局于 20 世纪 80 年代组织的全国 20 个城市调查的氡浓度范围内（3.3~40.8Bq/m³）。

2. 大气中 PM_{10} 和 SO_2

矿区大气中 PM_{10} 和 SO_2 的最大值分别为 0.077mg/m³ 和 0.017 mg/m³，SO_2 小于《环境空气质量标准》（GB 3095—2012）每小时平均值（≤ 150μg/m³），PM_{10} 在二级浓度标准值范围内。

3. 水环境

矿区地下水偏碱性，非放射性项目溶解总固体、氟化物、氨氮超《地下水质量标准》（BGT 14848—1993）V 类，其中氨氮超 V 类标准下限值约 1 倍，溶解性总固体略高于 V 类下限值标准，氟化物超 V 类下限 10 倍，其他指标未超地下水 Ⅲ 类标准，均属于天然背景。

背景放射性监测结果显示，含矿含水层放射性水平较高，总 α 范围在 14.36~27.35Bg/L，上部非含矿层总 α 为 2.59Bg/L，均大于 0.1Bg/L，为《地下水质量标准》Ⅳ 类。含矿含水层总 β 大于 1.0 Bg/L（SZ-0502、SZ-0702），为《地下水质量标准》Ⅳ 类。上部非含矿层总 β 为 0.35Bg/L，小于 1.0Bg/L，为《地下水质量标准》Ⅲ 类。

含矿含水层中铀浓度为 330.6~578.33 μg/L，属较高水平，高于内蒙古自治区本底范围。非含矿含水层铀浓度为 52.98 μg/L，位于全自治区本底范围之内。含矿含水层和非含矿含水层中镭 -226 的浓度均在本底范围内。

4. 土壤放射性和非放射性

矿区 pH 值偏酸性，均值大于 6.5，属于《土壤环境质量 农用地土壤污染风险管控标准（试行）》（GB 15618—2018）三级标准。土壤其他非放射性元素含量均低于《土壤环境质量 农用地土壤污染风险管控标准（试行）》（GB 15618—2018）一级标准。据《内蒙古自治区土壤中天然放射性核素含量调查》（张宝忠，1991）报道，内蒙古自治区土壤中铀的含量为 4.50~87.26Bg/（kg·干），均值为 28.60Bg/（kg·干），镭 -226 含量 7.00~88.32Bg/（kg·干），均值为 26.95Bg/（kg·干），矿区土壤中铀和镭 -226 均在上述范围之内，属于正常本底值。土壤氡的析出率为 12.40~23.80mBg/（m²·s），均值为 17.43mBg/（m²·S）。

5. 牧草放射性核素含量监测结果

在《内蒙古通辽钱家店铀矿床原地浸出采铀工程环境影响评价报告书》（2009 年）环境背景监测中，牧草中铀和镭的含量分别为 17.38Bg/kg 灰分和 15.54Bg/kg 灰分，属于本底范围之内。

6. 噪声

矿区昼间最大噪声值为 56.8dB（A），夜间最大噪声值为 47.0dB（A），在《声环境质量标准》（GB 3096—2008）[昼间 60.0dB（A）、夜间 50.0dB（A）]的两类噪声限值内，属于 2 类声环境功能区。

（三）环境保护措施

1. 勘探过程中的环境保护措施

在矿区勘探工作中，因铀矿体大多被揭穿，所有钻探工程均采取有效防护措施。地质勘探孔目的层顶板以上 15m 至孔底使用水泥全段封闭，取心检查封孔质量均达到设计效果。水文孔及其他钻孔均对含矿含水层隔水底板使用黏土、水泥封闭，隔水顶板至孔口使用水泥封闭，从根本上杜绝矿层开启。同时勘探工作妥善处理了护壁泥浆、废水、废渣等废弃物，统一放置岩心库保管。

2. 地浸开采过程中的环境保护措施

（1）防止非含矿层地下水的污染：含矿含水层顶、底板稳定，隔水性能好，地浸过程中一般不会产生地浸液向上部含水层越流，对邻近含水层造成污染。所有的地浸孔（抽、注液孔、观测孔）成井时，都对含矿含水层顶、底板及顶板以上用水泥进行封闭固井，确保地浸液不进入邻近含水层，防止造成地下水的污染。

（2）防止地表水及地表的污染：由于溶浸液是循环使用的，保证输液管道密封完好，不发生泄漏，蒸发池底及四周进行了严格的防渗处理。

（3）废液的处理：在地浸过程中溶浸液是循环使用的，不存在废液处理问题。当地浸结束后，溶浸液必须进行处理。因为通过地浸，地下水化学成分的原始状态已被破坏，最主要的表现是铀含量升高及其他有害组分的增加。由于按照放射性废物处置及其他方法进行了有效处理，未对地下水、地表环境造成污染。

（4）废渣的处理：废渣主要指蒸发池内的固体沉淀物。对蒸发池进行严格的防渗处理，最终的废渣集中清理后将运至指定地点，并按国家有关要求进行处理。

（四）供水条件

矿区第四系松散层的孔隙潜水，水量丰富，水质较好，含水层厚度大，主要受大气降水补给。区内地下水水位埋深浅，一般在 3~15m，单井出水量一般在 1000~2000m³/d。

第四系地下水的水化学成分较简单，地下水的物理性质为无色、无嗅、无味、透明，pH 值为 6.87~7.78，总硬度为 163.67~276.8mg/L（以 $CaCO_3$ 计），矿化度在 0.13~0.50g/L，水化学类型主要为 HCO_3-Ca·Na、HCO_3-Na·Ca 型，是当地居民生产生活的主要供水水源。

矿区供水井生活饮用水水化学类型简单，为低矿化度弱碱性 HCO_3^- Ca·Na 型水，总硬度为 216.0mg/L 和 349.0 mg/L（以 $CaCO_3$ 计），pH 值分别为 7.8 和 7.6。对比《生活饮用水卫生标准》（GB 5749—2006）菌落总数为 263CFU/mL，浑浊度（散射浑浊度单位）为 2NTU，肉眼可见物有少量悬浮微粒，三项指标均不符合《生活饮用水卫生标准》。可能与供水井深度较浅（分别为 15m 和 18m 左右）有关，浅层地下水受附近农田、牧场、草场、放牧及人类活动等原因影响是显而易见的。"锰"超标可能是地层锰含量偏高或其他原因引起。

第七节　岩矿石物理参数

一、铀矿石密度

钱家店铀矿床矿体内主矿石的密度变化不大，其中钱Ⅱ块砂岩矿石密度为 1.84t/m³、钱Ⅲ和钱Ⅳ块砂岩矿石的密度为 1.85t/m³。

二、矿石湿度的确定

钱家店铀矿床主要矿段矿石湿度基本稳定，变化幅度不大。其中钱Ⅱ块铀矿床砂岩矿石的湿度为 12.29%，钱Ⅲ块铀矿床砂岩矿石的湿度为 12.12%，钱Ⅳ块铀矿床砂岩矿石的湿度为 12.49%。

三、铀镭平衡系数

铀矿勘查中，往往通过测量岩石的 γ 射线强度来评价其铀含量。但岩石的 γ 射线强度主要反映镭及其子体的含量，而不是铀的含量。因为在铀衰变系列中主要的 γ 射线辐射体是 ^{238}U 的子体镭的短寿命子体核素 ^{214}Pb（RaB）和 ^{214}Bi（RaC），其 γ 射线占整个铀系 γ 射线总量的 98%。如果铀镭平衡，则可以直接作为铀的含量测算依据。但在砂岩型铀矿床中，由于受地球化学条件及层间水文地质条件的变化影响，岩石中的铀可能被溶解迁移或被重新沉淀吸附，铀—镭往往是不平衡的。因此，必须测定岩石的铀—镭平衡系数，对测量的放射性结果进行修正，才能获取准确的铀含量。

取样按《地浸砂岩型铀矿取样规程》（EJ/T 1158—2002）进行，基本全是劈心连续取样，根据岩性和铀矿化情况，一般单个样品连续长 0.2~0.5m，个别地段岩性和矿化比较均匀的为 1.0m。

（一）铀镭平衡系数修正值的确定

1. 铀、镭样品分析测定结果计算单样段铀镭平衡系数

公式为：

$$k_p^i = \frac{c_{Ra}^i}{c_u^i} \tag{6-7-1}$$

式中　k_p^i——单样段铀镭平衡系数；

c_{Ra}^i——单样段镭的分析测试值，%；

c_u^i——单样段铀的分析测试值，%。

2. 计算单矿段铀镭平衡系数

公式为：

$$k_p^d = \frac{h^f \cdot c_{Ra}^f}{h^f \cdot c_u^f} \tag{6-7-2}$$

式中　k_p^d——为单矿段铀镭平衡系数的数；

$h^f \cdot c_{Ra}^f$——为单矿段镭分析的米百分数值（经过矿心采取率修正后），%；

$h^f \cdot c_u^f$——为单矿段铀分析的米百分数值（经过矿心采取率修正后），%。

3. 计算单工程铀镭平衡系数

公式为：

$$k_p^g = \frac{\sum\left(h^f \cdot c_u^f \cdot k_p^d\right)}{\sum\left(h^f \cdot c_u^f\right)} \tag{6-7-3}$$

式中　k_p^g——为单工程铀镭平衡系。

4. 计算矿体的铀镭平衡系数

公式为：

$$k_p = \frac{\sum\left(h^f \cdot c_u^f \cdot k_p^g\right)}{\sum\left(h^f \cdot c_u^f\right)} \tag{6-7-4}$$

式中　k_p——为矿体的铀镭平衡系数

依据上述计算方法，计算得出单矿段铀镭平衡系数值，最后得出矿床铀镭平衡系数，并引入测井解释，对原始数据进行逐点修正。

（二）各矿床的铀镭平衡系数及分布特征

1. 钱Ⅱ块矿床铀—镭平衡系数

在钱Ⅱ块的 65 个工业孔中，共取 686 个单样，构成了 73 个组合样，样品总长 240.46m。对每个样品分别计算铀—镭平衡系数后，可求得钱Ⅱ块铀矿床铀—镭平衡系数的算术平均值为 0.84。对每个样品的值进行铀含量和厚度的加权平均，可得到钱Ⅱ块铀—镭平衡系数的加权平均值为 0.77。

钱Ⅱ块矿床矿化砂岩样品铀镭平衡系数具有正态分布特征（图 6-7-1），说明样品的采集工作符合统计条件要求，是完备的。计算结果是可信的。平衡系数明显偏铀。

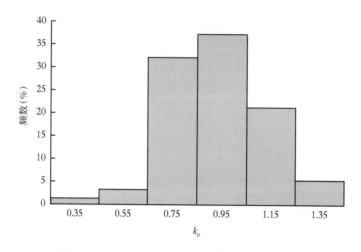

图 6-7-1　钱Ⅱ矿床 姚家组铀矿石样品 k_p 分布图

2. 钱Ⅳ块铀—镭平衡系数

在钱Ⅳ块的 117 个钻孔中取工业品位铀、镭样品 937 个，样品分布较均匀，每个含矿层参与计算的样品数量与其铀金属量所占比例大体一致（表 6-7-1）。主要矿层中，铀含量以主要矿体为主，占主要矿层总量的 90% 以上。主要矿体铀资源量占总量的比例在 50%~55% 之间。主要矿层铀—镭平衡系数计算结果为 0.73。引入修正的铀—镭平衡系数值和矿体资源量是相互对应，矿体资源量越大，纳入计算的样品数据越多。

表 6-7-1　钱Ⅳ块各矿层铀—镭平衡系数分布一览表

序号	矿层	样段数	取值范围	加权均值	算术均值	百分比	备注
1	Y3	18	0.40~1.57	0.62	0.76	6.74	
2	Y2	64	0.10~2.17	0.75	0.88	23.97	
3	Y1	149	0.10~1.87	0.73	0.80	55.81	
4	Q	36	0.42~1.81	0.77	0.85	13.48	
合计		267	0.10~2.11	0.73	0.82	100.00	

为了验证铀—镭平衡系数计算方法的合理性及修正值的准确性，将参加计算的937个单样段铀—镭平衡系数值进行研究（表6-7-2）。根据数理统计方法，分组后每组数据个数平均应达到30个以上，因此，将937个样品值分为25组，每组平均达到37.48个。统计结果表明，样品众数值落在0.64~0.81区间（图6-7-3），组中值为0.73，频数值为236；中位数为0.77，略高于矿床的加权平均值；统计结果表明，采用矿床的加权平均值0.73修正，基本是合理的。平衡系数明显偏铀。

表6-7-2 钱Ⅳ块单样段铀—镭平衡系数数理统计结果表

序号	区间界限	组中值	频率（个）	累计频率（%）	备注
1	0.12		2	0.21	
2	0.29	0.21	11	1.39	
3	0.47	0.38	91	11.10	
4	0.64	0.55	191	31.48	
5	0.81	0.73	236	56.67	
6	0.98	0.90	176	75.45	
7	1.16	1.07	110	87.19	
8	1.33	1.24	49	92.42	
9	1.50	1.42	32	95.84	
10	1.68	1.59	13	97.23	
11	1.85	1.76	6	97.87	
12	2.02	1.94	3	98.19	
13	2.19	2.11	5	98.72	
14	2.37	2.28	3	99.04	
15	2.54	2.45	2	99.25	
16	2.71	2.63	3	99.57	
17	2.89	2.80	0	99.57	
18	3.06	2.97	1	99.68	
19	3.23	3.15	0	99.68	
20	3.41	3.32	1	99.79	
21	3.58	3.49	0	99.79	
22	3.75	3.66	1	99.89	
23	3.92	3.84	0	99.89	
24	4.10	4.01	0	99.89	
25	4.27	4.18	0	99.89	

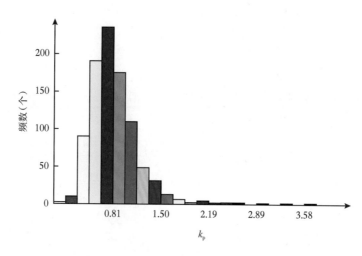

图 6-7-2　钱Ⅳ铀镭平衡系数频谱特征图

3. 钱Ⅲ矿床铀镭平衡系数

钱Ⅲ块取矿化砂岩样品 81 件，铀的平均含量 410.14μg/g，样品总长 25.6m。对每个样品分别计算铀—镭平衡系数（Kpi）后，可求得钱Ⅲ块铀矿床铀—镭平衡系数的算术平均值为 0.76。在单样的铀—镭平衡系数计算、单矿段铀—镭平衡系数计算、单工程铀—镭平衡系数计算的基础上，通过加权平均钱Ⅲ矿床铀—镭平衡系数为 0.66。

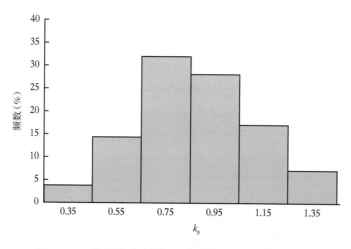

图 6-7-3　钱Ⅲ铀矿床铀—镭平衡系数（k_p）频谱特征图

钱Ⅲ块铀矿床矿化砂岩样品铀—镭平衡系数同样具有近似正态分布特征，说明样品采集和计算结果是可信的。平衡系数明显偏铀。

（三）铀—镭平衡系数的应用

铀—镭平衡系数除了用于放射性测井数据的修正外，还可以应用于了解铀的迁移及富集特征和规律。

1. 非矿化砂岩铀—镭平衡系数

根据前述公式，计算得到钱Ⅱ矿床非矿化砂岩铀—镭平衡系数的算术平均值为 1.16，铀含量和厚度计算的加权平均值为1.17。

　　钱Ⅲ块矿床非矿化砂岩铀—镭平衡系数的算术平均值为1.15，铀含量和厚度计算的加权平均值为1.17。

　　钱Ⅳ块铀矿的非矿化砂岩铀—镭平衡系数的算术平均值为1.12，铀含量和厚度计算的加权平均值为1.08。

　　钱Ⅱ块铀矿的非矿化砂岩铀—镭平衡系数偏镭（图6-7-4）。为铀的迁出所致。具有迁移和富集铀的特性。

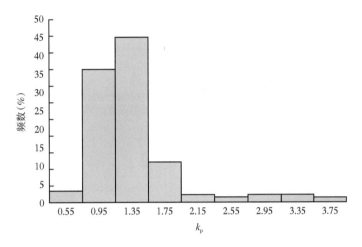

图6-7-4　钱Ⅱ块铀矿床非矿砂岩铀—镭平衡系数（k_p）频谱特征

　　2. 矿化和非矿化泥岩的铀—镭平衡系数

　　钱家店矿区铀矿化泥岩类矿石铀—镭平衡系数的算术平均值为0.81，厚度和铀含量加权计算平均值为0.67。矿化泥岩类岩石严重偏铀（图6-7-5）。

　　钱家店矿区非矿化泥岩类矿石铀—镭平衡系数的算术平均值为1.52，厚度和铀含量加权平均值为1.45。非矿化泥岩类岩石严重偏镭（图6-7-6）。

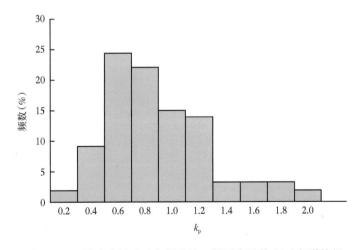

图6-7-5　钱家店铀矿矿化泥岩铀—镭平衡系数（k_p）频谱特征

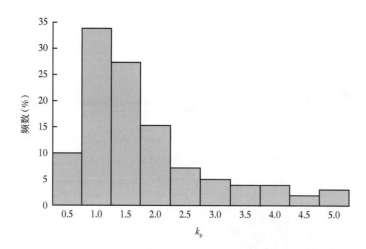

图 6-7-6　钱家店铀矿非矿化泥岩铀—镭平衡系数（k_p）频谱特征

第七章　铀矿床成因类型

开鲁坳陷铀矿床成因类型主要有多阶复合成因层间氧化砂岩型铀矿床、经典层间氧化型铀矿床和潜水氧化—层间氧化复合型铀矿床。

第一节　多阶复合成因层间氧化砂岩型铀矿床

钱家店铀矿床属于多阶复合成因层间氧化砂岩型铀矿床，其主控因素为局部活化反转构造"天窗"、充足的外部还原介质和原生规模灰色砂体，多成因、多阶段形成的超大型铀矿床，经历了"沉积期预富集—层间氧化成矿—油气、热液促进富集成矿—油气还原护矿"四个阶段。

一、控矿因素

（一）特大型构造斜坡为成矿提供了有利的构造背景

开鲁坳陷在早白垩世的发育过程中，与松辽盆地主体经历了早期（泉头组—青山口组早期）分离独立，中期（青山口组晚期—嫩江组末期）连通及晚期（四方台组—明水组）分离独立的三个发育阶段（李树青等，2007；胡望水等，2005）。在连通阶段的青山口组晚期至嫩江组末期，以松辽盆地为沉积沉降单元，形成了规模较大的西南大型斜坡，长200~300km，宽30~50km。

沿斜坡从西南向东北发育大型冲积扇—辫状河—辫状河三角洲沉积体系；嫩江组末期的构造反转，造成早期斜坡隆升掀斜，形成较沉积期坡度更陡的斜坡。进一步扩大含矿层剥蚀区面积，有利于含氧含铀水进入；变陡的坡度，更有利于层间水的流动（张金带，2005）。

（二）构造"天窗"完善了层间氧化的补—径—排系统

嫩江组末期钱家店地区发生局部构造反转，遭受强烈的剥蚀，含矿层姚家组出露地表，形成3个剥蚀"天窗"，面积约为200km²。"天窗"与蚀源区、倾向南西的宽缓斜坡和断层构成不同的层间水流动系统。形成区域层间氧化带，并在前锋线附近聚集成矿［图7-1-1（a）］。

随着天窗的不断抬升，到古近纪，天窗由排泄区变成补给区，形成从构造天窗到断裂的局部补—径—排系统。并围绕天窗形成规模较小的氧化带［图7-1-1（b）］，其作用主要是对先期矿体进行改造，促进进一步的富集。

（三）规模砂体为铀的运移和储集提供空间

钱家店超大型层间氧化砂岩型铀矿床的形成，得益于大规模发育的具有良好渗透性的辫状河河道和辫状河三角洲平原河道砂体。冲积扇发育于盆地边缘，辫状河发育于钱家店西南部，辫状河三角洲沉积体系主要发育于矿区及东北地区。

砂体规模大，单砂体厚度10~45m，累计厚度100~300m，具有良好的连通性和成层性。辫状河砂体岩性以褐红色和红色粗—中粒长石石英砂岩为主,三角洲平原砂体岩性以浅灰色和黄色细粒长石石英砂岩为主。岩石分选性较好,胶结物较少,泥质含量较低(<10%),孔隙度较高(20%~35%),透水性能较好,是含铀含氧水层迁移的良好通道。含矿层砂体的变异部位是铀富集储集空间。

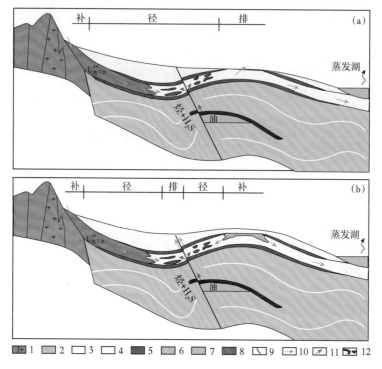

图 7-1-1 钱家店地区成矿模式图

1—蚀源区富铀岩石;2—盆地基底;3—砂岩储层;4—新生代沉积层;5—泥岩层;6—潜水氧化带;
7—石油;8—层间氧化带;9—断裂;10—地下水运移方向;11—油气流体运移方向;12—铀矿体

(四)越岸湖和沼泽为成矿提供了丰富的外部还原介质

钱家店坳陷位于开鲁坳陷与西南隆起的结合部位,到姚家组沉积期,形成辫状河三角洲平原,在越岸湖和沼泽沉积微相暗色泥岩、炭屑和有机质发育,形成局部的潮湿还原环境,促使铀在还原环境下得到预富集。

钱家店矿区的预富集分为两个阶段,一是沉积成岩期预富集,二是前期潜水氧化预富集。沉积成岩期预富集主要发生在姚家组沉积期及沉积后的成岩阶段,形成砂体铀异常或胚胎矿;前期潜水氧化预富集是在姚家组砂岩层沉积以后上覆嫩江组顶板泥岩隔水层未完全形成之前,含氧大气降水一直是垂向下渗,发生长期潜水氧化作用,在隔水层相对较好的上部砂岩中形成板状矿体。

(五)大型层间氧化是渗入改造成矿的必要条件

钱家店铀矿床具有形成层间氧化的构造、沉积、还原及水动力条件,其层间氧化带具有以下明显特征:

(1)规模大,层间氧化带的长度为 180km,宽度为 10~20km。

(2)层间氧化经历较长时间,大规模层间氧化开始于嫩江组沉积末期构造反转后,结束于明水组末期。在古近纪抬升后,还有小规模的层间氧化发生。由于氧化带发育时间

174

长，成熟度高、分带明显、地球化学标志清晰。

（3）钱家店超大型铀矿具有反差度大的氧化与还原，氧化还原过渡带宽大，姚家组下段的过渡带面积 $300km^2$，成矿空间大。

（4）层间氧化具有多层性，主要目的层姚家组自下而上分布 6 个矿层，各矿层受各自的层间氧化带控制，从下到上氧化规模逐渐减少，层间氧化过渡带不断向氧化带方向推进。

（5）氧化砂岩具有多成因性，钱家店地区的氧化砂岩为红色和黄色砂岩，也有人认为白色砂岩是氧化砂岩（庞雅庆等，2007）。黄色砂岩已公认为后期氧化砂岩，红色砂岩和白色砂岩争论较大，通过矿区层间氧化特征及区域层间氧化特征的对比研究，发现红色砂岩在氧化带的不同位置扮演不同的角色，在辫状河洼地及辫状河三角洲平原越岸湖和沼泽发育区，红色砂岩是后期氧化形成，而在冲积扇和辫状河中上游发育的红色砂岩多为原生红色砂岩。岩石的高岭石化是白色砂岩呈现白色调的主要原因，高岭石为主的黏土矿物组合反映的是酸性水介质的特征，这种酸性蚀变作用可能是深部还原性流体上升引起的，白色砂岩沿主干断裂呈条带状分布，进一步证实白色砂岩与沟通深部油气的深大断裂有关，因此白色砂岩是油气还原而成。

钱家店超大型铀矿床受发育完善的层间氧化控制，最终形成空间上围绕构造天窗分布的矿体群。

（六）油气和热液有利于铀的进一步富集

钱家店铀矿床直接位于含油构造之上。其成矿与其下的生烃洼陷和含油构造有着密切的关系。在多口钻井中见到油斑或油渍等油气逸散现象（图 7-1-2）。油气作用主要为油气的后生还原漂白作用、油气吸附作用和油气还原护矿作用。

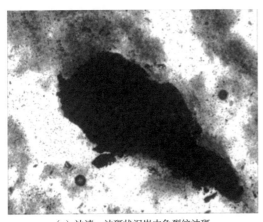 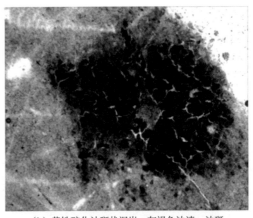

(a) 油渍—油斑状泥岩中龟裂纹油斑　　　　(b) 黄铁矿化油斑状泥岩，灰褐色油渍—油斑

图 7-1-2　油斑或油渍等油气逸散现象

矿区多期构造活动导致基性岩浆沿地层或断裂上涌，形成辉绿岩脉体及岩盖。辉绿岩主要呈灰绿色或灰黑色，致密坚硬，呈块状，局部角砾化，构造裂缝和溶蚀缝发育，厚度从几米到几十米不等，最厚可达 82m（颜新林，2018）。辉绿岩热液起到两方面积极的作用，一是上侵过程中从深部带来富含甲烷、硫化氢等还原性流体，构成铀还原沉淀的氧化—还原障，有利于铀迁移沉淀；二是提供化学反应必需的热能，形成环绕辉绿岩脉体的铀矿床富集形态。

二、成矿模式及找矿标志

（一）成矿模式

钱家店铀矿床是在稳定沉积的大型含油气盆地的宽缓斜坡及局部构造反转的构造背景下形成的，规模发育的辫状河和辫状河三角洲平原砂体在为含氧含铀层间水提供良好通道的同时，还为铀成矿提供了良好的储集空间；辫状河洼地和辫状河三角洲平原越岸湖和沼泽微相发育的暗色泥岩及深部油气为层间氧化提供了充足的外部还原介质；蚀源区—构造斜坡—构造"天窗"形成的补—径—排水动力系统，构成了钱家店有别于国内外典型的层间氧化带砂岩型铀矿床的成矿模式。

1. 同沉积预富集铀成矿

沉积期在辫状河三角洲平原越岸湖和沼泽发育区的沉积物中普遍含有较高的有机质、黄铁矿、S 等强还原剂，由于西南富铀蚀源区的岩石铀含量高，水体中游离的 U^{+6} 浓度相对较高，有利于岩屑中有机碳质、黄铁矿、钛铁矿吸附或还原可溶性六价铀。莓球状黄铁矿聚集体或莓球群就是沉积成岩期的产物。预富集虽不能形成规模的工业铀矿体，但会形成很低品位的铀矿化体。

2. 层间氧化成矿

层间氧化下渗成矿发育期可划分为两个阶段：第一阶段是嫩江组沉积末期至古近纪的构造活动期间，钱家店凹陷形成构造"天窗"和断裂排泄区的完整的补—径—排系统，形成从西南到东北的层间氧化，该层间氧化矿化作用持续时间较长，是铀成矿作用的主成矿期。

第二阶段为新近纪中晚期阶段至今，随着剥蚀"天窗"的进一步抬升，其作用从排泄区变成了补给区，形成了"天窗"和西南剥蚀区补给，断裂排泄的补—径—排系统。该期"天窗"至断裂的层间氧化规模较小，仅在"天窗"附近见到氧化的黄色砂岩，其作用可使铀矿体进一步富集。

3. 油气和热液促进成矿

油气对成矿的作用贯穿层间氧化的整个过程，为铀成矿提供良好的地球化学环境。岩浆热液活动促使深部还原介质的再度活化，最终形成空间上围绕侵入岩体、构造天窗分布的矿体群。

4. 油气还原护矿作用

新近纪，钱家店矿区断裂构造活动强烈，沿断裂产生大范围的油气逸散渗漏，形成的还原环境，对铀矿石具有免遭氧化的保护作用。

钱家店铀矿床是多成因—多阶段形成的，但主要受层间氧化控制。建立了"沉积期预富集—层间氧化成矿—油气热液促进成矿和油气还原护矿"的成矿模式（图 7-1-3）。

（二）主要找矿标志

局部活化构造反转区及深大断裂发育区，发育的砂体及丰富的外部还原介质是控制钱家店型铀矿床成矿的关键因素，也是该类矿床找矿的主要标志。

（1）反转隆升构造带和沟通下白垩含油系统的断裂发育带。

（2）外部还原介质发育的有利沉积微相。

（3）发育规模砂体的沉积体系。

（4）深断裂伴随的火山热液活动区。

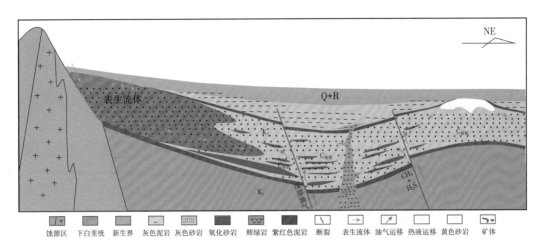

图 7-1-3 钱家店铀矿床成矿模式示意图

第二节 经典层间氧化型铀矿床

辽河铀矿探区的陆家堡凹陷的四方台组和明水组发育了经典层间氧化带型砂岩型铀矿，由于勘查程度较低，虽多见铀矿化显示，但还未发现规模矿床。主控因素及富集规律研究还比较肤浅。

一、控矿因素

（一）区域构造及其演化为铀成矿奠定了基础

陆东凹陷嫩江组沉积期末，在区域挤压背景下，开鲁坳陷与松辽盆地分离，形成一个独立的汇水坳陷，沉积了四方台组和明水组碎屑岩建造。坳陷西部及西北部形成大范围的构造斜坡，构造斜坡的大小和规模小于开鲁坳陷与松辽盆地连通时的斜坡规模。斜坡的宽度较大，长度相对较短。

明水组沉积末期再次发生挤压，使坳陷进一步抬升剥蚀。持续的掀斜作用，形成具有一定地层压力梯度的单斜地层，地表含氧含铀水从剥蚀区向盆内流动；姚家组上段—明水组潜在铀储层由盆缘至盆内呈退缩叠瓦状排列，并依次出露于地表，遭受暴露剥蚀，地表含氧含铀水的渗入，进入层间氧化；早期断陷边界断裂再次活动，使油气、油田水等还原流体沿断裂运移、扩散；形成由蚀源区补给—单斜构造单元径流—断裂排泄的水动力系统。

（二）组合良好的储—隔配置有利于层间水的流动

在含铀岩系中，稳定的铀储层与隔水层空间配置结构，是形成砂岩型铀矿的重要地质条件。泥—砂—泥的岩性结构韵律性不但决定了含矿含水层的数量，而且直接影响着含矿流场和层间氧化作用。

嫩江组、四方台组顶部泥岩隔水层发育稳定，横向上连续，是四方台组铀储层较好的隔水层，有效限制了含矿流体沿铀储层中的砂体中迁移。

陆东凹陷四方台组不但具有良好的隔水层，也发育较好的铀储层。其中四方台组低位体系域发育冲积扇和辫状河砂体，砂体平均厚度为35m，最大值为72m，平均砂地比为56%，最大值为91%；四方台组高位体系域发育辫状河和辫状河三角洲砂体，平均砂体厚度为33m，最大砂体厚度为66m，平均含砂率为65.5%，最大含砂率为90%。四方台组低位体系和高位体系域砂体发育，砂层厚度和含砂率适中，储集物性较好，孔隙度在10.6%~29.2%之间，平均19.3%，渗透率在0.057~664mD之间，平均137.4mD，有利于铀富集成矿（图7-2-1）。

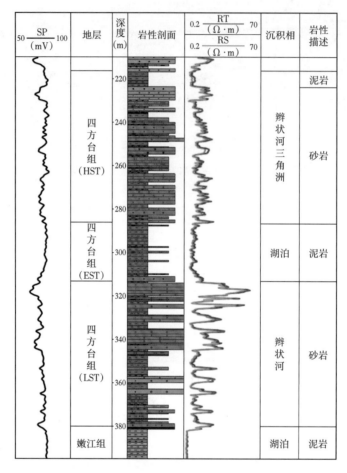

图 7-2-1　陆家堡地区四方台组综合柱状

（三）层间氧化还原作用决定铀矿体的空间分布和规模

陆东地区四方台组层间氧化带具有以下特征。

1. 层间氧化作用在空间上具有明显的分带性

层间氧化各带岩石学和地球化学特征对比见表7-2-1。

表 7-2-1　层间氧化各带岩石学和地球化学特征对比表

	氧化带	氧化—还原过渡带	还原带
砂岩颜色	红色、褐红色、黄色	浅灰色	灰色
含铁矿物	赤铁矿、褐铁矿	黄铁矿、钛铁矿	少量黄铁矿、菱铁矿
Fe^{3+}/Fe^{2+}	>2	1~2	<1
TOC	<0.1%	0.1%~0.2%	>0.2%
S	0.01%	0.14%	0.07%
E_h（mV）	15.75~20.2	11.75	6.8

2. 层间氧化方向与原始沉积的物源方向基本一致

沿盆地边部的氧化环境到盆地中心逐渐变为还原环境。

3. 砂体内部还原介质缺乏，外部还原介质丰富

四方台组铀储层内部有机质和黄铁矿都不发育，有机碳含量在0.02%~0.158%之间，平均为0.06%，硫含量在0.002%~0.262%之间，平均0.075%。

铀储层外部还原介质较发育，弥补了内部还原介质的不足。外部还原介质主要是暗色泥岩，富含有机质和黄铁矿等。在陆西的包日温都含油构造上方形成一个圆形含矿带，含矿带四周都是氧化带。

4. 层间氧化带规模较小

对比钱家店铀矿床，陆家堡凹陷经典层间氧化带规模较小，一般宽30~80km，长5~15km（图7-2-2和图7-2-3），总体趋势为西北向东南呈扇状分布。

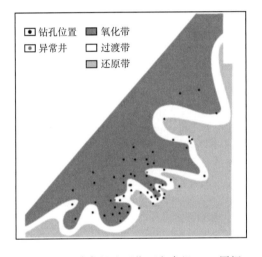

图 7-2-2　陆家堡地区位四方台组 LST 层间
氧化带分布

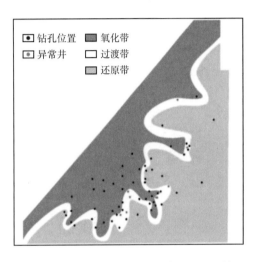

图 7-2-3　陆家堡地区位四方台组 HSL 层间
氧化带分布

二、成矿模式及找矿标志

（一）成矿模式

盆地前中生代基底演化形成的富铀岩石（体）是直接铀源，上白垩统原生灰色含铀砂体为再生铀源。沉积期形成的一定厚度并稳定展布的砂体是层间氧化带发育和铀的赋存的空间。含矿地层中的层间氧化带在盆地边缘出现"补给窗口"，同时产生一系列北北东向的断裂，形成地下水的补—径—排系统，含铀含氧水在砂体中运移并在氧化带前锋线富集成矿（图7-2-4）。

（二）主要找矿标志

（1）坳陷或盆地的宽大斜坡发育区。

（2）发育规模砂体的沉积相带。

（3）盆地边缘具有较大的剥蚀窗口。

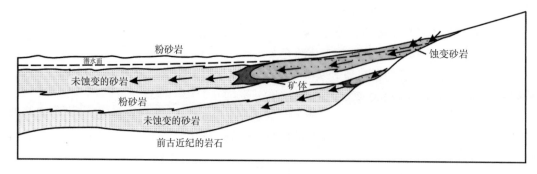

图 7-2-4　成矿模式图

第三节　潜水氧化—层间氧化复合型

一、控矿因素

（一）嫩江组末期的区域挤压构造运动控制了潜水氧化的范围

奈曼凹陷位于开鲁坳陷西南部边缘，嫩江组沉积期后，由于区域构造作用在坳陷边缘发生掀斜，嫩江组地层较长时间暴露地表，形成地表氧化水持续向地层中渗流。在同一氧化层中，上部氧化强烈，向下部减弱，逐步过渡到还原带，具有明显的垂直分带现象。

（二）富含还原介质的稳定底板是成矿的关键

奈曼地区嫩江组岩石中的有机质含量＞ 0.6% 上，$S_全$含量平均值＞ 0.3%，均高于钱家店矿床的平均水平，具备较强的还原能力（表 7-3-1）。

表 7-3-1　奈曼地区嫩江组还原剂含量表

井号	深度（m）	岩性	TOC（%）		$S_全$（%）	
			样品值	平均值	样品值	平均值
NC20	155.8	灰黑色泥质细砂岩	1.470	1.060	0.463	0.457
	156.9	灰黑色泥质细砂岩	0.657		0.451	
NC21	174.0	灰色泥质粉砂岩	0.673	0.827	0.549	0.334
	181.7	灰色泥质细砂岩	0.981		0.119	
NC22	183.3	灰色泥质细砂岩	0.682	0.600	0.371	0.244
	193.2	灰色泥质细砂岩	0.516		0.118	

（三）储集砂体发育规模较大物性较好

嫩江组上段砂体厚度大、连通性好和下段稳定的区域隔挡层为铀矿化富集提供了良好的储—隔组合 。

嫩江组下段发育湖泊相沉积，岩性主要为暗色泥岩。上段岩性组合主要为粉砂岩和细砂岩，砂体厚度大、连通性好，呈现下细上粗的反韵律，常见平行层理和小型交错层理，凸显三角洲的沉积特征，其分流河道、河口砂坝微相具有较厚的砂体是铀矿富集的良好的储集空间。

二、成矿模式及找矿标志

（一）成矿模式

潜水氧化—层间氧化复合型铀矿床的形成，包括潜水氧化阶段、潜水＋层间氧化阶段和层间氧化阶段。

1.潜水氧化阶段

嫩江组末期发生的构造反转，使得嫩江组长时间暴露地表，地表的含氧含铀水具有充足的时间持续渗入地层，形成具有一定规模的潜水氧化带。嫩江组下段富含有机质的泥岩层提供了充足的还原剂，形成还原障，使上部淋滤渗入的铀组分富集成矿（图7-3-1）。

该时期的铀矿化受潜水氧化作用的控制，矿化呈板状发育在氧化带底部，异常值幅度较低。

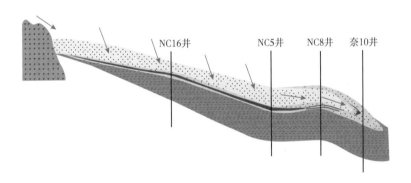

图 7-3-1　潜水氧化阶段成矿模式

2.潜水＋层间氧化阶段

奈曼凹陷四方台组沉积期是主要成矿期（图7-3-2），该时期四方台组分布在凹陷北部，发育的紫红色泥岩为稳定的区域隔水层，隔水层下面的地下水为承压水，潜水氧化作用也转为层间氧化作用，铀矿化随着承压水顺层向层间氧化带前锋线附近富集。

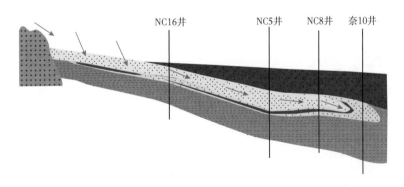

图 7-3-2　潜水＋层间氧化阶段成矿模式

此时期凹陷南部到坳陷边缘地区尚未沉积四方台组，嫩江组依旧以潜水氧化作用为主，异常依旧呈层状在氧化带底部发育。

3. 层间氧化阶段

进入新生代，开鲁坳陷内地层发育稳定，所有地区均被覆盖，潜水氧化作用逐渐减弱，成矿作用以层间氧化作用为主（图 7-3-3）。

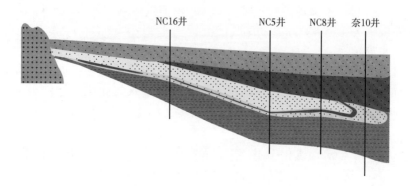

图 7-3-3　层间氧化阶段成矿模式图

（二）找矿标志

（1）盆地边缘宽大的剥蚀区。

（2）稳定的底板隔水层。

（3）隔水底板具有较丰富的还原介质。

（4）相对发育的铀储层。

第八章　矿床各论

　　钱家店铀矿床是我国北方松辽盆地发现的第一个大型可地浸砂岩型铀矿床。矿床由钱Ⅱ块、钱Ⅲ块、钱Ⅳ块和钱Ⅴ块共四个成矿区块构成。其中，钱Ⅱ块和钱Ⅳ块中段的资源量/储量勘探或详查报告已经通过国家放射性矿产储量评审委员会审查。钱Ⅱ块已进入工业采矿阶段，钱Ⅳ块完成了现场地浸采矿条件试验和工业性生产试验，钱Ⅲ块已基本控制矿化规模，钱Ⅴ块尚处于普查、详查阶段。

第一节　钱Ⅱ矿床

　　钱家店铀矿床钱Ⅱ块位于内蒙古自治区通辽市高林屯种畜场场部东北约6km处，地理坐标为北纬43°54′53″～43°56′46″，东经122°33′27″~122°36′04″。矿区东西长3.5km，南北长3.5km，面积12.5km²。

　　矿区内无地表露头，均被第四系（草原）覆盖。地形高差小于10m，海拔高程在158~166m之间。地表无常流水，只有雨季时才有季节性的时令河及水泡子，气候干旱少雨。居民区只有洋井一处，以牧业为主（图8-1-1）。

图 8-1-1　钱家店铀矿床钱Ⅱ块地貌

一、勘查发现

　　在石油井复查的基础上，1997年开始对4口有γ射线异常的石油井进行γ能谱测井，测井结果钱 12 井达到了矿化标准。为进一步确定异常是否由铀矿化引起，1997 年在钱家店凹陷显示最好的钱 12 井原井场部署了铀矿参数井 QC1 井，该井见到了良好的矿化显示，通过对岩心、矿石样品分析，首次肯定了放射性异常层系铀矿化引起，具有工业价值。

此后，辽河油田在该区加强了铀矿勘查力度，于 1998—2000 年针对预测的有利地区进行了 200m×200m、200m×100m 和 100m×100m 工程间距钻探，并完成了《内蒙古通辽市钱家店（钱Ⅱ块）铀矿床 06~07 号勘探线地质勘探报告》，2002 年 1 月获国土资源部矿产资源储量评审中心放射性矿产专业办公室最终审批认定（见国土资认储字〔2002〕156 号）。认定铀资源 / 储量 3437.5t，其中探明储量（331）523.3t，控制储量（332）2726.3t，推测储量（333）187.9t。

通过对钱Ⅱ块控矿因素及成矿规律的研究，认为钱Ⅱ块具有较大的开发潜力，因此，在钱Ⅱ块进行了扩大勘查，取得了很大的勘查成果。完成了《内蒙古通辽市钱家店（钱Ⅱ块）铀矿床 06~20 及 05~13 线勘探地质报告》，并于 2008 年 4 月通过国土资源部矿产资源储量评审中心放射性矿产专业办公室的评审验收，并颁发了资源 / 储量认定书（见国土资储备字〔2008〕311 号）。认定铀资源 / 储量 2030t，其中探明储量（331）300.7t，控制储量（332）1076.3t，推测储量（333）653.0t。

2008—2012 年在钱Ⅱ块 02~33 线进一步加大勘探力度，加快勘探步伐，《内蒙古通辽市钱家店（钱Ⅱ块）铀矿床外围 02~33 线详查地质报告》，于 2013 年向国家放射性矿产储量评审委员会评审验收，认定铀资源 / 储量 7906.2t，其中控制储量（332 类型）3703.6t，推测储量（333 类型）64202.6t。

钱Ⅱ块经过 16 年的勘探，完钻各类井口（表），通过 3 次向国家放射性矿产储量评审委员会提交资源 / 储量 13373.7t（表），钱Ⅱ块矿床达到了大型铀矿床规模。

二、矿床地质

（一）容矿层位

钱Ⅱ块容矿层位为上白垩统姚家组，由多个相对稳定，层厚约 0.5~5m 的薄层紫红色泥岩层分隔成 5 个矿层，即 Y2、Y3、Y4、Y5、Y6。

（二）构造特征

受西侧深大断裂的控制，沿断裂形成多个正向构造，而钱Ⅱ块则位于东北—西南正向构造的沟槽部位。从西北至东南分别发育断阶带、深凹带和斜坡带，其中断阶带分布范围很窄，沿深大断裂东侧呈带状分布，在断阶带中地层很陡，倾角为 45° 左右，矿体分布相对不均匀，平面上呈块状发育，但矿体品位相对较高，钱Ⅱ块铀矿床资源量最大的一个矿体就发育在断阶带之中；在深凹带地层倾角变缓，矿体分布均匀，平面上呈片状和条带状分布，矿体的品位和厚度较断阶带中的矿体有所减小；在斜坡带地层由西向东呈现出由缓变平的趋势，矿体发育逐渐变得零散，矿体品位和厚度逐渐降低。可以看出钱Ⅱ块铀矿床的矿体发育受到了构造形态的严格控制，断阶带和深凹带是地下水的主要汇集区，地下水长期大量的汇集使 U^{6+} 受到充分的还原作用，从而富集成矿。

（三）沉积储层特征

钱Ⅱ矿床含矿层姚家组沉积相类型以辫状河三角洲沉积体系为主，主要发育辫状河三角洲平原亚相。其中的辫状河河道砂体是铀运移和储集的有利储层，越岸湖及沼泽是两个沉积期形成还原环境的有利地区。

钱Ⅱ矿床含矿地层为上白垩统姚家组，含矿层具有可地浸砂岩型铀矿床的泥—砂—泥结构特征。除上白垩统嫩江组隔水岩层组和上白垩统青山口组顶部区域隔层外，还有四个局部隔水层，分别为姚三段（K_2y_3）底板隔水层、姚四段（K_2y_4）底板隔水层、姚五段（K_2y_5）底板隔水层和姚六段（K_2y_6）底板隔水层。构成Y1、Y2、Y3、Y4、Y5、Y6六个含矿砂体（图8-1-2）。含矿砂体岩性主要为细砂岩、中砂岩。

由区域隔水层和局部隔水层将钱Ⅱ块含矿砂体分隔成姚家组Y2、Y3、Y4、Y5、Y6共5砂层组。各砂层组由于所处构造位置和沉积相类型基本相同，砂体埋深和厚度变化有一定的变化。从Y2砂层组—Y6砂层组，砂体埋深减小，储层规模逐渐减小，砂体厚度逐渐减薄，含砂率降低。

在矿床范围内各含矿层含矿砂体产状相近，含矿砂体总体走向北东37°，倾向北西，倾角小于10°。

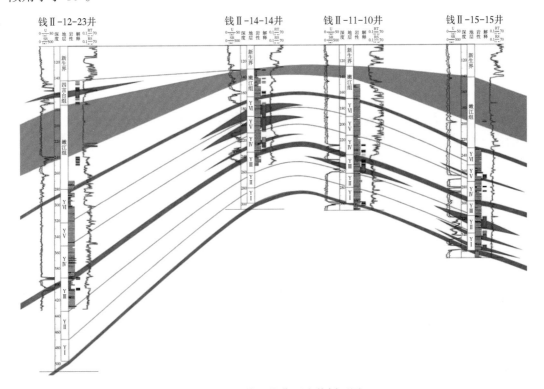

图8-1-2　钱Ⅱ块典型连井剖面图

姚家组下段含矿砂体底板高程介于-156.05~-507.65m之间，平均厚度68.2m。东南部含矿砂体底板埋深较浅，西北部含矿砂体底板埋深较大；西北部姚家组下段含矿砂体厚度增大，而西南部、东南部及东北部厚度变小；也存在局部含矿砂体变薄及增厚现象。

姚家组上段含矿砂体底板高程介于-134.15.00~-378.15m之间，平均厚度65.3m；含矿砂体埋深东部浅、西部深。含矿砂体西北部厚度小且稳定，东部厚度大且变化大。

姚家组含矿砂体粒径0.10~0.25mm的占51.59%，粒径在0.05~0.10mm及0.25~0.50mm之间的分别占13.84%和10.73%，粒径0.01~0.05mm及0.1~1.0mm分别占6.67%和1.45%，粒径大于1.00mm占0.54%，粒径小于0.01mm占14.93%。说明该区含矿砂体以细砂岩

（粒径 0.10~0.25mm）为主，中砂（粒径 0.25~0.50mm）、粗粉砂（粒径 0.05~0.10mm）次之，细粉砂（粒径 0.01~0.05mm）少，砾石（粒径大于 1.00mm）、粗砂（粒径 0.50~1.00mm）很少，而泥质粒径小于 0.01mm 的含量中等。

含矿砂体孔隙度较高，其中姚家组下段含矿砂岩石孔隙度 12.4%~36.72%，平均 30.7%；姚家组上段含矿砂体岩石孔隙度 20.6%~35.1%，平均 29.9%。总体来说，姚家组下段和姚家组上段孔隙度变化较小。

姚家组含矿砂体岩石渗透率范围 1~4119mD，平均值为 447.1mD。姚家组下段含矿砂体岩石渗透率范围 1~4119mD，平均值为 497.2mD；姚家组上段含矿砂体岩石渗透率范围 1~1508mD，平均值为 246.2mD；姚家组下段含矿砂体岩石渗透率明显高于姚家组上段。

（四）层间氧化

钱Ⅱ块地层具有多套泥—砂—泥岩石组合，每套组合都不同程度地发育后生层间氧化蚀变，形成多个层间氧化带。工业铀矿化主要赋存在姚家组的层间氧化带前缘。

钱Ⅱ块姚家组赋矿层存在三种岩石地球化学环境类型：原生氧化环境、后生还原环境和后生氧化环境。原生氧化环境以红色泥岩、粉砂岩、泥质砂岩等非渗透或弱渗透性岩石为标志；后生氧化岩石多为红色、红褐色或黄色等渗透性砂岩；后生还原岩石多为灰白色，为原生红色岩石经油气还原褪色所形成。

钱Ⅱ块姚家组可划分氧化带、过渡带和还原带，铀矿体主要产出于过渡带内。氧化带主要分布在西部及西北部，剖面上氧化砂体多呈指状深入过渡带，厚度变化大，与灰色砂体共存。姚家组各岩段氧化砂体分布不均匀，Y2—Y3 层氧化作用相对较强，Y4—Y6 层氧化作用相对较弱。Y2—Y6 各旋回层间氧化带的发育具有继承性，从 Y2—Y6 氧化带由东北向西南和西北方面逐渐退缩，层间氧化的前锋线严格控制铀矿床的分布。

（五）矿体特征

1. 矿体（层）形态及空间分布

钱Ⅱ矿床在姚家组含矿砂体中按矿化层位的不同划分为 6 个矿层，自下而上矿层编号依次为Ⅰ号、Ⅱ号、Ⅲ号、Ⅳ号、Ⅴ号和Ⅵ号，每一个矿层发育一个或多个矿体。Ⅰ号矿层、Ⅱ号矿层、Ⅲ号矿层分布在姚家组下段砂体中，Ⅳ号矿层、Ⅴ号矿层和Ⅵ号矿层分布在姚家组上段砂体中。平面上，矿体分布于西侧沟槽和东侧斜坡带，与层间氧化带前锋线展布方向基本一致，由下至上，矿体逐渐由北向南迁移。剖面上，矿体（层）呈板状、似层状和透镜状，与地层产状一致，沿层位断续或叠加出现，由南向北坡度增加，在断层附近最陡。

Ⅰ号矿层：位于姚家组下段的底部层位，主要分布在勘探区的北部。含 12 个矿体，资源量最大的矿体规模 655.2t。矿体多沿走向呈多边状镰刀形产出，也有零星分布的小矿体。

Ⅱ号矿层：Ⅱ号矿层是钱Ⅱ块主要矿层，位于姚家组下段的下部层位，主要分布在勘探区的中部和东部。含 36 个矿体，资源量最大的矿体规模达到 2243.2t。矿体多沿走向呈多边状镰刀形产出，也有零星分布的小矿体。

Ⅲ号矿层：位于姚家组下段含矿砂体上部，该层铀矿体分布面比较广，共有矿体 41 个，其中规模较大的只有 3 个矿体，最大矿体铀资源量为 951.3t。

Ⅳ号矿层：分布在姚家组上段含矿砂体下部，Ⅲ号矿床的矿体零星分布在矿区东北部。该层由 20 个矿体组成，大多为单孔控制的小矿体。

Ⅴ号矿层：位于姚家组上段含矿砂体中部，该矿层零星分布在西南部及西北部。有 20 个小矿体，多为单孔控制。最大矿体铀资源量仅为 111.1t

Ⅵ号矿层：位于姚家组上段含矿砂体上部，只有 8 个规模较小矿体，分布在勘探区的西南部和东北部。工业价值不大。

矿层埋深：Ⅰ号矿层矿体的最大埋深 520.55m、最小埋深 174.1m；Ⅱ号矿层矿体的最大埋深 507.65m、最小埋深 184.55m；Ⅲ号矿层矿体的最大埋深 440.65m、最小埋深 156.05m；Ⅳ号矿层矿体的最大埋深 378.15m、最小埋深 151.95m；Ⅴ号矿层矿体的最大埋深 318.35m、最小埋深 228.35m；Ⅵ号矿层矿体的最大埋深 274.75m、最小埋深 190.05m。

钱家店铀矿铀资源量主要位于姚家组下段含矿砂体的 Y2 段和 Y3 段层位，具有较大的工业价值。而姚家组上段含矿层 Y5 段和 Y6 段只有零星分布的小矿体，其工业利用价值欠佳。

2. 矿体的厚度、品位及铀含量变化

（1）厚度变化：钱Ⅱ块矿体厚度变化范围 0.90~15.75m，平均厚度 5.07m。其中Ⅱ号矿体平均厚度最大。

（2）品位变化：钱Ⅱ块矿体品位变化范围 0.0119%~0.0876%，平均品位 0.0319%。其中Ⅱ号矿体平均品位最高。

（3）铀含量变化：钱Ⅱ块矿体铀含量变化范围 1.03~10.62kg/m^2。其中Ⅱ号矿体平均铀含量最大。

3. 铀的赋存状态

钱Ⅱ块铀矿床矿石中铀的存在形式有吸附铀、铀矿物及含铀矿物三类。主要存在形式为铀矿物及吸附铀，存在于含铀矿物中的铀很少。铀矿物为沥青铀矿，吸附铀主要为有机质及黏土吸附，而含铀矿物主要是砂岩中的碎屑锆石。

4. 矿石中铀的价态特征

姚家组上段铀矿体 $U_{Ⅵ}$ 全部高于 $U_{Ⅳ}$，变化范围也不大，$U_{Ⅵ}/U_{Ⅳ}$ 比值为 1.27~1.89，平均为 1.59，与我国新疆伊犁砂岩型铀矿（伊犁 512 矿床过渡带 $U_{Ⅵ}/U_{Ⅳ}$=1.44）相近。而与姚家组下段铀矿石 $U_{Ⅵ}/U_{Ⅳ}$ 比值相比姚家组上段 U^{6+} 明显偏高。姚家组上段 $U_{Ⅵ}/U_{Ⅳ}$ 比值明显偏高，说明其成矿时环境氧化性较强。对于地浸工艺来说，$U_{Ⅵ}$ 含量高则可以减少氧化剂浓度及减少氧化剂消耗。测定结果说明姚家组上段铀矿体更有利于地浸采矿。

5. 成矿年龄

采用 U-Pb 同位素定年法，获得钱家店铀矿床的成矿年龄分别为（89±11）Ma、（67±5）Ma、（53±3）Ma、（44±4）Ma。其中（89±11）Ma 与上白垩统姚家组沉积年龄相当，表明姚家组沉积时就有铀的富集；而（67±5）Ma、（53±3）Ma、（44±4）Ma 的成矿年龄与晚白垩世末期—古近纪早期该区地壳抬升掀斜和反转构造形成的构造"天窗"相吻合，该时期辉绿岩侵位并形成了有利的地下水动力学环境，发生大规模的成矿作用。

第二节　钱Ⅲ矿床

钱家店铀矿床钱Ⅲ块位于内蒙古自治区通辽市高林屯东四家子东 1km 处，地理坐标为北纬 43°85′22″~43°91′45″，东经 122°52′19″~122°61′01″。矿区东西长 1.5km，南北长 2.5km，面积 3.75km^2。

矿区内无地表露头，均被第四系（草原）覆盖。地形高差小于 10m，海拔高程在 156~168m 之间。地表无常流水，只有雨季时才有季节性的时令河及水泡子，气候干旱少雨。居民区只有洋井一处，以牧业为主。

一、勘查发现

2008 年，辽河石油勘探局与辽河油田公司重组整合后，通辽铀矿业务划归辽河油田公司统一管理。在上级领导的支持下，通过加大勘探力度，扩大勘查范围取得空前成果，当年实现新增储量（资源量）近 8000t，使辽河通辽铀矿一跃跨入全国大型地浸砂岩型铀矿行列。钱Ⅲ块铀矿床就是在这一背景下新发现的具有十分可观发展前景的新的铀矿床。

2005 年 10 月，在钱Ⅲ块施工的 QC9 井在姚家组井段发现放射性异常，2006 年以 QC9 井为中心，施工了探井 5 口，其中 QC9 井、39-01 井、43-04 井共 3 口井发现工业铀矿层，另有两口井见铀矿化层。按照 400m×400m 的区域，预测控制资源量 900t。研究认为，在该区自东四家子向北东向至十间房一带长约 3km 是铀富集的有利地区。根据 2006 年的勘探成果，2008 年在钱Ⅲ块部署普查井 12 口，使历年累计钻井数量达到 18 口，除最北端的钱Ⅲ-59-04 井外，其余各井均钻遇铀矿化层，其中 QC9 井、39-01 井、43-04 井、35-08 井、34-01 井、27-04 井、19-01 井共 7 口井见工业铀矿层，已初步控制 QC9 井和钱Ⅲ-35-08 井—钱Ⅲ-27-04 井两个区带，并初步预测控制资源量 4000t 左右。研究成果说明高林屯突起以南、东四家子以东地区的钱Ⅲ块应该是近期寻找落实工业铀矿床的最有利地区，具有很好的勘探前景，有待进一步勘查落实。

自 2010 年开始加大对钱Ⅲ块的勘探力度，经过近几年来的不断研究及部署，实现了储量大幅提升，截至目前已达 5654.8t。

二、矿床地质

（一）容矿层位

钱Ⅲ块容矿层位为上白垩统姚家组，由多个相对稳定、层厚 0.5~5m 的薄层紫红色泥岩层分隔成 Y1、Y4 和 Y5 三个矿层。

（二）构造特征

钱Ⅲ块位于北部斜坡带中部，面积约 11.4km^2，为一沿北东向展布的沟槽，北高南低。西部紧邻构造天窗，东部为斜坡带。西部临近沟通上下白垩统的逆断层，周边发育多条近东西向、南北向的正断层，对铀成矿和油气成藏都起到了一定控制作用，区内断裂不发育。

（三）沉积储层特征

钱Ⅲ矿床含矿层姚家组沉积相类型以辫状河三角洲沉积体系为主，主要发育辫状河三角洲平原亚相。其中的辫状河河道砂体是铀运移和储集的有利储层，越岸湖及沼泽是两个沉积期形成还原环境的有利地区。

钱Ⅲ矿床含矿地层为上白垩统姚家组，含矿层具有可地浸砂岩型铀矿床的泥—砂—泥结构特征。除上白垩统嫩江组隔水岩层组和上白垩统青山口组顶部区域隔层外，还有四个局部隔水层，分别为姚三段（K_2y_3）底板隔水层、姚四段（K_2y_4）底板隔水层、姚五段（K_2y_5）底板隔水层和姚六段（K_2y_6）底板隔水层。构成 Y1、Y2、Y3、Y4、Y5、Y6 六个含矿砂体（图 8-2-1）。含矿砂体岩性主要为细砂岩、中砂岩。

由区域隔水层和局部隔水层将钱Ⅲ块含矿砂体分隔成姚家组 Y1、Y4 和 Y5 三个砂层组。各砂层组由于所处构造位置和沉积相类型基本相同，砂体埋深和厚度变化有一定的变化。从 Y1 砂层组—Y5 砂层组，砂体埋深减小，储层规模逐渐减小，砂体厚度逐渐减薄，含砂率降低。

在矿床范围内各含矿层含矿砂体产状相近，含矿砂体总体走向北东37°，倾向北西，倾角小于10°。

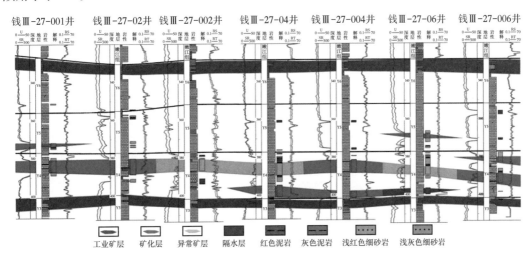

图 8-2-1 钱Ⅲ块典型连井剖面图

姚家组上段含矿砂体底板高程介于 -273.2~-353.15m，平均厚度 63.2m；含矿砂体埋深南部深、北部浅。含矿砂体西北部厚度小且稳定，东部厚度大且变化大。

姚家组含矿砂体粒径 0.10~0.25mm 的占 54.59%，粒径在 0.05~0.10mm 及 0.25~0.50mm 之间的分别占 11.44% 和 10.25%，粒径 0.01~0.05mm 及 0.1~1.0mm 分别占 5.34% 和 1.32%，粒径大于 1.00mm 占 0.61%，粒径小于 0.01mm 占 13.24%。说明该区含矿砂体以细砂岩（粒径 0.10~0.25mm）为主，中砂（粒径 0.25~0.50mm）、粗粉砂（粒径 0.05~0.10mm）次之，细粉砂（粒径 0.01~0.05mm）少，砾石（粒径大于 1.00mm）、粗砂（粒径 0.50~1.00mm）很少，而泥质粒径小于 0.01mm 的含量中等。

含矿砂体孔隙度较高，其中姚家组下段含矿砂岩石孔隙度 12.1%~32.5%，平均值为 29.6%；姚家组上段含矿砂体岩石孔隙度 21.6%~32.1%，平均值为 27.2%。总体来说，姚家组下段和姚家组上段孔隙度变化较小。

姚家组含矿砂体岩石渗透率范围 1~3982mD，平均值为 453.1mD。姚家组下段含矿砂体岩石渗透率范围 1~3982mD，平均值为 451.2mD；姚家组上段含矿砂体岩石渗透率范围 1~1673mD，平均值为 276.5mD；姚家组下段含矿砂体岩石渗透率明显高于姚家组上段。

（四）层间氧化

钱Ⅲ块地层具有多套泥—砂—泥岩石组合，每套组合都不同程度地发育后生层间氧化蚀变，形成多个层间氧化带。工业铀矿化主要赋存在姚家组的层间氧化带前缘。

钱Ⅲ块姚家组赋矿层存在三种岩石地球化学环境类型：原生氧化环境、后生还原环境和后生氧化环境。原生氧化环境以红色泥岩、粉砂岩、泥质砂岩等非渗透或弱渗透性岩石为标志；后生氧化岩石多为红色、红褐色或黄色等渗透性砂岩；后生还原岩石多为灰白色，为原生红色岩石经油气还原褪色所形成。

钱Ⅲ块姚家组可划分为氧化带、过渡带和还原带，铀矿体主要产出于过渡带内。氧化带主要分布在西部及西北部，剖面上氧化砂体多呈指状深入过渡带，厚度变化大，与灰色

189

砂体共存。姚家组各岩段氧化砂体分布不均匀，Y1 段—Y3 段氧化作用相对较强，Y4 段—Y6 段氧化作用相对较弱。Y2 段—Y6 段各旋回层间氧化带的发育具有继承性，层间氧化的前锋线严格控制铀矿床的分布。

（五）矿体特征

1. 矿体（层）形态及空间分布

钱Ⅲ矿床在姚家组含矿砂体中按矿化层位的不同划分为 3 个矿层，自下而上矿层编号依次为Ⅰ号、Ⅳ号和Ⅴ号，每一个矿层发育一个或多个矿体。Ⅰ号矿层分布在姚家组下段砂体中，Ⅳ号矿层、Ⅴ号矿层分布在姚家组上段砂体中。平面上，矿体分布于西侧沟槽和东侧斜坡带，与层间氧化带前锋线展布方向基本一致。剖面上，矿体（层）呈板状、似层状和透镜状，与地层产状一致，沿层位断续或叠加出现，由南向北坡度增加，在断层附近最陡。

Ⅰ号矿层：位于姚家组下段的底部层位，主要分布在勘探区的南部。含 1 个矿体，资源量规模 46t。

Ⅳ号矿层：分布在姚家组上段含矿砂体下部。该层由 5 个矿体组成，最大矿体储量达2744.51t，均为多孔控制的大矿体。

Ⅴ号矿层：位于姚家组砂体中部，该矿层零星分布在西南及中部。有 8 个小矿体，多为单孔控制。最大矿体铀资源量仅为 267.7t。

矿层埋深：Ⅰ号矿层矿体埋深 540.15m；Ⅳ号矿层矿体的最大埋深 358.15m、最小埋深 303.62m；Ⅴ号矿层矿体的最大埋深 304.15m、最小埋深 217.5m。

钱家店铀矿铀资源量主要位于姚家组上段含矿砂体的 Y4 段和 Y5 段的矿体，具有较大的工业价值。而姚家组下段含矿层 Y1 段只有零星分布的小矿体，其工业利用价值欠佳。

2. 矿体的厚度、品位及铀含量变化

（1）厚度变化：钱Ⅲ块矿体厚度变化范围 0.80~20.15m，平均厚度 4.32m。其中Ⅲ号矿体平均厚度最大。

（2）品位变化：钱Ⅲ块矿体品位变化范围 0.01249%~0.0756%，平均品位 0.0249%。其中Ⅲ号矿体平均品位最高。

（3）铀含量变化：钱Ⅲ块矿体铀含量变化范围 1.01~16.32kg/m^2。其中Ⅲ号矿体平均铀含量最大。

3. 铀的赋存状态

钱Ⅲ块铀矿床矿石中铀的存在形式有吸附铀、铀矿物及含铀矿物三类。主要存在形式为铀矿物及吸附铀，存在于含铀矿物中的铀很少。铀矿物为沥青铀矿，吸附铀主要为有机质及黏土吸附，而含铀矿物主要是砂岩中的碎屑锆石。

第三节 钱Ⅳ矿床

钱家店铀矿床钱Ⅳ块位于内蒙古自治区通辽市六家子村附近，地理坐标为北纬43°47′49″~43°55′38″，东经 122°32′23″~122°40′53″。矿区由西南向东北展布，东西长6.9~2.6km，南北长 13km，面积 69.7km^2。

矿区内无地表露头，均被第四系（草原）覆盖。地形高差小于 10m，海拔高程在158~166m 之间。地表无常流水，只有雨季时才有季节性的时令河及水泡子，气候干旱少雨。居民区只有洋井一处，以牧业为主（图 8-3-1）。

图 8-3-1　钱家店铀矿床钱Ⅳ块地貌

一、勘查发现

2008 年在钱Ⅳ中段部署第一口探井 QC19 井，在姚家组下段获三套工业矿层，累计厚度 17m，平均品位 0.0321%，铀含量超过 10kg/m²，通过研究分析认为钱Ⅳ块具备形成大型铀矿床的条件，于 2009 年正式开启钱Ⅳ块勘探，分别进行了 200m×200m、200m×100m 和 100m×100m 工程间距钻探，截至 2020 年共完钻探井 989 口，获工业井 503 口，矿化井 478 口，见矿率 99%。

在此期间分别完成了三次不同级别资源量上报：

（1）2014—2016 年，核工业二〇八大队完成了《内蒙古通辽市钱家店铀矿床钱Ⅳ块（25~32 线）详查地质报告》。2016 年 9 月报国土资源部备案，备案 333 及以上铀资源量 13248.0t（备案号：国土资储备字〔2016〕163 号）；

（2）2018 年，核工业二四三大队完成了《内蒙古通辽市钱家店铀矿床钱Ⅳ块（25~32 线）勘探地质报告》。2018 年 8 月备案（111b+122b+333）铀资源量 11558.2t；

（3）2017—2018 年，核工业二〇八大队完成了《内蒙古通辽市钱家店铀矿床钱Ⅳ块（97~29 线）详查地质报告》。2019 年 3 月备案 333 及以上铀资源量 7869.6t。

二、矿床地质

（一）容矿层位

钱Ⅳ块容矿层位为上白垩统姚家组，由多个相对稳定、层厚约 0.5~5m 的薄层紫红色泥岩层分隔成 Y1、Y2、Y3、Y4、Y5、Y6 六个矿层。

（二）构造特征

钱Ⅳ块北部位于钱家店凹陷北部斜坡带中部，面积约 11km²，由一条近南北向及一条近北西向断裂挟持所形成的断块，整体呈东高西低的斜坡。西部为正断层，东部为逆断层，逆断层沟通下白垩统。区内断裂发育较少，仅发育一条近南北向的小型正断裂，断裂对沉积没有控制作用。

（三）沉积储层特征

钱Ⅳ矿床含矿层姚家组沉积相类型以辫状河三角洲沉积体系为主，主要发育辫状河三角洲平原亚相。其中的辫状河河道砂体是铀运移和储集的有利储层，越岸湖及沼泽是两个沉积期形成还原环境的有利地区。

钱Ⅳ矿床含矿地层为上白垩统姚家组，含矿层具有可地浸砂岩型铀矿床的泥—砂—泥结构特征。除上白垩统嫩江组隔水岩层组和上白垩统青山口组顶部区域隔层外，还有四个局部隔水层，分别为：姚三段（$K_2 y_3$）底板隔水层、姚四段（$K_2 y_4$）底板隔水层、姚五段（$K_2 y_5$）底板隔水层和姚六段（$K_2 y_6$）底板隔水层。构成 Y1、Y2、Y3、Y4、Y5、Y6 六个含矿砂体（图 8-3-2）。含矿砂体岩性主要为细砂岩、中砂岩。

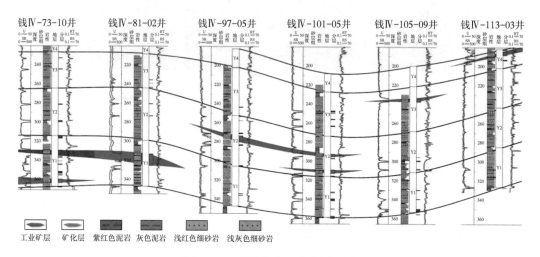

图 8-3-2　钱Ⅳ块典型连井剖面图

Y1 段由 3~4 个旋回组成一个钟形曲线，底界面以突变式为主，顶界面以渐变式为主体；从下至上，岩性粒级变化不大，但泥质含量由下至上逐渐增高；自然电位曲线的泥岩基线与上覆 Y2 段及下伏青山口组均不同，反映沉积时环境不同。

Y2 段为 4~9 个旋回组成一个箱形曲线，顶界面、底界面均为突变式，砂岩渗透性较均一，自然电位曲线的泥岩基线值低，与 Y1 段有明显区别。

Y3 段由 2~3 个旋回组成，下部为钟形，上部为箱形；钟形曲线多为曲流河沉积，但其沉积厚度较薄，仅个别钻孔可见沉积旋回，故没单独区分；自然电位曲线的泥岩基线与 Y2 段相近，渗透性好且均一。顶部洪泛沉积的泥岩较厚且连续，是区域性隔水层。

Y4 段由 2~3 个旋回组成一个钟形曲线，底界面以突变式为主，顶界面以渐变式为主；砂体厚度较薄，但渗透性好；自然电位曲线的泥岩基线与上覆地层和下伏地层相近。

Y5 段由 1~2 个旋回组成一个钟形曲线，底界面以突变式为主，顶界面以渐变式为主；砂体厚度较薄，但渗透性好；自然电位曲线的泥岩基线与上覆地层和下伏地层相近。

Y6 段由 1~2 个旋回组成一个钟形曲线，底界面以突变式为主，顶界面以渐变式为主；砂体厚度较薄，但渗透性好；自然电位曲线的泥岩基线与下伏地层相近。在矿床范围内各含矿层含矿砂体产状相近，含矿砂体总体走向北东 35°，倾向北西，倾角小于 10°。

姚家组下段含矿砂体底板埋深介于 -317.28~-505.90m，平均厚度 132.2 m；东北部含矿砂体底板埋深较浅，西南部含矿砂体底板埋深较大。南部姚家组下段含矿砂体厚度增大，而北部厚度变小；也存在局部含矿砂体变薄及增厚现象。

姚家组上段含矿砂体底板埋深介于 -235.04~-375.80m，平均厚度 72.5m；含矿砂体埋深北部浅、南部深。含矿砂体厚度较薄且稳定。

含矿砂体主要岩石类型主要包括砾岩、粗砂岩、中砂岩、细砂岩、粉砂岩和泥岩等等。统计表明，碎屑粒度以细砂岩为主，细粒含量一般为 53.95%（表 8-3-1），其次为中粒砂岩、粗粒砂岩，粉砂岩和泥质含量一般在 14% 左右。

表 8-3-1　细砂岩粒度分类统计表

样品数（个）	砾（%）	粗粒（%）	中粒（%）	细粒（%）	粉、泥（%）
18	0	5.03	26.72	53.95	14.3

含矿砂岩碎屑的总体磨圆度较差，以棱角状—次棱角状和次圆状为主，分别占 43.74%、41.56%。其次是磨圆度中等的次棱角状—次圆状，占 8.55%，磨圆度好的只占 3.70%。不同圆度级别碎屑的百分含量存在一定的变化幅度。

含矿砂岩主要为孔隙式胶结，部分为基底式胶结。

（四）层间氧化

姚家组氧化砂体多呈透镜体近水平产出（图 8-3-3），剖面上自西向东，氧化砂体逐渐变薄直至消失，且原生氧化砂体与后生氧化砂体叠置产出；氧化砂体完整性较差，主要原因是河道砂体泥岩夹层较多，且后生氧化方向与河道砂体沉积方向近垂直，泥岩夹层制约了含氧含铀水的迁移；原生氧化砂体多产于还原带附近，其特征是砂体渗透性较差，多为泥质细砂岩、含泥细砂岩或其上下的薄层围岩。

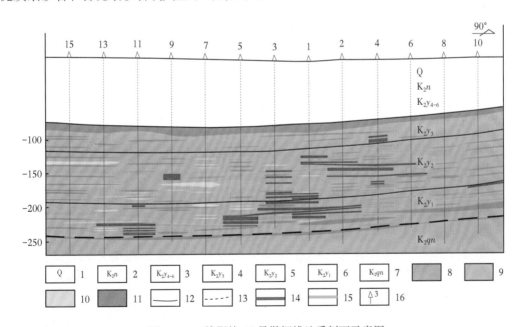

图 8-3-3　钱Ⅳ块 45 号勘探线地质剖面示意图

1—第四系；2—嫩江组；3—姚四段—姚六段；4—姚三段；5—姚二段；6—姚一段；7—青山口组；8—还原砂体；
9—红色氧化砂体；10—黄色氧化砂体；11—泥岩；12—地层界线；13—地层平行不整合界线；14—工业铀矿体；
15—铀矿化体；16—钻孔及编号

姚家组各岩段氧化砂体分布不均匀，姚一段至姚三段氧化作用相对较强，部分剖面的个别钻孔中姚一段砂体可见完全氧化；姚四段至姚六段氧化作用相对较弱，氧化砂体非常少。氧化砂体以红色为主，铀矿体多产于红色与灰色砂体过渡部位的灰色砂体中，红色氧化为主要的控矿氧化。

青山口组氧化砂体特征与姚家组基本相同，该组氧化砂体要稍完整或连续，推测该处离完全氧化带更近一些。

（五）矿体特征

1.矿体（层）形态及空间分布

钱Ⅳ矿床在青山口组和姚家组含矿砂体中按矿化层位的不同划分为 7 个矿层，自下而上矿层编号依次为 Q 号、Ⅰ号、Ⅱ号、Ⅲ号、Ⅳ号、Ⅴ号和Ⅵ号，每一个矿层发育一个或多个矿体。Q 号矿层分布在青山口组上段，Ⅰ号矿层、Ⅱ号矿层、Ⅲ号矿层分布在姚家组下段砂体中，Ⅳ号矿层、Ⅴ号矿层和Ⅵ号矿层分布在姚家组上段砂体中。平面上，矿体分布于西侧沟槽和东侧斜坡带，与层间氧化带前锋线展布方向基本一致，由下至上，矿体逐渐由北向南迁移。剖面上，矿体（层）呈板状、似层状和透镜状，与地层产状一致，沿层位断续或叠加出现，由南向北坡度增加，在断层附近最陡。

Q 号矿层：位于青山口组上段，主要分布在勘探区的中部。含 39 个矿体，资源量最大的矿体规模 763.1t。矿体多沿走向呈块状产出，大部分为零星分布的小矿体。

Ⅰ号矿层：位于姚家组下段的底部层位，是钱Ⅳ块的主要矿层，矿床全区分布。含 93 个矿体，资源量最大的矿体规模 4486.8t。矿体多沿走向呈多边形产出，也有零星分布的小矿体。

Ⅱ号矿层：Ⅱ号矿层位于姚家组下段的下部层位，是钱Ⅳ块的次主要矿层，矿床全区分布。含 110 个矿体，资源量最大的矿体规模 1407.4t。矿体多沿走向呈多边状镰刀形产出，也有零星分布的小矿体。

Ⅲ号矿层：位于姚家组下段含矿砂体上部，全区零星分布，共有矿体 26 个，矿体规模较小，最大矿体铀资源量为 195.2t。

Ⅳ号矿层：分布在姚家组上段含矿砂体下部，零星分布在矿区北部。该层仅由 4 个矿体组成，多为单孔控制的小矿体。

Ⅴ号矿层：位于姚家组上段含矿砂体中部，该矿层零星分布在南部。有 5 个矿体，多为单孔控制，勘探级别较低。

Ⅵ号矿层：位于姚家组上段含矿砂体上部，只有 2 个单工程控制矿体组成，分布在勘探区南部。

矿层埋深：Q 号矿层矿体的最大埋深 507.5m、最小埋深 461.85m；Ⅰ号矿层矿体的最大埋深 475.05m、最小埋深 311.90m；Ⅱ号矿层矿体的最大埋深 423.28m、最小埋深 246.55m；Ⅲ号矿层矿体的最大埋深 345.88m、最小埋深 267.4m；其余矿体规模较小不具备工业价值，未做统计。

钱家店铀矿铀资源量主要位于姚家组下段含矿砂体的 Y1 段和 Y2 段的矿体，具有较大的工业价值。而姚家组上段含矿层 Y5 段和 Y6 段只有零星分布的小矿体，其工业利用价值欠佳。

2.矿体的厚度、品位及铀含量变化

（1）厚度变化：钱Ⅳ块矿体厚度变化范围 0.85~11.70m，平均厚度 4.3m。其中Ⅰ号矿体平均厚度最大。

（2）品位变化：钱Ⅳ块矿体品位变化范围0.0118%~0.1511%，平均品位0.0346%。其中Ⅰ号矿体平均品位最高。

（3）铀含量变化：钱Ⅳ块矿体铀含量变化范围1.02~12.97kg/m²。其中Ⅰ号矿体平均铀含量最大。

3. 铀的赋存状态

钱Ⅳ块铀矿床矿石中铀的存在形式有吸附铀、铀矿物及含铀矿物三类。主要存在形式为铀矿物及吸附铀，存在于含铀矿物中的铀很少。铀矿物为沥青铀矿，吸附铀主要为有机质及黏土吸附，而含铀矿物主要是砂岩中的碎屑锆石。

第四节　钱Ⅴ矿床

钱家店铀矿床钱Ⅴ块位于内蒙古自治区通辽市白兴吐镇东约2km处，地理坐标为北纬43°48′36″~43°55′55″，东经122°38′51″~122°45′52″。矿区东西长9.0km，南北长13.5km，面积65km²。

矿区内无地表露头，均被第四系（草原）覆盖。地形高差小于15m，海拔高程在152~167m之间。地表无常流水，只有雨季时才有季节性的时令河及水泡子，气候干旱少雨。

一、勘查发现

2011年通过对QC27井的矿化显示部署区域井14口。完钻12口，获得工业井5口。当年立即进行调整部署井位58口，全年共完钻井32口，获得工业铀矿孔10口，发现资源量2661.2t。

此后，辽河油田在该区加强了铀矿勘查力度，于2011—2020年针对预测的有利地区进行了400m×400m和200m×200m工程间距钻探，并取得了非常大的勘查成果。经过10年的勘探，完钻各类井191口，获得铀资源/储量8228.9t，使钱Ⅴ矿床达到了中型铀矿床规模。

二、矿床地质

（一）容矿层位

钱Ⅴ块容矿层位为上白垩统姚家组，由多个相对稳定，层厚0.2~7.0m的薄层紫红色泥岩层分隔成Y1、Y2、Y3、Y4、Y5、Y6六个矿层。

（二）构造特征

钱Ⅴ块构造简单，整体呈北高南低斜坡形态。南部为辉绿岩侵入区，辉绿岩呈近圆形分布。断裂发育较少，仅在南部地区发育一条近东西向正断层，断距较小，延伸长度约4km，断裂对沉积没有控制作用。

（三）沉积储层特征

姚家组是钱Ⅴ块主要勘探目的层，该组主要发育辫状河沉积，姚家组下段与姚家组上段均可划分出多个下粗上细的沉积韵律，沉积韵律底部多见河流下切所形成的冲刷构造，自冲刷面向上岩性由粗砂岩、中砂岩向粉砂岩泥岩过渡。姚家组的砂体连通性好，单砂体厚度可达30~40m，具有交错层理、水平层理及块状层理，岩性以浅灰色细砂岩、浅红色细砂岩、浅灰色含泥砾细砂岩为主,夹紫红色、浅灰色泥质粉砂岩;大多具有中细粒结构,砂体分选性总体中等—好,磨圆为次棱角状—次圆状,物性条件较好。

钱V矿床含矿地层为上白垩统姚家组,含矿层具有可地浸砂岩型铀矿床的泥—砂—泥结构特征。除上白垩统嫩江组隔水岩层组和上白垩统青山口组顶部区域隔层外,还有四个局部隔水层,分别为:姚三段(K_2y_3)底板隔水层、姚四段(K_2y_4)底板隔水层、姚五段(K_2y_5)底板隔水层和姚六段(K_2y_6)底板隔水层。构成Y1、Y2、Y3、Y4、Y5、Y6六个含矿砂体。含矿砂体岩性主要为细砂岩、中砂岩。

由区域隔水层和局部隔水层将钱V块含矿砂体分隔成姚家组Y1、Y2、Y3、Y4、Y5、Y6六个砂层组。各砂层组由于所处构造位置和沉积相类型基本相同,砂体埋深和厚度变化有一定的变化。从Y1砂层组—Y6砂层组,砂体埋深减小,储层规模逐渐减小,砂体厚度逐渐减薄,含砂率降低。

在矿床范围内各含矿层含矿砂体产状相近,含矿砂体总体走向北东44°,倾向北西,倾角小于10°。

姚家组下段含矿砂体底板高程介于−213~−355m,平均厚度120m;东北部含矿砂体底板埋深较浅,西南部含矿砂体底板埋深较大。西南部姚家组下段含矿砂体厚度增大,而西南部及东北部厚度变小,也存在局部含矿砂体变薄及增厚现象。

姚家组上段含矿砂体底板高程−120~−228m,平均厚度70m;含矿砂体埋深东北部浅、西南部深。含矿砂体东北部厚度小且稳定,西南部厚度大且变化大。

姚家组含矿砂体粒径为0.10~0.25mm的约占51.59%,粒径在0.05~0.10mm及0.25~0.50mm之间分别占13.84%和10.73%,粒径0.01~0.05mm及0.1~1.0mm分别占6.67%和1.45%,粒径大于1.00mm占0.54%,粒径小于0.01mm占14.93%。说明该区含矿砂体以细砂岩(粒径0.10~0.25mm)为主,中砂(粒径0.25~0.50mm)、粗粉砂(粒径0.05~0.10mm)次之,细粉砂(粒径0.01~0.05mm)少,砾石(粒径大于1.00mm)、粗砂(粒径0.50~1.00mm)很少,而泥质粒径小于0.01mm的含量中等。

含矿砂体孔隙度较高,其中姚家组下段含矿砂岩石孔隙度12.4%~36.72%,平均值为30.7%;姚家组上段含矿砂体岩石孔隙度20.6%~35.1%,平均值为29.9%。总体来说,姚家组下段和姚家组上段孔隙度变化较小。

姚家组含矿砂体岩石渗透率范围1~4119mD,平均值为447.1mD。姚家组下段含矿砂体岩石渗透率范围1~4119mD,平均值为497.2mD;姚家组上段含矿砂体岩石渗透率范围1~1508mD,平均值为246.2mD;姚家组下段含矿砂体岩石渗透率明显高于姚家组上段。

(四)层间氧化

钱V块地层具有多套泥—砂—泥岩石组合,每套组合都不同程度地发育后生层间氧化蚀变,形成多个层间氧化带。工业铀矿化主要赋存在姚家组的层间氧化带前缘。

钱V块姚家组赋矿层存在三种岩石地球化学环境类型:原生氧化环境、后生还原环境和后生氧化环境。原生氧化环境以红色泥岩、粉砂岩、泥质砂岩等非渗透或弱渗透性岩石为标志;后生氧化岩石多为红色、红褐色或黄色等渗透性砂岩;后生还原岩石多为灰白色,为原生红色岩石经油气还原褪色所形成。

钱V块姚家组可划分氧化带、过渡带和还原带,铀矿体主要产出于过渡带内。氧化带主要分布在西部及西北部,剖面上氧化砂体多呈指状深入过渡带,厚度变化大,与灰色砂体共存。姚家组各岩段氧化砂体分布不均匀,Y1段—Y3段氧化作用相对较强,Y4段—

Y6段氧化作用相对较弱。Y1段—Y6段各旋回层间氧化带的发育具有继承性，从Y1段—Y6段氧化带由西北向东南方向逐渐退缩，层间氧化的前锋线严格控制铀矿床的分布。

（五）矿体特征

1. 矿体（层）形态及空间分布

钱Ⅴ矿床在姚家组含矿砂体中按矿化层位的不同划分为6个矿层，自下而上矿层编号依次为Ⅰ号、Ⅱ号、Ⅲ号、Ⅳ号、Ⅴ号和Ⅵ号，其中Ⅵ号矿层目前还没有发现矿体，其他矿层均发育一个或多个矿体。Ⅰ号矿层、Ⅱ号矿层、Ⅲ号矿层分布在姚家组下段砂体中，Ⅳ号矿层、Ⅴ号矿层和Ⅵ号矿层分布在姚家组上段砂体中。平面上，矿体分布于斜坡带东部，与层间氧化带前锋线展布方向基本一致，由下至上，矿体逐渐由东南向西北迁移。剖面上，矿体（层）呈板状、似层状和透镜状，与地层产状一致，沿层位断续或叠加出现，由西南向东北坡度减小。

Ⅰ号矿层：Ⅰ号矿层是钱Ⅴ块主要矿层，位于姚家组下段的底部层位，主要分布在勘探区的东北部和中间沟槽带。含21个矿体，资源量最大的矿体规模798.9t。矿体多沿走向呈多边状镰刀形产出，也有零星分布的小矿体。

Ⅱ号矿层：位于姚家组下段的下部层位，主要分布在勘探区的西北部。含4个矿体，资源量最大的矿体规模达到507.2t。矿体大多零星分布。

Ⅲ号矿层：位于姚家组下段含矿砂体上部，本次勘探Ⅲ号矿床的矿体只分布在矿区西南部。该层由1个矿体组成。工业价值不大。

Ⅳ号矿层：分布在姚家组上段含矿砂体下部，只有2个规模较小矿体，分布在勘探区的西南部。工业价值不大。

Ⅴ号矿层：位于姚家组上段含矿砂体中部，该矿层只有1个矿体。分布在勘探区的东北部。工业价值不大。

矿层埋深：Ⅰ号矿层矿体的最大埋深355.55m、最小埋深314.2m；Ⅱ号矿层矿体的最大埋深312.65m、最小埋深296.55m；Ⅲ号矿层矿体的埋深237.75m；Ⅳ号矿层矿体的最大埋深196.95m、最小埋深170.95m；Ⅴ号矿层矿体的埋深208.35m。

钱家店铀矿铀资源量主要位于姚家组下段含矿砂体的Y1段的矿体，具有较大的工业价值。其他矿层都只有零星分布的小矿体，工业利用价值欠佳。

2. 矿体的厚度、品位及铀含量变化

（1）厚度变化：钱Ⅴ块矿体厚度变化范围1.80~10.20m，平均厚度4.10m。其中Ⅰ号矿体平均厚度最大。

（2）品位变化：钱Ⅴ块矿体品位变化范围0.0105%~0.0560%，平均品位0.0253%。其中Ⅰ号矿体平均品位最高。

（3）铀含量变化：钱Ⅴ块矿体铀含量变化范围1.09~7.93kg/m²。其中Ⅰ号矿体平均铀含量最大。

3. 铀的赋存状态

钱Ⅴ块铀矿床矿石中铀的存在形式有吸附铀、铀矿物及含铀矿物三类。主要存在形式为铀矿物及吸附铀，存在于含铀矿物中的铀很少。铀矿物为沥青铀矿，吸附铀主要为有机质及黏土吸附，而含铀矿物主要是砂岩中的碎屑锆石。

第九章 铀与伴生元素成矿

钱家店铀矿主要有 Re（铼）、Se（硒）、Mo（钼）、Sc（钪）、V（钒）五种伴生元素，这五种元素，不但在化工、冶金、医学等传统领域应用广泛，而且在太阳能、红外装置、电子、航空航天、核能技术等高新技术领域也具有广阔应用前景。含矿砂岩中 Re、Se、Mo、Sc、V 的含量均高于地壳克拉克值，表明这五种伴生元素均有富集现象，但富集程度不同。

第一节 伴生硒钼钒元素分布特征

钱家店矿区 U 和 Se、Mo、V 三种伴生元素含量见表 9-1-1，均明显高于元素的克拉克值。这些铀矿伴生元素的工业标准见表 9-1-2。可以看出，钼、硒、钒三种元素均没有达到工业利用标准。

表 9-1-1 钱家店地区伴生元素数据表（单位：μg/g）

分带	岩性	深度（m）	井号	Se	Mo	U	V
氧化带	细砂岩	517.6	QC90	0.03	0.9	1.9	38.1
	细砂岩	518.2	QC90	0.02	0.8	2.5	26.8
	细砂岩	534	QC90	0.03	0.4	2.8	34.2
	细砂岩	554	QC90	0.01	1.0	1.7	32.9
	细砂岩	432.8	QC95	0.01	1.2	1.5	28.8
	细砂岩	445.6	QC95	0.04	0.7	1.2	27.9
平均值				0.02	0.8	1.9	31.6
还原带	细砂岩	261.8	QC14	0.07	0.4	4.0	25.5
	细砂岩	262.2	QC14	0.06	0.8	3.3	74.8
	细砂岩	264	QC14	0.08	0.6	5.1	45.7
	细砂岩	266.3	QC14	0.06	1.0	4.3	31.7
	细砂岩	266.7	QC14	0.07	0.6	3.2	52.5
	细砂岩	269.7	QC14	0.07	0.9	1.7	29.8
	细砂岩	277.6	QC14	0.07	0.8	1.9	36.9
平均值				0.07	0.7	3.4	42.3
过渡带	细砂岩	396.2	Q Ⅳ-48-21	0.06	0.5	26.3	19.7
	细砂岩	396.7	Q Ⅳ-48-21	0.06	1.9	23.9	20.9
	灰色细砂岩	317.7	Q Ⅳ-56-08	0.65	0.7	101.0	51.2
	灰色细砂岩	318.3	Q Ⅳ-56-08	0.12	0.9	224.1	24.3
	灰色细砂岩	318.7	Q Ⅳ-56-08	0.13	0.8	203.0	30.2

分带	岩性	深度（m）	井号	Se	Mo	U	V
过渡带	灰色细砂岩	319.1	QⅣ-56-08	0.12	0.9	91.7	18.0
	灰色细砂岩	319.4	QⅣ-56-08	0.21	0.6	35.2	21.6
	灰色细砂岩	319.6	QⅣ-56-08	0.13	0.9	156.1	23.6
	灰色细砂岩	320.3	QⅣ-56-08	0.13	0.7	33.0	23.0
	黄色细砂岩	321.5	QⅣ-56-08	0.07	0.8	4.7	32.5
	黄色细砂岩	322.7	QⅣ-56-08	0.08	1.0	5.3	47.8
	灰色细砂岩	402.7	QⅣ-04-07	3.14	1.4	1391.0	74.6
	含红色泥砾细砂岩	402.9	QⅣ-04-07	3.52	1.3	49.3	115.6
	含灰色泥砾细砂岩	403.5	QⅣ-04-07	9.56	0.8	39.2	68.9
	含泥砾细砂岩	404.2	QⅣ-04-07	78.30	0.9	1159.8	71.9
	泥砾岩	405.5	QⅣ-04-07	6.20	1.5	1828.7	42.1
	灰色细砂岩	406.3	QⅣ-04-07	0.13	1.9	308.5	131.8
	含泥砾细砂岩	410.3	QⅣ-04-07	0.16	1.9	105.6	38.6
	灰白色细砂岩	410.6	QⅣ-04-07	0.43	0.5	147.1	23.3
平均值				5.43	1.0	312.3	46.3

表 9-1-2　铀矿床伴生元素综合利用表（核工业行业标准，2002）

伴生元素	品位（%）	伴生元素	品位（%）
金	0.00005~0.0001	铟	0.0005~0.001
银	0.0005~0.002	镓	0.001
钼	0.01~0.02	铼	0.00002~0.001
钒	0.08	铊	0.003
磷	8	镉	0.002
钽	0.01	钪	0.000n
铌	0.01	锗、硒、碲	0.001

　　伴生元素不是均匀分布于储矿层中的，在层间氧化的不同分带变化较为明显（图 9-1-1），在层间氧化分带剖面中，可清楚看出 U 成矿元素与伴生元素同步富集现象。Mo、Se、V、Re

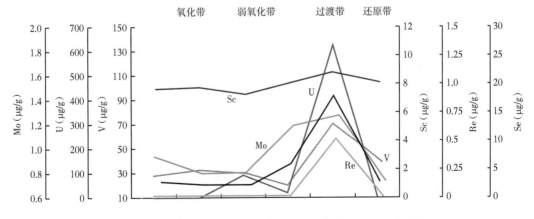

图 9-1-1　钱家店地区层间氧化带砂体铀及伴生元素含量折线图

和 U 在氧化带和还原带含量都最低，过渡带中含量增高。其含量峰值同铀含量峰值几乎同步出现。层间氧化作用可以促使伴生元素 Re、V、Sc、Mo 富集。Sc、Mo 与 U 在还原环境下具有相似的地球化学性质，而在氧化环境下地球化学行为明显不同。

一、硒

钱Ⅱ矿床和钱Ⅳ矿床的 Se 含量很低，其中钱Ⅱ矿床含量为 0.067~13.4μg/g，平均值只有 0.59μg/g，达到地浸砂岩型铀矿 Se 的综合利用品位要求 10μg/g 以上样品只有 1 个，占样品数的 1%。钱Ⅳ矿床为 0.01~262μg/g，平均 3.54μg/g，达到地浸砂岩型铀矿 Se 的综合利用品位要求 10μg/g 以上样品 17 个，占样品数的 4.6%。从样品分析结果看，硒（Se）的富集程度低，不具备工业利用价值。从图 9-1-2 中也可以看出其与 U 没有相关关系。

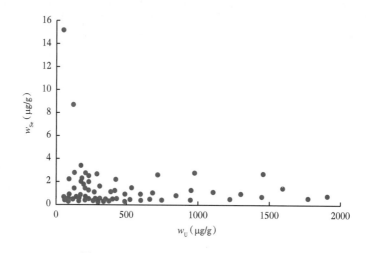

图 9-1-2　w_U-w_{Se} 相关关系图（R=-0.012）

二、钼

钱Ⅱ矿床和钱Ⅳ矿床的 Mo 含量很低，其中钱Ⅱ矿床含量为 0.443~55.8μg/g，平均值只有 2.96μg/g。地浸砂岩型铀矿 Mo 的综合利用品位为 100μg/g 以上，样品中没有达到该指标的。钱Ⅳ矿床为 0.31~232μg/g，平均 1.6μg/g，也没有一个样品综合利用品位。从样品分析结果看，钼（Mo）的富集程度低，不具备利用价值。但与 U 具有比较好的正相关关系，相关系数达 0.64（图 9-1-3）。

三、钒

钱Ⅱ矿床和钱Ⅳ矿床的 V 含量很低，其中钱Ⅱ矿床含量为 20.2~119.0μg/g，平均值只有 48.7μg/g，样品中没有达到地浸砂岩型铀矿 V 的综合利用品位为 800μg/g 以上的样品。钱Ⅳ矿床为 14.7~231μg/g，平均 60.04μg/g，也没有达到综合利用品位以上的样品。从样品分析结果看，钼（V）的富集程度低，不具备利用价值，且与 U 没有相关关系（图 9-1-4）。

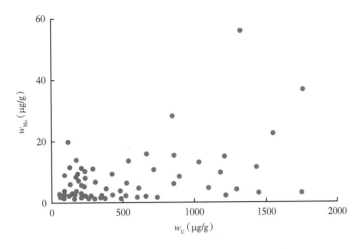

图 9-1-3　w_U-w_{Mo} 相关关系图（$R=0.64$）

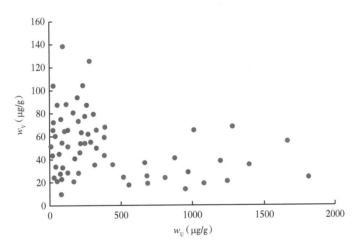

图 9-1-4　w_U-w_V 相关关系图（$R=0.11$）

第二节　伴生铼元素

一、铼的概况

（一）铼的性质、用途、资源特征

铼（Re），原子序数为 75，原子质量为 186.31，位于元素周期表中第 6 周期的第 7 族，其同族元素有锰（Mn）和锝（Tc）。自然界中铼的同位素主要为 ^{185}Re、^{187}Re 等。铼的熔点高达 3180℃，沸点 5627℃，具有耐热、耐腐蚀、耐磨等特性，所以铼常被用于一些特殊行业，如航空、航天、电子、石油化工、机械工业及作为合成燃料和合成氨的催化剂等，是现代高科技领域极其重要的新材料之一。

Re 有多种形式的价态，但自然界中最为稳定的为 Re^{4+} 和 Re^{7+} 两种价态，前者在还原条件下较稳定，后者则在氧化条件下稳定存在。Re 的化学性质与 Mn 类似，但其活泼性比 Mn 低，且与 Mo 的地球化学性质更为接近，在内生作用中与 Mo 具紧密的地球化学共存关系。Re 属典型的分散元素，其地壳丰度为 0.007μg/g。是典型的稀散元素，常以辉钼矿、稀土矿和铌钽矿的伴生矿出现。

全球 Re 资源量约为 2500t，主要分布在欧洲和美洲，我国 Re 的保有储量仅为 237t。随着我国航空航天事业的发展，其需求量将持续增加。虽然 Re 在世界硬煤中的平均含量较低，仅为 1ng/g，但在部分煤中可以富集形成高 Re 煤，如巴尔干半岛的 Sheshkingrad 煤（0.21μg/g）、我国山东济宁许厂 16 上和 17 煤（10μg/g）、重庆磨心坡 K1 煤（2.55μg/g）、新疆伊犁盆地煤—铀矿床（34μg/g）。近年来，我国发现特高有机硫煤中 Re 也普遍富集如云南砚山 9 号煤（0.3μg/g）、贵州贵定煤（0.32μg/g）。因此煤中 Re 有可能成为新型的 Re 矿床而加以利用，以缓解我国 Re 资源的不足。

（二）铼的含量

1. 岩心中铼的含量

在钱家店铀矿的勘查过程中，通过开展矿石室内元素分析，发现很多样品的铼元素含量已经达到了伴生矿产的工业品位标准，具有潜在的回收价值。在钱Ⅳ矿床 370 块样品测试铼元素含量在 0.001~8.40μg/g 之间，平均 0.16μg/g，含量达到综合利用价值最低限（≥0.2μg/g）的样品 57 个，占有检出数据样品总数 15.4%。钱Ⅱ矿 100 个样品统计 Re 在 0.003~11.7μg/g 之间，铼元素含量达到综合利用价值最低限的样品 24 个，占有检出数据样品总数 24%（表 9-2-1）。总体来说，两矿床都有达到工业品位以上的样品，且钱Ⅱ矿床要好于钱Ⅳ矿床。

表 9-2-1　钱Ⅳ块 25-32 线伴生元素特征统计表

序号	种类	样数（个）	变化范围（μg/g）	平均值（μg/g）	变异系数（%）	备注
1	Se	370	1.99~34.70	6.67	18.23	
2	V	370	14.70~231.00	60.04	56.31	
3	Mo	370	0.31~232.00	1.67	233.43	
4	Re	370	0.001~8.40	0.16	336.39	
5	Se	370	0.01~262.00	3.54	526.86	

为进一步落实铼的含量，采用 ICP—MS 对岩心的微量元素进行测试。从（图 9-2-1）岩心的铼含量来看，铼含量更多的分布在 0.25μg/g 以下，但是也有 2 个点的含量接近于 3μg/g，五个点的样品在 0.5μg/g 浓度范围，表明有一定的铼资源存在，但是尚不能判断其明显的分布规律。

从钱 57-06 井（图 9-2-2）的铼含量来看，显示含量较高，绝大部分样品在 0.5μg/g 浓度以上，半数样品含量大于 1μg/g，表明有一定的铼资源存在，这段岩心应该是取到了铼的富集区。

综上所述，岩心样品中存有铼资源，其平均品位在 0.4~0.6μg/g 之间，部分样品中有 2~3μg/g 的高含量样品，存有铼的高浓度区间。

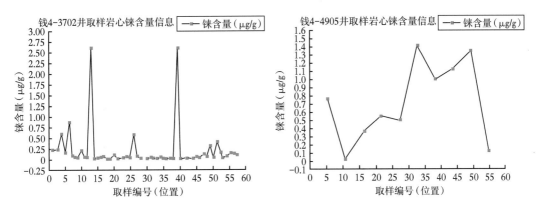

图 9-2-1　钱 4-3702 井和钱 4-4905 井铼含量对比图

w_U 与 w_{Re} 的相关关系统计表明（图 9-2-3），其呈非常好的正相关关系，相关系数达 0.773。

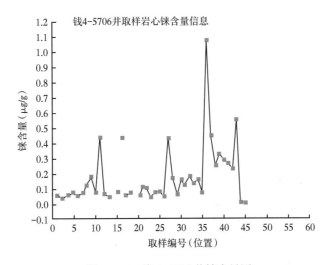

图 9-2-2　钱 4-5706 井铼含量图

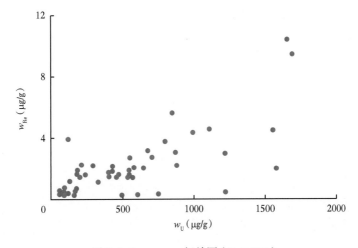

图 9-2-3　w_U-w_{Re} 相关图（R=0.773）

从铀与铼的纵向分布看（图9-2-4），铼与铀元素基本同步富集，铼富集厚度大于铀元素的厚度。

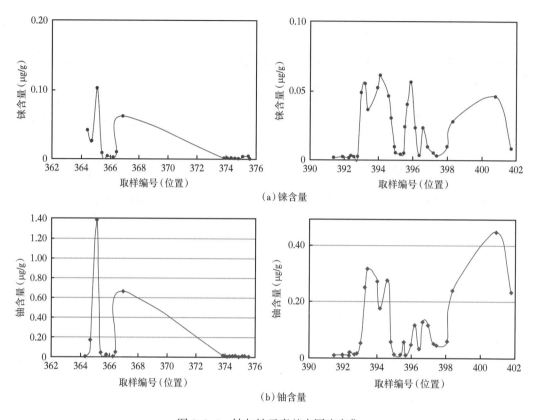

（a）铼含量

（b）铀含量

图 9-2-4　铼与铀元素基本同步富集

2.浸出液中铀的含量

1）测量方法

根据实际生产需求，东华理工大学核科学与工程学院建立了"D302-Ⅱ阴离子交换树脂富集硫脲光度法测定地浸液中微量铼"和"ICP-MS法直接测定地浸液中微量铼"的测量方法。其中硫脲光度法可以直接准确测定解吸液中的铼，但灵敏度不高，溶液中1μg/mL以下的微量铼需经过阴离子交换树脂富集以提高测铼的准确度和降低检测限。但该方法成本较低，且分析快速、简便。ICP-MS法测定地浸液中的铼，灵敏度较高，短期的精密度良好，检出限也较低。但必须控制解吸液酸度，如若为碱性必须转性，否则高浓度的氨水会使进样锥孔阻塞。该方法成本较高，仪器昂贵。出于对实验成本考虑，在较高含量铼存在时，选择光度法测定，对于较低含量的测定则选择 ICP-MS 法为宜。本次主要采用ICP-MS 对岩心、水样中的所有微量元素进行了测试。

2）浸出液中铀的含量

在铀矿的浸出过程中，有两期地浸液，两期地浸液在浸出时间的长短上有差别。一期长，二期短。

取样范围：1~11 集控室抽液井（每井1个样品），一期水冶厂吸附原液（5个），吸附尾液（5个），二期水冶厂吸附原液（5个），吸附尾液（5个）。

取样频次：每隔 20 天取样一次，连续 3 个月。

样品要求：每个样品 300mL，每个样品瓶上标注好样品信息。

从对一期水冶车间地浸液的连续三个月铼资源的连续监测结果拟合对比来看，地浸液中铼的浓度基本维持稳定，铼浓度 0.08~0.1μg/g，其中也出现了部分井口浓度高于 0.1μg/g 的地方（图 9-2-5）。一期吸附原液、吸附尾液监控浓度维持在 0.08μg/g 的水平。这对于铼的回收非常有利用价值，此浓度的铼含量已经比新疆地浸液中铼浓度高了 1 倍，条件十分有利。同时，表明现有的采铀工艺已经能够将铼资源较好地溶出（图 9-2-5）。

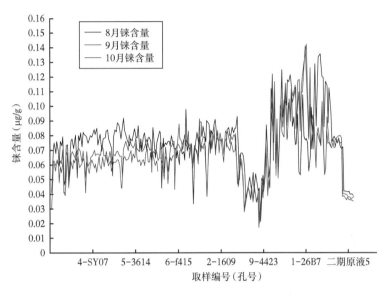

图 9-2-5 一期不同钻孔铼含量图

二期吸附原液、吸附尾液监控浓度维持在 0.05μg/g 的水平，其中也出现了部分井口浓度高于 0.07μg/g 的地方，但普遍要比一期水冶厂的浓度低一半。从生产情况来看，二期比一期生产时间要晚，再次验证氧化剂是铼浸出的关键因素，随着开采的深入，铼的浓度应该会有提高的趋势（图 9-2-6）。

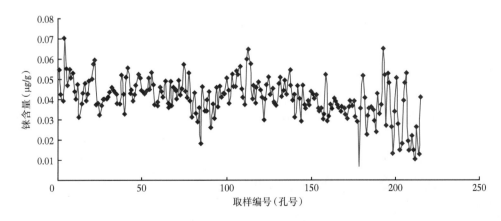

图 9-2-6 二期不同钻孔铼含量图

3. 贫树脂中铼含量

贫树脂中铼含量为 0.4~0.6μg/g（比新疆地浸同工艺略低，新疆贫树脂中含铼 1μg/g），淋洗合格液有 0.1μg/g 铼，沉淀母液中没有铼，工艺废水中铼为 0.08μg/g。因此，现有工艺树脂对铼有一定富集能力，但是亲和力不如铀强，吸附到一定程度就无法继续吸附，且铀的工艺洗脱液也能够淋洗下部分铼，在沉淀工艺中铼有进入黄饼的风险。

对多种常用树脂进行吸附效率优化实验，经过 76 次实验探索成功合成了"石墨烯原位调控树脂"。该树脂可智能识别液体中的铼离子，并进行高效吸附，经过实践检验，铼元素吸附回收效率由 60% 提升至 90% 以上。以下为石墨烯原位调控树脂部分吸附数据（表 9-2-2）。

表 9-2-2　石墨烯原位调控树脂部分吸附数据表

次数	铼含量 1（μg/g）	铼含量 2（μg/g）	平均（μg/g）	萃取率（%）
地浸液	0.067	0.067	0.067	—
1	0.005	0.005	0.005	92.54
2	0.005	0.003	0.004	94.03
3	0.003	0.003	0.003	95.52
4	0.002	0.002	0.002	97.01
5	0.002	0.002	0.002	97.01
6	0.001	0.001	0.001	98.51
7	0.002	0.002	0.002	97.01
8	0.002	0.002	0.002	97.01
9	0.002	0.002	0.002	97.01
10	0.002	0.002	0.002	97.01
12	0.002	0.002	0.002	97.01
14	0.002	0.002	0.002	97.01
16	0.002	0.002	0.002	97.01

二、铼的地球化学特征

（一）铼元素相关性分析

Pearson 简单相关系数可很好地表示变量之间的线性关系。相关系数的绝对值越大，相关性越强；相关系数越接近于 1 或 -1，相关度越强，相关系数越接近于 0，相关度越弱。0.8~1.0 为极强相关；0.6~0.8 为强相关；0.4~0.6 为中等程度相关；0.2~0.4 为弱相关；0~0.2 为极弱相关或无相关。通过对铼与主量元素、铼与微量元素、铼与稀土元素进行相关分析，得到 Pearson 简单相关系数，从而判断铼与主量元素、微量元素、稀土元素的相关性，并找到最具正相关与最具负相关的元素。

1. 铼与主量元素相关分析

钱家店地区姚家组地层中铼和主量元素相关系数表明（表 4-2-3）：（1）铼与 Al_2O_3、Fe_2O_3、Na_2O、K_2O、TiO_2 为正相关，各相关系数依次为 0.11、0.44、0.37、0.30、0.10，

且各相关系数值均在 0~0.6 的范围内，属于弱—中等正相关。其中铼与 Fe_2O_3 的相关系数为 0.44 为最大值，并且该值位于 0.4-0.6 的中等相关范围，所以可以初步认为在主量元素中铼与 Fe_2O_3 有一定的相关性并且属最具正相关。铼与 Na_2O_3 和 K_2O 相关系数分别为 0.37 和 0.30，处于 0.2~0.4 范围内，虽属弱相关，然而仍然表现出与铼具一定的相关性，反映出 Re 易迁移，优先进入溶液中，后期的流体迁移对铼活化富集的重要作用。（2）铼与 SiO_2、MgO、CaO、MnO、P_2O_5 为负相关，各相关系数依次为 -0.09、-0.15、-0.09、-0.19、-0.14，均位于 -0.2~0 之间，属于极弱负相关或无相关。通过对铼与主量元素的相关性分析可以得出，在钱家店地区姚家组地层中的主量元素中，铼与 Fe_2O_3、Na_2O、K_2O 的正相关性较好；铼与 SiO_2、MgO、CaO、MnO、P_2O_5 均表现出负相关性，然而相关性均较差。

表 9-2-3　Re 与主量元素相关系数表

主量元素	SiO_2	Al_2O_3	TFe_2O_3	MgO	CaO	Na_2O	K_2O	MnO	TiO_2	P_2O_5	Re
SiO_2	1.00										
Al_2O_3	-0.06	1.00									
TFe_2O_3	-0.81	0.04	1.00								
MgO	-0.83	-0.12	0.74	1.00							
CaO	-0.81	-0.45	0.50	0.69	1.00						
Na_2O	0.60	0.31	-0.43	-0.72	-0.65	1.00					
K_2O	0.63	0.42	-0.45	-0.75	-0.75	0.95	1.00				
MnO	-0.59	-0.29	0.55	0.82	0.54	-0.67	-0.64	1.00			
TiO_2	-0.55	0.74	0.51	0.42	0.03	-0.14	-0.12	0.07	1.00		
P_2O_5	-0.66	0.38	0.42	0.61	0.39	-0.37	-0.40	0.26	0.75	1.00	
Re	-0.09	0.11	0.44	-0.15	-0.09	0.37	0.30	-0.19	0.10	-0.14	1.00

2. 铼与微量元素相关分析

钱家店地区姚家组地层中铼和微量元素的相关系数（表 9-2-4）表明：（1）铼与 Cr、Co、Mo、Cu、Ga、Rb、Nb、Cd、In、Cs、Ta、W、Tl、Zr 这 14 个微量元素为正相关，各相关系数依次为 0.13、0.21、0.36、0.09、0.28、0.27、0.16、0.26、0.13、0.05、0.16、0.11、0.95、0.14，且铼与 Tl 的相关系数为 0.95，在 0.8~1 的范围内，为极强正相关性，表明铊与铼同为稀散元素，含量低，地球化学相近的特征。铼与 Mo 的相关系数为 0.36，虽然落入 0.2~0.4 范围内，具有较弱正相关性，仍可以说明铼与钼常伴生，表生行为相近的特点，在内生作用中铼表现为在辉钼矿中超常富集。（2）铼与 Sr、Bi、Hf 这 3 个微量元素为负相关，各相关系数依次为 -0.05、-0.04、-0.07，相关系数接近于 0，均与铼具有极弱负相关性或无相关性。通过对铼与微量元素的相关性分析可以得出，在钱家店地区姚家组地层中的微量元素中，铼与 Tl、Mo 的正相关性较好；铼与 Sr、Bi、Hf 均表现出负相关性，然而相关性较弱。

表 9-2-4　Re 与微量元素相关系数表

微量元素	Cr	Co	Mo	Cu	Ga	Rb	Sr	Nb	Cd	In	Cs	Ta	W	Ti	Bi	Zr	Hf	Re
Cr	1.00																	
Co	0.07	1.00																
Ni	0.09	0.93	1.00															
Cu	0.01	0.36	0.41	1.00														
Ga	0.01	0.31	0.34	0.51	1.00													
Rb	-0.01	-0.37	-0.35	-0.09	0.55	1.00												
Sr	0.13	0.06	0.10	0.22	-0.01	-0.26	1.00											
Nb	-0.08	0.02	0.04	0.20	0.73	0.61	0.08	1.00										
Cd	0.08	0.80	0.78	0.46	0.31	-0.39	0.18	0.10	1.00									
In	-0.09	0.18	0.20	0.50	0.82	0.39	0.14	0.69	0.34	1.00								
Cs	0.06	0.15	0.17	0.54	0.77	0.34	0.20	0.61	0.28	0.83	1.00							
Ta	0.02	-0.06	-0.05	0.12	0.70	0.72	0.05	0.96	-0.02	0.64	0.55	1.00						
W	0.95	0.16	0.17	0.09	0.08	-0.01	0.14	0.01	0.12	0.00	0.16	0.11	1.00					
T1	0.04	0.31	0.45	0.11	0.38	0.28	-0.08	0.24	0.30	0.16	0.07	0.24	0.06	1.00				
Bi	0.00	0.08	0.05	0.05	0.21	0.09	-0.01	0.29	0.13	0.33	0.21	0.22	0.01	-0.01	1.00			
Zr	-0.01	0.39	0.35	0.32	0.74	0.30	0.06	0.75	0.38	0.66	0.70	0.70	0.15	0.28	0.24	1.00		
Hf	0.00	0.14	0.10	0.31	0.68	0.40	-0.10	0.76	0.18	0.67	0.71	0.70	0.10	-0.02	0.26	0.77	1.00	
Re	0.13	0.21	0.36	0.09	0.28	0.27	-0.05	0.16	0.26	0.13	0.05	0.16	0.11	0.95	-0.04	0.14	-0.07	1.00

3. 铼与稀土元素相关分析

钱家店地区姚家组地层中铼和稀土元素的相关系数（表 9-2-5）表明：铼与 La、Ce、Pr、Nd、Sm、Eu、Gd、Tb、Dy、Ho、Er、Tm、Yb、Lu 这 14 个稀土元素相关系数既有正值也有负值，其中与轻一中稀土元素相关性分别为 0.05、0.02、0.01、0.005、0.01、0.03、0.04、0.03、0.02，全部位于 0~0.2 之间，且接近于 0，属极弱相关、无相关范畴。与重稀土元素相关性分别为 -0.02、-0.06、-0.06、-0.08、-0.13，且相关系数值均落入 -0.2~0 范围内，也接近于 0，可认为铼与重稀土元素之间负相关性弱或无。因此，钱家店地区姚家组地层中铼与稀土元素并不存在较明显的分配规律性，反映出铼同稀土元素具显著地球化学差异，在表生环境中具有较强的化学分异性。

208

表 9-2-5　Re 与稀土元素相关系数表

稀土元素	La	Ce	Pr	Nd	Sm	Eu	Gd	Tb	Dy	Ho	Er	Tm	Yb	Lu	Re
La	1.00														
Ce	0.94	1.00													
Pr	0.96	0.94	1.00												
Nd	0.94	0.93	0.99	1.00											
Sm	0.87	0.89	0.91	0.95	1.00										
Eu	0.80	0.83	0.81	0.86	0.94	1.00									
Gd	0.78	0.82	0.76	0.83	0.93	0.95	1.00								
Tb	0.67	0.72	0.65	0.73	0.88	0.92	0.98	1.00							
Dy	0.60	0.66	0.57	0.64	0.81	0.87	0.95	0.99	1.00						
Ho	0.52	0.61	0.48	0.57	0.74	0.82	0.90	0.96	0.99	1.00					
Er	0.51	0.60	0.47	0.56	0.74	0.81	0.90	0.95	0.98	1.00	1.00				
Tm	0.50	0.59	0.47	0.55	0.73	0.80	0.88	0.93	0.97	0.99	0.99	1.00			
Yb	0.49	0.58	0.46	0.54	0.72	0.80	0.87	0.93	0.96	0.99	0.99	1.00	1.00		
Lu	0.48	0.57	0.46	0.54	0.72	0.79	0.86	0.91	0.95	0.97	0.98	0.99	0.99	1.00	
Re	0.05	0.02	0.01	0.00	0.01	0.03	0.04	0.03	0.02	−0.02	−0.06	−0.06	−0.08	−0.13	1.00

4. 铼与伴生元素及还原性参数相关分析

钱家店地区姚家组地层中铼和伴生元素及还原性参数的相关系数（表 9-2-6）表明，铼与 S、V、Mo、Se、Org.C、U 和 Fe^{2+}/Fe^{3+} 相关系数均为正值，其中与 Mo 和 Org.C 的相关性最好，分别为 0.62 和 0.70，均位于 0.6~0.8 范围内，属强相关。与 S 的相关系数为 0.56，落于 0.4~0.6 之间，属中等相关性。与 V、Se 和 Fe^{2+}/Fe^{3+} 的相关系数分别为 0.22、0.31 和 0.28，属弱相关性。与 U 相关系数为 0.38，显示相关性最弱，可能表明铼与 U 并非完全同步富集，地球化学具一定差异性。Re 与 S、Org.C、Fe^{2+}/Fe^{3+} 还原性指标均呈强正相关，表明铼应该是还原条件下沉淀聚集的产物。

表 9-2-6　铼与伴生元素及还原性参数相关系数表

伴生元素及还原性参数	S	V	Mo	Re	Se	Org.C（%）	U	Fe^{2+}/Fe^{3+}
S	1.00							
V	0.49	1.00						
Mo	0.91	0.57	1.00					
Re	0.56	0.22	0.62	1.00				
Se	0.12	0.48	0.31	0.61	1.00			
Org.C（%）	0.66	0.66	0.70	0.54	0.44	1.00		
U	0.15	−0.01	0.14	0.38	0.56	0.25	1.00	
Fe^{2+}/Fe^{3+}	0.43	−0.10	0.28	0.46	−0.02	0.24	0.35	1.00

（二）铼元素聚类分析

对铼与主量元素、微量元素、稀土元素及部分地球化学指数进行聚类分析，属于变量间的聚类，所以采用的是 R 型聚类分析。从而分析研究铼元素与其他元素、指数的亲近关系。在做聚类分析的过程中，为避免不同量纲对变量值的影响，需要对变量数据进行标准化处理并进行正态分布验证。标准化公式为：

$$X_i' = \frac{X_i - \bar{X}}{S}$$

式中　X——平均值；

　　　S——标准差；

　　　X_i 和 X_i'——分别是不同元素标准化前后的数值。

1. 铼与主量元素聚类分析

钱家店地区姚家组地层中总体的铼与主量元素聚类分析谱系图（图 9-2-7）表明：Re 和 S 最为亲近，最早合为一类，以后是 U，Re、S、U 三种元素关系密切。与 Fe_2O_3、MgO、CaO、MnO、P_2O_5、Al_2O_3、TiO_2 等关系相对疏远。

2. 铼与微量元素聚类分析

钱家店地区姚家组地层中总的铼与微量元素进行聚类分析谱系图（图 9-2-8）表明：当类间距离为 5 时，铼与微量元素分为 12 类，Mo、Re、Tl 为第一大类，Nb、Ta 为第二大类，Zr、Ga、Hf、Rb、Ba、W、Sr、V、U 和 Se 分别自成一类；当类间距离为 15 时，铼与微量元素分为 5 类：Mo、Re、Tl、Zr、Nb、Ta、Ga、Hf、Rb 为第一大类，Ba、W 为第二大类，Sr 和 V 为第三大类，U 和 Se 分别自成一类；当类间距为 25 时，铼与微量元素分为 2 类：Mo、Re、Tl、Zr、Nb、Ta、Ga、Hf、Rb、Ba、W、Sr 和 V 为第一大类，U 和 Se 为第二大类。总结得出：在钱家店地区姚家组地层中，总体上 Re 与 Mo 和 Tl 的关系最为密切，与 Zr、Nb、Ta、Ga、Hf、Rb 的关系次密切。

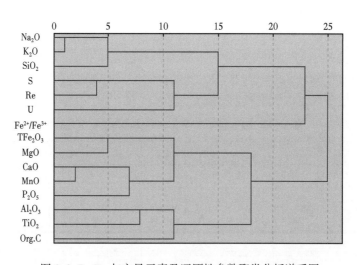

图 9-2-7　Re 与主量元素及还原性参数聚类分析谱系图

Re 与 Mo 电价相同，离子半径相近，地球化学行为相似。Re 与 Tl 同为稀散元素，含量低，亲密性强。U 与 Se 在表生环境中常伴生，两元素相关性较强。

3. 铼与稀土元素聚类分析

铼与稀土元素进行聚类分析谱系图（图9-2-9）表明：当类间距离为25时铼与稀土元素分为两类：所有稀土元素为一类，铼元素单独为一类。自类间距离9开始，轻重稀土分别为一类，铼始终单独为一类。重稀土、中稀土、轻稀土呈现出较好的分类聚合关系，铼与所有稀土元素不存在明显的相关性，地球化学行为表现为明显的差异性。

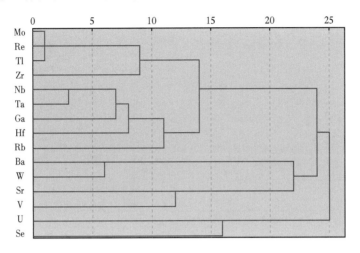

图9-2-8 Re与微量元素聚类分析谱系图

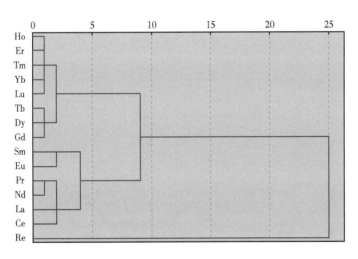

图9-2-9 Re与稀土元素聚类分析谱系图

（三）散点分析

1. 铼与主量元素、微量元素散点分析

通过对钱家店地区姚家组地层中铼与主量元素的相关性分析和聚类分析，可以总结出：在钱家店地区姚家组地层中 Re 与主量元素中 Na_2O、K_2O 的相关性较好，与 Al_2O_3、CaO、P_2O_5、TiO_2 相关性弱，为了检验该结果将铼与各主量元素进行投点，做铼与主量元素的散点图。Re 与 Na_2O、K_2O 在图中显示出较好的规律性，总体上呈线性分布（图9-2-10）。Re 与 SiO_2 在图中呈散乱分布特征。表明 Re 富集与主量元素中碱金属组分 Na_2O、K_2O 关系密切。

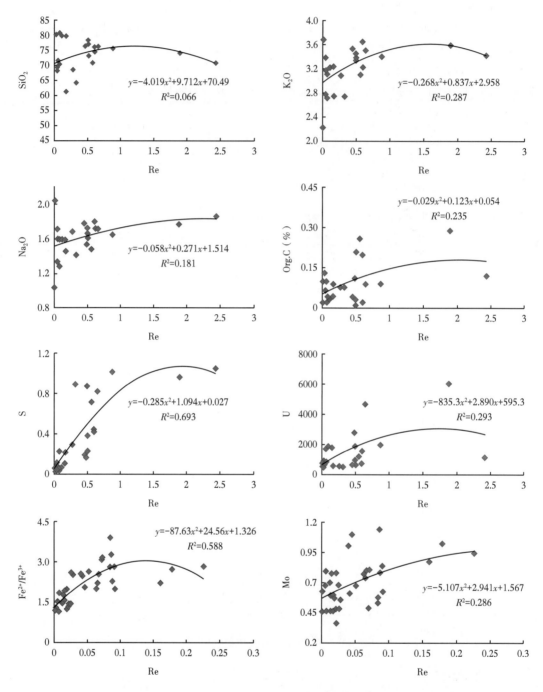

图 9-2-10　Re 与主量、微量元素及还原性参数散点分析图

　　Re 与有机碳、全硫及 Fe^{2+}/Fe^{3+} 等还原性指标在散点图中均表现出明显的规律性分布。其中，与全硫和 Fe^{2+}/Fe^{3+} 相关关系最为显著，表明 Re 对氧化还原反应极其敏感。Re 与 U 在散点图上分布较规律，具较强相关性，一定程度上表明铼与铀富集规律具有相似性。而与 Mo 微量元素线性分布，说明它们具有相近的地球化学行为。

三、铼的富集规律

（一）不同岩性 Re 的富集规律

1. 不同铀含量岩石 Re 的富集规律

选取了数百个不同铀含量的样品，进行 U、Re 等元素的归纳总结，不同 U 含量级别岩石与 Re 含量关系如图 9-2-11 所示，研究结果表明：

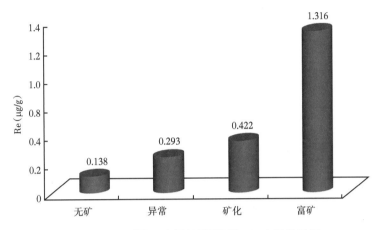

图 9-2-11　不同 U 含量级别岩石与 Re 含量关系图

无铀矿样品中 Re 含量低，富铀矿中 Re 含量显著增高，Re 与 U 含量呈显著的正相关关系。说明 Re 与 U 在富集模式上具良好的一致性，与平面分布的特征相吻合。指示 Re 与 U 的富矿化关系密切，从铀富集规律分析可知，铀的富矿主要和层间氧化前锋有关。Re^{7+} 在氧化条件下具有较强的活动性，易形成易溶化合物溶入含氧地下水，随着物理化学条件的变化，在更强的还原条件（相比较于 U）下，发生凝聚、沉淀，多次的流体迁移最后控制了 Re 矿体的定位。

稀土元素一直被认为在风化和蚀变过程中基本上不活动。Re 与轻、中及重稀土在散点图中均未表现出明显的规律性关系，与重稀土关系最为疏远。表明 Re 同稀土元素地球化学性质具有较大的差异。

2. 不同粒度岩石 Re 的富集规律

不同粒级砂岩与 Re 含量关系如图 9-2-12 所示，研究结果表明：中—细砂岩 Re 含量富集显著，Re 更倾向于富集在有良好孔隙和渗透性的砂岩中，尤其是中砂岩中。高孔渗的粗砂岩不利于 Re 矿富集的原因可能为，过快的流体流动降低了氧化还原作用反应时间，此机理与砂岩型铀矿类似。

3. 不同地球化学特征岩石 Re 的富集规律

含铀砂岩组分类似，所谓不同地球化学特征砂岩，这里主要是氧化还原性质的区别，并主要表现在砂岩的颜色上面。层间氧化带岩石学特征是砂岩型铀矿床铀矿富集特征研究的重要内容之一。多年来通过对研究区多个钻孔岩心进行观察、描述及室内镜下鉴定等，根据岩心色调将钱家店铀矿床层间氧化带划分为氧化带、氧化—还原过渡带（简称过渡带）、还原带。

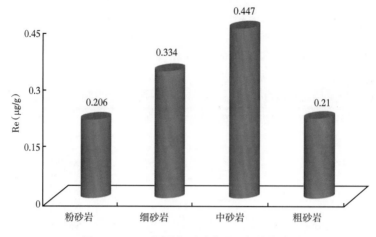

图 9-2-12　不同粒级砂岩与 Re 含量关系图

（1）从图 9-2-13 可以看出，Re 在红色砂岩、红色泥岩及黄色砂岩中变化不大，都显示出微弱含量特征；平均含量分别为 0.078μg/g、0.045μg/g 和 0.02μg/g，而灰色砂岩及灰色泥岩中 Re 含量均显著富集，平均含量分别为 0.333μg/g 和 0.315μg/g，表明氧化还原作用对 Re 富集成矿具有重要控制作用。一般而言，灰色砂岩还原能力及吸附能力远低于灰色泥岩，而在钱家店地区灰色砂岩 Re 含量却与灰色泥岩 Re 含量相当，甚至略高，暗示了后期的流体对 Re 的强烈富集作用。

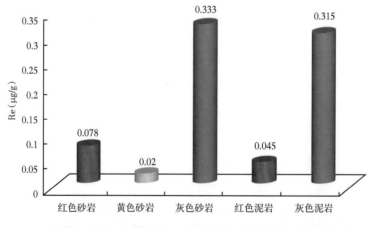

图 9-2-13　不同颜色、岩性岩石与 Re 含量关系图

（2）由图 9-2-14 可以看出，钱家店地区层间氧化带中氧化带和还原带 Re 含量均较低，平均值低于 0.003μg/g。还原带中的 Re 含量代表了该区 Re 的本底值，为原始沉积含量。过渡带中 Re 平均值达 0.084μg/g，远超氧化带和还原带，呈现高度富集特征。在层间氧化过程中，伴随着含氧水的运移，原始的沉积岩石中大量 Re 随氧化流体活化迁移，在过渡带遭遇氧化还原障而富集沉淀。

（二）单钻孔 Re 含量分布特征

在钱家店地区各个区块单钻孔的 Re 元素分布特征展示于下列各图中（图 9-2-15~图 9-2-20）。从各钻孔的 Re 元素与 U 元素分布图来看，图形大体可分为两类，即一致态（Re

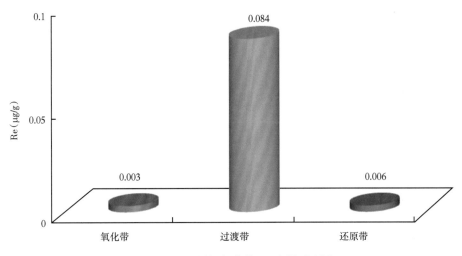

图 9-2-14　层间氧化带 Re 含量对比图

与 U 元素相关）和不一致态。图 9-2-17 中 Re 元素表现出与伴生元素较吻合的双峰态特征，而图 9-2-15 中 Re 元素表现出与伴生元素较吻合的单峰态特征。总体上看，Re 与 U 相关性都较好。图 9-2-15、图 9-2-16、图 9-2-18、图 9-2-19、图 9-2-20 中 U 均表现单峰态特征，而 Re 元素均表现出双峰、多峰态特征。U 与 Re 含量变化在钻孔纵向上吻合性较高，表明 Re 富集有类似于 U 的氧化还原成矿的一面，主要在富矿化阶段，表现为峰值具有高度的同步一致性。低品位矿化阶段两者存在一定的差异，这与前面分析的规律是一致的。

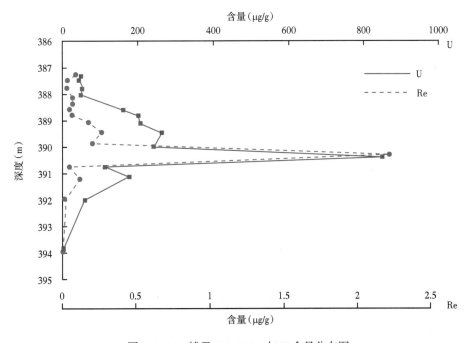

图 9-2-15　钱Ⅲ-31-06 Re 与 U 含量分布图

215

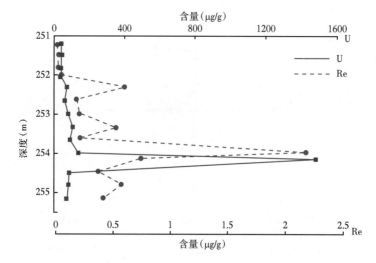

图 9-2-16　钱Ⅱ-11-08 Re 与 U 含量分布图

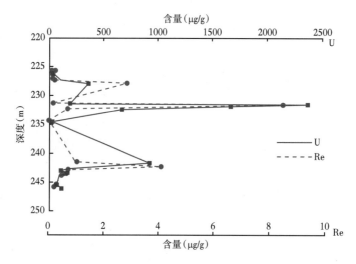

图 9-2-17　钱Ⅱ-15-01 Re 与 U 含量分布图

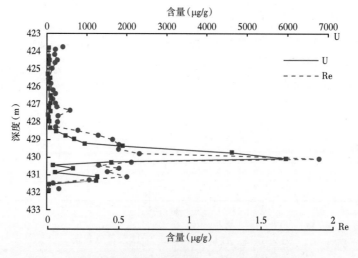

图 9-2-18　钱Ⅳ-09-05 Re 与 U 含量分布图

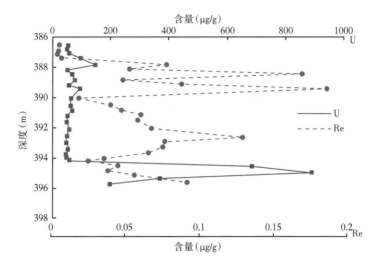

图 9-2-19　钱Ⅳ-33-09 Re 与 U 含量分布图

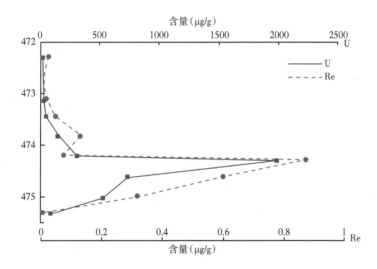

图 9-2-20　钱Ⅳ-56-01 Re 与 U 含量分布图

（三）剖面上 Re 的分布特征

挑选钱家店矿区重点施工的钱Ⅳ块北部的部分钻孔，进行较系统的取样，并对钱家店地区与铀相关的超常富集伴生元素 Re 进行分析，研究 Re 与 U 在空间上的分布规律。Re 及 U 在 105 排勘探线剖面等值线图如图 9-2-21 所示，从图中可以看出，铀矿化和铼矿化具有很强的相关性，都是似层状。铀矿化和铼矿化基本上是重合的，富矿化重叠度更高。

（四）平面上 Re 的分布特征

钱Ⅳ块北部 Re 分析化验样品较多且分布均匀，对其平面矿体的勾勒满足准确性和科学性的要求。归纳 80 余口井的分析数据，总结平面分布特征，并与该区铀矿体对比研究，铼在平面上具有下列规律（图 9-2-22）：

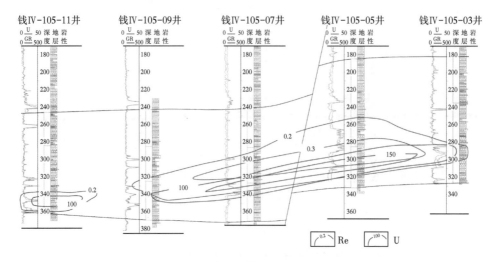

图 9-2-21 钱Ⅳ块北部 Re 与 U 含量纵向剖面分布图

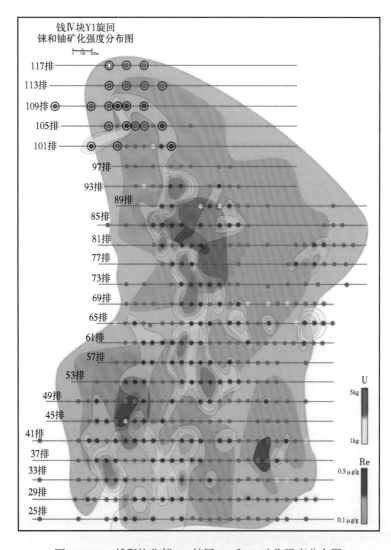

图 9-2-22 钱Ⅳ块北部 Y1 储层 Re 和 U 矿化强度分布图

（1）铼以 0.2μg/g 为矿体划分依据，铀以品位 100μg/g 和 1kg/m² 为界，得出钱Ⅳ块北部 Y1 矿层 Re 和 U 矿体分布图，从图中可以看出，该区大部分铼样品均达到综合利用指标 0.2μg/g，铼矿体呈长饼状。而铀矿体的分布仅局限于中间地带，偏东侧呈团块状分布。铼矿体在平面上大部分与铀矿体耦合分布，少部分并含铼不含铀，或者是含铀不含铼。总体上铼矿体分布范围广于铀矿体。

（2）铼的富集区与铀的富集区分布具较强的耦合性，铀矿体呈南北向展布，铼的富集区同样由南向北延伸，然而，两者的富集中心分布区域略有差异性，相较于铀矿体，铼矿体部分富集中心略偏移还原带一侧，暗示了在层间氧化带形成过程中，部分铼晚于铀沉淀，与铼具极敏感的地球化学性质相符。

第三节　伴生钪元素

一、钪的概况

（一）钪的性质、用途

钪（Sc）元素于 1879 年由瑞典化学家尼尔森发现。原子序数为 21，位于元素周期表中的第三副族。因其物化性质与稀土元素相似，且常共生在一起，故科学家把它列入稀土类内，称为稀土元素之一。钪熔点 1539V，沸点为 2730℃，密度 2.995g/cm³。钪的克拉克值为 $5×10^{-6}$，比 Ag、Au、Pb、Sb、Mo、Hg 和 Bi 更丰富。而与 B、Br、Sn、Ge、As 和 W 的丰度相当。钪开发利用较晚，不常被人们关注。全世界钪的资源极丰富。据报道，世界钪资源的工业储量约 $200×10^4t$（以 Sc 计）。我国是钪资源较为丰富的国家，工业储量约 $65×10^4t$，占世界总工业储量的 33%。钪的独立矿物较少，目前已知仅有 3 种：钪氧矿、铁硅钪矿和水磷钪矿。自然界中含钪的矿物多达 800 余种，但是含量很低，在花岗晶岩中常有钪的存在。但含 $Sc_2O_3 > 0.05\%$ 的矿很少。因此，也被称为"稀散元素"。

钪是典型的稀散亲石元素，分离和提取高纯度钪的过程相当复杂，致使钪的产量不大，价格昂贵。因钪具有高熔点、高导电率和比重小的特性，因而，在电子工业、电光源材料、冶金工业中广泛应用，是重要的军工原料。

Sc 是金属性较强的活性金属，常见化合物有 Sc_2O_3、ScH_3、ScF_3、ScI_3、$ScCl_3$、$Sc(OH)_3$ 和 $Sc_2(SO_4)_3$ 等。这些产物具有重要的实用意义及经济价值。

（二）钱家店铀矿钪的含量

钱Ⅳ矿床钪元素共有检出数据 370 个，钪元素含量在 1.99~34.70μg/g，平均值为 6.67μg/g。其中 223 个样品大于克拉克值（5μg/g），占样品的 60%。特别是在矿体上、下围岩中采集的绝大部分样品钪元素含量均可大于克拉克值。在钱Ⅱ矿床的 100 件样品中，钪元素含量 2.3~12.2μg/g，平均值为 5.17μg/g。其中 36 个样品大于克拉克值，占样品的 36%（图 9-3-1）。

从对钱Ⅳ采区试验区的钪资源来看，钱Ⅳ采区所采水样中钪资源明显低，其溶液中没有发现有可以利用的钪资源的存在。

从一期水和二期冶厂浸出液中的钪资源检测结果来看，地浸液中没有发现有可回收价值的钪资源，再次证明现有的采铀工艺不能够将钪溶出。

U 与 Sc 的相关性统计（图 9-3-2）表明，它们之间相关关系小，因此其分布特征及规模就相当难确定。

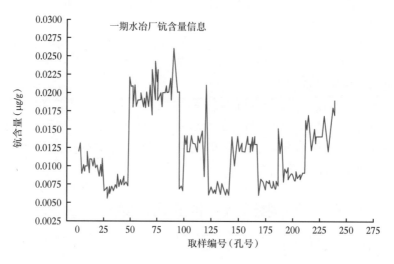

图 9-3-1　一期水冶厂钪含量

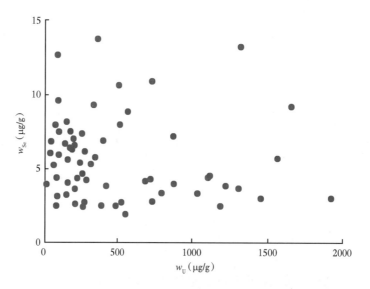

图 9-3-2　w_U-w_{Sc} 相关图（R=-0.0374）

二、钱家店铀矿钪的地球化学特征

（一）相关分析

1. 钪与主量元素相关分析

钱家店地区姚家组地层中钪和主量元素的相关系数（表 9-3-1）表明：（1）钪与 Al_2O_3、Fe_2O_3、MgO、CaO、MnO、TiO_2、P_2O_5 为正相关，各相关系数依次为 0.59、0.63、0.57、0.31、0.23、0.84、0.7，相关性较强，其中钪与 TiO_2 的相关系数为 0.84，为极强相关范围。（2）钪与 SiO_2、Na_2O、K_2O 为负相关，各相关系数依次为 -0.75、-0.34、-0.31，其中钪与 SiO_2 的相关系数为 -0.75，属于强负相关。说明钪元素可能与含钛元素矿物共生，与砂岩的 SiO_2 含量呈消长关系。

表 9-3-1　Sc 与主量元素相关系数表

主量元素	SiO_2	Al_2O_3	TFe_2O_3	MgO	CaO	Na_2O	K_2O	MnO	TiO_2	P_2O_5	Sc
SiO_2	1.00										
Al_2O_3	−0.06	1.00									
TFe_2O_3	−0.81	0.04	1.00								
MgO	−0.83	−0.12	0.74	1.00							
CaO	−0.81	−0.45	0.50	0.69	1.00						
Na_2O	0.60	0.31	−0.43	−0.72	−0.65	1.00					
K_2O	0.63	0.42	−0.45	−0.75	−0.75	0.95	1.00				
MnO	−0.59	−0.29	0.55	0.82	0.54	−0.67	−0.64	1.00			
TiO_2	−0.55	0.74	0.51	0.42	0.03	−0.14	−0.12	0.07	1.00		
P_2O_5	−0.66	0.38	0.42	0.61	0.39	−0.37	−0.40	0.26	0.75	1.00	
Sc	−0.75	0.59	0.63	0.57	0.31	−0.34	−0.31	0.23	0.84	0.77	1.00

2. 钪与微量元素相关分析

钱家店地区姚家组地层中钪和主量元素的相关系数（表 9-3-2）表明，（1）钪与 Li、Cr、Co、Ni、Cu、Zn、Ga、Sr、Ta、W、Tl、Pb、Bi 这 13 个微量元素为正相关，各相关系数依次为 0.18、0.05、0.39、0.40、0.52、0.40、0.53、0.17、0.27、0.005、0.02、0.21，钪与 Ni、Cu、Zn 及 Ga 的具有中等相关性。（2）钪与 Rb、Sb、Ba 这 3 个微量元素为负相关，各相关系数依次为 −0.1、−0.07、−0.22。总之钪与微量元素，无论是正相关还是负相关，相关性均不强。

表 9-3-2　Sc 与微量元素相关系数表

微量元素	Li	Cr	Co	Ni	Cu	Zn	Ga	Rb	Sr	Sb	Ba	Ta	W	Tl	Pb	Bi	Sc
Li	1.00																
Cr	−0.11	1.00															
Co	0.49	0.07	1.00														
Ni	0.56	0.09	0.93	1.00													
Cu	0.24	0.01	0.36	0.41	1.00												
Zn	0.42	0.20	0.33	0.40	0.31	1.00											
Ga	0.66	0.01	0.31	0.34	0.51	0.40	1.00										
Rb	0.25	−0.01	−0.37	−0.35	−0.09	0.07	0.55	1.00									
Sr	−0.07	0.13	0.06	0.10	0.22	−0.03	−0.01	−0.26	1.00								
Sb	0.56	0.07	0.45	0.45	0.08	0.39	0.39	−0.10	1.00	1.00							
Ba	0.12	0.49	0.12	0.18	0.07	0.00	0.01	0.08	0.24	0.35	1.00						
Ta	0.48	0.02	−0.06	−0.05	0.12	0.28	0.70	0.72	0.05	0.22	−0.04	1.00					
W	0.05	0.95	0.16	0.17	0.09	0.26	0.08	−0.01	0.14	0.10	0.49	0.11	1.00				
Tl	0.53	0.04	0.31	0.45	0.11	0.56	0.38	0.28	−0.08	0.87	0.29	0.24	0.06	1.00			
Pb	0.66	0.14	0.62	0.70	0.26	0.52	0.41	0.01	0.14	0.82	0.30	0.18	0.20	0.80	1.00		
Bi	0.14	0.00	0.08	0.05	0.05	0.15	0.21	0.09	−0.01	−0.01	−0.08	0.22	0.01	−0.01	0.13	1.00	
Sc	0.18	0.05	0.39	0.40	0.52	0.40	0.53	−0.10	0.17	−0.07	−0.22	0.27	0.00	0.02	0.21	0.30	1.00

3. 钪与稀土元素相关分析

钱家店地区姚家组地层中钪和稀土元素的相关系数（表9-3-3）表明，钪与La、Ce、Pr、Nd、Sm、Eu、Gd、Tb、Dy、Ho、Er、Tm、Yb、Lu这14个稀土元素相关系数均为正值，其中与轻稀土元素相关性分别为0.38、0.35、0.33、0.41、0.53，属弱相关—中等相关范畴。与中—重稀土元素相关性分别为0.66、0.68、0.71、0.72、0.70、0.71、0.71、0.72，钪与中—重稀土元素之间相关性强，和它们的地球化学习性一致。

表9-3-3 Sc与稀土元素相关系数表

稀土元素	La	Ce	Pr	Nd	Sm	Eu	Gd	Tb	Dy	Ho	Er	Tm	Yb	Lu	Sc
La	1.00														
Ce	0.94	1.00													
Pr	0.96	0.94	1.00												
Nd	0.94	0.93	0.99	1.00											
Sm	0.86	0.88	0.91	0.95	1.00										
Eu	0.79	0.82	0.80	0.86	0.94	1.00									
Gd	0.78	0.81	0.76	0.83	0.93	0.95	1.00								
Tb	0.67	0.72	0.65	0.73	0.88	0.92	0.98	1.00							
Dy	0.60	0.65	0.56	0.64	0.81	0.87	0.95	0.99	1.00						
Ho	0.52	0.60	0.48	0.56	0.74	0.82	0.90	0.96	0.99	1.00					
Er	0.51	0.59	0.47	0.56	0.74	0.81	0.89	0.95	0.98	1.00	1.00				
Tm	0.50	0.59	0.46	0.55	0.73	0.80	0.88	0.93	0.97	0.99	0.99	1.00			
Yb	0.48	0.57	0.45	0.54	0.72	0.80	0.87	0.93	0.96	0.99	0.99	1.00	1.00		
Lu	0.47	0.56	0.45	0.54	0.72	0.79	0.86	0.91	0.95	0.97	0.98	0.99	0.99	1.00	
Sc	0.38	0.35	0.33	0.41	0.53	0.66	0.68	0.71	0.72	0.70	0.71	0.71	0.72	0.70	1.00

4. 钪与伴生元素及还原性参数相关分析

钱家店地区姚家组地层中钪和伴生元素及还原性参数的相关系数（表9-3-4）表明，钪与S、V、Mo、Se、Org.C和U相关系数均为正值，其中与V和Org.C的相关性最好，分别为0.73和0.63，属强相关性。Sc与Org.C相关性可能表明，吸附作用富集成矿尤为关键；Sc与Fe^{2+}/Fe^{3+}几乎无相关性，同样反映出Sc沉淀与氧化还原无关。

表9-3-4 Sc与伴生元素及还原性参数相关系数表

伴生元素及还原性参数	S	Sc	V	Mo	Se	Org.C（%）	U	Fe^{2+}/Fe^{3+}
S	1.00							
Sc	0.17	1.00						
V	0.12	0.73	1.00					
Mo	0.70	0.06	-0.03	1.00				
Se	0.18	0.33	0.57	-0.03	1.00			
Org.C（%）	0.12	0.63	0.50	0.08	0.16	1.00		
U	0.61	0.01	0.11	0.44	0.41	0.42	1.00	
Fe^{2+}/Fe^{3+}	-0.25	-0.01	-0.18	-0.13	-0.07	0.39	-0.13	1.00

（二）聚类分析

1. 钪与主量元素聚类分析

钱家店地区姚家组地层中总体的钪与主量元素聚类谱系图（图9-3-3）表明：Sc与TiO_2的关系最为密切，与Al_2O_3、P_2O_5的关系次密切，与SiO_2、Na_2O、Al_2O_3基本上无关。

2. 钪与微量元素聚类分析

钱家店地区姚家组地层中总的钪与微量元素聚类谱系图（图9-3-4）表明：在钱家店地区姚家组地层中，总体上Sc与Ni和Co的关系最为密切，与Li、Ga、Be的关系次密切。

3. 钪与稀土元素聚类分析

钪与稀土元素进行聚类谱系图（图9-3-5）表明：当类间距离为25时钪与稀土元素分为两类：轻稀土元素为一类，Sc与中—重稀土元素为一类。自类间距离21始，Sc始终单独为一类，而在其他类间距离上稀土元素或有多种分类。因此Sc与重稀土元素的聚类趋势较显著，与轻稀土存在不明显的相关性。

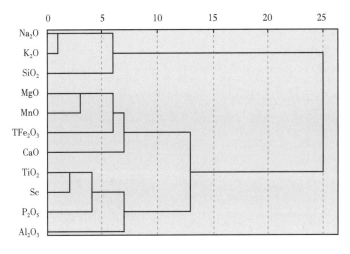

图 9-3-3　Sc 与主量元素聚类分析谱系图

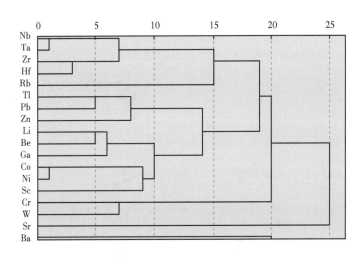

图 9-3-4　Sc 与微量元素聚类分析谱系图

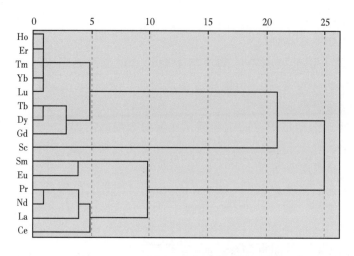

图 9-3-5　Sc 与稀土元素聚类分析谱系图

（三）散点分析

1. 钪与主量元素的散点分析

通过对钱家店地区姚家组地层中钪与主量元素的相关性分析和聚类分析，可以总结出：在姚家组地层中 Sc 与主量元素中 TiO_2、MgO、P_2O_5 和 SiO_2 相关性强，与 Na_2O、Al_2O_3 相关性弱，为了检验该结果，将钪与各主量元素进行投点，作钪与主量元素的散点图。Sc 与 TiO_2 在总体上呈极其明显线性分布；Sc 与 MgO 在总体上呈较强线性分布（图 9-3-6），

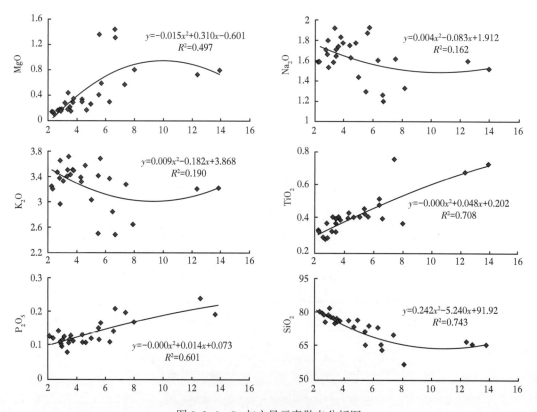

图 9-3-6　Sc 与主量元素散点分析图

Sc 与 P_2O_5 在总体上呈线性分布；Sc 与 SiO_2 在总体上呈显著的线性分布，表现出负相关；Sc 与 Na_2O、K_2O 在总体没有显示出线性分布的特性，可以认为 Sc 与 Na_2O、K_2O 不存在线性关系。

2. 钪与微量元素的散点分析

全硫及 Fe^{2+}/Fe^{3+} 作为典型的氧化还原指标，在地质作用过程中对氧化还原具极强的敏感性。Sc 与全硫及 Fe^{2+}/Fe^{3+} 等还原性指标在散点图中均未表现出规律性，分布零散，无相关性，反映出氧化还原环境的变化对 Sc 的迁移富集无作用。而 Sc 与 Org.C 在散点图中呈现出较好相关性，可能反映了有机碳对 Sc 的富集起到吸附作用。Sc 与 U 和 Mo 在散点图中均呈现出分布零散的特征，相关性差，表明 Sc 与 U 及 Mo 均具有相异地球化学性质（图 9-3-7）。

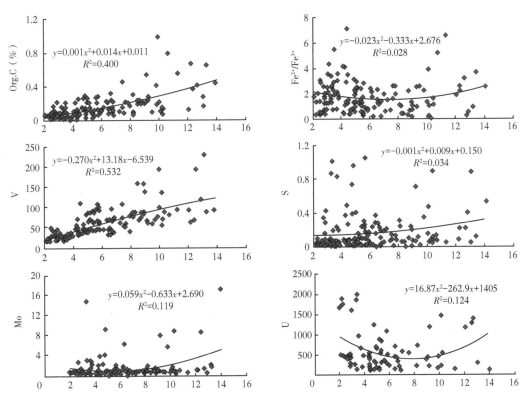

图 9-3-7 Sc 与微量元素散点分析图

3. 钪与稀土元素的散点分析

稀土元素一直被认为在风化和蚀变过程中基本上不活动。Sc 与轻稀土、中稀土及重稀土在散点图中均表现出明显的规律性分布。其中，与重稀土关系最为紧密，表明 Sc 同稀土元素地球化学性质有相似性，在表生环境中具稳定的地球化学性质（图 9-3-8）。

三、钪的富集规律

（一）不同岩石 Sc 的富集规律

1. 不同铀含量矿石 Sc 的富集规律

不同 U 含量级别岩石与 Sc 含量关系如图 9-3-9 所示，研究结果表明，无铀矿、异常铀、矿化铀及富铀矿石中 Sc 含量无明显差异，Sc 含量与铀含量呈现无相关特征，表明 Sc 与 U 在富集模式上显著差异。

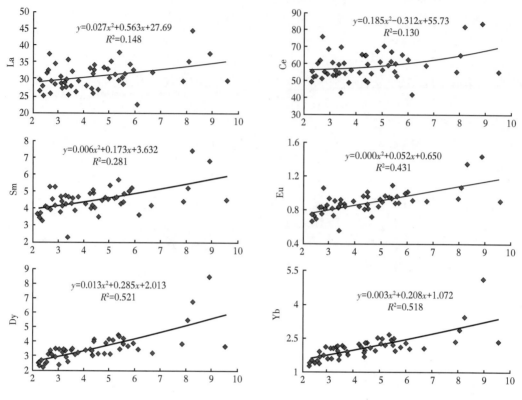

图 9-3-8　Sc 与稀土元素散点分析图

2. 不同粒度岩石 Sc 的富集规律

不同粒级砂岩与 Sc 含量关系分别如图 9-3-10 所示，研究结果表明，粗—细砂岩 Re 含量相近，平均值分别为 6.72μg/g、6.04μg/g 和 7.61μg/g，均较低。粉砂岩 Re 含量显著富集，平均值为 21.12μg/g。Sc 更倾向于富集在孔隙度和渗透性较差的粉砂岩中表明，细粒沉积物有利于富集，Sc 以沉积初始预富集为主，氧化水对 Sc 迁移富集无明显作用，此机理与砂岩型铀矿富集完全不同。

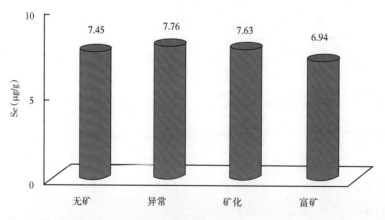

图 9-3-9　不同 U 含量级别岩石与 Sc 含量关系图

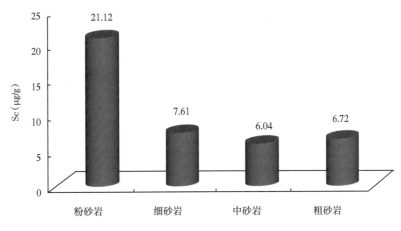

图 9-3-10　不同粒级砂岩与 Sc 含量关系图

3. 不同地球化学特征岩石 Sc 的富集规律

铀矿的富集与砂岩的氧化还原特征有关，主要反应在砂岩的颜色上，从（图 9-3-11）可以看出：（1）Sc 在红色砂岩、黄色砂岩及灰色砂岩中变化不大，都显示出较低的含量特征，平均含量分别为 8.51μg/g、5.38μg/g 和 7.58μg/g，灰色砂岩 Sc 含量并没有显著高于红色和黄色砂岩，甚至低于红色砂岩平均值；灰色岩系中 Sc 含量并非高于其他颜色，表明氧化还原对 Sc 无明显控制作用。（2）灰色泥岩中 Sc 的平均值为 13.23μg/g，而灰色砂岩中 Sc 的平均值为 7.58μg/g，灰色泥岩 Sc 含量高于灰色砂岩。说明不论什么颜色的泥岩，相对于砂岩都相对富 Sc，细粒碎屑沉积更有利于 Sc 的富集。（3）从图 9-3-12 可以看出，钱家店地区层间氧化带中氧化带和还原带 Sc 含量均较低，平均值分别为 4μg/g 和 4.7μg/g，还原带中的 Sc 含量代表了该区 Sc 的本底值，为原始沉积值，过渡带中 Sc 平均值为 6.3μg/g，略高于氧化带和还原带，并未呈现高度富集特征，以上表明在层间水流动过程中，伴随着含氧水的运移，原始的沉积岩石中 Sc 并未大规模随氧化流体活化迁移，在过渡带略富集的原因可能为酸碱障起到了重要作用。

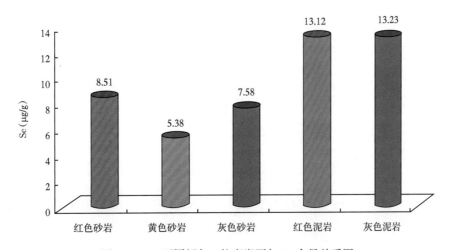

图 9-3-11　不同颜色、粒度岩石与 Sc 含量关系图

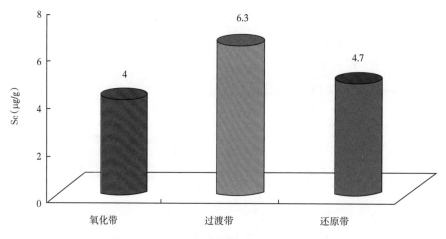

图 9-3-12　层间氧化带各带 Sc 含量对比图

（二）剖面上 Sc 的分布特征

挑选钱家店矿区重点施工的钱Ⅳ块北部的部分钻孔，进行较系统的取样，对钱家店矿区铀成矿块段伴生元素 Sc 进行分析，研究 Sc 与 U 在空间分布规律。Sc 及 U 勘探线剖面等值线如图 9-3-13 所示。可以看出 Sc 富集与 U 成矿虽都是似层状，分布却存在差异性。姚家组下部矿体吻合度较好，分布特征相似；上部仅存在 Sc 矿体，U 矿并不发育，暗示 Sc 与 U 在本地区成矿过程有差异。

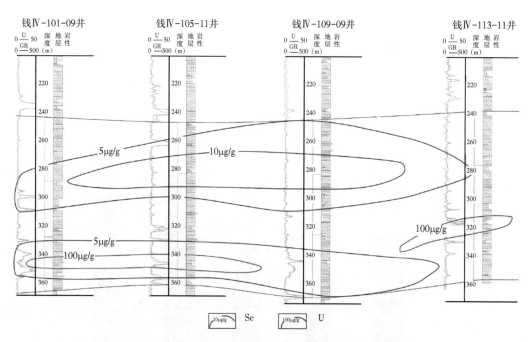

图 9-3-13　钱Ⅳ块北部 Sc 与 U 含量纵向剖面分布图

第四节　铼资源量估算

一、伴生矿资源量估算方法

砂岩型铀矿伴生元素资源量估算方法有两种，一为传统估算法，这种方法是在主组分矿产资源储量估算的基础上，利用系统组合分析或基本分析得到的伴生组分的平均品位，乘以主组分矿石量，即得出伴生组分的资源储量。估算矿产资源储量的平均品位，是由全部组合样品或基本分析样品平均求得，不做特高品位处理。当个别样品品位为零时，以零值参加平均品位计算。这种方法简便，应用普遍，尤其在主组分和伴生组分之间具有明显相关性时，宜用此法。

计算方法如下：

伴生元素资源量概算是以铀的矿石量乘以伴生元素品位计算得来，因其参考的是铀矿体的参数，只能概略地计算，计算公式如下：

$$P_X = C_X \cdot Q_U$$

式中　P_X——伴生元素金属量，t；

　　　C_X——伴生元素平均品位，%；

　　　Q_U——矿石量（铀），t。

$$Q_U = S_U \cdot h_U \cdot d_U$$

式中　S_U——铀矿体面积，m^2；

　　　h_U——铀矿体厚度，m；

　　　d_U——矿石密度，t/m^3。

另一种为相关分析法，这种方法是限定了伴生组分与铀元素之间需存在一定的相关性，具体的计算步骤如下：

（1）计算矿体中伴生组分与主组分之间的相关系数（γ）。

$$\gamma = \frac{\sum_{i=1}^{n}(X_i - \bar{X})(\gamma_i - \bar{\gamma})}{\sqrt{\sum_{i=1}^{n}(X_i - \bar{X})^2 \sum_{i=1}^{n}(Y_i - \bar{Y})^2}}$$

式中　γ_i——某组分样品中伴生组分与主组分品位间的相关系数；

　　　$\bar{\gamma}$——伴生组分与主组分品位间的相关系数的平均值；

　　　n——样品数；

　　　X_i——某组分样品中伴生组分的品位；

　　　$\bar{X}$——各组合样中主组分的平均品位；

　　　Y_i——某组分样品中主组分的品位；

　　　$\bar{Y}$——各组合样中伴生组分的平均品位。

相关性判别：当$\gamma=0$时，则无相关；$\gamma > 0$时，则正相关；$\gamma < 0$时，则负相关；当$\gamma = \pm 1$时，则完全相关。在实践中，γ的绝对值大于某一定值，才能认为两者相关性明显，

否则不能用线性相关分析估算资源储量，判别方法是：计算相关系数后，查相关系数检验表（表9-4-1）来加以判别。

表 9-4-1 相关系数检验表

$n-2$	$a=5\%$	$a=1\%$	$n-2$	$a=5\%$	$a=1\%$	$n-2$	$a=5\%$	$a=1\%$
1	0.997	1.000	9	0.602	0.735	17	0.456	0.575
2	0.950	0.990	10	0.576	0.708	18	0.444	0.561
3	0.878	0.959	11	0.553	0.684	19	0.433	0.549
4	0.811	0.917	12	0.532	0.661	20	0.423	0.537
5	0.754	0.874	13	0.514	0.641	21	0.413	0.526
6	0.707	0.834	14	0.479	0.623	22	0.404	0.515
7	0.666	0.798	15	0.482	0.606	23	0.396	0.505
8	0.623	0.765	16	0.468	0.590	24	0.388	0.496
25	0.381	0.487	40	0.301	0.393	100	0.195	0.254
26	0.374	0.478	45	0.288	0.372	125	0.175	0.228
27	0.367	0.470	50	0.273	0.354	150	0.159	0.208
28	0.361	0.463	60	0.250	0.325	200	0.138	0.181
29	0.355	0.456	70	0.232	0.302	300	0.113	0.148
30	0.349	0.449	80	0.217	0.283	400	0.098	0.128
35	0.325	0.418	90	0.205	0.267	1000	0.062	0.080

例：当 $n=10$，$\gamma=0.82$，所需求的相关系数信度 a 为 5%，查表中 $n-2=8$ 那一行，得 0.632，而 $0.82 > 0.632$，说明相关明显，可以用线性相关分析法估算资源储量。

（2）求每一具体块段的伴生组分的品位 X，用直线回归方程式计算。

$$X = \gamma \frac{\delta_X}{\delta_Y}\left(Y - \overline{Y}\right) + \overline{X}$$

为了使块段平均品位计算得更准确，常用联合回归方程式组同时计算。

$$X = \frac{1}{2}\left(\gamma + \frac{1}{\gamma}\right)\frac{\delta_X}{\delta_Y}\left(Y - \overline{Y}\right) + \overline{X}$$

$$\delta_X = \sqrt{\frac{\sum\left(X_i - X\right)^2}{n-1}}$$

$$\delta_Y = \sqrt{\frac{\sum\left(Y_i - Y\right)^2}{n-1}}$$

式中　$\overline{X}$——所计算块段伴生组分的平均品位；

　　　$\overline{Y}$——所计算块段主组分的平均品位；

　　　δ_X——伴生组分品位的均方差；

　　　δ_Y——主组分品位的均方差。

用直线回归方程和联合回归方程计算的结果若有差值，是因为 x 和 y 之间并非完全相关（即为非函数关系），差值愈大，相关性愈不明显。这种差值说明伴生组分和主组分之间有部分不相关。

（3）根据块段矿石量 Q 按式求出伴生组分资源储量 P：

$$P = Q \cdot \overline{X}$$

二、钱家店地区 Re 资源量估算

伴生元素资源量概算方法中，不但要知道伴生元素的品位，还要知道伴生元素与铀矿体的关系，即伴生元素矿体在走向、倾向、厚度与铀矿体的关系，大致的确定伴生元素矿体的长度、宽度、厚度。

在钱家店铀矿床钱Ⅳ块北部设计了两条重点取样剖面，37 线与 08 列大致的圈定伴生元素矿体长度、宽度、厚度。共采集铼样品 619 个，其中异常以上值有 164 个，平均值为 0.39μg/g。

从剖面图上看（图 9-4-1，图 9-4-2)，绝大多数取样段（铀矿段）都有铼元素富集。

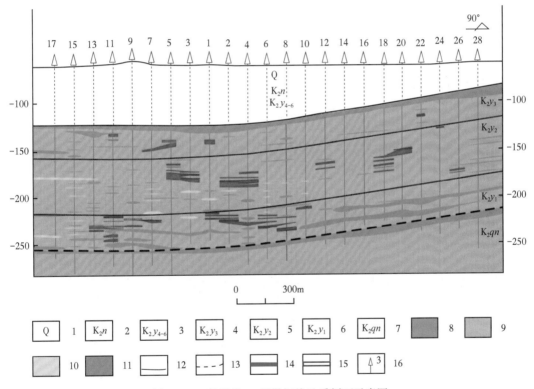

图 9-4-1　钱Ⅳ块 37 号勘探线地质剖面示意图

1—第四系；2—嫩江组；3—姚家组四～六层；4—姚家组三层；5—姚家组二层；6—姚家组一层；7—青山口组；
8—还原砂体；9—红色氧化砂体；10—黄色氧化砂体；11—泥岩；12—地层界线；13—地层平行不整合界线；
14—工业铀矿体；15—铼矿体；16—钻孔及编号

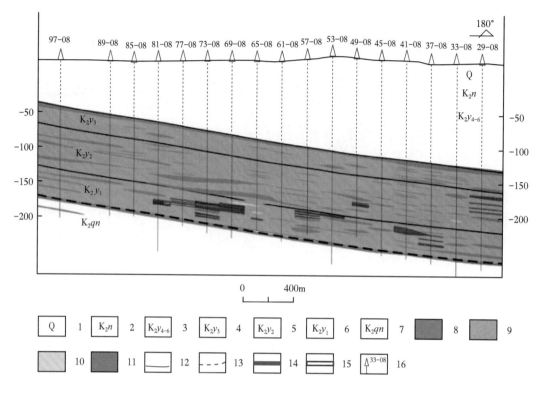

图 9-4-2 钱Ⅳ块纵 8 号线地质剖面示意图

1—第四系；2—嫩江组；3—姚家组四～六层；4—姚家组三层；5—姚家组二层；6—姚家组一层；7—青山口组；
8—还原砂体；9—红色氧化砂体；10—黄色氧化砂体；11—泥岩；12—地层界线；13—地层平行不整合界线；
14—工业铀矿体；15—铼矿体；16—钻孔及编号

　　因此，钱家店地区 Re 与 U 无论在平面上还是剖面上均具有较好的分布吻合性，应用传统估算法可有效地估算钱家店地区伴生 Re 资源量。Re 资源量计算方法为：Re 资源量 = Re 平均品位×铀矿体面积×铀矿体厚度×铀矿石密度，其中 Re 的平均品位为各储层测试样品 Re 含量的平均值，其他参数为该区该层位的铀矿体值，最终求取钱家店地区各个区块各个储层的 Re 资源量，其累计数值为钱家店地区 Re 资源总量。

　　以钱Ⅳ北块为例，其资源量计算如下：

　　根据资源量概算公式，要概算资源量，必须知道矿体面积、矿体厚度、矿体品位、矿石密度四项。

　　（1）矿体面积。

　　矿体面积采用主要铀矿体的面积。

　　（2）矿体厚度。

　　厚度采用铀砂体厚度。

　　（3）矿体密度。

　　采用矿石密度（2.13t/m³）。

　　（4）矿体品位。

　　将 37、纵 8 线取样结果进行统计，得出铼达到综合利用指标（0.00002%~0.001%）的样品平均品位为 0.39μg/g。

姚一层：$P_{Re}=1428023×5.22×2.13×0.39×10^{-6}=6.19t$

姚二层：$P_{Re}=626959×4.50×2.13×0.39×10^{-6}=2.34t$

合计：8.53t。

第十章　主要勘探技术

第一节　资源预测方法

在辽河铀矿勘查过程中，结合研究区成矿地质特点，借鉴石油系统油资源评价的思路和方法，从铀源岩（成因法）和成矿地质条件（类比法）两个方面出发，初步估算重点区带的铀资源量，为铀资源预测与评价提供依据。

一、成因法铀源资源量估算

成因法资源评价方法就是从铀矿床成矿的物质基础出发，通过剥蚀区铀源岩和铀储层中提供的铀含量来估算资源量的方法。

（一）剥蚀区铀源岩资源量估算

1. 剥蚀区铀源岩资源量估算方法

析出量的计算是成因法估算资源量的重要环节，其计算公式是：

$$Q = W \cdot L \cdot P \qquad (10\text{-}1\text{-}1)$$
$$W = S \cdot H \cdot \rho \qquad (10\text{-}1\text{-}2)$$

式中　Q——析出铀的总量，t；

　　　W——剥蚀量，t；

　　　L——新鲜岩石样品平均铀含量；

　　　P——析出率，%；

　　　S——岩石分布面积，m^2；

　　　H——剥蚀厚度，m；

　　　ρ——岩石密度，t/m^3。

其中，P 的求取方式有多种，但目前一般应用两种方法：

一是在野外样品采集时，将新鲜样品与风化后的样品分别进行取样和室内分析、化验，测量其铀含量。通过下式计算析出率：

$$P = \frac{\left(L_{新} - L_{风}\right)}{L_{新} \times 100\%} \qquad (10\text{-}1\text{-}3)$$

式中　$L_{新}$——新鲜岩石样品的铀含量；

　　　$L_{风}$——风化后的样品铀含量。

该方法虽然快捷，但取到新鲜岩石样品相对较难。

二是通过测定岩石的 Th/U 比值来计算，铀和钍的地球化学性质差异较大，在表生条件下，钍是比较稳定的元素，不容易迁移，而铀则是一个活动的元素，氧化环境下易被氧化而迁移。因此，可根据岩石样品的 Th/U 比值粗略计算岩石的原始铀含量（U_0）。

234

设：

$$k=\mathrm{Th}/\mathrm{U} \tag{10-1-4}$$

式中 Th、U——分别为样品钍、铀含量的测定值。

$k\approx4.2$，表明样品无铀的得失；

$k>4.2$，表明样品丢失铀；

$k<4.2$，表明样品获得铀。

其中 4.2 是中国大陆岩石平均 Th/U 比值。

样品原始铀含量计算公式为：

$$U_0=k\times\mathrm{U}/4.2 \tag{10-1-5}$$

由于各种岩石的 Th/U 比值可能不是一个常数，也不能只靠钍含量来确定岩石的原始铀含量。因此，式（10-1-5）计算结果不一定能真正反映岩石 U_0 值。但在样品较多的情况下，经过统计分析，还是可以粗略地判断岩石的原始铀含量高低。

该方法计算应具备以下条件：要有蚀源区详细的地质图，样品要包括蚀源区的主要岩性，且样品数量要达到能使统计量具有代表性的数量。

2. 燕山造山带资源量估算

钱家店铀矿区层间氧化水的补给区主要是燕山造山带，燕山造山带溶解铀的部分通过层间水带到层间氧化带前锋线附近成矿。通过上述计算方法，可以估算燕山造山带提供的铀量。

（1）在地质图上，估算主要岩石的分布面积。

在揭去了新生界地质图基础上，对燕山造山带不同含铀岩石的主要分布面积进行估算（表 10-1-1）。其作用是落实不同岩石所占比例。

（2）计算开始层间氧化后蚀源区的剥蚀量。

剥蚀量的计算有两种方法：一是通过预测蚀源区的剥蚀厚度，以地貌最高值连线（山脊）为界，取盆地的一侧作为面积计算的范围，计算剥蚀量；二是通过预测沉积岩的沉积厚度和面积来计算剥蚀量，再通过蚀源区各岩性所占比例，计算不同岩性的剥蚀量。

（3）通过野外采用，室内分析，得出含铀岩石的平均铀含量、析出率及密度。

（4）在求取剥蚀量的基础上，计算析出总量。

燕山造山带蚀源区铀析出总量估算结果为 $39295\times10^4\mathrm{t}$（表 10-1-1），其析出总量大，可向盆地输送大量的溶解铀。

表 10-1-1 燕山造山带析出的总铀量计算表

岩性/时代	面积（km²）	剥蚀量（10^4t）	平均铀含量（μg/g）	析出率（%）	析出铀量（10^4t）	析出总铀量（10^4t）
花岗岩	8834.00	4847.20	5.65	62.95	17239.92	
片麻岩	334.76	3741.32	1.57	47.13	2768.36	
J₃-K₁	26738.80	11831.92	2.17	37.07	9517.82	
C-P	2166.28	958.60	2.17	37.07	771.12	39295.41
Pt₂₊₃	9411.56	4812.44	2.37	45.34	5171.25	
O-S	825.16	405.72	3.31	39.58	531.53	
Є-O	5116.08	2515.40	3.31	39.58	3295.42	

蚀源区含铀岩石受风化和淋滤作用，析出的铀绝大部分随着地表水径流，只有极少的溶解铀随着层间水向盆地内部地层输入。因此，通过计算蚀源区铀源岩析出量的方法计算的资源量，只能定性说明其蚀源区供铀的能力大小，而不能定量计算其向层间氧化带内渗入的铀量。

（二）铀储层中氧化砂岩析出铀估算

1. 估算方法

铀储层本身的碎屑铀可以通过层间氧化作用释放出来而参与铀成矿。为了定量地评估铀储层中各层系的铀对成矿的贡献，通过计算各层位氧化带砂岩的规模、原生砂岩的铀丰度、析出率等参数值，可以对各个层系铀储层的资源量进行粗略的估算。计算公式如下：

$$Q=M \cdot L_{原} \cdot P \qquad （10-1-6）$$

式中　Q——铀析出总量，t；

　　　M——氧化带砂岩质量，t；

　　　$L_{原}$——原生砂岩铀含量；

　　　P——析出率，%。

$$M=V \cdot \rho \qquad （10-1-7）$$

式中　V——氧化带砂岩体积；

　　　ρ——岩石密度。

2. 姚家组下段氧化砂岩析出量估算

1）层间氧化带分布和氧化砂体质量估算

在钻孔岩心宏观特征、微观特征及相关地球化学等特征研究的基础上，根据氧化砂岩的分布及地球化学的分带性，确定上白垩统各地层的氧化带分布范围，估算层间氧化带的面积，为氧化砂体质量估算做准备。下面以姚家组下段为例，来演示其计算过程。

姚家组下段氧化带主要分布在钱家店外围盆地中部，由西南向北东方向展布，其氧化带主要分布在龙湾筒—钱家店、双辽—保康等地区，分布面积约为12180km²。研究表明，开鲁坳陷姚家组氧化砂岩的成因有沉积期氧化、和后期层间氧化两种。只有后期层间氧化砂岩中析出的铀对成矿起作用。初步分析认为，龙湾筒西南地区的冲积扇和龙湾筒地区的辫状河基本都是早期氧化砂岩，只有龙湾筒东和钱家店地区以后期层间氧化为主，占整个氧化带的40%左右，约为4720km²。根据姚家组下段砂体厚度分布情况，构建简单的地质模型，对姚家组下段的氧化带砂体的质量进行了估算，约为513×10⁸t。

2) 含铀岩系砂岩的铀丰度与析出率

由于采集的样品数量有限，成本较高，因此，通过把伽马测井曲线与样品测试$U_{含量}$进行对比和曲线拟合（图10-1-1），拟合经验公式为：

$$U_{含量}=0.1522GR-7.8632 \qquad （10-1-8）$$

对于没有采集样品测试的地区，采用读取伽马测井曲线值，来计算各层系砂岩的铀丰度及析出率。其计算公式为：

$$p=（L_{原}-L_{氧}）/L_{原}×100\% \qquad （10-1-9）$$

式中　p——析出率；

　　　$L_{原}$——原生砂岩铀丰度；

　　　$L_{氧}$——氧化砂岩铀丰度。

计算结果：姚家组下段原生砂岩平均铀丰度为 7.36μg/g，析出率为 26.9%。

3）含铀岩系资源量估算

在求取了氧化砂岩质量、原生砂岩的铀丰度、析出率等参数值之后，根据式（10-1-5），估算姚家组下段铀储层总析出铀量为 $10.4×10^4$t。

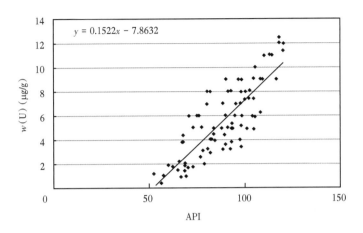

图 10-1-1　钱家店外围地区放射性测井与 U 含量关系图

二、资源丰度类比法

资源丰度类比法，是在参考前人研究的基础上，借鉴油气勘探中资源评价方法，特别是已被广泛应用的面积丰度类比法，结合砂岩型铀矿的成矿机理，形成了定量预测有利区资源量的有效方法。该方法是在剖析模型区铀成矿条件、资源丰度及类比参数三者之间的关联规律和定量关系的基础上，建立地质模型，再通过地质模型建立有利含矿远景区与模型区的类比关系，预测有利远景区的资源量。该方法要求预测区具有一定的勘探程度，要基本能够满足预测有利含矿区的分布。

（一）资源量估算参数

1. 铀源条件是矿床资源量的重要参数

油气成藏与铀源和油源具有一定的可类比的成矿条件，不同的是油气成藏的油源岩是盆地中深水环境和半深水环境下沉积的含有大量有机质的暗色泥岩，暗色泥岩的干酪根达到一定埋深，即达到生油气门限温度就可生成油气，提供油源。油源岩生成的油气在各含油系统中通过砂体、断裂和不整合界面输导运移，在岩性圈闭、构造圈闭及潜山中成藏。

类比油气成藏条件，层间氧化砂岩型铀成矿也需要较好的矿源。开鲁坳陷的铀源岩是盆地周缘蚀源区富铀的花岗岩、板岩和石英岩。在沉积时期，富铀母岩为含铀岩系提供了丰富的碎屑铀和溶解铀（U^{6+}），在成矿时期，由蚀源区富铀母岩提供的溶解铀（U^{6+}）进入铀储层，在区域层间氧化带前锋线附近富集成矿。铀源岩的好坏直接影响能否形成矿床及成矿规模，是资源评价的重要参数之一。

2. 储层规模及物性控制成矿规模

层间氧化砂岩型铀成矿必须具备层间水的流动空间，要求铀储层具有一定规模，和较好的渗透性。储层厚度以 10~40m 为宜。渗透率大于 0.1mD，但不宜过高。

3. 储盖（隔）配置关系

稳定的铀储层与隔水层空间配置结构是砂岩型铀矿形成需要具备的首要地质条件之一。泥—砂—泥的岩性结构韵律性不仅决定了含矿含水层的数量，而且直接影响着含矿流场和层间氧化作用。

层间氧化砂岩型铀矿成矿是从盆地周边向盆地内部形成补—径—排系统，层间含氧含铀承压水是向盆地内部氧化还原前锋线聚集成矿。

（二）资源丰度类比法简介

基本原理是依据地质成因和结构相似的地质对象之间，其资源丰度具有相应的可对比性，主要包括面积丰度类比法和体积丰度类比法。面积丰度类比法详述如下，体积丰度类比法在此不做赘述。

面积丰度类比法：首先进行含矿区控矿条件分析，优选出刻度区，建立类比参数体系；然后在刻度区类比参数解剖的基础上，建立资源丰度模型；最后根据预测区的具体参数值，利用资源丰度模型，求取资源丰度，利用资源丰度值，结合预测区有利面积或体积，计算资源量（图 10-1-2）。计算公式为：

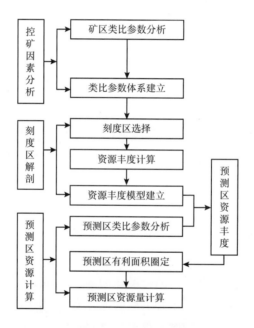

图 10-1-2 资源面积丰度类比法流工作流程

$$Q = \sum_{i=1}^{n} \left(S_i K_i \alpha_i \right) \qquad (10\text{-}1\text{-}10)$$

其中：

$$\alpha_i = \frac{\text{预测区地质类比总分}}{\text{刻度区地质类比总分}} \qquad (10\text{-}1\text{-}11)$$

式中　Q——预测区的油气总资源量，t；

　　　　S_i——预测区类比单元的面积，km^2；

　　　　α_i——预测区类比单元与刻度区的类比相似系数；

i——预测区矿层的序号；

K_i——刻度区油气资源丰度，自刻度区给出，t/km^2。

应用该方法需要遵循以下三个原则：

（1）刻度区选择原则。应首先遵循"三高"原则，即较高的勘探程度、较高的地质认识程度、较高的资源控制率。刻度区可以是一个矿床、一个成矿组合或一个矿层。

（2）类比参数选择原则是突出控矿要素。类比参数的优选主要是研究参数与铀成矿的内在联系。同时也要根据勘查的不同阶段选择参数，勘查程度高的地区，尽量选择与成矿和勘查程度密切的参数。

（3）预测区选择原则。预测区与刻度区必须是相同成因类型的砂岩型铀矿床；其次预测区必须具有一定勘探查程度，其目的一是保证有对称的可对比信息，二是能够圈定有利含矿区。

（三）刻度区（模型单元）解剖

刻度区解剖主要围绕刻度区铀成矿条件、铀资源丰度及类比参数三个方面展开，剖析三者之间的关联规律和定量关系。其目的是在综合刻度区解剖结果的基础上，通过相关分析，总结用于类比评价和计算的资源丰度模型。

1. 刻度区优选及资源丰度计算

选择一定数量的模型单元（刻度区）是进行资源量评价的基础。例如钱家店矿床的钱Ⅱ块和钱Ⅳ块姚家组铀矿层符合建立刻度区的条件。解剖这两个区块 11 个矿层成矿地质条件与资源丰度关系，形成刻度区成矿条件的类比参数体系和取值标准。

铀资源丰度是各层资源量与对应层含矿带面积的比值，是判断铀矿是否富集的一个重要参数。其计算包括两个方面：

（1）块段法计算刻度区各矿层的资源量；

（2）利用岩石学、地球化学和氧化砂岩质量分数等方法来综合圈定含矿带面积。

2. 刻度区类比参数体系建立

成矿条件参数可分为量化和定性两种参数，其中量化参数是可以量化和成图的成矿条件，如铀源条件、还原条件、沉积储层条件及氧化还原条件参数。定性参数就是难以形成有效的平面图件和统计效果的成矿条件，如古气候条件、断裂发育程度、过渡带含矿性及水文地质情况等。

1）铀源参数

铀源参数系指蚀源区源岩的铀含量和析出率，铀储层本身的铀含量和析出率及层间氧化带的规模。要确定铀源对铀成矿的作用，一是经过野外露头调查取样和室内测试分析，确定蚀源区不同岩石提供铀源的能力；二是对坳陷蚀源区铀源进行分带评价估算，明确不同蚀源区的优劣；三是求取各矿层铀储层本身的铀含量和析出率，结合层间氧化带规模估算析出量，确定其对成矿的影响。钱家店铀矿床钱Ⅱ块和钱Ⅳ块刻度区铀矿层集中在姚家组，其铀源都来自西南部燕山造山带蚀源区，各矿层的蚀源区铀源条件基本相同，只是各层的层间氧化带规模不同，储层本身铀源的能力不同。

2）构造参数

构造对砂岩型铀矿的主要作用，一是表现在对含矿砂体的类型及其展布的控制；二是对水动力系统的控制，也就是补—径—排系统的控制。钱Ⅱ块和钱Ⅳ块刻度区为西南缘剥蚀区为补给区，斜坡作为径流区，"天窗"和断层为排泄区的补—径—排系统。

3）沉积建造参数

沉积建造参数包括是否具有稳定而厚度适中的含水透水层与其上下泥岩组成的屏蔽层，即完整的泥—砂—泥组合。区域隔水层稳定，内部隔水层发育，泥—砂—泥岩组合完整的矿层是最有利的矿层。在刻度区姚家组 Y1 矿层、Y4 矿层和 Y6 矿层具有稳定的区域隔水层，其他层系区域隔水层不发育，仅发育局部隔水层。

4）还原介质参数

砂岩型铀矿的形成发育需要有充足的还原剂，包括铀储层的内部还原剂与外部还原剂。主要用砂岩的 TOC 含量、$S_{全}$ 含量、$w(Fe_2O_3)/w(FeO)$ 三者表现铀储层内部还原剂的地球化学特征。暗色泥岩位于铀储层外部，属于外部还原介质，具有较强的还原能力。

钱Ⅱ块和钱Ⅳ块刻度区砂岩中 TOC 、$S_{全}$ 和 Fe_2O_3/FeO 含量与铀成矿有密切的关系。工业矿层的 TOC 含量分布在 0.1%~0.18% 之间，$S_{全}$ 含量为高值区，即大于 0.10%，$w(Fe_2O_3)/w(FeO)$ 的相对低值区域，即小于 3.78。

资源丰度高的矿层集中在有机碳含量 0.15% 附近（图 10-1-3）；随着 $S_{全}$ 增加含矿层的资源丰度增加，大于 0.12 后，资源丰度与 $S_{全}$ 呈正相关关系（图 10-1-4）；资源丰度高矿层主要集中在 $w(Fe_2O_3)/w(FeO)$ 相对低值区域（<2），但也有例外，如钱Ⅱ块 Y4 层 $w(Fe_2O_3)/w(FeO)$ 是 0.48，但资源丰度只有 $83t/km^2$，充分说明资源丰度不是受单因素控制（图 10-1-5）。

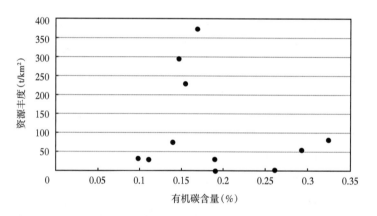

图 10-1-3　刻度区有机碳含量与资源丰度关系图

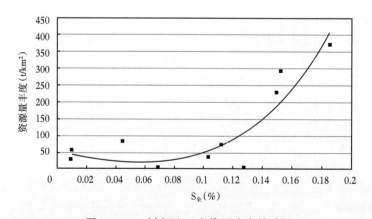

图 10-1-4　刻度区 $S_{全}$ 与资源丰度关系图

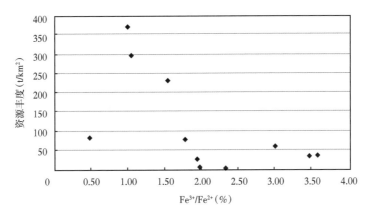

图 10-1-5　刻度区 w（Fe_2O_3）/w（FeO）与资源丰度关系图

刻度区暗色泥岩厚度统计表明：砂岩型铀矿矿化主要发育在暗色泥岩厚度小于 6m 的地区。最有利的成矿厚度在 0~2m 之间。

5）沉积储层参数

钱Ⅱ块和钱Ⅳ块刻度区发育辫状河砂体，对层间氧化带型砂岩型铀矿的形成具有明显的控制作用。

含矿岩性相对单一：钱Ⅱ块和钱Ⅳ块刻度区为砂砾岩、粗砂岩、中砂岩、细砂岩，以细砂岩为主，占 85% 以上。

砂体厚度和含砂率对铀成矿具较明显的制约作用：钱Ⅱ块和钱Ⅳ块刻度区含矿砂体厚度主要集中在 15~50m 之间，小于 20m 或大于 50m 都不利于成矿；含矿砂体含砂率在 60%~90% 之间（图 10-1-6）。

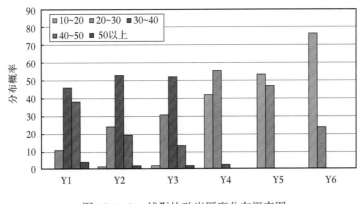

图 10-1-6　钱Ⅳ块砂岩厚度分布概率图

储层物性对铀成矿具较强的制约作用：钱Ⅱ块和钱Ⅳ块刻度区储层的孔隙度在 20%~30% 之间、渗透率在 500~2000mD 之间是最有利的成矿物性。资源丰度高的矿层，其孔隙度也主要分布在 20%~30% 之间。

6）层间氧化参数

层间氧化对铀成矿的作用主要表现在两个方面：一是层间氧化带规模越大，过渡带成矿富集概率越大；二是过渡带的面积和含矿丰度对成矿的作用。铀资源丰度是各层资源量与对应层过渡带面积的比值。依据层间氧化带的宏观岩石学特征、微观特征、岩石地球化学特征及氧化砂岩百分含量定量预测等技术手段可确定氧化还原过渡带面积。

（四）成矿条件的定量刻画

对控矿因素优劣程度的综合定量描述是本方法的一个重要环节。控矿因素的定量描述是通过对具体的成矿地质参数按一定的标准进行打分，通过分值的高低来反映该项成矿地质条件的优劣程度。控矿条件打分从铀源、构造、沉积结构、沉积储层、还原介质及层间氧化作用六方面展开，六方面控矿地质条件中包括了19项参数。同时根据各控矿参数在成矿中的作用，赋予不同的权值（表10-1-2）。权值的赋予是在统计分析钱家店铀矿床关键控矿因素与铀资源丰度的关系的基础上，参考国内同类矿床的分析数据综合得出的结果。

表 10-1-2　铀成矿条件定量打分参数及权值分配表

成矿地质条件		权值	成矿地质条件		权值
	铀源岩岩性	0.2	构造	补—经—排系统	1.0
	铀源岩铀含量	0.1	沉积结构	砂泥组合	0.6
铀源	铀源岩析出率	0.1		隔水层	0.4
	原生碎屑岩铀含量	0.3		泥岩厚度	0.6
	原生碎屑岩析出率	0.3	还原介质	有机碳	0.6
	岩相	0.2		Fe_2O_3/FeO	0.4
	岩性	0.2		全 S	0.4
铀储层	储层厚度	0.5	氧化还原	氧化带析出量	0.4
	含砂率	0.5		过渡带含矿性	0.6
	孔隙度	0.6			

类比参数体系的建立是将评价系数从高到低分成4个区间，同时根据前面对各参数的分析结果，将控矿参数也按其对控矿的强弱度划分4个区间（表10-1-3），每项参数根据实际特征参照取分标准可以得到各自的分值。六方面成矿条件的得分各自独立，具体得分由每方面条件之下的各项子因素得分加权求和决定。成矿是六方面条件共同作用的结果，缺一不可。

打分对象是刻度区、评价对象中的每个成矿组合，对每个成矿组合的得分进行算术求和，即得到刻度区或评价对象成矿条件的定量得分。打分取值将直接影响对成矿条件定量刻画的结果，成矿条件和成矿规律是定量刻画的重要基础。

（五）资源丰度模型建立

1.刻度区成矿条件得分

通过对刻度区成矿条件的总结打分和计算，得到钱Ⅱ块和钱Ⅳ块各矿层的分值。

2.建立资源丰度与成矿条件得分的相关关系

钱Ⅱ块和钱Ⅳ块刻度区各矿层单元的资源丰度与成矿条件得分的汇总相关分析表明：资源丰度与成矿条件得分之间具有较高的相关系数。其定量关系模型为：

$$A=62P^2+85P \qquad （10-1-12）$$

式中　A——铀资源丰度，t/km^2；

P——铀成藏条件整体得分。

（六）资源量计算

评价模型的建立为成矿有利远景区地质条件类比和估算资源量提供了参照模型。选择具有一定勘探程度，能够基本预测有利含矿区分布的地区和矿层进行计算。其计算主要包括以下四个方面。

1. 预测区地质参数打分

在对预测区成矿条件分析的基层上，分单元从铀源、构造、沉积建造、沉积储层、还原介质及层间氧化作用六方面 19 相参数类比打分，给出分值。

2. 预测区丰度求取

根据分值，应用资源丰度模型求取预测区的资源丰度。

3. 预测区（过渡带）面积圈定

在充分利用钻探成果的基础上，应用层间氧化各带的岩石学和地球化学特征及氧化砂岩的不同含量来圈定预测区（过渡带）面积。

4. 资源量计算

已知了预测区（过渡带）铀资源丰度和面积，其资源量就可通过下面的公式求取：

$$资源量 = 资源丰度 \times 预测区（过渡带）面积 \qquad （10-1-12）$$

通过对开鲁坳陷陆家堡地区和钱家店地区的预测认为，这两个地区都具有较大的勘探潜力，其中陆家堡地区的明水组和四方台组、钱家店地区的钱Ⅳ东块及钱Ⅴ块姚家组和青山口组都具有形成规模资源的潜力，是后期勘查的有力区带和层系。

第二节　铀储层探测的地震技术

一、石油地震资料浅层处理技术

（一）存在问题及处理难点

辽河外围开鲁坳陷砂岩型铀矿床埋深 100~700m，而以油气勘探为主要目的的地震资料处理存在以下三大特点：一是 300m 以上基本被切除；二是浅层覆盖次数低，有效信号弱，信噪比低；三是浅层频带窄、分辨率低，不能满足浅层砂岩型铀床勘探需要。

在浅层三维地震资料处理中存在一些难点。

1. 静校正问题

静校正问题的存在会导致同相轴相位不一致，从而降低地震资料信噪比和分辨率，而且静校正误差对中、高频的影响更大，试验数据分析 4ms 的静校正误差能导致中、高频部分频率降低 15Hz 左右，而中浅层地震资料又恰恰是一些中频、高频的响应。因此，解决好资料中的静校正问题，特别是中频、高频部分的静校正问题是浅层资料处理中一个非常关键的环节。

2. 近地表高频吸收衰减问题

近地表介质沉积疏松，速度、厚度横向变化大，对地震波有强烈的吸收作用，高频成分衰减更加严重，导致地震记录分辨率降低。另外，由于近地表介质的空变吸收和频散作用，会造成子波能量和相位的不一致，影响叠加成像及保真度，特别是对于浅层资料有着更为明显的影响。

3. 反褶积处理及叠后拓频处理

反褶积的作用主要是提高地震资料横向一致性和纵向分辨率，在保证一定信噪比的前提下，尽可能地提高资料的分辨率，同时又保持好反射同相轴的波组特征，以利于构造解释和岩性反演处理，反褶积处理和叠后拓频处理是提高浅层资料分辨率的关键技术。

4. 浅层保真动校无拉伸

由于砂岩型铀矿的主要目标区是浅层，常规动校正叠加因动校拉伸问题，严重影响了浅层成像质量，并且降频严重，要解决这一问题，需要采取保真动校无拉伸技术。

5. 叠前数据规则化处理

地震数据采集过程中，由于采集方式的不规则，地震中采集到的中小偏移距信息较少，浅层资料覆盖次数偏低，特别是在一些地表障碍区无法进行有效采集，浅层豁口较大。因此必须借助后期室内处理，通过叠前数据规则化插值处理，弥补浅层资料采集的不足，从而提高浅层资料的信噪比和分辨率。

（二）针对性处理技术

针对浅层资料处理中存在的技术难点，结合主要地质目标，重点研究探讨了以下针对性处理技术和方法。

1. 折射波静校正技术

钱家店矿区地表地质条件较为复杂，激发和接收条件不一致，导致地震资料静校正问题突出，给有效反射的准确成像带来了严重影响，尤其对浅层目的层的影响更大。另外，矿区外围资料原始单炮直达波具有频率低、波形发散快、初至之前干扰严重、视速度不唯一的特点，这也给表层模型的精确建立带来困难，且会导致计算出的静校正量严重失真。为解决这一技术难题，处理中采用微测井方法求取的静校正低频分量＋折射波方法求取的高频分量的方法来消除静校正问题对地震资料品质的影响。

对低降速带表层模型的分析研究，采用了北京森诺技术开发有限公司和中国海洋大学刘怀山教授研发的表层模型法静校正为主，多系统联合，互相验证的方式。其中表层模型法静校正是采用小波变换与 Lipschitz 指数计算相结合的方法自动拾取初至时间。利用拾取的初至信息，采用遗传算法和梯度法相结合的非线性反演方法求取走时等效的近地表模型。遗传算法保证全局收敛，梯度法则提高了计算速度。选择合适的基准面，利用所求取的等效模型能够计算得到准确的静校正量。

从陆东地区实际地震资料应用效果来看（图 10-2-1），采用微测井方法求取的静校正低频分量＋折射波方法求取的高频分量和多次自动剩余静校正迭代处理，基本消除了近地表异常引起的静校正问题。

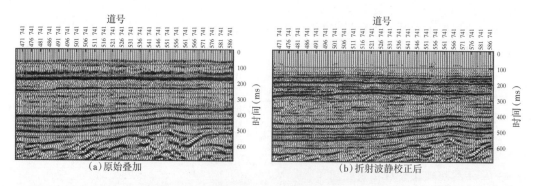

图 10-2-1　折射波静校正应用前后叠加效果对比

2. 近地表吸收补偿技术

近地表层吸收和频散主要与 Q 值和传播时间这两个量有关，若传播时间相同，则 Q 值越大吸收越小；若 Q 值相同，则传播时间越大，吸收越大。由于表层结构的空间变化较大，因此表层 Q 值和传播时间必然存在一定的空间变化，除了补偿表层吸收和进行相位校正外，表层补偿的一个重要目的是改善表层空变吸收引起的波形不一致。因此，首先要求取该地区的表层空变 Q 值和传播时间。

在矿区外围浅层处理中采用改进的峰值频率偏移法来计算表层 Q 值。该方法利用地震数据的频率属性，比利用振幅属性的方法稳定性更好。且在求取数据峰值频率时，采用先求主频，通过主频与峰值频率之间的转换公式求峰值频率，进一步提高了方法的稳定性。在采用稳定补偿方法的同时补偿能量吸收和校正相位，对能量的补偿引入了稳定因子，有效限制了高频噪音的干扰。

处理中获取的陆家堡地区表层 Q 值，与表层结构相关性好，符合该地区表层结构的空间变化规律。从实际资料的补偿效果来看（图10-2-2），补偿提高了分辨率，合理拓宽了有效频带；通过对数据相位的调整，合理恢复了波形形态；针对表层的空变吸收补偿，采用自适应计算增益限制参数的方法，大幅改善了数据一致性。上述研究成果表明应用改进的峰值频率偏移法具有显著的有效性和可靠性，是提高浅层地震资料分辨率和成像精度的行之有效的方法。

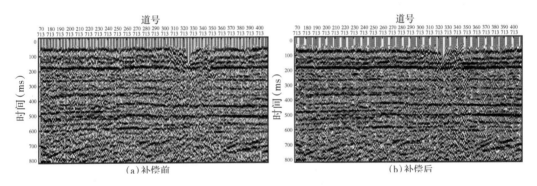

图 10-2-2　近地表补偿前后偏移效果对比

3. 串联反褶积技术

反褶积的目的是压缩地震子波，提高地震资料的纵向分辨率。反褶积处理效果的好坏对整个资料处理的影响至关重要。选择合适的反褶积方法以及恰当的组合方式，既保证目标层位具有足够的分辨率，恢复地震响应的反射系数特征，同时又保持好各反射层的波阻特征、确保叠加偏移成像，为此，在针对浅层目的层的地震资料反褶积处理中，做了大量的试验分析研究。

在反褶积试验中分别对单道预测反褶积、相位反褶积、多道地表一致性预测反褶积等方法与参数进行了试验。在反褶积试验中，坚持一个原则，在保证目的层位信噪比的基础上，尽可能提高分辨率，拓宽频带。单道的反褶积往往由于资料信噪比低，提取的地震子波抗干扰能力弱。无法满足这样的要求，而多道地表一致性反褶积提取的地震子波抗干扰能力强，能消除共炮点、共检波点、共 CMP 点和共炮检距域中的振幅、相位上的差异，使整个工区单炮记录在振幅、相位上保持一致。

经过反复试验，最终采用这一方法：

（1）利用地表一致性反褶积改善地震子波的横向一致性；

（2）利用预测反褶积达到展宽频带、提高分辨率的目的。

地表一致性反褶积从共炮点、共检波点、共偏移距、共中心点四个分量统计子波，消除不同炮点、检波点、偏移距、中心点等因素引起的子波波形畸变，从而调整子波振幅谱，使之趋于一致，同时可以使低信噪比资料的信噪比有所改善，但对子波的压缩程度有限，在地表一致性反褶积后应用单道预测反褶积技术压缩子波，从而进一步提高资料的纵向分辨率。

4. 浅层保真动校正拉伸叠加

动校正是地震数据处理中的基本技术之一，也是水平叠加的基础。由于地震数据处理中所使用的动校正方法的固有特性，动校正后的 CMP 道集中的反射波波形将发生畸变。具体表现为波形拉伸、波阻拉伸、频谱向低频移动。这将直接影响水平叠加的效果。同时铀矿勘探目的层较浅，覆盖次数低、信噪比低、提高频率难度大。为此，在动校正后的 CMP 道集上，利用模型法求滤波算子消除动校正拉伸的影响。由于模型中没有噪声，因此该方法基本上不受信噪比的影响。

具体实现方法为：

（1）建立反射系数序列模型 $r(t_0)$ 和用于计算模型道的估计子波 $w(t)$，如雷克子波。反射系数模型可以根据测井数据计算，也可以用反褶积结果经去噪处理后建立。本模块中简化成只含几个主要反射层的系数序列，该序列是根据用户选择的时间点从动校正的速度表中提取速度建立；

（2）按动校正速度计算不同炮检距上的反射系数时间序列 $r(t, h)$。此处 h 为半炮检距。利用公式 $t^2 = t_0^2 + (2h/v)^2$，把 $r(t_0)$ 中各个 t_0 的反射系数放到 $r(t, h)$ 道上相应时间 t 处，得到 $r(t, h)$。式中 $v = v(t_0)$，为该时间的动校正速度；

（3）用估计子波对各 $r(t, h)$ 分别褶积，构成合成 CMP 道集，$D(t, h) = r(t, h) \cdot w(t)$；

（4）对合成的 CMP 道集用速度 $v(t_0)$ 做动校正，得到动校正后的道集 D_{NMO}，此时反射系数已经时间对准，只是子波拉伸程度不同；

（5）对每一个 h，求 $D_{NMO}(t_0, h)$ 与 $D(t_0, 0)$ 的滤波算子 $F(t_0, h)$，即求解：

$$\|D(t_0, 0) - D_{NMO}(t_0, h) \cdot F(t_0, h)\|^2 = min$$

（6）对每个 $D_{NMO}(t_0, h)$ 进行滤波，得到动校正拉伸校正后的道集：

$$D_{NMO}(t_0, h) = D_{NMO}(t_0, h) \cdot F(t_0, h)$$

5. 叠前数据规则化技术

浅层地震资料由于覆盖次数低，受地表条件及采集方式影响大。因此，针对浅层资料的叠加、成像处理一定要做好叠前数据的规则化处理，避免数据不规则导致的横向振幅相对关系失真或是产生偏移画弧假象，并可能因此导致铀储层认识上的错误。

本次研究中采用了共偏移距矢量体面元划分以及相应的数据规则化处理技术，取得了很好的效果（图 10-2-3）。共偏移距矢量体面元划分主要是通过扩大共偏移距范围，增加方位角控制，从而使规则化处理后的数据更精确，避免了以往面向油气储层的地震资料处理中没有方位角控制的规则化处理对断层及微构造影响较大的缺点。另外，本次所采用的数据规则化技术则主要是通过抗假频傅里叶数据重构，对矢量体面元上缺失的道进行插值重构，然后再反变换回去规则化输出，该方法保真效果好，能有效解决中小偏移距数据缺失产生的振幅失真或偏移画弧现象，从而使铀储层关键部位的断裂、断点成像更加精确可靠。

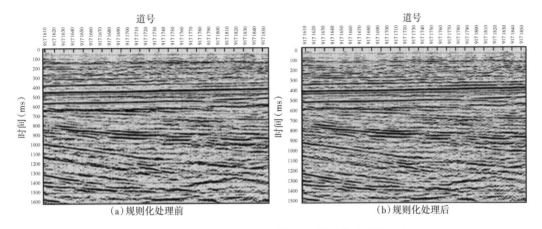

图 10-2-3　陆家堡地区规则化处理前后偏移效果对比

6. 叠后拓频处理技术

根据铀矿勘探地质需求，在叠后数据体上又进行了进一步的提高分辨率处理技术研究。从目前各种常用的叠后提高分辨率处理技术手段来看，或多或少地存在着一些缺陷，有的技术方法应用后主频向高频移，频带并未拓宽；有的低频损失严重，仅突出了高频信号振幅，甚至处理结果成了高频谐振剖面而非高分辨率剖面。北京森诺技术开发有限公司和李庆忠院士课题组研发的"匹配追踪法拓频处理"技术，对浅层低信噪比资料的拓频处理效果明显。该方法采用基于 Mallat 提出的匹配追踪法的维格纳能量分布对信号进行时频分析。它可以较精确并直观地给出各道中时频分布情况，由于有效波在时频能量分布图中特征明显，因此很容易从能量分布图中识别出有效波，并提取各道有效波时间范围。

该技术的优势是低频不损失、频带得到了极大拓宽，处理后的波形特征和波阻特征自然，无高频谐振现象。从拓频处理后的定量分析结果上也得到了充分的验证。拓频处理后浅层目的层的分辨率得到大幅提升，主频由原来老剖面 22Hz 左右，提高到 50Hz 左右（图 10-2-4）。

（三）处理效果及其应用

将研究成果应用到矿区外围的实际资料处理中，获得了较好的处理效果。主要表现在以下方面。

（1）处理后浅层目的层的信噪比和分辨率得到大幅提升，各目的层反射特征、波阻特征明显，层间信息丰富（图 10-2-5）。

（2）新剖面浅层各目的层地震波响应与钻井分层吻合程度较好（图 10-2-6）。而老剖面因浅层分辨率太低，加之相位差异，吻合程度差。

（3）从新老剖面对比可以看出：新处理成果各目的层反射特征、波阻特征明显，层间信息丰富；新生界与白垩系上统接触关系清楚，局部的不整合、尖灭特征清晰；大幅提高了追踪对比程度（图 10-2-7）。

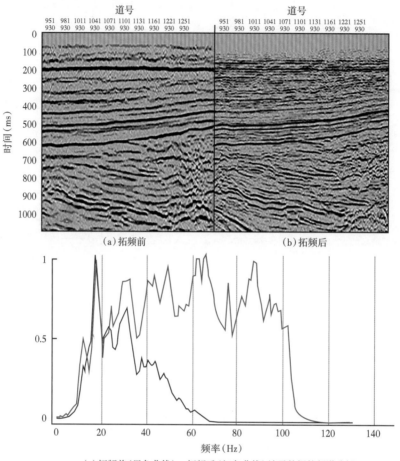

(a)拓频前   (b)拓频后

(c)拓频前(黑色曲线)、拓频后(红色曲线)地震数据的频谱分析

图 10-2-4　叠后拓频前后剖面对比及目的层频谱分析对比图

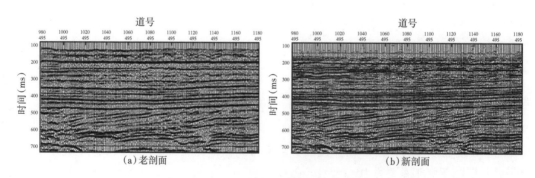

(a)老剖面   (b)新剖面

图 10-2-5　新老成果剖面偏移效果对比

通过钱家店、陆家堡地区浅层地震资料的处理，认为：

（1）采用微测井方法求取的静校正低频分量＋折射波方法求取的高频分量的方法和多次自动剩余静校正迭代处理，能有效解决由于频率低、波形发散快、初至之前干扰严重、视速度不唯一导致的计算静校正量严重失真的问题；

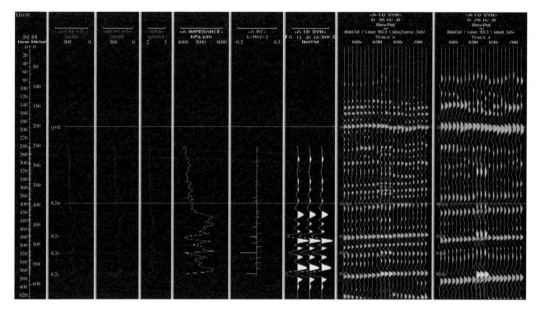

图 10-2-6　新方法成果与井分层数据吻合示意图

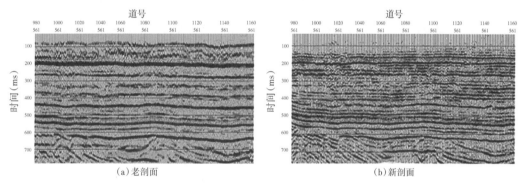

（a）老剖面　　　　　　　　　　　　　　　（b）新剖面

图 10-2-7　处理前后剖面对比图

（2）改进的峰值频率偏移法是提高浅层地震资料分辨率和成像精度的有效方法；

（3）应用动校保真无拉伸技术，既消除了动校正拉伸的低频效应，同时又提高了浅层资料的分辨率和信噪比；

（4）对于信噪比低、频带窄、分辨率低，有效反射高频端信号损失严重的浅层地震的处理，叠前数据规则化和叠后拓频处理能有效提高浅层地震勘探资料处理品质；

（5）实践表明，石油勘探中采集的大量三维地震勘探资料和二维地震勘探资料可以通过浅层目标处理得到改善，从而快速和准确掌握铀矿勘查中的地层结构、构造、发展演化及储层分布等问题。

二、地震资料精细解释技术

砂岩型铀矿的形成与区域、局部构造及构造演化有密切关系，不同时期的构造控制了不同时期的沉积和古水流的方向，控制了铀矿质的运移方向和初始富集。后期构造运动，使地下水方向发生改变，在特定的构造背景下，使铀进一步富集成矿。因此构造特征是铀成矿的主控因素之一。

钱家店地区有 2791km^2 二维地震勘探面积，有 474km^2 的三维地震勘探面积，这些地震勘探资料覆盖了钱家店凹陷的大部分地区，为研究矿区构造特征及演化和铀成矿作用机制提供了基础资料。针对砂岩型铀矿的地震资料进行了针对性的目标处理，为进一步构造精细解剖、储层预测和含矿体检测奠定了基础。

（一）存在问题及难点

地震资料精细解释技术在油气和煤炭勘探开发领域已广泛应用，且技术成熟，但是对于砂岩型铀矿勘探来说，常规的物探解释技术难以满足砂岩型铀矿的勘探需求。在钱家店矿区的地震解释过程中，主要面临以下难题：

（1）砂岩型铀矿目的层埋深浅、反射特征不清晰，在标定与解释过程中，经常出现层序界面与地震反射难以对应的现象，这主要是由于钱家店铀矿的勘探目的层主要发育辫状河和辫状河三角洲相沉积，砂体较厚且发育稳定，但泥岩厚度变化较大，当沉积界面的泥岩厚度较小或仅发育一定厚度粉砂岩时，受地震资料分辨率限制或上下岩层阻抗差的影响，同相轴的连续性往往较差，加大了标定与解释的难度；

（2）小断层识别难度大、低幅度小构造较难落实：钱家店地区晚白垩也为坳陷期，大规模、大幅度的构造运动相对不发育，但是在局部构造运动的作用下，微幅度构造和小断层相对较发育，常规地震解释技术难以识别。

针对以上问题和难点，在实际工作中采用了一系列针对性技术，实现了层位的准确追踪，落实了小断层展布特征、微幅构造形态，并在此基础上对成矿与构造的关系进行了分析。

（二）针对性技术

1. 全三维构造解释技术

全三维解释是解释应用系统的多种地震解释功能，从三维可视化的立体显示出发，以地质体为单元，采用点、线、面相结合的三维立体综合解释方法。该技术在针对钱家店铀矿床的构造解释中得到了深入的应用，在精确落实小断层、微幅度构造，确定富矿凹槽的空间位置和形态方面起到了重要的作用。

2. 精细井震标定

井震标定是地震资料解释及综合研究中最基础、最重要的工作，该项工作将直接影响到地震资料解释和储层反演工作的精度。由于本区没有 VSP 资料，故采用制作人工合成地震记录进行层位标定。根据钱家店地区地震剖面上的反射特征和资料情况进行井震标定，钱家店地区上白垩统底界反射层是本地区最大的时代界面，波阻特征明显，在地震剖面上呈强反射特征，将该界面作为本地区的基础标定界面，姚家组底界和嫩江组底界作为辅助标定界面。本区层位标定的具体做法是利用声波测井曲线制作合成地震记录进行地震层位标定：首先对声波时差曲线、密度测井曲线进行校正，然后利用声波和密度测井曲线（无密度测井时利用 Gardnar 公式由声波测井曲线转换出密度曲线）求出反射系数序列，然后利用理论子波（Richer）与反射系数序列进行褶积得到初始合成记录，对井旁地震道进行初步标定，调整子波频率以适合地震的主频。其次，利用井旁地震道提取实际地震子波对合成记录进行修正，调整时深对应关系，提高相关性。然后再次计算子波修正合成记录并进行时深校正，经过反复的子波提取和时深对应关系的调整，使声波合成记录和井旁地震道之间的相关系数达到最大，即为最终标定结果。

3. 层位追踪解释

层位精细解释是在层位标定的基础上建立骨干解释剖面，再逐步加细进行层位追踪。层位解释前需要对研究区构造形态进行粗略分析，可先通过动画浏览，从浅到深了解层位和断层在平面和三维立体空间的走向、分布及发育情况。从井点、过井剖面和连井骨干剖面出发，利用人机解释对比追踪手段，对标定的层位进行外推解释，建立全区的骨干剖面网络，使得骨干剖面网度达到可以控制层位的程度，然后以骨干剖面为基础进行全区层位追踪解释。层位追踪遵循相位的一致，并考虑地层厚度变化、波组特征变化、与上下反射层的接触关系；用时间切片对层位及断层解释的合理性进行检查，保证纵、横向垂直剖面上所追踪的相位（波峰或波谷）一致；采用断块间和断块内抽取任意线等方法，对研究区内所有探井的层位对比、解释精度（钻探井深、井中钻遇断层位置、落差、断层倾角等）进行检查，确保解释成果的正确性和可靠性。

4. 断层解释

断层解释是构造解释的关键，断层解释的精确性和合理性直接影响储矿层空间展布的确定和铀矿的勘查效果。为此，解释时充分运用过井线、连井线、环线、多线、变密度、断块移动、相位对比等多种断层解释技术，并将三维可视化、相干时间切片、椅状显示、相干数据体等多种断层检测技术，精确地落实微小断层的断距及延伸方向。工作中重点应用以下方法进行断层精细解释：

（1）地震相干数据体断层解释技术：相干数据体和水平切片在识别和解释断层方面有其独特的优势，尤其是相干数据体的利用，能快速、准确地识别断层，了解断层的展布方向。在实际的断层解释的过程中，将相干数据体、时间切片与剖面解释三者有机结合，真正实现断层的主测线、联络线三维空间解释闭合。实践证明，这是一种效率和精度均较高的解释方法；

（2）图分析断层解释技术：地震反射层完成自动追踪后的结果，沿层计算倾角图、相干体的沿层切片、方位角、断棱检测和差分图等图分析技术明显突出了断层的展布规律，相互间的切割关系，断层的掉向，指导断层平面解释，避免了人为进行断层解释的多解性和其他错误。尤其是倾角图，其计算的是层位时间 t 在 x、y 两方向导数平方和的方根，表示层位时间倾角的变化率，可以十分准确地检测正断层的水平断距（图 10-2-8）；

（3）采用纵向放大、变密度和三瞬剖面解释小断层：采用纵向放大、变密度和三瞬显示剖面解释小断层，可以使小断层的断点更加清晰、准确。以上断层解释技术的应用，提高了识别小断层、小断块的能力。

5. 应用效果分析

钱家店凹陷总体呈北东—南西向带状展布，地质构造在垂向上具有典型的"下断上坳"的双层结构特征，为双断不对称凹陷。其中东部的边界断层由于地层的抬升和剥蚀，表现得不完整。而西部的边界断层发育完整，自早白垩世义县组沉积时期开始长期发育，是早期湖盆拉张演化和晚期垂直沉降和侧向挤压的主导断层，北东走向，倾向南东，地震剖面揭示该断层在上白垩统的断面倾角可达 70°，向深部开始逐渐变缓，该断层由西南向东北延伸约 30km，在紧邻断层的西侧，受晚白垩世挤压、隆升作用的影响，形成了多个凸起和凹槽相间发育的凹凸构造形态。在凸起周围发育的凹槽往往是铀矿富集的有利区带，如图 10-2-9 显示的钱Ⅱ块、钱Ⅲ块、钱Ⅳ块的铀矿床，矿体大都位于目的层凹槽处。同时在该断层上盘发育众多北东向和近东西向展布的次级断裂，这些断裂多数贯穿了上白垩统、下白垩统，是矿区重要的地下水排泄通道，同时断层构造可作为深部油气等还原性气体的上渗通道，对改造砂岩型铀矿成矿环境及铀矿的还原沉淀具有重要意义。地下含氧含铀水自西南向东北补给，径流至断层发育区与还原性介质充分反应，形成铀矿体的富集沉淀。以钱家店地区钱Ⅳ块铀矿床为例，该铀矿床位于钱家店地区的北部，一条由南向北延伸的次级断裂贯穿整个矿床，矿床内千吨级以上的主矿体均围绕此断裂发育，该断裂垂向上沟通上白垩统和下白垩统，在断裂附近的含矿砂岩中见到了与黄铁矿伴生的沥青铀矿物和油气包裹体，充分证明了下部地层中的油气参与了铀成矿。同时从整个钱Ⅱ块、钱Ⅲ块、钱Ⅳ块的Y2层界面上的断裂多边形与矿井的叠合图可以看出：钱Ⅱ块、钱Ⅲ块、钱Ⅳ块的矿井大多集中在断裂发育的区域附近。

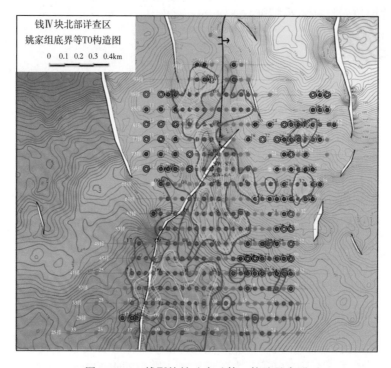

图 10-2-8　钱Ⅳ块铀矿床矿体、构造叠合图

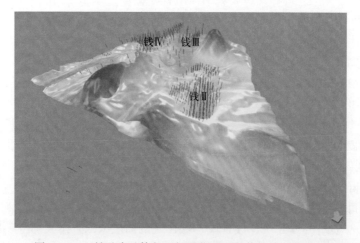

图 10-2-9　铀矿床矿体与目标层位界面起伏构造的叠合图

252

可以看出，构造因素是控制铀成矿诸多因素中的极其重要的一个，通过构造形态的确定，对成矿规律的研究有了新的启发：（1）矿体发育不但受到层间氧化带的控制，而且受构造凹槽及坡折带的控制；（2）断裂及其组合规律的确定，形成了断裂控矿的重新认识，各类断裂对矿体发育起到不同程度的控制作用，特别是同生深断裂与矿体的发育密切相关。

三、储层预测技术

砂岩储层的类型、规模及储层特征决定砂岩型铀矿床的迁移、聚集和分布规律。储层的识别及预测也是砂岩型铀矿地震勘探的核心目标之一。目前，在所有含铀砂岩预测技术中，基于模型的叠后地质统计学地震反演技术可以将井点储层信息有效结合地震数据进行横向外延，达到横向预测的目的，同时具备较高的纵向分辨率，能够满足铀矿储层预测的需要。

（一）存在问题及难点

利用地震反演成果描述储层的前提是反演成果能有效地反映储层与围岩之间的波阻抗差异，常规波阻抗反演是储层预测的常用手段。但由于地下储层具有非均质性强、储集空间复杂、控制因素多等特点，导致储层与围岩之间的差异小，储层的地球物理响应特征不稳定，波阻抗或速度曲线与实际地层的岩性对应关系不好，当速度差异不能很好地区分储层与围岩时，只利用这些资料进行约束反演，得到的结果难以直接表达储集层分布特征。自然电位、自然伽马、电阻率等非速度类曲线与地震反射没有直接对应关系，但直接反映地层的岩性。利用这些曲线对速度类测井曲线进行重构处理，一定程度上是在速度类测井曲线中加入了一些地层的岩性信息。用重构后的速度类测井资料进行反演，相当于在反演中加入了岩石物性及地质先验知识的控制，这与测井约束反演处理的根本宗旨是一致的。

钱家店地区的目的层姚家组主要发育辫状河沉积，岩性组合主要为大套砂岩夹薄层泥岩，通过对姚家组砂泥岩的波阻抗进行直方图统计分析，可知二者之间总体上虽存在一定差异，但大部分砂泥岩波阻抗之间是相互叠置（图10-2-10），二者之间差异较小，难以分辨单纯用波阻抗进行储层预测的情况。

为解决上述问题，可根据储层的特征，充分利用现有的其他测井资料，对声波测井曲线进行曲线重构，以突出储层与围岩的速度差异，提高地震反演的分辨率，使得波阻抗反演对储层描述的能力显著提高。

（二）曲线重构

1. 敏感曲线分析

由于不同工区的不同储层在测井曲线上的表现不一致，为了正确、合理地进行重构，对目标区内各测井曲线进行有针对性的分析是非常必要的。根据不同工区的实际情况，分析了解目标区域中不同储层在各个测井曲线上的不同响应，如岩性特征、电性特征等。通过对自然伽马、自然电位、中子补偿孔隙度等测井资料的深入研究，了解不同岩性地层在各种测井曲线上的统计特性，用这种统计特性指导曲线重构，有助于在加强曲线对岩性特征表现的同时较好地保持曲线的原有地质特征。

研究中对密度、自然伽马及电阻率曲线对砂泥岩的分辨能力进行分析，如图10-2-11至图10-2-13所示，可以看出砂岩与泥岩的密度和自然伽马值存在很大的重叠区域，不能有效地区分砂泥岩。

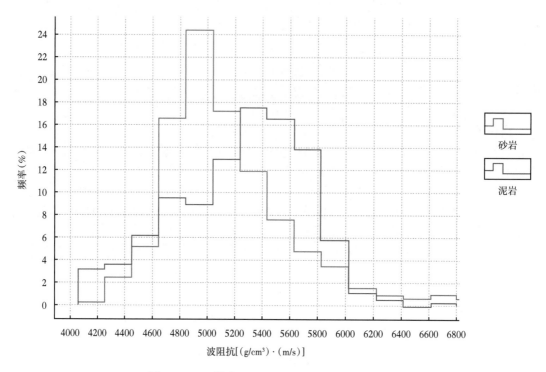

图 10-2-10　姚家组下段砂泥岩波阻抗直方图分析

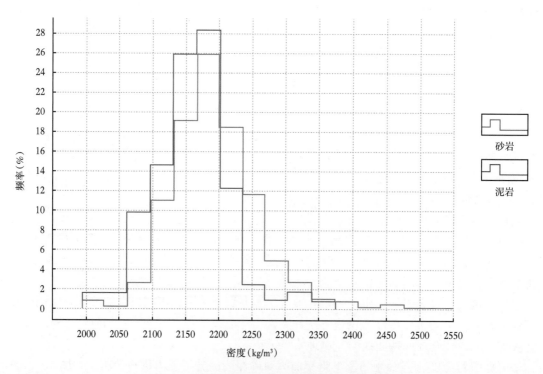

图 10-2-11　姚家组下段砂泥岩密度直方图分析

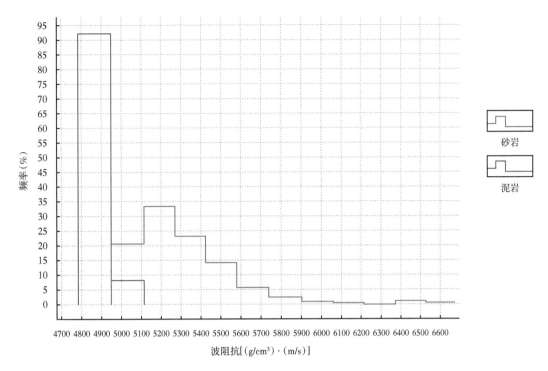

图 10-2-12　姚家组下段砂泥电阻率直方图分析

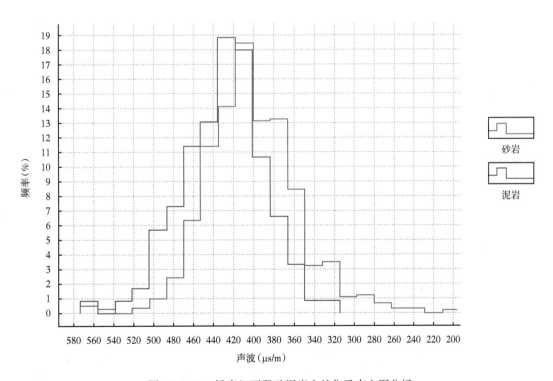

图 10-2-13　姚家组下段砂泥岩自然伽马直方图分析

　　而电阻率曲线在识别储层方面具有很好的效果，砂岩的波阻抗明显大于泥岩，波阻抗值大于 5000（g/cm³）·（m/s）为砂岩，小于 5000（g/cm³）·（m/s）为泥岩。因此可以利用电阻率曲线对声波曲线相进行重构，形成储层特征参数曲线。

2. 曲线重构及反演

在钱家店地区的研究中，采用的是统计拟合的方法实现重构，通过电阻率曲线与声波曲线进行交汇（图10-2-14），建立起相对应的关系，利用拟合关系式对电阻率进行转换，得到初始的拟声波曲线模型，但是此时的拟声波曲线具有声波的量纲和电阻率的特征，但不具有声波的特点，需对原始声波曲线与拟声波曲线进行基于小波变换重构，取声波的低频、拟声波曲线的高频，重构储层特征曲线。此时的重构声波曲线既具有电阻率分辨砂、泥岩能力强的特点，又具有声波的低频背景特征，能够用来进行井震标定及地震反演。

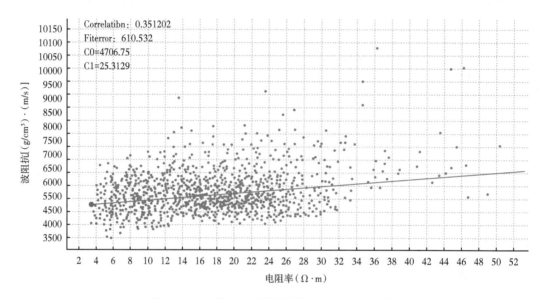

图 10-2-14　姚家组下段波阻抗与电阻率交会分析

在对井曲线的检查与处理，地震解释成果的引入，地震数据质量评价的基础上，可首先通过理论子波进行层位初步标定，然后通过重新提取子波，重新标定，反复迭代，完成层位精细标定。在此基础上根据地质认识建立初始地质模型，同时通过试验线反演，确定适合本区地震资料情况及地质任务要求的反演参数，然后用试验确定的反演参数进行全区三维反演，最后根据储层地球物理特征对反演体进行岩性解释。

此方法吸取了波阻抗和电阻率二者的优点，弥补了常规波阻抗反演的不足，不但具有很好的低频背景趋势，而且在识别本地区砂泥岩方面也有了明显的改善。因此，利用储层特征曲线重构技术进行储层预测，拓宽了反演的应用范围，丰富了反演方法，减少了反演的多解性，提高了储层预测的精度。

本次储层预测重点是钱Ⅳ块及周边地区储层分布。根据波阻抗反演结果，从砂体的剖面分布特征看，每个储矿层都发育多套砂体，砂体横向上具有较好的连续性，每套砂体之间有较稳定的薄层泥岩分隔，辫状河"砂包泥"的特征明显，符合该地区的沉积特征（图10-2-15）。

根据研究区波阻抗反演结果，对姚家组一段砂体进行了预测，认为这一时期的物源主要来自西南方向。砂体比较发育的地区是钱Ⅳ块、钱Ⅳ东块和钱Ⅲ块西南部三个地区，砂体规模及厚度均较大，而在研究区北部及钱Ⅳ块南部地区砂体相对规模较小，厚度较薄。

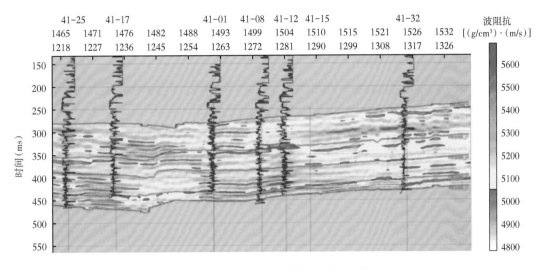

图 10-2-15 钱Ⅳ-41 排稀疏脉冲反演波阻抗剖面图

四、孔隙度预测技术

砂岩型铀矿的富集过程其实是由于携带 U^{6+} 的含氧地下水沿储层向前运移，在运移的过程中由于受到还原剂的作用，U^{6+} 被还原为 U^{4+} 从而沉淀富集成矿，这一化学反应过程受到储层非均质性的严格控制，当储层的孔隙度很大时，含氧地下水由于流速过快不能充分与还原剂发生还原作用，而孔隙度过小时，则阻挡了含氧地下水的顺层流动，更不利于铀矿体的形成。

因此，有必要提供一种在浅层地震资料处理、浅层地震资料精细解释的基础上，统计研究成矿带内储层非均质特征，利用孔隙度反演，对具有适合成矿孔隙度的储层进行预测，从而预测铀矿富集区的方法。

（一）实施方法及关键技术

1. 成矿带非均质性研究

只有在适度的孔隙内，足够的含氧含铀水才能与还原物质充分作用，使铀沉淀下来，形成铀矿床，因此过高的孔隙度和过低的孔隙度都不利于成矿。在对一个研究区进行孔隙度反演之前，需要对该区块目的层的孔隙度进行统计，并总结出储层孔隙度与铀矿化品位之间的线性关系，进而作为孔隙度反演结果的评价依据。

在含矿区块钻探了较多的探井，完井资料丰富，应用分析化验手段对岩心资料进行孔隙度分析，通过统计结果可以看出铀矿的富集带储层的孔隙度多在 20%~30% 之间，而当储层的孔隙度在其他范围时，矿化异常基本不发育。

通过对国内其他大型砂岩型铀矿床的调查研究可以看出，铀储层孔隙度对铀矿的富集具有严格的控制作用，各铀矿床的储层有利孔隙度范围可以根据各自特点进行统计，基本都在 20%~30% 之间。

在实际的勘探中，充分利用有限的岩心资料分析孔隙度，与测井曲线进行对比，建立测井曲线与岩心数据的相关关系，推广到缺少岩心资料的探井。应用此方法可以利用测井资料对研究区内的所有探井的储层孔隙度进行计算，从而统计出铀矿富集带储层的孔隙度范围。

2. 孔隙度反演

孔隙度反演在石油勘探中是比较成熟的储层评价方法，在没有孔隙度测井的情况下仅根据稀疏分布的少量钻孔中的测井资料是不可能准确估算储层孔隙度空间分布规律的。只能综合三维地震数据和少量井中测量结果来改进储层孔隙度空间描述的准确性。例如，单位厚度储层段的地震垂直旅行时参数和波阻抗等与储层孔隙度参数的分布具有一定关系，但同时也具有多解性，这主要是由于：一是用来换算地震参数的地震资料本身是欠缺的，频带有限，并混有观测噪声；二是地震参数包含有不同地质因素的影响，除了地层岩石孔隙度以外，还有如岩性、孔隙中气液成分、孔隙压力、地温等影响因素的存在。

针对以上问题，对钱家店地区和具有勘探前景的外围地区分别采用了针对性的解决方法。

一是钱家店地区孔隙度预测方法。

钱家店地区的铀矿探井针对性地进行了孔隙度测井，可以采用测井约束反演进行储层的孔隙度预测。测井约束反演属于地震叠后反演，是一种以地震叠后数据为基础利用褶积模型得出波阻抗数据的反演方法，在此基础上通过建立孔隙度与波阻抗的相关关系即可对研究区储层的孔隙度分布情况进行定量描述。

测井约束反演的原理表明，该技术把地震与测井有机地结合起来，突破了传统意义上地震分辨率的限制，理论上可得到与测井资料相同的分辨率，是精细描述岩性的关键技术。反演要求从地震子波、测井资料和初始模型三个方面做细致的工作。子波是构建测井与地震关系的桥梁，好的子波应该波形稳定，能量主要集中在子波的主瓣上，旁瓣能量小并且迅速衰减。测井资料，尤其是声波测井和密度测井，是建立初始模型的基础资料和地质解释的基本依据，要注意消除非地质因素的影响。初始模型是减少最终结果多解性的根本途径，需要与已知的地质信息不断对比，建立尽可能接近实际地层情况的波阻抗模型。

在求取孔隙度时，由于铀矿富集区的钻井资料丰富，可以利用孔隙度曲线所反映出的信息，结合波阻抗结果统计出两者之间的数学关系，进而对不同地区的孔隙度进行预测。

二是外围地区孔隙度预测方法

钱家店外围铀矿探井较少，资料多由石油井获得，由于缺少浅层孔隙度测井，应用建立在地质统计学基础上的地球物理数据综合研究也可以有效的解决预测结果多解性的问题。该方法是以协克里金方法为原理，综合少量不规则分布的孔隙度样点数据和规则密集网格分布的地震参数来重建孔隙度参数的空间分布。主要通过以下步骤实现：一是对三维地震数据做储层解释，提取预测孔隙度所需的地震参数；二是对工区范围内的测井资料和岩心分析化验资料进行综合解释，提取已知井位上的孔隙度参数；三是计算已知地震参数和孔隙度参数的自相关函数和互相关函数，选定相关半径；四是计算孔隙度估值及误差，绘制相关图件。

通过以上两种方法的应用，可以从储层非均质性的角度有效对铀矿富集区和有利区进行预测，提高勘探成功率。

（二）应用效果分析

通过对工作区的非均质性特征和规律研究，可以得到准确率很高的反演结果。在钱家店铀矿床详查区应用了该孔隙度反演方法（图10-2-16），对目的层储层的渗透性进行了预测。并用于指导勘探部署，成功率高达80%，较之前40%的成功率提高了40个百分点。

图 10-2-16 孔隙度反演平面图

五、含矿性检测技术

目前为止，针对铀矿体的预测技术，相关研究十分有限，其中一个主要原因是由于铀矿体的厚度普遍较薄（普遍在 10m 以内），常规确定性反演的纵向分辨率很难满足预测需要，并且矿体的展布规律很难应用地球物理的方法进行描述与预测。而基于测井数据随机建模的地质统计学反演可以有效地解决以上问题。地质统计学反演技术是由地质随机建模与地震数据共同驱动的，可以将各类地质信息和测井资料融入反演中，突破地震频带宽度的限制，实现纵向上的高精度表征，同时利用地震资料横向信息丰富的优势，反演结果也可以充分展示储层等信息在横向上的变化及非均质性。对比常规确定性反演，地质统计学反演主要具有两点优势：首先，对于纵向厚度薄、横向变化较快的储层具有较好的预测效果；其次，除了波阻抗反演之外，通过建立不同属性与波阻抗的直接或者模糊关系，还可以实现多种属性的反演。基于地质统计学反演的电阻率反演和孔隙度反演在石油领域已经得到了广泛的应用。在砂岩型铀矿勘探中，如果选取合适的参数也可以应用此方法对矿体的展布规律进行预测。

（一）反演参数选取

铀矿勘探中，品位大于 60μg/g 以上达到铀矿化标准，经过参数修正可以达到 100μg/g 的工业指标。由于自然伽马曲线与品位有很好的正相关关系，这样通过两类数据的交会分析就可以得出达到铀矿化标准的自然伽马值。

从图 10-2-17 分析得到，品位大于 60μg/g 以上对应的自然伽马值大于 400API 达到工业标准。根据本区已有完钻铀矿井自然伽马测井资料分析得到：本区自然伽马值大于 400API 的砂岩为工业铀矿砂岩，小于该值可以判断为正常砂岩。

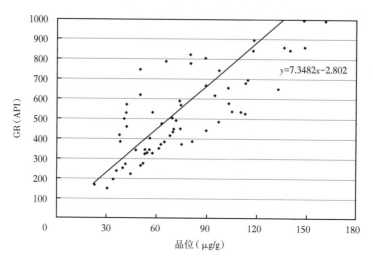

图 10-2-17　自然 GR 和品位相关关系图

泥岩的伽马值由于吸附放射性矿物多而呈现高伽马值的特点。在本区，泥岩较砂岩明显不发育，但有的泥岩中伽马值高，影响了砂岩自然伽马值的预测。因此需要把泥岩中伽马值异常值高的曲线进行修正，使之与正常泥岩的伽马值相当，这样反演出的伽马数据体反映砂岩自然伽马值的分布，预测就更加可信。

地质统计学反演受地质模型的约束和控制，而地质模型主要是由地质统计数据以变差函数的形式来约束，因此合理的变差函数求取方式就显得尤为重要。砂岩型铀矿矿体厚度薄，空间上变化快，要获得符合矿体空间展布特征的预测结果，更需要在反演过程中结合地质认识，合理设定纵向变程和横向变程等变差函数特征值。

（二）变差函数及其求取方法

变差函数描述的是某一属性的空间展布特征随距离的变化，是距离的函数（图 10-2-18）。变差函数中的变程用 a 表示，用来反映一种属性在某一个区域变量中的变化范围：当采样点间距小于 a 时，数据中任意两点之间具有相关性，并且采样点间距越接近 a 相关程度越低；当采样点间距大于 a 时，数据点中的任意两点之间不具备相关性，对估计结果不会产生影响；当采样点间距等于 a 时，达到基台值。C_0 代表块金效应，它表示距离很小的时候两点间的样品的变化，反映了变量的连续性很差，即使在很短的距离内，变量的差异也很大。C 为基台值，代表区域化变量在空间上的总变异性大小表示先验方差的大小，C 越大，说明数据的波动程度越大，参数变化的幅度越大。

在对铀矿体进行预测时，变差函数反映的是矿体在三维空间的变化特征，表征了矿体的空间各向异性。就地质角度而言，纵向变程反映矿体垂向厚度，其取值大小决定反演纵向分辨率；横向变程反映矿体在横向上的发育规模，其不同方向取值大小反映储层空间上的各向异性：长轴方向代表矿体的长度，短轴方向代表矿体的宽度。

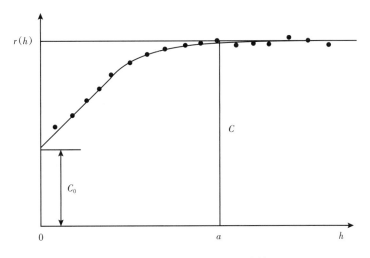

图 10-2-18 变差函数示意图（王雅春等，2013）

1. 纵向变程的求取

变差函数是三维的，需要对纵向变程和横向变程分别进行求取。在利用井上的样本点进行变差函数分析时，一般需要样本点大于 50 个，而井曲线在纵向上的样本点个数一般都能满足需求，因此在求取纵向变程时，可以直接应用井上样本点的变差函数分析结果。本次研究中，通过井上数据点求取的纵向变程为 4.5m，与研究区矿体厚度大多集中在 5m 左右的实际情况基本吻合（图 10-2-19）。

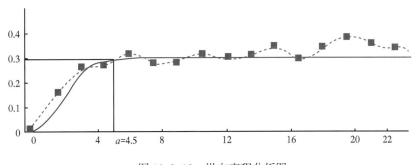

图 10-2-19 纵向变程分析图

2. 横向变程的求取

地质统计学反演虽然在垂向上具有很高的分辨率，但是在横向上的不确定性一直没有完善的解决办法，常规方法对横向变程进行求取时，由于井曲线在横向上的分布远不能达到分析要求，主要是依据叠后稀疏脉冲反演结果，提取平面属性后进行分析，得到一个大概的变差范围。本次研究在首次求取横向变程时，也是应用了该方法，经过分析求得的代表矿体长度和宽度的横向变程分别为 400m 和 150m。应用该横向变程进行地质统计学模拟，与矿体实际发育情况进行对比可以看出：在纵向上预测出的矿体厚度合理，在横向上矿体连续性较差，与矿体的实际展布情况差别很大。这也反映出，在应用基于稀疏脉冲反演结果进行横向变程求取时，虽然弥补了井曲线横向上样本点不足的缺陷，但是由于该方法没有结合地质概念，所得结果的可靠性相对较差，并不能解决横向上的不确定性。

要提高反演结果横向上的可靠性，就需要在掌握工区成矿模式及矿体展布规律的前提下，与地质概念相结合，以此来确定符合矿体特征的横向变差范围。在钱家店铀矿床多年的勘探历程中，已经开展了大量的钻探、测井等工作，对矿区的沉积模式、成矿规律等具有系统的认识。本次研究区为钱家店地区钱Ⅳ块矿床北部，对其完钻的数百口探井的完井资料进行统计分析，以铀量大于 $1kg/m^2$、品位大于 0.01% 的工业矿体指标为划分标准，依据块段法划分原则圈定矿体百余个。通过对矿体规模形态及含矿性的统计分析，指导横向变程的求取（图 10-2-20）。

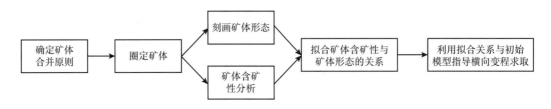

图 10-2-20　横向变程求取流程图

钱家店铀矿床的矿体主要以条带状和板状为主，矿体形态可以用厚度、长度和宽度进行表征，其中矿体厚度可以根据测井资料直接获得，而矿体的长度和宽度则需利用已有的地质认识，根据工业矿体划分标准及矿体圈定原则进行统计。研究中，对各个矿体的平均品位、最高品位、平均平方米铀量、最高平方米铀矿也进行了计算。通过将矿体长度、宽度的统计结果与矿体含矿性的计算结果进行对比，可以十分明显地看出：由多个工业矿体圈定的大矿体不但具有更大的长度与宽度，同时也具有含矿性更好的特点；而小规模的矿体，不但规模较小，并且含矿性往往较差。由此总结出，在储层非均质性变化不大的情况下，矿体的长度及宽度与这一矿体中的含矿性具有明显的正相关性。但是到目前为止，还没有相关研究建立起矿体规模与单矿体平方米铀量之间的关系。而本次研究通过大量的数据分析，建立了钱家店地区砂岩型铀矿床矿体规模与矿体最高平方米铀量之间的拟合关系。其中矿体长度与矿体最高平方米铀量的关系式为：

$$L=169.9\ln x+102.7 \qquad (10\text{-}2\text{-}1)$$

式中　L——矿体的长度；

　　　x——矿体最高平方米铀量。

矿体宽度与矿体最高平方米铀量之间的拟合关系式为：

$$B=7.2x+60 \qquad (10\text{-}2\text{-}2)$$

式中　B——矿体的宽度。

本次研究应用了钱家店地区钱Ⅳ块铀矿床北部详查区的 20 口井资料，应用公式（10-2-1）和公式（10-2-2），在已知单矿体平方米铀量的情况下就可求取研究区各矿体的规模。并据此与初始自然伽马模型进行比对，根据比对结果，反复矫正横向变程，通过多次的迭代修改，当代表矿体长度和宽度的横向变程分别设定为 700m 和 300m 时，获得的自然伽马模型最接近矿体实际展布规律，最终将此模型作为约束和控制反演的地质模型。

（三）反演结果可靠性分析

本次研究的工区范围约 50km², 完钻探井二百余口, 根据钻井资料可以较准确地刻画出矿体的展布特征。研究中分别将基于平面属性分析和应用地质认识指导下的数据统计分析求得的横向变程应用到反演中, 将反演结果与实际矿体在剖面(图 10-2-21)和平面上的分布特征(图 10-2-22、图 10-2-23)进行对比, 可以评价两种不同横向变程求取方法的可靠性。

反演结果与矿体剖面在垂向和横向的吻合程度, 进行对比可以清晰地看出, 根据两种横向变程求取方法获得的反演结果, 均预测出了 Y1 储层的矿体, 并且在垂向上预测的矿体厚度与矿体实际厚度基本吻合。但在横向上, 利用地震属性求取的横向变程所得到的反演结果把储层顶部一套完整的矿体预测为了多个独立小矿体, 既不符合矿体合并原则, 又不符合矿体展布规律。而根据数据统计分析指导横向变程所取得的反演结果则将储层顶部的矿体预测为了同一套矿体, 更好地反映了矿体的连续性, 更加符合矿体的展布规律。

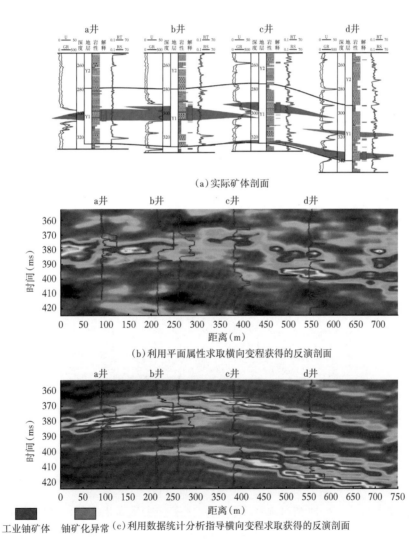

（a）实际矿体剖面

（b）利用平面属性求取横向变程获得的反演剖面

工业铀矿体　　铀矿化异常（c）利用数据统计分析指导横向变程求取获得的反演剖面

图 10-2-21　实际矿体剖面与反演剖面

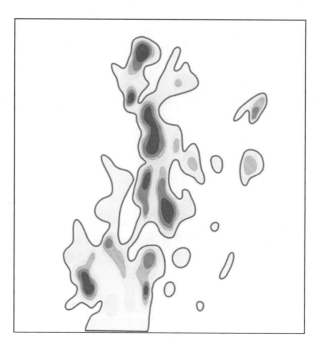

图 10-2-22　矿体展布平面图

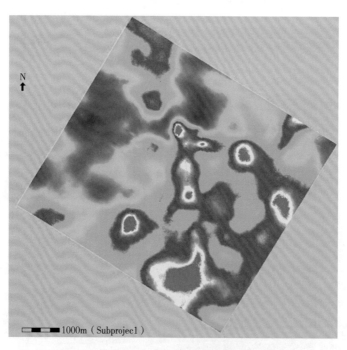

图 10-2-23　自然伽马均方根属性平面图

　　根据矿体展布特征平面图可以看出，研究区矿体主要为条带状由南向北展布，而通过数据统计分析指导横向变程所取得的反演结果同样预测出了矿体由南向北的展布特征，并且预测的矿体宽度与长度与实际矿体基本吻合，验证了反演结果的可靠性。

对比分析表明，当赋予变差函数明确的地质含义后，得到的反演结果与矿体的实际展布特征吻合度更高，准确地刻画出了铀矿体的展布形态，同时也可以根据反演结果在未知区对矿体的发育进行预测，指导勘探部署。根据该反演结果，在具有较大勘探潜力的研究区西北部开展了新一轮井位部署，已完钻的 9 口探井获得了高达 75% 的工业见矿率，远高于研究区的平均水平。

六、三维地质建模

砂岩型铀矿储层成矿规律的研究对于形成成矿理论和指导找矿方向非常重要。目前，这方面研究主要采用综合地质分析法，这些方法在一定程度上能够得出砂岩型铀矿在一个或多个方面的成矿规律，为丰富砂岩型铀矿的成矿理论做出了重要贡献。但是，它们却不易得到全三维空间中的成矿规律。基于三维地质建模的方法却能很好地解决该问题，因为它能用三维可视化的方法得出砂岩型铀矿储层各方面特征的三维空间对应关系。因此，采用三维一体化综合地质建模方法可以实现砂岩型铀矿各种特征要素间三维空间对应关系的三维可视化并基于此研究砂岩型铀矿储层的成矿规律。

面向砂岩型铀矿储层的三维地质建模，包括以下具体步骤：（1）读入基于上述方法提取的各种砂岩型铀矿储层的特征要素：层位断层解释成果数据、地震属性优选成果数据、岩性储层反演数据体等；（2）选定砂岩型铀矿的三维建模目标层段，基于构造解释成果数据，完成构造框架建模；（3）在步骤（2）模型中，加入沿层地震属性表征的沉积特征要素，完成构造沉积融合建模；（4）在步骤（3）模型中，加入岩性储层反演数据表征的岩性特征要素，完成构造—沉积—岩性的一体化建模；（5）在步骤（4）一体化模型中，加入井中铀异常数据完成三维一体化综合地质建模；（6）结合相关地质理论三维透明化和可视化的直观分析步骤（5）构建的综合地质模型，得出对砂岩型铀矿勘探与开发有重要参考意义的成矿规律。如图 10-2-24 所示，与油藏建模不同，上述面对砂岩型铀矿的三维综合地质建

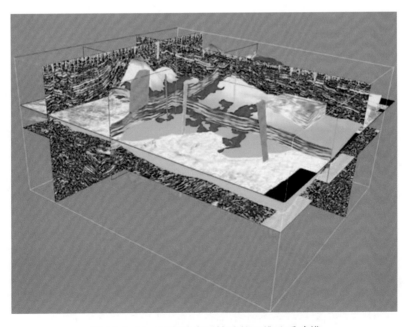

图 10-2-24 面向砂岩型铀矿的三维地质建模

模，基于三维地震综合解释成果，将构造、沉积、砂体等成矿要素与铀异常融合到一个一体化的综合地质模型中，真正实现了砂岩型铀矿田的三维透明化和可视化，有利于直观综合性的研究砂岩型铀矿的综合成矿规律。综上所述，上述研究方案充分结合砂岩型铀矿储层在构造、沉积、岩性及铀异常分布等方面的综合特征，创新地提出了通过三维一体化综合地质建模方法三维可视化研究砂岩型铀矿储层成矿规律的详细步骤，其非常有利于在全三维空间、多视角、直观分析砂岩型铀矿储层的成矿规律，同时基于此在内蒙古钱家店大型典型矿田中得出的成矿规律对于丰富成矿理论和指导其他区域找矿具有重要意义。

第三节 含油气盆地铀矿化异常石油井复查技术

开鲁坳陷有放射性测井资料的石油钻井有 500 余口，由于不同时期的测井采用了不同的放射性测井系列，因此放射性异常的单位不一致，给异常统计及分析对比带来较大困难。必须对放射性资料的异常单位统一标准，使放射性资料的异常单位相同，才能开展异常特征方面的研究工作。

放射性测井主要有定性的强度测井和定量的能谱测井两种，其中放射性强度测井的强度单位主要有 API 和 Q/(kg·s)，能谱测井单位为 μg/g。实际测井中，有些井同时测了两种放射性强度测井系列和能谱测井。因此，把具有多种放射性测井资料的井的放射性数据进行拟合（图 10-3-1、图 10-3-2），得出常见放射性单位 API 和 Q/(kg·s) 的关系式：$y=16.482x-79.942$；API 和 PPM 的关系式：$y=7.3482x-2.802$。根据以上公式对不同放射性单位进行计算，最后做到了放射性异常单位的统一，给研究工作带来较大方便。

根据核工业砂岩型铀矿勘查规范，100μg/g 为工业铀矿化标准。对于没有能谱测井的石油钻井，用上述拟合关系式可以计算出，732API 或 49Q/(kg·s) 以上就达到矿化标准。据上述标准对开鲁坳陷 500 余口石油钻井进行复查，共查出达到工业矿化的井17 口。

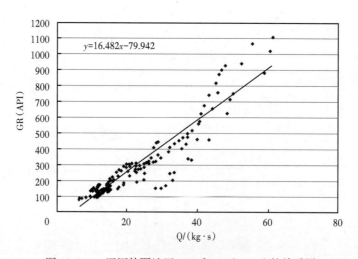

图 10-3-1　辽河外围地区 API 和 Q/(kg·s) 的关系图

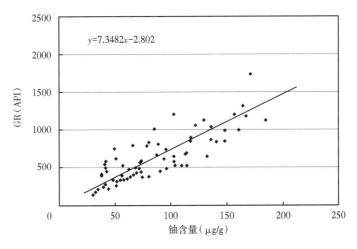

图 10-3-2　辽河外围地区 API 和 U（μg/g）的关系图

第四节　岩编录与综合管理技术

针对原始地质手工编录效率低，纸介质保存易损坏、后期科学研究需二次人工矢量化处理的等问题，综合应用计算机前沿技术，在国内首次率先集成开发了数字化岩心编录软件，实现了文字、符号、曲线、图片的自动生成，加载、编辑、存储、输出等多种功能，保证了资料精度，降低了劳动强度，提高了工作效率。

一、技术思路

根据铀矿业务需求的特点，采用 B/S 与 C/S 相结合的开发模式。铀矿数据管理与应用采用成熟稳定 B/S 架构，铀矿地质研究及绘图系统采用 C/S 架构，两者共用一个平台数据库。充分发挥 JAVA、VC++ 程序语言优势及不同开发模式部署优点，扩展系统应用范围与提升用户体验。

（一）应用部署思路

根据动静态数据安全级别与实时性要求，应用系统部署将分为两部分：

（1）铀矿勘查生产运行管理系统（动态部分）部署到油田公司办公网；

（2）铀矿静态数据管理及地质研究系统（静态部分）部署到能源利用公司科研网；

其优势为：

（1）数据安全性保障：敏感度高、私密性强的数据存储于科研网数据库，访问安全有保障。

（2）单独组网部署应用，数据对外透明，无网络安全隐患。

（二）数据库建设思路

1. 建立"规范化"铀矿地质数据模型

借鉴石油行业国际主流数据库设计理念，遵循中石油勘探开发生产数据库模型标准，深入分析铀矿勘查开发与生产特点，考虑地质研究与分析应用需求，建立一体化的铀矿勘查开发生产数据库模型，实现了数据资料与地质图形数据的一体化设计。

2. 采用"一体化设计"思想便于数据同步

按照第三范式要求，设计井位、钻井、测井、录井、分析化验、地质研究、开发生产、生产运行管理等多专业数据模型，建立各专业数据的实体关系图，实现所有数据都基于统一的数据库模型进行存储、管理，便于双网部署模式的数据同步。

3. 充分运用丰富、完备的录入规范、数据校验与审核标准，保证数据质量

继承历史项目质检经验，运用相关专业数据录入的业务规范、数据校验与审核标准，保证新能源公司历史数据准确入库、正确存储。

4. 采用数据接口技术解决外部数据同步、本地库内部推送

实现数据高度集成建立地质设计、工程设计、录井数据的接口，实现数据集成管理。

（三）信息安全保障思路

（1）通过数据入库检测、数据防窃取、数据容灾、数据库访问四方面保证存储安全。

（2）通过系统登入安全控制、数据处理日志跟踪机制、用户操作安全审批及操作留痕记录保障系统应用安全。

（3）采用"双网部署以隔绝网络攻击""VPN专线接入访问安全有保障""硬件防火墙过滤阻止非授权用户登入保证网络安全。

二、关键技术

（1）运用工作流引擎技术，实现探井全周期过程与环节自定义配置。

（2）采用帆软报表与图表技术，实现数据统计、查询、对比、分析。

（3）继承嵌入式技术，与Word结合实现铀矿"施工总结"管理、展示。

（4）继承嵌入式技术，与Word结合实现铀矿"施工总结"管理、展示。

三、系统特色

（1）多方案协同分析，支持不同地质观点。通过对不同地层模式与断层模式的合理组织，允许在同一个项目中存在多套地质研究方案，支持不同地质观点的协同研究与分析。

（2）成果检索拾取技术，支持前人成果共享。通过建立项目工区间的授信关系和地质层位映射关系，地质研究人员可以将本系统检索到的研究成果，通过数据识别与拾取技术，瞬间共享转换为当前项目的地质模型成果，为铀矿藏的再认识提供快速共享手段。

（3）利用图件与基础资料动态关联方法，实现空间数据与图形数据同步更新通过分析图件要素与基础地质资料的内在联系，进而建立动态关联关系，实现数据变，则图件动态刷新，图件变则自动回写数据。如解释成果数据的某个干层被调整为铀矿层后，剖面图中对应的这个解释层就会自动更改为铀矿层。同样，在剖面图中如果拖拽移动了某个分层点位置，那么后台数据库中相应的分层数据也会被联动修改。

（4）平面不同地质图件可按需叠加、平面与剖面可联动操作互为校验，保证地质要素的空间一致性。平面构造图、砂体等厚图、储层参数分布图等图件可自由叠加，同时，平面与剖面地质要素共享底层数据，在平面视图操作地质要素时可以参考此要素在剖面视图中的要素展示，反之亦然。

四、应用前景

铀矿勘查动静态数据管理及勘查决策系统支持基础资料统一管理、无缝共享，研究成

果自动归档、循环应用，突破了勘查生产与地质研究的业务的界限，促进了流程简化与管理压缩，整体提升了勘查开发研究的效率、精度与水平。

平台将推进不同岗位与业务的横向沟通与融合，提升不同阶段研究工作纵向衔接的质量与效率，为打造与时俱进的技术创新型铀矿研究院提供了强有力的技术支持。

立足辽河油田业务特色，通过技术创新与成果应用树立辽河铀矿数据管理与应用的品牌，并为辽河铀矿开展对外技术服务提供可移植的信息化应用平台。

系统成果为辽河油田千吨级铀矿勘查提供坚实的地质技术保障，为中国铀矿乃至整个铀行业的地质研究工作提供一体化技术手段，使工作模式实现质的飞跃，有力推动了地质研究领域的技术进步。

五、社会效益

通过测试推广与深化应用，数字化岩心编录与综合管理技术经受住了实践的检验，切实提高了地质研究工作的技术水平与工作效率，进一步推动了辽河油田精细地质研究工作的积极开展，积累了宝贵的研究与实践经验，并为其他类似铀矿藏区块开展精细地质研究提供了相关研究方法与可借鉴的经验，为辽河油田夯实千吨级铀矿勘查基础、实现铀矿可持续发展提供重要的技术保障。

第五节　低成本高效钻探技术

针对钱家店凹陷上部松散和巨厚泥岩地层钻进过程中水眼堵塞易空钻和易偏斜问题，将 PDC 三翼三水眼刮刀钻头改进为内凹七水眼四翼钻头；针对下部松散砂泥岩、致密砂砾岩、致密辉绿岩交互出现，导致钨钢合金易碎裂、钻速慢、易丢心等问题，将硬质合金取心钻头改进为复合贴片式切割取心钻头，并在泥岩段和致密岩性段分别采用四翼尖齿、四翼圆齿钻头；同时采用钻前丈量钻杆、钻具加装扶正钻铤、入井岩心筒长度不大于 6m，井口利用泵压出心等措施，取心钻进速度由 35.6m/d 提高到 51.7m/d，岩心收获率由 81.6% 提高到 93.1%，钻探成本大幅降低。

一、针对通辽地区铀矿钻井钻头的研发

通辽铀矿钻采具有埋藏浅、地层疏松成岩性差的特点。这就要求钻井所需的 PDC 钻头具有防泥包、侧向切削力均衡。针对这些问题，本项目所采用的 PDC 钻头在原有 PDC 模型上进行了一下改进（图 10-5-1）。

（一）力平衡设计

对于 PDC 钻头布齿结构力平衡设计，利用力学计算软件进行分析。

（二）布齿功力优化

功率与切削齿力均在内锥与鼻部交界处圆滑过度，在保径（规径）处功率与切削齿力均为零，即保径处切削齿不参与切削岩石，对 PDC 钻头布齿功率设计无影响。钻头的做功和受力计算表明，复合片的受力情况较好，能有效避免复合片因受力不均等造成复合片崩齿情况的发生；同时使定向作业过程中工具面更稳定。

（三）水力分析

为了了解 PDC 钻头的流场分布情况，从而优化该 PDC 钻头的水力结构设计，利用计

算流体动力学技术，对钻头实体的三维流场进行数值模拟。主要分析流体对切削过程中产生岩屑的翻转、运移、举升过程及钻头的清洗情况。

　　入口条件设置为速度入口，根据推荐排量 33L/s 得入口速度为 12.8m/s；出口条件设置为压力出口；固壁边界条件为壁面无滑移条件，近壁区采用壁面函数法处理。流体介质为清水。刀翼表面壁面切应力大小——分析液流对切削齿的清洗和冷却。

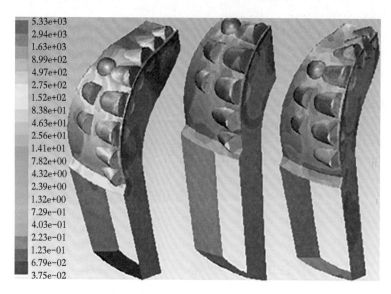

图 10-5-1　刀翼壁面切应力大小

　　从图 10-5-2 的液流上返流线可以看出，沿排屑槽上返的流线流动顺畅流体对岩屑的上举能力强。

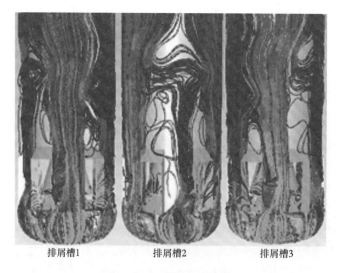

排屑槽1　　　　　　排屑槽2　　　　　　排屑槽3

图 10-5-2　液流上返流线

（四）钻头设计参数

　　钻头基本参数：钻头直径 152.4mm；保径单边磨量 1~2mm；保径长度 50mm。

　　击碎线：内锥角 55°~80°；R1 鼻部圆弧半径 15~30mm；R2 肩部圆弧半径 25~80mm；

夹角 20°~30°；规径长：15~20mm。

排屑槽：排屑槽内锥角 1°~10°；屑槽中心高：15°~22°。

布齿：第一颗齿中心距 0.5~2mm；鼻部齿直径 15.875mm；鼻部齿后倾角：15°~35°；径齿直径 13.44mm；规径齿后倾角 30°~45°；露齿高比例：0.3~0.65。

刀翼：翼数 3；刀翼宽度角 25~40°；非均布刀翼角度（图 10-5-3）。

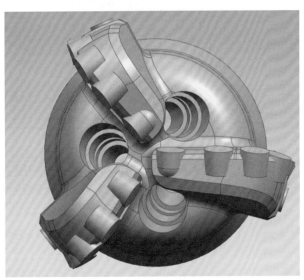

图 10-5-3　钻头三维建模

二、针对通辽地区铀矿钻井液配方的研发

（一）钻井液施工难点

井壁稳定问题。辽地区铀矿钻井所钻遇地层岩性以粉砂岩、砂岩、砂砾岩为主，在 100~120m 之间，地层疏松，夹有薄层泥质砂岩，地层胶结差，渗透性好，钻进液滤失量

大，极易导致井塌情况发生。

井漏问题。由于地层为大段砂砾岩，胶结性差，渗透性好，承压能力差，极易发生井漏，有效控制井漏是施工的重点。

（二）预防措施

（1）减少压力激动，并且加入适量超细碳酸钙等封堵剂提高水泥浆封堵能力和地层承压能力，预防为主，以保证井下安全。

（2）地层主要是砂岩、砾岩地层，胶结差，疏松易漏，水泥浆要有合适的般土含量，足够的黏切力，保证井眼携岩能力，防止环空憋堵；揭开易漏地层后，必须保证钻井液量充足。

（3）钻进时要适当控制钻速，并按要求循环钻井液，防止环空憋堵引起井漏；控制钻具起下放速度，开泵操作要平稳、排量由小到大，防止压力激动过大，憋漏地层。

（4）提高钻井液携岩性能，注意保持良好流动性，防止憋堵。

（5）坚守岗位，密切关注钻井液量的变化，及时发现井漏是处理井漏和防止情况恶化的关键。

（6）一旦发生井漏，要起钻并连续灌好钻井液首先采取静止堵漏方法，一般情况下可以解除或恢复钻进。如果确需堵漏，由技术人员现场确定。

（7）井上必须储备必要的堵漏材料。

（8）了解邻井资料，掌握易漏层段，做好防漏措施。

（三）防塌措施

（1）地层主要岩性为砂岩和砂砾岩，易垮塌，钻进时，加强钻井液封堵能力，严格控制钻井液滤失量，提高钻井液的防塌能力。

（2）起钻时要灌好钻井液，防止上部地层的坍塌。

（3）适当提高钻井液黏度，减少冲刷井壁。

（4）保证钻井液性能稳定，避免出现大起大落现象，调配钻井液要及时，始终保持足够的钻井液。

（5）根据实钻地层，及时对钻井液进行调整。

（四）防卡措施

由于地层压力系数低，存在井漏风险，防止出现井漏砂卡。因此要尽量简化钻具，减少钻具与井壁的接触面积。

（五）井眼净化措施：

（1）坚持短起下钻，每钻进 100~150m 并且钻进时间不超过 24h 短起下钻 1 次。

（2）在携砂困难时，在钻具旋转下打入稠浆段塞提高钻井液的洗井能力。

（六）钻井液配方设计

施工难点：砂岩、砂砾岩地层胶结差，疏松易漏，钻井液携岩能力问题，井眼容易出现"大肚子"，井壁易垮塌。

解决方法：足够的土粉含量、黏度、切力和排量。

（1）钻井液体系：普通水基钻井液

（2）钻井液配方：淡水 +10%~12% 土粉 +0.5% 纯碱 +0.1%NaOH+0.3%~0.5% 防塌剂 +0.5% 稀释剂。

（3）配制与转化：淡水、土粉、纯碱配制所需钻井液量，充分预水化后，钻井液黏度达到 80~100s 后进行钻进施工。

（4）维护与处理。

钻进过程中注意补充土粉，保持土粉含量在 6%~8% 之间，增强其携屑造壁性能，提高井眼净化能力，防止环空憋堵；随着井深的增加，及时加入稀释剂和防塌剂，调整钻井液的流变性能，改善钻井液的失水造壁能力；使用好振动筛和除砂器，及时清除钻井液中的有害固相，减小环空压耗，避免环空憋堵，压漏地层。

第十一章 地浸采铀概况

第一节 地质勘探概况

钱家店铀矿床是辽河石油勘探局于 20 世纪 90 年代在钱家店凹陷勘查石油过程中发现的，并于 2001 年 10 月提交了《钱家店铀矿床（钱Ⅱ块）06~07 勘探线地质勘探报告》。与勘探同步，辽河石油勘探局在铀矿开发方面也做了大量的实质性工作。

2002—2004 年，辽河石油勘探局与乌兹别克斯坦那瓦依矿山冶金公司合作，开展"无试剂"地浸采铀试验。

2006 年 7 月，中核集团金原铀业公司与辽河石油勘探局达成合作开发协议。

2006 年 9 月，金原铀业公司中核通辽铀矿地浸采铀试验队，在钱家店铀矿床钱Ⅱ块前期试验基础上再次开展地浸采铀条件试验。先后完成了试验块段地质与水文地质条件评价、现场浸出试验、浸出液处理工艺现场试验，攻克了化学堵塞、浸出液铀浓度低等地下浸出关键工艺技术难题，确定了合理的浸出工艺和浸出液处理工艺，实现了钻孔的大流量，获取了一系列地浸工艺参数，为该矿床开展地浸采铀工业性试验打下了良好的基础。

2007 年 7 月，中核通辽铀矿地浸采铀试验队在钱Ⅱ块进行了规模为 20t（U）/a 的工业性试验。

截至 2019 年末，钱Ⅱ块的地浸采铀规模达年产百吨以上。钱Ⅳ块工业性试验也已完成，"十四五"期间将规划建成更大的生产规模。

第二节 钱Ⅱ块地质特征

开鲁坳陷钱家店铀矿床已落实铀资源量达数万吨，其中最早发现的钱Ⅱ块的铀资源量也累计达万吨以上，目前已转入工业采矿阶段。

一、位置和气候

钱家店铀矿床钱Ⅱ块位于内蒙古自治区通辽市高林屯种畜场场部东北约 6km 处，地理坐标为北纬 43°54′53″~43°56′46″，东经 122°33′27″~122°36′04″。矿区东西长 3.5km，南北长 3.5 km，面积 12.5km²。

区内地表均被第四系（草原）覆盖。地形高差小于 10m，海拔高程 158~166m。地表无常流水，只有季节性的时令河及水泡子，气候干旱少雨。居民区仅洋井一处，以牧业为主（图 11-2-1）。

图 11-2-1　钱Ⅱ块地表照片

二、铀矿地质条件

（一）地层及岩性

钱Ⅱ块地层自下而上可见青山口组（K_2qn）、姚家组（K_2y）及嫩江组（K_2n），上覆第四系。见钱家店矿区地层综合柱状图主要特征（图 11-2-2）。

（二）构造特征

钱家店凹陷位于开鲁坳陷（盆地）东北部，呈北北东—北东向狭窄条带状展布，长约100km，宽 9~20km，面积 1280km²。凹陷由北向南可进一步划分为宝龙山、胡力海、喜伯营子、衙门营子四个小洼陷。钱Ⅱ块位于胡力海洼陷西北部。

1. 褶皱构造

钱Ⅱ块矿区东南部发育隐伏背斜构造（核部已抬升剥蚀），核部地层为青山口组（K_2qn），两翼依次为姚家组下段、姚家组上段及嫩江组。

钱Ⅱ块位于隐伏背斜（乌日吐茫哈）西翼，地层产状倾向北西，倾角平缓（＞10°），呈单斜状。

2. 断裂构造

钱Ⅱ块内部断裂构造不发育，但围绕钱Ⅱ块外围的胡力海洼陷，断裂构造比较发育，尤其是在靠近钱Ⅱ块的西部。

钱Ⅱ块外围以 NNE 向断裂为主，北西向断裂次之。主要发育 1 号断层、2 号断层、3 号断层、4 号断层。1 号断层位于矿区西北部，是切穿基底的主要断层，是钱Ⅱ块矿区西部的控盆构造。2 号断层发育于钱Ⅱ块矿区东北部，延伸方向与 1 号断层平行。

在钱Ⅱ块矿区南部和西南部，上白垩统沉积期发育控盆断裂（上陡下缓呈犁状），并可延伸至深部，与下白垩统中的断层相搭接。该控盆断层平面上延伸 1~5km，断距10~20m。

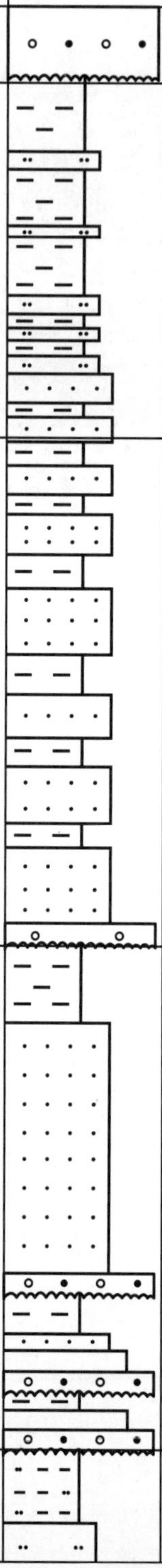

系	统	组	段	代号	柱状图	厚度(m)	岩性描述	沉积相	矿化
第四系				Q		100~130	砂、粉砂、砾石等松散碎屑堆积	残、坡积相	
白垩系	上统	嫩江组		K_2n		30~60	上部分以灰色、深灰色泥岩为主，夹粉砂岩，水平层理发育。下部为细砂岩、粉砂岩及泥岩。自下而上粒度变细。砂岩粒度为次圆状，分选好，水平层理发育，为一种较稳定的沉积环境。与下伏姚家组整合接触	滨浅湖相	无矿化显示
		姚家组	上段	K_2y_2		65~70	浅灰色、灰色细粒砂岩为主，夹有多层紫红色泥岩薄层及灰色泥岩透镜体。砂岩与泥岩组成多个下粗上细的沉积韵律。姚家组上段与姚家组下段呈明显的冲刷接触关系，冲刷面上可见含砾砂岩、砾岩，向上粒度逐渐变细。砂岩中可见楔状、板状交错层理，泥岩为水平层理	砂质辫状河相	见三层工业矿体
			下段	K_2y_1		65~70	浅灰色、灰色细粒砂岩，属长石砂岩类，分选中等，次圆状。本段顶部为厚5~6m较稳定的紫红色泥岩层，中下部有一薄层泥岩，两泥岩层间为厚30~40m的含矿砂体。本段下部粒度偏粗，沉积韵律明显，与下伏青山口组之间为沉积间断面，可见粗碎屑沉积物	砂质辫状河相	见三层工业矿体
		青山口组	上段	K_2qn		未见底	仅见上段顶部，紫红色粉砂质泥岩，水平层理，厚8~9m。其下为紫红色泥质粉砂岩		

图 11-2-2　钱家店矿区地层综合柱状图

276

3.古气候、沉积相、古地理及其与砂岩型铀矿化关系

钱家店铀矿床姚家组沉积期的古气候是干旱—半干旱环境。铀矿化主要受辫状河相沉积的心滩及边滩亚相控制，砂体厚度与铀矿化规模成正相关关系。钱Ⅱ块铀矿化的分布与古洼地关系密切，而泛滥平原亚相铀矿化较差，由泛滥平原沉积的紫红色粉砂岩、泥岩一般不见铀矿化。

4.层间氧化带特征

层间氧化带是指发育在两个不透水岩层（泥岩或粉砂岩）间的灰色砂岩层，经后生氧化作用（含氧水进入沉积层）而形成的红色、黄褐色、褐黄色或浅黄色砂岩等构造岩石组合。根据次生色颜色深浅及矿物成分变化可粗略地分出氧化作用的强弱程度，即强氧化带—氧化还原过渡带—还原带。铀矿化主要产于氧化还原过渡带前缘（图11-2-3）。

钱Ⅱ块矿区内局部地段的姚家组下段砂岩中见有后期氧化的黄色、褐黄色的砂岩，岩体长条状或透镜状分布，厚度几米至几十米不等。层间氧化带发育部位的砂岩普遍粒度偏粗，常为中粒、中—粗粒或中—细粒砂岩，部分在细砂岩中，因而垂向上发育于沉积韵律的下部或底部，亦即发育在姚家组下段矿体的下方，少数发育在矿体上方或矿体中。

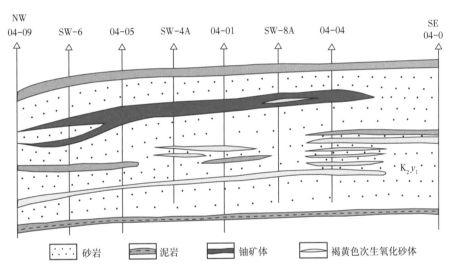

图11-2-3 钱Ⅱ块铀矿床04号勘探线剖面层间氧化带与铀矿化关系示意图

三、矿体地质特征

（一）矿体空间分布

钱Ⅱ块的含矿地层为上白垩统姚家组，分为2个沉积旋回，即姚家组下段和姚家组上段。姚家组含矿砂体中的铀矿体，自下而上分布在6个不同的矿化层位，其中以2号矿体为主矿体。

（二）含矿砂体特征

姚家组含矿砂体以细砂岩、中砂岩为主，夹泥岩、粉砂岩透镜体；粒度以细粒结构为主，其次为中粒结构。姚家组下段含矿砂体和姚家组上段含矿砂体均具有可地浸砂岩型铀矿特征的泥—砂—泥结构。姚家组下段、姚家组上段及2号矿体的含矿砂体特征参数见表11-2-1。

姚家组下段含矿砂体中泥岩、粉砂岩主要集中在砂体下部层位，砂体中上部层位含泥岩、粉砂岩较少，在砂体中下部存在一较连续的薄层状（紫红色）泥岩夹层；姚家组上段含矿砂体中泥岩、粉砂岩比姚家组下段多，且砂体不同部位均有分布。区内姚家组上段泥岩、粉砂岩主要集中在中上部层位，下部层位较少。

表 11-2-1　姚家组下段、上段及 2 号矿体的含矿砂体特征参数

序号	参数名称	姚家组下段	姚家组上段	2 号矿体
1	隔水底板厚度（m）	平均 8.3	4.0~12 平均 6.3	0.5~2.0 （不连续）
	隔水顶板厚度（m）	4.0~12 平均 6.3	4.0~18.5 平均 5.5	4.0~12 平均 6.3
2	含矿砂体倾角（°）		< 10	
3	含矿砂体厚度（m）	46.50~61.42 平均 54.35	59.00~92.00 平均 68.26	21.93~48.50 平均 35.21
4	含矿砂体 砂 / 泥比值	1.9~55.0 平均 10.9	1.3~17.6 平均 5.8	6.57~92.5 平均 28.0
5	含矿砂体孔隙度（%）	12.40~36.72 平均 30.7	20.6~35.1 平均 28.5	
6	含矿砂体渗透系数（m/d）	0.025~0.223	0.07	0.025~0.223
7	单位涌水量 [L/（s·m）]	0.010~0.036	0.019	0.010~0.036
8	静水位（m）	4.12~8.23	4.84	5.39~7.06
9	水头高度（m）	232.98~246.28	171.64	232.98-264.28
10	水质类型	HCO_3·Cl-Na HCO_3-Na	HCO_3·Cl-Na	HCO_3·Cl-Na HCO_3-Na
11	矿化度（g/L）	3.0~5.7	1~2	3.0~5.7
12	pH 值	7.2~8.4	7.4~7.5	7.2~8.4
13	地下水水温（°C）	15~16		15~16
14	矿体埋深			251.8~298.31

（三）矿石特征

1. 矿石矿物组成及特征

钱Ⅱ块含矿岩石主要为细砂岩、中砂岩，粉砂岩及泥岩矿化较少。含矿砂岩中碎屑矿物主要是石英、长石，岩屑含量较少；基质为黏土矿物，胶结物为碳酸盐。

含矿砂岩矿物定量分析表明，矿石中矿物成分主要为石英（56.2%~79.5%，平均值为 68.4%）、钾长石（6.8%~11.9%，平均值为 9.9%）、斜长石（7.2%~19.3%，平均值为 10.6%）、黏土矿物（3.6%~13.0%，平均值为 7.2%）。

2. 矿石碳酸盐含量

钱Ⅱ块含矿砂岩中碳酸盐矿物主是铁白云石，方解石次之。钱Ⅱ块铀矿床主矿体2号矿体碳酸盐含量平均值为4.03%，其他矿体碳酸盐含量平均值为2.58%~4.04%。

3. 铀的存在形式

钱Ⅱ块铀矿石中铀的存在形式有铀矿物、吸附铀及含铀矿物，铀的主要存在形式为铀矿物及吸附铀，存在于含铀矿物中的铀很少。铀矿物为沥青铀矿，吸附铀主要为有机质及黏土吸附，含铀矿物主要是砂岩中的碎屑锆石。矿石中 U^{6+}/U^{4+} 为0.266~1.116，平均值为0.767。

4. 铀在不同粒径中的分布

在粒径0.1~0.25mm（细砂岩）中，铀分布率为46.55%；在粒径大于0.25mm粒级中为27.27%；在粒径0.1~0.01mm（粉砂岩）中为22.85%；在粒径小于0.01mm粒径中分布率较小。

5. 矿样的化学成分分析

矿样的化学成分分析结果见表11-2-2。

表 11-2-2　矿样的化学成分分析结果（单位：%）

分析项目及含量								
U	CO_2	有机碳	全硫	SiO_2	Al_2O_3	TFe_2O_3	CaO	MgO
0.021	1.29	0.02	0.14	76.04	10.60	2.07	1.37	1.15
MnO	TiO_2	P_2O_5	K_2O	Na_2O	FeO	烧失量	Re（$\times10^{-6}$）	
0.01	0.30	0.11	2.89	1.47	1.17	3.72	0.20	

四、水文地质特征

矿床位于开鲁自流盆地的迳流区中部，矿床内含水层主要有第四系孔隙潜水含水岩系和上白垩统碎屑岩孔隙——裂隙承压水含水岩系。

通辽铀矿含矿含水层特指赋存主矿体2号矿体的含水岩组，其为承压含水层，砂体厚度适中且稳定，一般在21.93~48.50m之间，平均值为35.2m。其岩性为灰色细砂岩、灰白色中粒细砂岩、灰黄色砂岩，并有粉砂质泥夹岩，夹层分布不匀均，呈透镜状，一般夹1~2层，局部夹有7层，夹层厚度0.5~3.0m不等。含矿含水层的砂类岩石与泥类岩石厚度约为3∶1。矿石占含矿含水层厚度的14%~47%。矿层厚度与含矿含水层厚度比值为0.14~0.47。

含矿含水层涌水量27.20~108.86m³/d，单位涌水量0.01~0.036L/（s·m），水位埋深5.39~7.06m，承压水头高度232.98~264.28m，渗透系数0.025~0.233m/d。含矿层顶底板主要为泥岩，厚度较稳定，隔水性能较好。

含矿含水层地下水化成分类型以 HCO_3–Na 和 HCO_3·Cl–Na 型为主，矿化度3.5~5.7g/L，水温15~16℃，pH值7.2~8.4，E_h = 150~400mV，HCO_3^- =1118.24~2522.12mg/L，Cl^- 含量287.03~647.40mg/L，SO_4^{2+} 含量176.04~681.65 mg/L，Fe^{2+}/Fe^{3+} = 0.5~1.5，O_2 含量小于2mg/L，H_2S 极少发现，水文地球化学环境处于弱氧化——还原过渡带状态。通辽铀矿地下水化学成份分析结果见表11-2-3。

表 11-2-3　通辽铀矿地下水化学成份分析结果

项目	Ca²⁺	Mg²⁺	K⁺+Na⁺	总 Fe	Fe³⁺	Fe²⁺	HCO₃⁻	Cl⁻
含量 （mg/L）	22.62	23.45	1215.68	0.16	0.12	0.04	2437.69	305.84
项目	SO₄²⁻	H₂S	游离 CO₂	SiO₂	溶解氧	硬度 以 CaCO₃ 计	暂时硬度 以 CaCO₃ 计	永久硬度 以 CaCO₃ 计
含量 （mg/L）	352.37	0	7.46	9.75	1.65	153	153	0
项目	矿化度	pH 值	E_h	水温	颜色	透明度	气味	味道
含量	3.20g/L	7.4	302mV	11℃	无色	透明	无	无

第三节　前期地浸条件试验

在与核工业集团公司合作开发前期，辽河石油勘探局在铀矿开发主要开展了以下工作：

（1）于1999年委托核工业衡阳第六研究所对钱Ⅱ块开展实验室柱浸（酸法）试验研究，认为钱Ⅱ块具备现场地浸采铀试验条件；

（2）于2000年4月与陕西省核工业地质研究院合作，在钱家店铀矿床钱Ⅱ块钱Ⅱ-02-03 井地段开展酸法地浸采矿现场条件实验，2000年12月提交了《内蒙古通辽市钱家店钱Ⅱ块铀矿床钱Ⅱ-02-03 地段原地浸出研究报告》。由于试验中出现严重地层堵塞，试验被迫中断；

（3）于2001年4月通过陕西省核工业地质调查院委托核工业咸阳203研究所开展实验室柱浸（碱法）试验研究。结果表明铀的浸出率偏低，综合采矿成本偏高；

（4）2002年1月15日，辽河石油勘探局和乌兹别克斯坦那瓦依矿山冶金公司签订了 № 02LPEB04-8501-UZ 关于《在钱Ⅱ块铀矿床采用无试剂地浸方法进行采铀试验》合同（图 11-3-1），2004年6月1日完成试验，并提交了《钱Ⅱ块铀矿床"无试剂"地浸采铀地质工艺试验报告》。

图 11-3-1　辽河石油勘探局和那瓦依矿山冶金公司合作签字仪式

"无试剂"地浸采矿工艺技术是辽河石油勘探局在国内率先引进，将其应用在钱Ⅱ块现场采矿工艺条件试验，并取得初步成功。这对我国的碳酸盐含量高、低渗透砂岩型铀矿床的地浸开采起到了很好的指导作用，对提高我国同行业地浸采铀技术水平起到了积极有效的推动作用。

一、"无试剂"地浸采铀工艺原理

（一）生产流程

"无试剂"地浸采铀，是一种不向矿层注入试剂，如酸、碱、双氧水等，而是注入氧气或空气以达到采出金属铀的目的。基本生产工艺流程如图 11-3-2 所示。

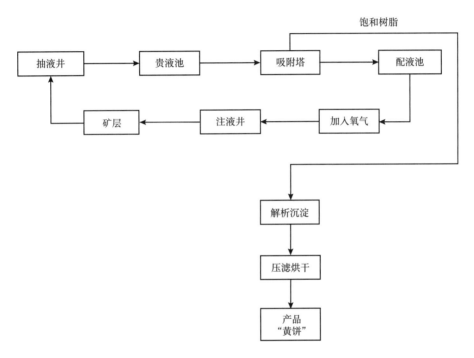

图 11-3-2 "无试剂"地浸采铀工艺流程示意图

首先通过向抽液井和注液井注压缩空气使矿层氧化，待压力恢复正常时进入抽注采铀阶段：氧化后富含铀的矿层水从抽液井抽出进入贵液池沉淀，然后通过吸附塔将金属铀吸附，吸附后的溶浸液返回到配液池从注入井注入矿层。吸附塔内吸附饱和的树脂经过解析制成产品重铀酸盐（黄饼）。

（二）化学反应机理

矿石中含铀矿物以四价铀和六价铀的形式存在，分为原生铀矿和次生铀矿两大类。

原生铀矿包括晶质铀矿、沥青铀矿，主要是 UO_2 和 UO_3 的各种混合物。次生铀矿主要有磷酸盐、硫酸盐、砷酸盐、碳酸盐、氢氧化物、硅酸盐、矾酸盐等。

钱家店铀矿床，地层水 pH 值为 7~8，UO_2 与注入的氧气发生氧化反应，生成可溶解的铀酰阳离子：

$$UO_2 + O_2 + H_2O \longrightarrow UO_2^{2+} + H^+$$

与此同时，铀也与地层中的氧气和重碳酸离子反应，形成碳酸铀酰离子，反应如下：

$$UO_2 + HCO_3^- + O_2 \longrightarrow [UO_2(CO_3)_3]^{4-} + H_2O$$

六价状态铀的次生矿物在碳酸盐溶液中的溶解按下列反应进行：

$$UO_3 + 3CO_3^{2-} + H_2O \longrightarrow [UO_2(CO_3)_3]^{4-} + 2OH^-$$

在饱和氧的碳酸盐溶液中二氧化铀按下列反应浸出：

$$UO_2 + 3CO_3^{2-} + H_2O + 0.5O_2 \longrightarrow [UO_2(CO_3)_3]^{4-} + 2OH^-$$

$$或 \quad UO_2 + CO_3^{2-} + 2HCO_3^- + H_2O + 0.5O_2 \longrightarrow [UO_2(CO_3)_3]^{4-} + 2OH^-$$

实际上，通过注空气对矿层进行预氧化，抽、注液过程中向矿层注工业氧气的"无试剂"地浸工艺，是基于六价铀能在重碳酸盐型地下水中形成稳定的易溶络合物。阳离子主要是钠离子、钾离子，以及少量的钙离子和镁离子，阴离子是 $[UO_2(CO_3)_3]^{4-}$ 或者 $[UO_2(CO_3)_2]^{2-}$。

二、前期准备工作

（一）2002 年完成的主要工作

2002 年 1 月 15 日，辽河石油勘探局和那瓦依矿山冶金公司签订的№ 02LPEB04-8501-UZ 关于《在钱Ⅱ块铀矿床采用无试剂地浸方法进行采铀试验》合同。2002 年双方共同完成试验期前的准备工作，包括地质工艺研究及工程施工：

（1）完成了钱Ⅱ块的矿床地质和水文地质特征研究。

（2）总结分析了 2000—2001 年进行的酸浸和碱浸试验结果及经验教训。

（3）初步评价钱Ⅱ块铀矿床的地质工艺条件。

（4）开展双孔注压缩空气地质工艺试验。

（5）通过试验孔进行地球物理研究，确定含矿层渗透的非均质性。

（6）按照那瓦依矿山冶金公司专家对钻孔结构的要求完成了 SW-8D 和 SW-8E 两个试验段的钻孔施工。

（7）2002 年受托方根据完成的试验工作，提交了《钱Ⅱ块铀矿床采铀试验阶段性工作总结》，该报告是继续进行 2003—2004 年试验工作的基础，也为后期工业开采阶段的地质工艺设计提供了有效的原始数据。

（8）优选现场试验区块，确定钻孔工程结构。

（二）优选试验区

1. "无试剂"浸出工艺效果试验

（1）选择试验区。

利用原有的 SZ-003、SW-8B 井和新钻的 SZ-004、SZ-005 井为注液井，SW-8D 井为抽液井构成 4 注 1 抽的试验段—SW-8D 试验段该试验段面积为 315m²，铀资源量 1197kg。

（2）试验内容。

在 SW-8D 试验段的试验是用于了解"无试剂"地浸采铀方法效果的特殊试验，包括注空气预氧化试验、矿层氧化性能及矿层连通性试验等。

试验过程分为三个主要阶段：

（1）注压缩空气，未注酸和氧条件下的开采试验；

（2）注氧有效浸出开采试验；

（3）注氧和酸无效浸出开采试验。

2. 工业性试验

于 2003 年在 SW-8D 试验段西南建成 SW-8E 试验段。该段由 SZ-04 井、SZ-05 井、SZ-06 井、SZ-07 井四个注液井和 SW-8E 井一个抽液井组成（图 11-3-3）。钻孔距离为 30m×25m，试验段面积为 1500 m²，注井直径 110mm，抽井直径 200mm，井深 264m，矿层深度 247~257m。铀量 3.33kg/m²，理论含铀量 4995kg。

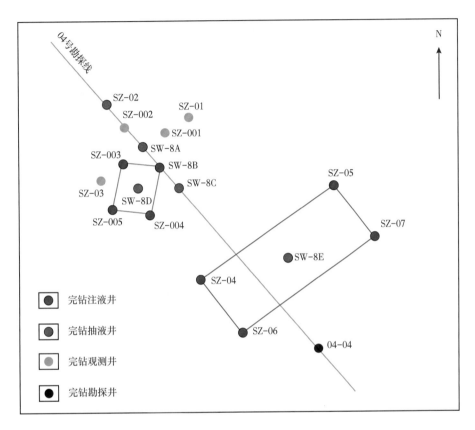

图 11-3-3 钱Ⅱ块"无试剂"地浸采铀试验区井位示意图

（三）钻孔井身结构及技术要求

地浸采铀试验井井身结构如图 11-3-4 所示。

技术要求如下：

（1）井底最大水平位移小于 1.0m/100m；

（2）钻进时采用优质钻井液，保证钻屑从井底有效带出，井壁完好（特别是 0~150m 井段），保护矿层不受伤害；

（3）下 PVC 套管时，用 PVC 胶均匀涂抹在螺纹连接处，确保密封套管，避免矿层水浸入其他层位；

（4）工艺井骨架式筛管的孔隙度大于 12%，两个圆形骨架之间的缝隙为 0.8~1.1mm，保证滤水管有充足的过水面积；

（5）为了确定筛管段实际位置，在筛管的下部边缘和上部边缘缠绕 3 圈 ϕ3mm 铁线，用于通过测井精确进行磁定位；

（6）沉砂管底部灌注不少于 0.5m 的水泥塞，以防止洗井过程中，下 $\phi42mm$ 金属管时破坏沉砂管底部锥体。

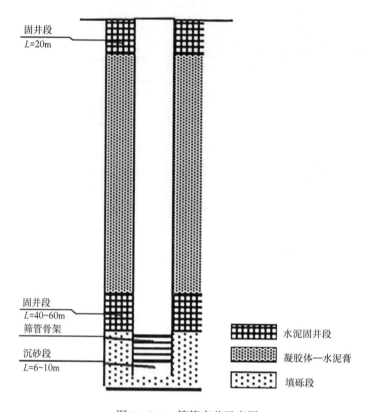

固井段
L=20m

固井段
L=40~60m
筛管骨架

沉砂段
L=6~10m

水泥固井段

凝胶体—水泥膏

填砾段

图 11-3-4　筛管完井示意图

三、试验区地质特征

试验区地质特征资料主要来源于综合研究前人地质勘查资料基础上，利用施工地浸试验井岩心取样，地质编录及测井等手段获取。

（一）样品采集

SW-8D 井和 SW-8E 井、两口抽液井全孔系统取心，取心率大于 90%，（分别为 92.1% 和 94.7%）。共取岩心样 48 个，地球化学样 30 个，粒度测定样品 78 个。用于确定矿石和围岩的渗透性能和铀、钍、镭、钾 40、磷、钼、钒、硒、钪、二价铁和三价铁、有机硫和总硫、碳和碳酸盐的含量。在 SW-8E 井还特别取了 2 个矿化样，用于确定铀矿石的矿物成分和岩石的结构构造。

（二）地球物理测井

对每个试验段的钻井都进行了综合测井分析。包括测斜测井、井径测井、测井、感应测井、视电阻测井、自然电位测井、电流测井和井温测井。

（三）测定试验矿段渗透性能

在 SW-8D 试验段钻井中进行了特殊的试验，即应用指示液确定矿段的渗透性能（类似于示踪剂试验）。

（四）试验段金属量复算

在确定矿石质量指标、矿床的地质—水文地质条件、地浸地质工艺条件的基础上，进行金属铀资源量的快速计算，步骤如下：

（1）圈定矿体的工业边界品位 0.010%；

（2）低线状工业储量 0.054%；

（3）相邻钻孔交错矿体间夹石厚度 5m（可渗透岩石）；

（4）在矿段可渗透性含矿岩石中，泥质、粉砂质粉屑（含泥砾）的含量小于 30%；

（5）块段最小含矿系数（允许最低含矿率）80%；

（6）采用地浸工艺开发铀矿床中硫化物的最大含量小于 5%。

通过复算，SW-8D 试验段资源量为 907.2kg；SW-8D 试验段资源量为 3915.0kg。

（五）矿床地质研究

地浸试验段的绝对海拔标高 161.60~162.20m。其地质条件适于地浸开采。

1. 地层

第四系：距地表 109~110m 处为第四纪、古第四纪砾岩、沙砾岩、泥岩、松软的河流相沉积岩。

嫩江组：距地表 110~170m，为互层（交错层）岩石组合，岩石以粉砂岩和泥岩为主。

姚家组上段：距地表 170~230~240m 处为姚家组上段泥砾砂岩，其铀的资源量约占钱Ⅱ块的 7%。

姚家组下段：距地表 230~240m 处为姚家组下段含矿层，其铀的资源量约占钱Ⅱ块的 93%。

下段上部为致密板状泥砾岩，厚度达 10m，以紫红色为主，也见深灰色和杂色（红灰色）。泥岩在含矿砂岩层形成了上伏局部隔水层。隔水层以下为灰色粉砂岩贫矿夹层，（厚度 1~4m），水平层理平缓，倾向岩心轴（倾斜角度为 5°~7°）。姚家组粉砂岩夹层下部为细粒含矿砂岩，厚度 15~20m。砂岩为泥质胶结（泥砾含量 10%~20%~50%），颜色从灰色、浅灰色到白色。砂岩成分以石英粒为主，滚圆度好，分选较好，长石、矿石碎屑（硅质页岩）、白云母和黑云母鳞片次之。砂岩胶结性能差，含泥量过高段水平层理发育平缓。砂岩中有少量 0.3~1.0cm 机质条带，有黄铁矿和白铁矿析出。长石已高岭土化、绢云母化；细粒孔隙间方解石发育，有少量赤铁矿。在细粒砂岩中有杂色、灰色泥岩夹层及砂质泥岩夹层，厚度为 0.2~1.0m，夹层数量从 1~2 层到 3~4 层，并形成了局部隔水层。杂色灰色细粒含矿砂岩以下 263~265m 钻探揭露为细—中细粒氧化贫矿砂岩，颜色从灰黄色到褐色。砂岩疏松，胶结差，有褐铁矿析出。氧化砂岩厚度为 14~15m，其下部为局部隔水层，厚度达 10m，隔水层为泥岩及含砾泥岩。矿石和围岩的特点是泥砾含量高（表 11-3-1），渗透系数小（少于 1m/ 昼夜）。

表 11-3-1　矿段岩石颗粒各粒径含量　　　　　　　单位：%

序号	剖面	岩性	取样	粒径（mm）						
				> 2.0	1.0	0.50	0.25	0.10	0.05	< 0.05
1	矿段上部	粉砂岩	16	1.8	0.3	0.7	10.7	29.3	20.0	35.5
2	矿段中部	细粒砂岩	45	15.3	1.5	3.2	16.7	39.0	18.8	5.7
3	矿段下部	细粒砂岩	16	12.0	3.0	2.1	13.8	50.0	16.0	3.3

2.矿段岩石化学成分

总体上,整个采矿段的钼、钒、铳的含量均高于克拉克值。按铀品位细划的矿段中总铁、硫、有机碳、碳酸盐、铼(矿石成矿前)的含量较高,而下部矿段的三价铁、碳酸盐含量低,硒的含量高(矿石成矿前)。

矿石中的铀为原生矿。原生矿的结构特点是细粒分散状、粉碎状、碎屑状和软片状。含铀矿物主要是白钛石颗粒、黄铁矿颗粒、白铁矿颗粒和含碳物质,主要分散在胶结物中。通过电子显微镜观察分析,岩石中铀的矿化形式主要是沥青铀矿和铀黑。沥青铀矿成分和含铀矿物见表11-3-2。

表 11-3-2　沥青铀矿成分和含铀矿物表　　　　　　　　　单位:%

序号	取样号	铀的赋存状态	UO$_2$	SiO$_2$	CaO	P$_2$O$_5$	FeO	TiO$_2$	Al$_2$O$_3$
1	SW-8E（1m）	沥青铀矿和铀黑	61.9	—	1.78	4.33	2.27	11.0	—
			60.2	—	1.83	4.08	1.27	8.06	—
			61.8	—	1.87	4.59	2.92	11.0	—
			64.5	—	2.48	4.48	1.99	5.92	—
			68.1	—	2.64	4.76	1.71	5.95	—
			68.0	—	2.51	4.95	1.41	5.78	—
			62.4	—	2.58	4.34	0.63	5.57	—
2	SW-8E（2m）	沥青铀矿和铀黑	64.6	6.68	4.28	7.15	0.51	—	—
			62.4	9.20	3.68	7.61	—	—	—
			64.2	6.86	4.35	6.98	0.52	—	—
			62.4	9.43	3.62	5.64	—	—	—
			64.0	7.17	4.24	7.03	0.42	—	—
			59.8	8.10	4.34	8.28	—	—	0.69
			63.8	9.19	4.65	9.55	0.43	0.55	0.93
			61.7	6.88	4.34	9.01	0.52	0.78	—
			62.8	6.30	4.92	8.22	0.46	—	—
			62.5	6.18	4.67	8.75	0.56	0.41	—

一般情况下,自然界中的铀在矿物中的存在形式为六价铀和四价铀。矿物中铀的存在关系见表11-3-3。

表 11-3-3　六价铀和四价铀的关系表

样品号	铀含量（%）	U^{6+}铀含量（%）	U^{4+}铀含量（%）	U^{6+}/U^{4+}
SW-8E（1）	7.170	4.170	3.000	1.390
SW-8E（2）	1.149	0.627	0.522	1.201

四、SW-8D试验段地浸采铀试验

SW-8D试验段的地浸采铀试验分两期进行。

（一）首期地浸试验

首期地浸试验于2003年7月9日至2004年2月28日进行。主要包括:

（1）注压缩空气、未注酸和氧条件下的开采试验;

（2）注氧有效浸出开采试验;

（3）注氧和酸无效浸出开采试验;

1.试验段注压缩空气预氧化（未注氧）开采试验

其相关数据见表11-3-4。

表 11-3-4　注压缩空气预氧化开采试验阶段参数表

序号	参数名称	数值
1	开采时间	2003 年 7 月 9 日至 2003 年 8 月 7 日
		30d
2	吸附铀量	145.9kg
3	浸出液量	9490m³
4	生产液中铀的平均含量	15.6mg/L
5	平均涌水量	13.2m³/h
6	注液孔的平均注液量	3.3m³/h
7	注液压力	8.7MPa
8	工艺洗井次数	0
9	采出率	16.1%

2.注氧有效浸出开采试验

其相关数据见表11-3-5。

表 11-3-5　SW-8D 试验段有效渗透浸出阶段参数表

序号	参数名称	数值
1	开采时间	2003 年 8 月 30 日至 2003 年 12 月 6 日
		84d
2	吸附铀量	505.0kg
3	浸出液量	20083 m³
4	生产液中铀的平均含量	25.7mg/L
5	平均涌水量	10.0m³/h
6	注液孔的平均注液量	2.4m³/h
7	注液压力	1.1MPa
8	工艺洗井次数	39
9	采出率	55.7%

值得注意的是此阶段由于地层堵塞导致频繁洗井，未能保证浸出试验的连续性。

3.无效浸出阶段

其相关数据见表11-3-6。

表 11-3-6　W-8D 试验段无效浸出阶段参数表

序号	参数名称	数值
1	开采时间	2003 年 12 月 7 日 至 2004 年 2 月 29 日
		84d
2	吸附铀量	187.9 kg
3	浸出液量	19230m³
4	生产液中铀的平均含量	10.0mg/L
5	平均涌水量	9.5m³/h
6	注液孔的平均注液量	2.4m³/h
7	注液压力	1.1MPa
8	工艺洗井次数	14
9	采出率	20.7%

4. 首期试验阶段生产液成分变化分析

生产液的氧化还原成分和参数见表 11-3-7 和表 11-3-8。

表 11-3-7　SW-8D 试验段首期试验成果表

序号	参数	第一阶段	第二阶段	第三阶段	总计
1	阶段开采开始	2003 年 7 月 9 日	2003 年 8 月 30 日	2003 年 12 月 7 日	
2	阶段开采结束	2003 年 8 月 7 日	2003 年 12 月 6 日	2004 年 2 月 28 日	
3	阶段持续时间（d）	30	84	84	198
4	阶段持续时间（月）	1	2.76	2.76	6.52
5	浸出铀量（kg）	148.1	515.9	191.8	855.8
6	吸附铀量（kg）	145.9	505.0	187.9	838.8
7	平均每天吸附铀量（kg）	4.86	6.01	2.24	4.32
8	平均每月吸附铀量（kg）	145.9	183.0	68, 1	131.3
9	抽出液量（m³）	9490	20083	19230	48803
10	铀的平均含量（mg/L）	15.6	25.7	10.0	17.5
11	资源量开采程度（%）	16.1	55.7	20.7	92.5
12	铀的回采量（尾液铀的含量）（kg）	2.2	10.9	3.9	17.0
13	尾液中铀的平均含量（mg/L）	0.23	0.54	0.20	0.35
14	浸出铀的程度（%）	98.5	97.9	98.0	98.0
15	液固比	1.25	2.65	2.54	6.44
16	平均涌水量（m³/h）	13.2	10.0	9.5	10.3
17	注液孔的平均注液量（m³/h）	3.3	2.5	2.4	2.6
18	洗井次数	0	39	14	53
19	注液平均压力（atm）	8.7	11	11	10.5
20	耗氧量（kg）	0.0	1772.2	939.6	2711.8
21	单位耗氧量（kg/kg）				3.23
22	O_2 浓度（按试验段计算的平均浓度）（mg/L）	0.0	88.2	48.9	55.6
23	耗酸量（kg）	0.0	0.0	3288.6	3288.6
24	单位耗酸量（kg/kg）				3.92
25	酸的平均浓度（mg/L）	0.0	0.0	171.0	67.4

表 11-3-8　SW-8D 试验段阶段性开采生产液成分含量

序号	生产液成分	背景值	第一阶段	第二阶段	第三阶段	平均值
1	pH 值	8.2	7.8	7.8	7.5	7.7
2	E_h（mV）	378	399	404	403	403
3	$Ca^{2+}+Mg^{2+}$ 含量（mg/L）	44	49.0	45.7	54.3	50.0
4	总 Fe 含量（mg/L）	0.08	0.53	0.92	0.44	0.64
5	HCO_3^- 含量（mg/L）	29	2974.2	2888.7	2709.7	2828.3
6	SO_4^{2-} 含量（mg/L）	210	266.5	325.6	576.9	421.4
7	K^++Na^+ 含量（mg/L）	1380	1448.5	1396.0	1390.1	1403.9
8	Cl^- 含量（mg/L）	285	341.6	300.0	273.0	297.5
9	CO_3^{2-} 含量（mg/L）	—	124.3	39.6	5.0	42.4

（二）SW-8D 试验段第二期地浸采矿试验

1. 试验内容

（1）确定是否可以代替工业氧向矿层注空气，如何注空气才能排除氮气造成的矿层堵塞现象。

（2）确定注空气时的最大注液量。

（3）采用水泥塞封隔下部矿段后，确定 SZ-003 和 SW-8D、SZ-005 和 SW-8D 上部矿段采出情况。

2. 试验现场

（1）采用 V-0.6/12.5 型空压机。空压机的生产能力为 $0.6m^3/min$，最大压力为 12.5atm。

（2）采取了以 SZ-004 注液孔作为气囊集气，井口装有带专门法兰的封隔振荡器。

3. 试验成果

试验工作从 2004 年 4 月 4 日开始，首先在 SW-8D 井、SZ-003 井和 SZ-005 井三口工艺井进行，SW-8D 井孔作为抽液孔，抽水量为 $6.2m^3/h$，SZ-003 和 SZ-005 作为注液孔，试验参数见表 11-3-9。

表 11-3-9　SW-8D 试验段最后试验阶段的基本参数

序号	参数名称	数值
1	开采时间	2004 年 4 月 4 日至 2004 年 4 月 27 日 13d
2	吸附铀量（kg）	36.0
3	抽出液量（m^3）	1867
4	生产液中铀的平均含量（mg/L）	21.8
5	平均涌水量（m^3/h）	6.0~6.5
6	平均注液量（m^3/h）	3.0~3.2
7	注液压力（atm）	10
8	工艺洗井次数	2
9	采出率（%）	4.0
生产液成分含量		
10	pH 值	7.6
11	E_h 含量（mV）	408
12	$Ca^{2+}+Mg^{2+}$ 含量（mg/L）	62.1

続表

序号	参数名称	数值
13	总Fe含量（mg/L）	0.72
14	HCO_3^-含量（mg/L）	2756
15	SO_4^{2-}含量（mg/L）	635.7
16	$K^+ + Na^+$含量（mg/L）	1420.3
17	Cl^-含量（mg/L）	273
18	CO_3^{2-}含量（mg/L）	0

五、SW-8E井试验段

SW-8E井试验段由5个钻孔（SZ-04、SZ-05、SZ-06、SZ-07四个注液孔和SW-8E一个抽液孔组成，钻孔距离为30m×25m，试验段面积为1500m²，注井直径110mm，抽井直径200mm，井深264m，矿层深度247~257m。铀量3.33kg/m²，理论含铀量4995kg。

SW-8E井试验段试验目的是进一步验证SW-8D井试验段的采矿工艺方法的可行性，为矿山设计和建设提供可靠参数，为矿床经济可采性评价提供依据。

SW-8E井试验段的试验仅进行了前期的钻井、洗井、井场管线铺设、矿层预氧化浸出等部分试验。后续试验由辽河油田通辽铀矿组织完成。

钱Ⅱ块"无试剂"地浸采铀试验仅获得初步成果，说明"无试剂"地浸采铀工艺方法的可行性。通过试验获得钱Ⅱ块铀矿床工业化采铀设计资料主要是依据SW-8D井试验段试验结果得出的，可供后期矿山设计和地浸采铀生产参考。地浸采铀设计原始资料、工艺设计技术规程及设计方案主要指标测算见表11-3-10至表11-3-12。

表11-3-10　钱Ⅱ块铀矿床工业化地浸采铀设计原始资料一览表

序号	原始资料名称	数据
1	适合钱二铀矿床地浸采铀地质工艺资源/储量计算暂行标准	
1.1	边界工业品位	0.010%
1.2	边界工业线储量 方案1 方案2 方案3	0.040m% 0.060m% 0.100m%
1.3	夹石最大厚度	3.0m
1.4	含矿含水层最小导水性（导水系数km）	2.0m²/d
1.5	矿石最大泥砾含量	30%
1.6	隔水层最小厚度	1m
2	地质、矿化特征详见： （1）《内蒙古通辽市钱家店（钱Ⅱ块）铀矿床06-07号勘探线地质勘探报告》，2001年4月20日； （2）《钱二块铀矿床采铀试验阶段性工作总结》，2002年； （3）《钱二块铀矿床无试剂地浸采铀地质工艺试验报告（2003—2004年）》，2004年	
3	水文地质特征及工程地质特征详见： （1）《内蒙古通辽市钱家店（钱Ⅱ块）铀矿床06-07号勘探线地质勘探报告》，2001年4月20日； （2）《内蒙古通辽市钱家店钱Ⅱ块铀矿床水文地质试验研究报告》，2000年10月； （3）《钱二块铀矿床采铀试验阶段性工作总结》，2002年； （4）《钱二块铀矿床无试剂地浸采铀地质工艺试验报告（2003—2004年）》，2004年	
4	社会生态资料由委托方提供	

序号	原始资料名称					数据	
5	工艺液特征						
	参数	浸出液			注入液		
		最低	平均	最高	最低	平均	最高
	U 含量（mg/L）	7.2	20.49	125.0	0.17	0.45	11.15
	pH 值	7.2	7.92	8.9	6.4	7.8	9.0
	E_h（mV）	377	404	417	48	400	417
	Ca^{2+} 含量（mg/L）	12.0	18.6	24.1	12.0	18.6	24.1
	Mg^{2+} 含量（mg/L）	14.6	30.0	41.3	15.8	30.0	41.3
	$K^+ + Na^+$ 含量（mg/L）	1254.3	1411.5	1524.7	797.8	1395.3	1618
	$Fe_总$ 含量（mg/L）	0.05	0.66	2.25	0.05	0.13	0.4
	HCO_3^- 含量（mg/L）	2479.9	2836.6	3162.7	991.6	2653.5	3089.4
	CL^- 含量（mg/L）	250.0	286.9	385.0	240.0	294.9	1275.0
	SO_4^{2-} 含量（mg/L）	230.5	440.2	768.5	239.6	530.0	1594.6
	O_2 含量（mg/L）	2.6	4.3	8.4	1.6	3.8	12.8
	CO_3^{2-} 含量（mg/L）	0.0	32.9	152.4	0.0	41.0	219.6
	Fe^{3+} 含量（mg/L）	0.03	0.49	1.2	0.03	0.1	0.35
	Ca^{2+} 和 Mg^{2+} 含量（mg/L）	29.0	48.6	65.4	29.0	48.6	65.4
	矿化度（g/L）	3.19	3.64	3.90	2.04	3.63	4.07
	机械杂质（mg/L）	委托方未提供					
6	浸出液加工工艺流程、化学试剂的消耗、有价值元素综合利用指标—委托方提供						
7	洗井工艺—空压机（≤3MPa）"气举法"洗井，最大流量，软管下到最大深度，洗井液抽到在水冶厂进行处理后回注						
8	地 质 工 艺 指 标						
8.1	地质工艺井的分布和井距—抽液井和注液井成排，交替排列： （1）抽液井与注液井井距，30m； （2）相邻抽液井井距，30m； （3）相邻注液井井距，15m； 注液井、抽液井分别沿矿床走向分布	30m×30m×15m					
8.2	注液井与抽液井井数	3.5：1					
8.3	地质工艺井的钻井结构详见： 《钱二块铀矿床无试剂地浸采铀地质工艺试验报告（2003—2004年）》，2004年						
8.4	液固比	3.4					
8.5	单位试剂消耗： （1）工业氧气； （2）硫酸	2.1kg/kg（U） 4.0kg/kg（U）					
8.6	铀的设计采出率	70%					
8.7	地质工艺井的平均流量： （1）抽液井； （2）注液井	14.4m³/h 4.5m³/h					
8.8	浸出液铀平均含量	25.7mg/L					
8.9	溶浸液抽取泵型："Grundfos" 4in 电潜泵，型号 SP14A-18N 和 SP14A-24N						

表 11-3-11　钱二铀矿床矿山地浸采铀工艺设计技术规程

序号	工作内容	工艺技术要求
1	工艺井的钻井	根据设计要求和钻井技术规范
2	成井洗井	套管 PVCϕ160mm×18mm 抽液井，空压机，软管 ϕ33mm×5.5mm（注空气）和 ϕ33mm×5.5mm（洗井），下井深度（深度 220m 和 255~270m 两种），洗井持续时间 48~72h（至液体彻底清澈为止），洗井方式：洗 120min，停 30min 恢复液面，空气的压力取决于下管深度，涌水量不小于 20~22m³/h，套管 PVCϕ90mm×12mm 注液井，软管 ϕ33mm×5.5mm（注空气）和 ϕ20mm×3.5mm（洗井）涌水量 15~16m³/h，套管 PVCϕ110mm×12mm 注液井，软管 ϕ33mm×5.5mm（注空气）和 ϕ25mm×4.5mm（洗井），涌水量 18~20m³/h
3	质址检测	电流测井确定 PVC 管位置及完好程度，水文地质尺测量水位和井深
4	注压缩空气准备工作	洗井，使筛管段井壁滤饼破坏 >80%；注气井及邻井安装封隔器；大于计算压力 2atm 对软管试压
5	注压缩空气	注气方式：根据计算注气压力，时间，采用"2+2"（注 2h，停 2h）方式间断注气，分组注压缩空气（1 个抽液井 +2 个注液井）
6	注压缩空气后卸压	注压缩空气 24h 后，井口小量排放空气，压力降至 0
7	质量检测	电流测井确定 PVC 管位置及完好程度，水文地质尺测量水位和井深
8	注压缩空气后工艺洗井	在注压缩空气发生出故或筛管段井壁滤饼破坏小于 80% 的情况下进行洗井，工艺同本规程 2，洗井的方式"20+20"（洗井 20min，停 20min 恢复液面）
9	水文地质观测	用水文地质尺测量水位及井深
10	工艺管线布设、连接	安装配电柜、铺设电缆、3 个井组建 1 个井口房，安装和布设注氧、注液分配枢纽，安装调节阀，铺设注液、注氧管线，安装洗井装置
11	安装电潜泵	用汽车吊或移动的钻井设备下电潜泵，金属抽水管 ϕ63mm×6.5mm，下井深度，SP14A-18N 型泵 120~120m；SP14A-25N 型泵 130~150m
12	注工业氧气*	通过氧气分配枢纽供氧（1 个枢纽供 12~16 口注液井），每个注液井都单独铺设注氧管线，注氧压力大于注液压力（但不超过 8MPa）。氧气和注液分配枢纽安装在同一个井口房内，便于维修和段防恶劣气彼。注氧浓度 200mg/L，供氧的持续时间和间隔时间由矿山地质部门决定，但不少丁生产周期的 1/3，采用气体流量计控制注氧量
13	注空气	通过空气分配枢纽注空气（1 个枢纽供 12~16 口注液井），注氧结束后，空气通过高压管线分配到每个注液井，空气的浓度根据空气中氧气的含量计算确定，注氧浓度 180~220mg/L，注气的持续时间和间隔时间由矿山地质部门决定。用气体流量计控制注空气量，注空气工艺与注机相同
14	抽、注液平衡	按流量计读数调整抽、注液量，保持抽、注液平衡
15	注硫酸溶液**	铀采出率达到 40% 以后，往注液池泵吸管内注入稀硫酸溶液，使注液 pH 值达到 7.0，通过 pH 值检测仪来控制注酸量.

注：* —注氧工艺流程方案暂未确定；** —注硫酸溶液工艺需要进一步试验和在工业化生产过程中确定。

292

表 11-3-12 钱Ⅱ块铀矿床工业地浸采铀设计方案主要指标测算表

序号	原始资料		方案		
			一	二	三
1	铀产量（t/a）		100	200	300
2	铀吸附率（%）		0.98	0.98	0.98
3	浸出铀量（t/a）		102.04	204.08	306.12
4	浸出液平均铀含量（mg/L）		25.7	25.7	25.7
5	浸出液量（km³）		3970.4	7940.9	11911.3
6	平均吸附液量（m³/h）		453	906	1360
7	单井平均抽液量（m³/h）		14.4	14.4	14.4
8	抽液井运行数量（口）		31	63	94
9	单井月浸山铀量（kg/月）（U）		268.8	264.6	266
10	单井平均注液量（m³/h）		4.5	4.5	4.5
11	注液井运行数量（口）		101	201	302
12	设计铀采出率（%）		0.7	0.7	0.7
13	资源/储量准备（t/a）		143	286	429
14	平米铀量（kg/m²）		3.0	3.0	3.0
15	地浸采铀井网布设（m×m×m）		30×30×15	30×30×15	30×30×15
16	生产单元面积（m²）		1800	1800	1800
17	生产单元资源/储量（t）		5.4	5.4	5.4
18	单元生产周期	d	426	426	426
		a	1.2	1.2	1.2
19	注、抽液井井数比		3.5	3.5	3.5
20	需准备生产单元数（组/a）		26	53	79
21	钻抽液井井数（口/a）		26	53	79
22	钻注液井井数（口/a）		91	186	277
23	钻井总数（口/a）		117	239	356
24	平均井深（m）		280	280	280
25	抽液井钻井进尺（m/a）		7280	14840	22120
26	注液井钻井进尺（m/a）		25480	52080	77560
27	钻井怎进尺（m/a）		32760	66920	99680
28	钻井能力[m/（台·月）]		1000	1000	1000
29	钻井设备数量（台）		3	6	9

序号	原始资料		方案		
			一	二	三
30	修井设备数量（台）		1	1	2
31	钻井设备总数（台）		4	7	11
32	泵平均工作时间（h）		8000	8000	8000
33	电潜泵消耗（台/a）		34	69	103
34	工业氧单位耗量 [kg/kg（U）]		2.1	2.1	2.1
35	氧气耗量总鼠（t/a）		210	420	630
36	单元生产周期注氧时间	%	30	30	30
		月	4.2	4.2	4.2
37	注氧浓度（mg/L）		180	180	180
38	矿层有效厚度（m）		13	13	13
39	液固比		3.4	3.4	3.4
40	矿石密度（t/m³）		1.85	1.85	1.85

第四节　辽河油田与中核集团的合作开发

一、合作开发进展情况

2006年7月，为加快资源向效益转化，辽河油田以钱Ⅱ块3437.5t的探明储量与中核集团进行合作开发。辽河油田以矿权、储量、试采成果参与合作，中核集团负责开发方案编制、开发建设的资金投入，承担安全环保责任。在试验期间和投产后辽河分别按40%（国内价）、13%（国际价）比例进行产品分成。计划在2006—2007年开展条件试验，2008年开始工业性试验，2009年底建成处理量150t/a的水冶处理厂，2010年开始进入正式开采阶段。截止2011年，合作开发进展顺利，辽河油田获分成收入3473.71万元。

随着辽河油田在铀矿勘探方面的持续发展，钱家店铀矿床储量规模不断扩大，截至2019年便已达到国家级大型铀矿床标准。这一成果引起中核集团的高度重视，自2010年起多次主动与中国石油天然气股份公司、辽河油田公司接触，最终达成以组建合资公司的模式，共同开发钱家店铀矿床的共识。

2012年7月5日，中国石油天然气集团公司与中国核工业集团公司，在北京正式签署《通辽钱家店地区铀资源合作开发协议》。

协议要点如下：

（1）合作模式。双方以实物资产或现金出资组建合资公司，各占50%的股份。合资公司以铀产量吨金属资源使用费的形式支付使用费给中国石油天然气集团公司，产品由中核集团负责销售，价格执行国际同期结算价格；

（2）合作范围。通辽钱家店地区已发现的钱Ⅱ块、钱Ⅲ块、钱Ⅳ块等铀资源纳入合作开发范围，列入国家"十二五"天然铀开发规划。力争在"十二五"末建成500t/a的金属铀的产能规模；

首次合作区为钱家店地区钱Ⅱ块铀矿床的经国家储委核定资源量为5467.5t金属铀的区域范围内，面积为1.33km²，其他区块根据规划方案和资源准备情况，在获得国家储委批准后，逐步纳入合作范围。

（3）合作期限。自合资公司注册成立之日起18年或以合作开发区块内资源量的开采服务年限为限，二者先到期为准。

二、室内常规浸出试验

（一）酸法搅拌浸出试验

通辽铀矿酸法搅拌浸出室内试验试验条件及结果见表11-4-1。

表11-4-1　通辽铀矿酸法搅拌浸出室内试验的结果及试验条件

样号	溶浸液（g/L）		浸出液				浸出率（%）		酸耗		原矿品位（%）	液固比	浸出时间/h
	H_2SO_4	H_2O_2	U（mg/L）	pH值	E_h（mV）	余酸（g/L）	液计	渣计	kg/t（矿）	kg/kg（U）			
q-1	6.1	0.33	48.27	2.70	676	1.2	80.45	—	24.5	101.5	0.030	5∶1	48
	10.1	0.33	53.06	2.11	678	2.8	88.43	—	36.5	137.6			
	15.3	0	55.43	1.70	588	7.0	92.38	—	41.5	149.7			
	15.3	0.33	56.96	1.72	666	6.7	94.93	—	43.0	151.0			
	15.3	0.66	57.26	1.64	688	7.9	95.43	—	37.0	129.2			
q-2	15.3	0.33	147.50	3.10	623	0.7	80.16	—	73.0	99.0	0.092	5∶1	48
	20.1	0.33	164.89	2.73	623	1.3	89.61	—	94.0	114.0			
	25.3	0	160.09	2.37	568	1.7	87.01	—	118.0	147.4			
	25.3	0.33	174.78	2.31	623	2.1	94.99	—	116.0	132.7			
	25.3	0.66	179.28	2.42	638	1.6	97.43	—	118.5	132.2			
q-3	6.1	0.33	67.17	2.91	668	0.7	79.95	—	27.0	80.4	0.042	5∶1	48
	10.1	0.33	75.55	2.55	648	1.1	89.94	—	45.0	119.1			
	15.3	0	78.25	1.90	578	4.7	93.15	—	53.0	135.5			
	15.3	0.33	82.44	1.94	653	3.5	98.14	—	59.0	143.1			
	15.3	0.66	82.74	1.91	666	4.6	98.50	—	53.5	127.0			
2A	10	—	—	—	—	16.36	83.36	—	—	—	0.0305	5∶1	48
2B	15	—	—	—	—	0.315	105.77	92.81	20.97	—	0.0793	10∶1	48

（二）碱法搅拌浸出试验

通辽铀矿碱法搅拌浸出室内试验的试验条件见及结果见表 11-4-2。

表 11-4-2　通辽铀矿碱法搅拌浸出试验室内试验的结果及试验条件

样号	溶浸液（g/L）		浸出液			浸出率（%）		碱耗		原矿品位（%）	液固比	浸出时间（h）
	溶浸剂	H_2O_2	U（g/L）	pH值	E_h（mV）	液计	渣计	kg/t（矿）	kg/kg（U）			
q-1	$5.7Na_2CO_3+2.4NaHCO_3$	0	19.80	10.20	298	33.00	—	4.5	45.5	0.030	5:1	48
		0.33	40.52	10.21	298	67.53	—	4.0	19.7			
		0.66	40.77	10.15	260	67.95	—	3.0	14.7			
	$10.5Na_2CO_3+2.1NaHCO_3$	0.33	40.77	10.55	273	67.95	—	6.0	29.4			
	$8.7NH_4HCO_3$	0.33	41.97	8.90	383	69.95	—	3.0	14.3			
		0.66	42.87	8.62	358	71.45	—	2.5	11.7			
q-2	$5.7Na_2CO_3+2.4NaHCO_3$	0	90.24	10.15	283	49.04	—	6.0	13.3	0.092	5:1	48
		0.33	115.72	10.10	288	62.89	—	6.5	11.2			
		0.66	119.92	10.12	288	65.17	—	4.5	10.5			
	$10.5Na_2CO_3+2.4NaHCO_3$	0.33	127.12	10.50	278	69.09	—	8.0	12.6			
	$8.7\ NH_4HCO_3$	0.33	128.61	8.71	358	69.90	—	3.5	5.4			
q-3	$5.7Na_2CO_3+2.4NaHCO_3$	0	39.87	10.21	268	47.46	—	3.5	17.6	0.042	5:1	48
		0.33	59.66	10.22	278	71.02	—	3.0	10.1			
		0.66	60.56	10.10	280	72.10	—	6.5	21.5			
	$10.5Na_2CO_3+2.1NaHCO_3$	0.33	59.96	10.50	268	71.38	—	5.0	16.7			
	$8.7NH_4HCO_3$	0.33	62.66	8.81	368	74.60	—	3.0	9.6			
		0.66	60.56	8.82	323	72.10	—	1.5	5.0			
2A	$10Na_2CO_3$	—	—	—	—	59.10	—	—	—	0.0305	5:1	48
	$10NaHCO_3$	—	—	—	—	66.87	—	—	—			
	$10Na_2CO_3+5NaHCO_3$	—	—	—	—	78.69	—	—	—			
	$10（NH_4）_2CO_3$	—	—	—	—	62.55	—	—	—			
	$10NH_4HCO_3$	—	—	—	—	72.9	—	—	—			
	$10（NH_4）_2CO_3+5NH_4HCO_3$	—	—	—	—	64.46	—	—	—			
2B	$10Na_2CO_3$	—	—	—	—	77.38	74.15	—	—	0.0793	10:1	48
	$10NaHCO_3$	—	—	—	—	97.81	81.46	—	—			
	$10Na_2CO_3+5NaHCO_3$	—	—	—	—	74.03	78.44	—	—			
	$5Na_2CO_3+5NaHCO_3$	—	—	—	—	101.4	84.24	—	—			

296

（三）酸法柱浸试验

通辽铀矿矿石酸法柱浸试验结果见表 11-4-3。

表 11-4-3　通辽铀矿矿石酸法柱浸结果

| 样号 | 溶浸液 | 浸出率（%） | | 铀浓度（mg/L） | | 液固比 | 酸耗 | | 渗透系数（m/d） | 有效孔隙度（%） | 原矿品位（%） |
		液计	渣计	最高	平均		kg/t（矿）	kg/kg（U）			
q-1	3.3H$_2$SO$_4$ 3.3H$_2$SO$_4$+0.33H$_2$O$_2$	65.39	—	40.43	8.59	12.32	36.8	347.6	—	—	0.030
	3.3H$_2$SO$_4$ 3.3H$_2$SO$_4$+0.33H$_2$O$_2$	84.97	—	41.67	15.65	10.27	47.7	312.7	—	—	
	3.3H$_2$SO$_4$ 5.5H$_2$SO$_4$ 7.7H$_2$SO$_4$ 10.5H$_2$SO$_4$	80.85	—	79.15	37.86	9.75	2.8	45.8	—	—	
q-2	3.3H$_2$SO$_4$ 5.8H$_2$SO$_4$+ 0.33H$_2$O$_2$ 10.9H$_2$SO$_4$+ 0.33H$_2$O$_2$ 15.2H$_2$SO$_4$+ 0.33H$_2$O$_2$ 20.1H$_2$SO$_4$+ 0.33H$_2$O$_2$	92.56	—	119.92	38.44	15.17	141.4	242.5	—	—	0.092
	3.3H$_2$SO$_4$ 5.7H$_2$SO$_4$ 10.4 H$_2$SO$_4$+0.33 H$_2$O$_2$	81.91	—	95.94	21.17	11.33	65.8	274.4	—	—	
2B	5H$_2$SO$_4$	92.59	95.58	168.40	48.00	—	—	—	4.60	6.11	0.0793
	10H$_2$SO$_4$	98.36	98.11	245.60	15.18	—	—	—	11.91	7.20	

（四）碱法柱浸试验

通辽铀矿矿石碱法柱浸试验结果见表 11-4-4。

表 11-4-4　通辽铀矿矿石碱法柱浸结果

| 样号 | 溶浸液 | 浸出率（%） | | 铀浓度（mg/L） | | 液固比 | 碱耗 | | 渗透系数（m/d） | 有效孔隙度（%） | 原矿品位（%） |
		液计	渣计	最高	平均		kg/t（矿）	kg/kg（U）			
q-1	5.3Na$_2$CO$_3$+2.8 NaHCO$_3$+0.33H$_2$O$_2$	46.24	—	70.75	15.94	1.62	46.0	280.7	—	—	0.030
	8.2 NH$_4$HCO$_3$+0.33H$_2$O$_2$	54.21	—	140.91	59.75	1.36	3.5	43.6	—	—	
q-2	8.2NH$_4$HCO$_3$+0.33H$_2$O$_2$	65.08	—	171.49	68.23	4.90	5.2	15.6	—	—	0.092
	5.3Na$_2$CO$_3$+2.8 NaHCO$_3$+0.33H$_2$O$_2$	39.52	—	141.51	46.06	1.30	3.4	57.6	—	—	
	8.2NaHCO$_3$+0.33H$_2$O$_2$	53.16	—	163.99	43.99	2.35	4.4	42.6	—	—	
2B	5 Na$_2$CO$_3$	61.84	59.39	199.50	16.12	—	—	—	11.41	6.53	0.0793
	5Na$_2$CO$_3$+NaHCO$_3$	44.49	46.14	142.00	14.20	—	—	—	12.68	8.02	
	10NaHCO$_3$	59.75	59.39	229.50	17.28	—	—	—	11.10	7.47	
岩心	5gNa$_2$CO$_3$	31.87	—	112.10	16.00	—	—	—	—	—	—

（五）室内加压浸出试验

采用模拟接近钱Ⅱ块现场条件的圆柱状岩心样品室内加压浸出试验装置系统，进行浸出试验，得出以下结论：

（1）通辽铀矿矿石适合地下水加氧气的天然成因试剂浸出，地下水中固有的 HCO_3^- 能作为铀浸出的络合剂，必要时采用加 CO_2 来补充；

（2）天然成因试剂浸出时铀浓度峰值出现得比较早，需要调节 O_2 或（及）CO_2 的浓度来稳定峰值；

（3）天然成因试剂浸出时，基本不会出现 Ca^{2+}、Mg^{2+} 堵塞矿层，重点防止的是机械堵塞（机械悬浮物等）或气体堵塞（如氧气不纯等）；

（4）建议在今后的地下水加氧和 CO_2 浸出的试验过程中，仍密切关注各参数的变化，改进 SO_4^{2-} 的分析方法；

（5）矿层对 Cl^- 吸附容量及溶出特性进行有针对性的研究，以便在反渗透处理吸附尾液中 Cl^- 确定处理终点时应用；

（6）该试验成果可与现场地浸岩心级微尺度的地浸过程进行对比，为地浸采铀的溶浸剂成分和溶浸过程的渗透性的控制和利用、提高溶浸采矿法的可溶浸性与适应范围奠定基础，并为新型地浸开采铀矿方法提供试验基础；

（7）室内加压浸出最终的浸出率达到了试验目标大于80%。

三、条件试验

2006年7月，中核金原铀业公司与辽河石油勘探局签订了合作开发协议。2006年8月，中核通辽铀矿地浸采铀试验队成立，负责钱家店铀矿床开发的试验工作。

鉴于辽河石油勘探局进行的两组地浸采铀试验中的浸出液铀浓度偏低、试验不完整及运行的不稳定性，尤其是浸出液铀浓度、浸出率、液固比、试剂消耗等关键参数不可靠等原因，中核通辽铀矿地浸试验队在2006年9月恢复了地浸条件试验，2006年10月开始进行 SC-01 新试验组的地浸采铀条件试验，地下浸出采用 CO_2+O_2 的浸出工艺，用以进一步评价钱家店铀矿床的地浸开采条件和技术经济可行性。该试验共进行了8个月，达到预期效果。

四、工业性试验

为了验证条件试验结果，为工业开发提供更可靠的地浸工艺参数，2007年7月，在钱Ⅱ块进行了试验规模为20t（U）/a 的工业性试验。工业性试验按七点型布置钻孔63个（抽液钻孔15个，注液钻孔44个），抽注液钻孔间距为35m，采区面积47739.65m²。控制铀矿资源量为372.36t，铀矿层平均厚度18.85m，平均品位0.022%，铀量7.8kg/m²，其中地浸可利用的铀矿资源量为208.32t，平均厚度11.52m，平均品位0.021%，铀量4.36kg/m²。

通过地浸采铀条件试验和工业性试验，取得的成果如下：

（1）证实了钱家店铀矿床属于低品位、低渗透、中等矿化度、水位埋深浅和承压水头高、地下水中碳酸氢根高的砂岩型铀矿床。通过试验证明该矿床适宜原地浸出开采工艺；

（2）验证了 CO_2+O_2 的浸出工艺是适合该矿床特点的地浸工艺。通过现场试验，用氧气氧化矿层，加入少量的 CO_2，利用地下水中的碳酸氢根进行浸出，浸出率达70%以上。

（3）确定的钻孔结构和施工工艺，适合该矿床特点和浸出要求。尤其是钻孔施工中所采用的冲孔、投砾、洗孔等技术，解决了试验中钻孔堵塞严重，注液量较小的问题，保证了井场抽注平衡。

（4）通过现场试验确定了浸出液处理工艺流程及参数，试验产品合格。

五、工业化建设

工业化建设是在工业性试验基础上通过拓展实现的。

2009年11月主体工程完成、试车并进入试生产阶段，截至2010年12月，获得产品xxt。

（一）CO_2+O_2 地浸浸出工艺理论基础

一般情况下，砂岩铀矿 CO_2+O_2 浸出时的pH值为7~8，而常规碱法浸出的pH值为9~10。由于两者在浸出碱度上的明显差别，浸出过程矿物成分的溶解反应及其对铀浸出的影响就不同。

砂岩矿石中存在的硫化物、硫酸盐和碳酸盐等矿物在适当条件下，可以为铀的溶解提供所需配合阴离子。而矿物溶解过程所需要的氧则必须由外部提供。砂岩铀矿地浸过程所需氧，通常以溶解氧的方式，随溶浸剂到达砂岩矿体中。砂岩铀矿的溶解氧浸出过程，更接近天然地下水还原沉积形成砂岩铀矿的逆过程。

1.O_2 作为氧化剂的氧化反应

铀浸出过程中的速率控制步骤是铀的氧化反应，当pH值约为7（中性环境）时，UO_2 氧化成可溶解的铀酰阳离子：

$$UO_2 + O_2 + H_2O \longrightarrow UO_2^{2-} + H^+$$

2.CO_2+O_2 作为溶浸剂与围岩的反应

O_2 在氧化铀的同时，也氧化矿石或围岩中黄铁矿，生成的硫酸溶解方解石获得 HCO_3^-，第一种类型中加入少量硫酸也是同样作用；另外，含矿含水层地下水中本身存在的 HCO_3^- 也在 O_2 的作用下继续与黄铁矿和其他脉石矿物如辉钼矿、磷灰石的反应：

$$FeS_2 + O_2 + H_2O \longrightarrow Fe^{3+} + SO_4^{2-} + H^+$$

$$CaCO_3 + H^+ \longrightarrow Ca^{2+} + HCO_3^-$$

$$2FeS_2 + 4NaHCO_3 + 4O_2 \longrightarrow 2FeOOH + 2Na_2SO_4 + 4CO_2 + 2H_2O$$

$$MoS_2 + 4NaHCO_3 + 2O_2 \longrightarrow Na_2MoO_4 + Na_2S_2O_3 + 4CO_2 + 2H_2O$$

$$P_2O_5 + 6NaHCO_3 \longrightarrow 2Na_3PO_4 + 6CO_2 + 3H_2O$$

$$Ca(Mg)SO_4 + 2NaHCO_3 \longrightarrow Na_2SO_4 + Ca(Mg)CO_3 + CO_2 + H_2O$$

$$Ca(HCO_3)_2 + H_2SO_4 \longrightarrow CaSO_4 + 2H_2CO_3$$

上述产生的 CO_2 与第二种类型中补加的 CO_2 作用一样，会溶解于地下水产生 HCO_3^-，或再与碳酸盐反应生成 HCO_3^-：

$$CO_2 + H_2O \longrightarrow H_2CO_3$$

$$H_2CO_3 \longrightarrow H+ + HCO_3^-$$

$$Ca(Mg)CO_3 + H_2CO_3 \longrightarrow Ca(Mg)(HCO_3)_2$$

$$Ca(Mg)(HCO_3)_2 \longrightarrow 2HCO_3^- + Ca(Mg)^{2+}$$

3.CO_2+O_2 作为溶浸剂的浸出反应

CO_2+O_2 浸出铀的过程，在很大程度上与碳酸盐浸出过程相似。含矿含水层地下水一般都呈偏酸、偏碱或中性，此时，CO_3^{2-} 在碳酸的平衡中所占的份额相当小，HCO_3^- 占绝对优势，CO_3^{2-} 则很难监测得到，因此 HCO_3^- 是浸出铀的主要络合剂：

$$UO_2（固相）+ 4HCO_3^-（液相）+ 0.5O_2 \longrightarrow UO_2(CO_3)_3^{4-} + CO_2 + 2H_2O$$

$$UO_3（固相）+ 4HCO_3^-（液相）+ H_2O \longrightarrow UO_2（CO_3）_3^{4-} + CO_2 + 2H_2O$$

（二）井型井距

依据前期试验成果及开采矿块的范围、形态和钻孔抽液量与注液量的比值等，采用"六注一抽"的七点型井型。钻孔间距为35m。

根据项目的生产规模，井场布置五个分采区，钻孔总数为349个，其中抽液钻孔103个，注液钻孔246个，抽注比1：2.4。年抽液量6526080m³。

（三）抽注液工艺

根据钱家店铀矿床的地质、水文地质、地形地貌，以及当地社会经济环境等，结合工业性试验情况，确定该矿床工业生产采用潜水泵提升方式。

1.集液系统

在浸出过程中，各抽出井单独运行，由潜水泵完成浸出液的提升。浸出液通过各抽液钻井支管路与集液主管相连，在集控室汇集后流入集液总管道，然后自流入集液池。

抽液主管道（分采区集控室到集液池）为ϕ250mm×8.7mmPVC管，采用自流方式。抽孔支管采用从各抽孔汇集到集控室，然后进主管道。潜水泵升液管采用ϕ63mm×8mm加强PE管，地表管线采用ϕ60mm×4mmPE。

2.注液系统

吸附尾液汇流至配液池，在配液泵房，通过注液泵增压后通过管道流向各个分采区集控室。

注液总管道（配液泵房至井场）采用DN350mm×15mm钢骨架复合管。注液主管道（注液总管到分采区集控室）采用DN250mm×12.5mm钢骨架复合管。注液孔支管采用从集控室分散到各注液孔的集中控制方式，各注孔的地表支管采用ϕ33mm×4.5mm的PE管。

3.集液池

各个分采区的浸出液通过管道自流入集液池。集液池的容积为1329m³，集液池可以起到一定的沉淀作用；同时，浸出液的pH值会产生变化（一般是升高），浸出初期，可能出现$CaCO_3$、$CaSO_4$沉淀；浸出过程中集液池起到一定的澄清作用。

4.配液池

吸附尾液通过管道自流入至配液池。配液池的容积为1137m³。起到了一定的缓冲作用，并通过自然沉淀除去来自水冶厂机械物质，保证水冶厂及井场的安全稳定运行。

5.集控室

集控室的主要作用是汇集从抽液钻孔抽出的浸出液、分配溶浸液至注液钻孔，集中计量和集中控制等。

按照抽注液钻孔的位置和数量，均分为五个分采区，每个分采区建设一个集控室。

6.集液泵房

集液池中澄清后的浸出液用原液泵输送到浸出液过滤系统和水冶厂。原液泵的扬程为70m，流量为600m³/h，4台原液泵分为两组，每组备用1台。

7.配液泵房

配液泵房内安装4台注液泵，分别对流向五个分采区的注液系统进行增压。增压泵的扬程为160m，流量为600³m/h。4台注液泵分为两组，每组备用1台。

（四）浸出剂的配置与使用

供氧系统采用液态氧。液氧贮罐中的液氧经低温液氧泵送入液氧蒸发系统。液氧通过低温液体蒸发器转变为气态氧，经过稳压系统把气体送向各个分采区集控室的混氧系统供氧。

二氧化碳供给使用液态二氧化碳。贮罐中液态二氧化碳流入气化器后转变为气态二氧化碳，经过稳压系统把气体送井场和水冶厂的二氧化碳加入系统。液态二氧化碳通过加热器转变为气态二氧化碳，经过稳压系统把气体送向注液总管。

（五）水冶工艺流程

流程为：地浸浸出液通过澄清—袋式过滤机过滤—离子交换吸附—淋洗—沉淀—压滤等工序得到所需产品。

采用氯化钠和碳酸氢盐淋洗、母液酸化后加氢氧化钠沉淀，沉淀母液酸化后全部回用作淋洗剂。

工艺废水主要来自吸附塔淋洗后的部分外排的反冲废水、反冲废水反渗透处理的浓水等，排放至蒸发池，利用当地的气象条件自然蒸发。